Zukunft technischer Weiterbildungsberufe

# Europäische Hochschulschriften
Publications Universitaires Européennes
European University Studies

### Reihe XI
### Pädagogik

Série XI Series XI
Pédagogie
Education

**Bd./Vol. 800**

**PETER LANG**
Frankfurt am Main · Berlin · Bern · Bruxelles · New York · Wien

Thomas Diehl

# Zukunft technischer Weiterbildungsberufe

Eine empirische Untersuchung
am Beispiel
Staatlich geprüfter Techniker
der Fachrichtung Elektrotechnik

PETER LANG
Europäischer Verlag der Wissenschaften

Die Deutsche Bibliothek - CIP-Einheitsaufnahme

Diehl, Thomas:
Zukunft technischer Weiterbildungsberufe : eine empirische
Untersuchung am Beispiel Staatlich geprüfter Techniker der
Fachrichtung Elektrotechnik / Thomas Diehl. - Frankfurt am
Main ; Berlin ; Bern ; Bruxelles ; New York ; Wien : Lang, 2000
 (Europäische Hochschulschriften : Reihe 11, Pädagogik ;
Bd. 800)
Zugl.: Magdeburg, Univ., Diss., 1999
ISBN 3-631-35255-7

Gedruckt auf alterungsbeständigem,
säurefreiem Papier.

Ma 9
ISSN 0531-7398
ISBN 3-631-35255-7
© Peter Lang GmbH
Europäischer Verlag der Wissenschaften
Frankfurt am Main 2000
Alle Rechte vorbehalten.

Das Werk einschließlich aller seiner Teile ist urheberrechtlich
geschützt. Jede Verwertung außerhalb der engen Grenzen des
Urheberrechtsgesetzes ist ohne Zustimmung des Verlages
unzulässig und strafbar. Das gilt insbesondere für
Vervielfältigungen, Übersetzungen, Mikroverfilmungen und die
Einspeicherung und Verarbeitung in elektronischen Systemen.

Printed in Germany 1 2 3 4 5   7

*In der Schule lehren sie dich die Bedeutung der Welt, und wenn du das einmal gelernt hast, wirst du es immer wissen... Aber wenn die Welt sich nun verändert?... Was weiß man dann?*

*Paul Bowles*

# Inhaltsverzeichnis

| | | |
|---|---|---|
| 1 | Problemstellung | 11 |
| 2 | Methodische Rahmenkonzeption und Struktur der Arbeit | 15 |
| 3 | Ausbildung Staatlich geprüfter Techniker der Fachrichtung Elektrotechnik | 19 |
| 3.1 | Entwicklung der Technikerausbildung | 19 |
| 3.2 | Ausbildungsvoraussetzungen | 23 |
| 3.3 | Ausbildung an den Fachschulen für Technik | 24 |
| 4 | Entwicklung des theoretischen Konstrukts Berufsbild | 29 |
| 4.1 | Merkmale des Berufskonzepts | 30 |
| 4.2 | Zur Entwicklung des Terminus Berufsbild | 33 |
| 4.3 | Konstruktion eines „Berufsbildes für technische Berufe" | 36 |
| 4.4 | Konstituierende Elemente eines Berufsbildes für technische Berufe | 42 |
| 4.4.1 | Tätigkeit | 42 |
| 4.4.2 | Externe und interne Rollenerwartung | 49 |
| 4.5 | Bestimmungsfaktoren des Berufsbildes | 57 |
| 4.5.1 | Technik | 57 |
| 4.5.1.1 | Zum Begriff Technik | 57 |
| 4.5.1.2 | Wirkkräfte der technischen Entwicklung | 59 |
| 4.5.1.3 | Einfluß der Technik auf die menschliche Arbeitstätigkeit | 62 |
| 4.5.2 | Arbeitsorganisation | 66 |
| 4.5.2.1 | Aufbauorganisation und Ablauforganisation | 67 |
| 4.5.2.2 | Traditionelle tayloristische Formen der Arbeitsorganisation | 68 |
| 4.5.2.3 | Humane Aspekte berücksichtigende Formen der Arbeitsorganisation | 72 |

| | | |
|---|---|---|
| 4.5.3 | Kompetenz | 77 |
| 4.5.4 | Interdependenz von Technik, Arbeitsorganisation und Kompetenz | 86 |
| 5 | Gesellschaftliche Einflüsse auf das Berufsbild | 91 |
| 5.1 | Globalisierung | 92 |
| 5.2 | Gesteigerte Anforderungen des globalen Marktes | 96 |
| 5.3 | Lean Production | 97 |
| 5.4 | Veränderungen durch die Einführung neuer Techniken | 101 |
| 5.5 | Langfristige Entwicklung des Arbeitskräftebedarfs nach Tätigkeiten und Qualifikationen | 103 |
| 5.5.1 | Arbeitskräftebedarf nach Qualifikationsebenen | 104 |
| 5.5.2 | Arbeitskräftebedarf nach Tätigkeitsschwerpunkten | 106 |
| 5.5.3 | Arbeitskräftebedarf nach Tätigkeitsschwerpunkten auf der Qualifikationsebene der Fachschulabsolventen | 108 |
| 5.5.4 | Zusammenfassung der Prognose | 110 |
| 5.6 | Verdrängung der Techniker durch formal Höherqualifizierte | 111 |
| 6 | Methoden für die empirische Erfassung des Berufsbildes | 115 |
| 6.1 | Schriftliche Befragung von Technikern | 116 |
| 6.1.1 | Die Rücklaufquote als Gütekriterium für die schriftliche Befragung | 117 |
| 6.1.2 | Analyse des Rücklaufs | 119 |
| 6.1.3 | Klassenbildung nach Abschlußjahrgängen | 123 |
| 6.2 | Strukturierte Interviews zur Ermittlung der Arbeitgeberperspektive | 123 |

| | | |
|---|---|---|
| 7 | Empirische Befunde zum Berufsbild der Staatlich geprüften Techniker | 131 |
| 7.1 | Tätigkeit | 131 |
| 7.1.1 | Beschäftigende Unternehmen | 131 |
| 7.1.2 | Tätigkeitsarten und Tätigkeitsobjekte | 142 |
| 7.1.3 | Bedeutung technikübergreifender Tätigkeiten | 151 |
| 7.1.4 | Einflüsse durch die gesellschaftliche Entwicklung | 163 |
| 7.1.5 | Auswirkungen des Bestimmungsfaktors Arbeitsorganisation | 169 |
| 7.1.6 | Auswirkungen des Bestimmungsfaktors Kompetenz | 183 |
| 7.1.6.1 | Kompetenzdefizite der Elektrotechniker | 188 |
| 7.1.6.2 | Fortbildungsanforderungen | 195 |
| 7.1.7 | Auswirkungen des Bestimmungsfaktors Technik | 205 |
| 7.2 | Externe und interne Rollenerwartungen | 214 |
| 7.2.1 | Position, Einkommen, Personalverantwortung | 214 |
| 7.2.2 | Auswirkungen des Bestimmungsfaktors Arbeitsorganisation | 235 |
| 7.2.2.1 | Freiheitsgrade | 236 |
| 7.2.2.2 | Kooperationsanforderungen und Kooperationsmöglichkeiten | 249 |
| 7.2.3 | Auswirkungen des Bestimmungsfaktors Kompetenz | 258 |
| 7.2.3.1 | Phasen des Kompetenzerwerbs Staatlich geprüfter Techniker | 258 |
| 7.2.3.2 | Kooperationsanforderungsbedingte Weiterbildungsmaßnahmen | 265 |
| 7.2.3.3 | Bildungsförderung der Unternehmen im organisatorischen und sozialen Bereich | 270 |
| 7.2.4 | Auswirkungen des Bestimmungsfaktors Technik | 275 |
| 7.3 | Zusammenfassende Interpretation | 277 |

| | | |
|---|---|---|
| 8 | Überlegungen zur Gestaltung einer zukünftigen Technikerausbildung | 287 |

Literaturverzeichnis 303
Abbildungsverzeichnis 315
Tabellenverzeichnis 321

Anhang I: Fragebogen TE
    Schriftliche Befragung von Staatlich geprüften
    Technikern der Fachrichtung Elektrotechnik    325

Anhang II: Interviewleitfaden AG
    Strukturierte Interviews mit Arbeitgebern von
    Staatlich geprüften Technikern der Fachrichtung
    Elektrotechnik    335

# 1 Problemstellung

In der Bundesrepublik Deutschland verfügen etwa 60% der Arbeitnehmer über den formalen Abschluß einer beruflichen Erstausbildung, der entweder im spezifisch deutschen Dualen System von Betrieb und Berufsschule oder an einer Berufsfachschule erworben wurde. Die Berufsausbildung im Dualen System ist sowohl in ihrem berufsschulischen Teil (Kulturhoheit der Länder) als auch in ihrem betrieblichen Teil (Zuständigkeit des Bundes) staatlich normiert, die organisatorische Gestaltung des zeitlich überwiegenden Teils der betrieblichen Ausbildung ist jedoch weitgehend den Unternehmen überlassen. Die Normierung der beruflichen Erstausbildung an einer dem beruflichen Schulwesen zugeordneten Berufsfachschule, in deren Aufgabenbereich sowohl die Durchführung der theoretischen wie auch der praktischen Berufsausbildung fällt, unterliegt vollständig der Kulturhoheit der einzelnen Bundesländer.

Eine Weiterbildungsmöglichkeit für die Absolventen einer beruflichen Erstausbildung im Dualen System oder an einer Berufsfachschule bieten die sogenannten „Weiterbildungsberufe". Eine solche mehrjährige Weiterbildungsmaßnahme wird an Fachschulen absolviert, die dem beruflichen Schulwesen zugeordnet sind. Die Weiterbildung wird mit einem staatlichen Zertifikat abgeschlossen.

Der Besuch einer staatlichen Fachschule, an der ein bestimmter Weiterbildungsberuf erlernt werden soll, setzt neben dem Hauptschulabschluß eine berufliche Erstausbildung in einem Berufsfeld voraus, das dem gewählten Weiterbildungsberuf entspricht. Je nach Bundesland variierend, wird darüber hinaus eine mehrjährige Berufserfahrung im erlernten Beruf vorausgesetzt.

Ein Absolvent, der einen Weiterbildungsberuf an einer staatlichen Fachschule erlernt hat, verfügt daher neben den an der Fachschule erworbenen Kompetenzen auch über die Erfahrungen und die erlernten sozialen Verhaltensweisen, die in der beruflichen Erstausbildung oder während erster beruflicher Praxis erworben wurden. Damit signalisiert sowohl das in einer beruflichen Erstausbildung erworbene Zertifikat als auch das an einer Fachschule erhaltene Zeugnis über die Ausbildung in einem Weiterbildungsberuf möglichen Arbeitgebern, über welche Kompetenzen und über welche sozialen Verhaltensweisen der Inhaber des jeweiligen Abschlusses verfügt.

Einerseits verbinden die Betriebe mit einer Berufsbezeichnung bestimmte Erwartungen an die betriebliche Einsetzbarkeit des Berufsinhabers, der aufgrund seiner Sozialisation für den Betrieb auch bezüglich der sozialen Elemente ein kalkulierbares Verhaltenspotential darstellt. Dem Berufsinhaber verschafft der Beruf eine relative Autonomie gegenüber dem einzelnen Betrieb. Damit wird durch einen zertifizierten Berufsabschluß eine doppelte relative Unabhängigkeit geschaffen, da er eine überindividuelle und überbetriebliche Verständigung über Kompetenzen bzw. Einsatzspektren und einen Rahmen für die soziale Rolle des Berufsinhabers liefert. Die Berufe übernehmen daher für beide Seiten eine Schutzfunktion (*Georg; Sattel* 1995, S. 124 ff.). Andererseits führt die Notwendigkeit, den Erwerb beruflicher Kompetenzen so zu organisieren, daß sie auf dem Arbeitsmarkt einen handelbaren Wert besitzen, zu einer mehr oder weniger ausgeprägten Normierung der Ausbildungsgänge. Dadurch aber wird das in Betracht kommende Tätigkeitsspektrum verengt. Diese Tatsache wird dann problematisch, wenn sich die Anforderungen auf dem Arbeitsmarkt in kurzen Zeitzyklen in inhaltlich hohem Maße verändern und zukünftige Anforderungen des Arbeitsmarktes nicht absehbar sind.

So beruht das von *Mertens* im Jahr 1974 zur Diskussion gestellte und in der folgenden Zeit viel diskutierte Konzept der „Schlüsselqualifikationen" auf der Einsicht der unzureichenden Prognostizierbarkeit zukünftiger Anforderungen des Arbeitsmarktes. Schlagworte wie „Flexibilität" beschreiben Angleichungsprozesse, die auf dem berufsfachlich strukturierten Arbeitsmarkt durch die Unstimmigkeit zwischen individueller beruflicher Ausbildung und dem erwarteten beruflichen „Profil" seitens der Unternehmen notwendig werden. Berufliche Ausbildungsgänge bedürfen daher immer einer Aktualisierung ihrer Inhalte. Bei extremen Diskrepanzen zwischen den in einem beruflichen Ausbildungsgang erworbenen Inhalten und den Arbeitsmarktanforderungen können Berufe zur Disposition stehen.

Ein Weiterbildungsberuf, wie er oben beschrieben wurde, ist der des Staatlich geprüften Technikers der Fachrichtung Elektrotechnik. Die Aufnahme einer solchen Weiterbildung setzt den Hauptschulabschluß und eine berufliche Erstausbildung in einem Beruf des Berufsfeldes Elektrotechnik mit anschließender einschlägiger Berufserfahrung voraus. Die Weiterbildung des Facharbeiters zum Staatlich geprüften Techniker kann an einer dem beruflichen Schulwesen zugeordneten Fachschule für Technik sowohl in Vollzeitform (Ausbildungsdauer vier Semester) als auch in Teilzeitform (Ausbildungsdauer acht Semester) erfolgen.

Die Technikerausbildung war für den Facharbeiter ein üblicher Weg, um im Betrieb mittlere Positionen zu erreichen. Eine solche Position bedeutete für den Techniker meistens eine Tätigkeit als technische Fachkraft auf einem Niveau zwischen Facharbeiter und Ingenieur. Aufgrund seines beruflichen Werdegangs, der berufspraktische Erfahrungen voraussetzt und eine nachfolgende, weitergehende theoretische Fundierung dieses Wissens beinhaltet, ist der Techniker auch dazu befähigt, als Vermittler zwischen Facharbeiter und Ingenieur aufzutreten.

Bis in die 80er Jahre hatten die Absolventen der Technikerschulen keinerlei Probleme, nach der Weiterbildung zum Techniker wieder in das Beschäftigungssystem einzumünden und eine ihrem Ausbildungsgrad entsprechende Position einzunehmen. Seit Anfang der 90er Jahre ist es für die Absolventen der technischen Fachschulen schwieriger geworden, nach ihrer Weiterbildung eine adäquate Position zu besetzen oder überhaupt wieder eine Arbeit zu finden.

Im Rahmen dieser Arbeit soll geprüft werden, ob die Schwierigkeiten Staatlich geprüfter Techniker der Fachrichtung Elektrotechnik beim Wiedereintritt in das Beschäftigungssystem zumindest teilweise durch eine Diskrepanz zwischen den während der Technikerausbildung erworbenen Kompetenzen und dem für die Techniker auf dem Arbeitsmarkt möglichen Tätigkeitsspektrum bedingt sind. Falls solche Unstimmigkeiten festgestellt werden, ist zu prüfen, welche bisher behandelten Themenbereiche des Curriculums entfallen können bzw. welche neuen Themenbereiche in das Curriculum aufgenommen werden sollten, um den Absolventen der Fachschulen für Technik optimale Berufschancen zu bieten.

Werden grundlegende Diskrepanzen festgestellt, muß möglicherweise die Frage gestellt werden, ob das Konzept des Weiterbildungsberufs Staatlich geprüfter Techniker der Fachrichtung Elektrotechnik weiterhin ein sinnvolles Ordnungsprinzip für die Weiterbildung von Facharbeitern im Berufsfeld Elektrotechnik darstellt.

In diesem Zusammenhang sind die folgenden Fragen zu beantworten:

- Welche Kompetenzen erwarben die Staatlich geprüften Techniker der Fachrichtung Elektrotechnik bisher während der Ausbildung an den Fachschulen für Technik?

- Welche gesellschaftlichen, wirtschaftlichen und technischen Entwicklungen nehmen Einfluß auf das Beschäftigungssystem und bestimmen/verändern damit die Erwerbsarbeit bzw. die Beschäftigungsmöglichkeiten Staatlich geprüfter Techniker der Fachrichtung Elektrotechnik?

- Wie gestaltet sich die Erwerbsarbeit Staatlich geprüfter Techniker der Fachrichtung Elektrotechnik im Beschäftigungssystem?

- Was leistet das Berufskonzept?

## 2 Methodische Rahmenkonzeption und Struktur der Arbeit

Um festzustellen, ob Unstimmigkeiten zwischen der Technikerausbildung und den Aufgaben der Fachschulabsolventen im Beschäftigungsystem bestehen, und falls diese Fragestellung mit ja zu beantworten ist, wie das Curriculum verändert werden müßte, ist ein Vergleich der bisherigen Technikerausbildung mit den Anforderungen des Beschäftigungssystems an die ausgebildeten Techniker erforderlich.

Die Beschreibung der bisherigen Technikerausbildung kann zum einen anhand einschlägiger Literatur erfolgen. Hier stehen die Studentafeln der Technikerschulen zur Verfügung. In den von der Bundesanstalt für Arbeit herausgegebenen Blättern zur Berufskunde werden zudem typische Tätigkeiten der Elektrotechniker beschrieben, für die die gängige Technikerausbildung qualifiziert. Anhand dieser Daten wird der gegenwärtige „offizielle" Stand von Ausbildung und Kompetenz Staatlich geprüfter Techniker der Fachrichtung Elektrotechnik aufgezeigt (Kap. 3.2). Um auch Aspekte der tatsächlich durchgeführten Technikerausbildung aus der Perspektive der Techniker zu erfassen, sollen diese zu der durchlaufenen Ausbildung und den nach eigener Wahrnehmung erworbenen Kompetenzen befragt werden (Kap. 7).

Die konkreten Anforderungen des Beschäftigungssystems an die Staatlich geprüften Techniker der Fachrichtung Elektrotechnik lassen sich nicht anhand einschlägiger Literatur ermitteln. Wissenschaftliche Arbeiten (z.B. *Drexel; Mehaut* 1989, *Drexel* 1993, 1994, *Drexel; Jaudas* 1996 oder *Rothe* 1995), die sich mit diesem Themenkreis beschäftigen, liefern abstrakte Beschreibungen der Ausbildungs- und Beschäftigungssysteme, meist im internationalen Vergleich. Eine konkrete Beschreibung der Anforderungen des Beschäftigungssystems an die Elektrotechniker kann daher nur auf der Basis einer empirischen Untersuchung erfolgen (Kap. 7). Als Basis einer solchen empirischen Untersuchung zur Beschreibung der Erwerbstätigkeit Staatlich geprüfter Techniker und zu den sich daraus ergebenden Anforderungen ist daher ein theoretisches Modell als Forschungsgrundlage erforderlich. Da dem Weiterbildungsberuf „Staatlich geprüfter Techniker" bisher das gesellschaftliche Konzept der Beruflichkeit zugrunde liegt, liegt es nahe, ein „empirisch erfaßbares Berufsbild" zu konstruieren und als Grundlage einer empirischen Erhebung heranzuziehen. Eine solche Forschungsgrundlage schließt aber nicht aus, daß aufgrund der Ergebnisse möglicherweise die Frage gestellt werden muß, ob das Konzept des Weiterbildungsberufes weiterhin ein sinnvolles Ordnungsprinzip für die Weiterbildung von Facharbeitern im Berufsfeld Elektrotechnik darstellt.

Zur Konstruktion der Forschungsgrundlage „Berufsbild" wird zunächst die Entwicklung und gegenwärtige Bedeutung des gesellschaftlichen Konzeptes „Beruf" dargestellt (Kap. 4.1). Eine solche Beschreibung ist auch erforderlich, um anhand der angestrebten Forschungsergebnisse zu beurteilen, ob sich die Technikerausbildung zukünftig noch am Berufskonzept orientieren soll. Anschließend wird die bisherige Verwendung des Begriffes „Berufsbild" geklärt (Kap. 4.2), um weitere Aspekte für die Konstruktion eines empirisch erfaßbaren Berufsbildes mit einzubeziehen.

Von entscheidender Bedeutung zur Erstellung der Forschungsgrundlage sind aber auch gegenwärtige gesellschaftliche, wirtschaftliche und technische Einflüsse, die auf die Beschäftigungsmöglichkeiten und die Anforderungen an die Staatlich geprüften Techniker der Fachrichtung Elektrotechnik wirken. Diese anhand der Literatur zu ermittelnden möglichen Einflußgrößen werden ausführlich beschrieben, da ihre jeweilige Bedeutung für die Beschäftigungssituation der Elektrotechniker bei der empirischen Erhebung genauer erfaßt werden soll (Kap.5).

Da eine repräsentative Erfassung aller Staatlich geprüften Techniker der Fachrichtung Elektrotechnik, welche in der Bundesrepublik Deutschland ausgebildet wurden, mit den gegebenen finanziellen Mitteln nicht möglich ist, erfolgt die Durchführung der empirischen Erhebung in Form einer Fallstudie. Hierfür wurde die Fachschule für Technik in Weilburg (Hessen) ausgewählt, an der in der Vergangenheit ausschließlich Techniker in den Fachrichtungen Elektrotechnik und Maschinentechnik in der Vollzeitform ausgebildet wurden. Die gravierenden Veränderungen der Berufschancen der Absolventen werden an dieser Schule besonders deutlich: Obwohl die ausgewählte Fachschule sehr gute Referenzen bei den Arbeitgebern hat, und in den achtziger Jahren fast alle Studierenden bereits vor ihrem Technikerabschluß Arbeitsverträge unterzeichnen konnten, verschlechterten sich die Berufschancen der Absolventen Anfang der neunziger Jahre erheblich. Nachdem viele Absolventen auf „mehrere Dutzend" Bewerbungen nur Absagen erhielten, führten sie eine spektakuläre Protestaktion durch, bei der neben weiteren Aktivitäten die Flure der Schulgebäude mit den Absagen „gepflastert" wurden. Die angespannte Arbeitsmarktlage für die Techniker wirkt sich an dieser Fachschule für Technik auch auf die Anzahl neuer Studierender aus, d.h. es ist ein Rückgang der Studierendenzahlen festzustellen.

Für die Untersuchung der Selbsteinschätzung der Techniker bezüglich ihres Berufsbildes und der während der Technikerausbildung erworbenen Kompetenzen wird zum einen eine schriftliche Befragung der bisherigen Absolventen der Weilburger Technikerschule mit Hilfe eines Fragebogens gewählt.

Um zum anderen auch zu einer Fremdeinschätzung in bezug auf den Technikerberuf zu gelangen, werden anhand eines Leitfadens Experteninterviews mit Personalchefs und Vorgesetzten von Technikern in Unternehmen durchgeführt, die im Großraum um Weilburg Staatlich geprüfte Techniker der Fachrichtung Elektrotechnik beschäftigen.

Die Berücksichtigung von Selbst- und Fremdeinschätzung dient dem Zweck, eine bessere Annäherung an die Erfassung der „sozialen Realität" zu gewährleisten. Die schriftliche Befragung, die als quantitative Methode einzuordnen ist, erlaubt einen hohen Grad der Standardisierung. Eine solche Standardisierung ermöglicht es, die Angaben einer großen Zahl von Probanden mit Hilfe der elektronischen Datenverarbeitung auszuwerten und unter Anwendung statistischer Verfahren miteinander zu vergleichen. Die Leitfadeninterviews ermöglichen dagegen ein besseres Verstehen der auf den jeweiligen Fall des betroffenen Unternehmens bezogenen ganzheitlichen Zusammenhänge. Jedoch ist bei der letztgenannten Methode die Analyse der Strukturzusammenhänge zwischen einzelnen Variablen und eine Verallgemeinerung der Aussagen mit Gültigkeitsanspruch für eine Grundgesamtheit nicht möglich. Durch die Kombination der beiden empirischen Methoden können die Nachteile der einzelnen methodischen Vorgehensweisen teilweise aufgehoben werden.

Die Auswertung der empirisch erhobenen Daten ermöglicht eine umfassende Beschreibung der Erwerbstätigkeit Staatlich geprüfter Techniker der Fachrichtung Elektrotechnik. Da aber auch Daten zur Ausbildung der befragten Absolventen an der Fachschule für Technik erhoben werden und die bisherige Technikerausbildung zudem in der Literatur ausreichend beschrieben ist, kann mit Hilfe der Ergebnisse die Frage beantwortet werden, ob die gegenwärtige Technikerausbildung den Anforderungen des Beschäftigungssystems entspricht. Falls Defizite bestehen, können anhand der Ergebnisse Hinweise gegeben werden, welche Themenbereiche für eine zukünftige Technikerausbildung relevant werden.

Ein Vergleich der empirisch ermittelten Ergebnisse mit den Leistungsmerkmalen und -defiziten des darzustellenden Berufskonzeptes soll eine Aussage darüber ermöglichen, ob das Konzept des Weiterbildungsberufs zukünftig ein geeignetes Organisationsprinzip für die Weiterbildung von Facharbeitern im Berufsfeld Elektrotechnik darstellt oder ob andere Organisationsformen notwendig werden.

Die Struktur der vorliegenden Arbeit wird in Abb. 1 graphisch verdeutlicht.

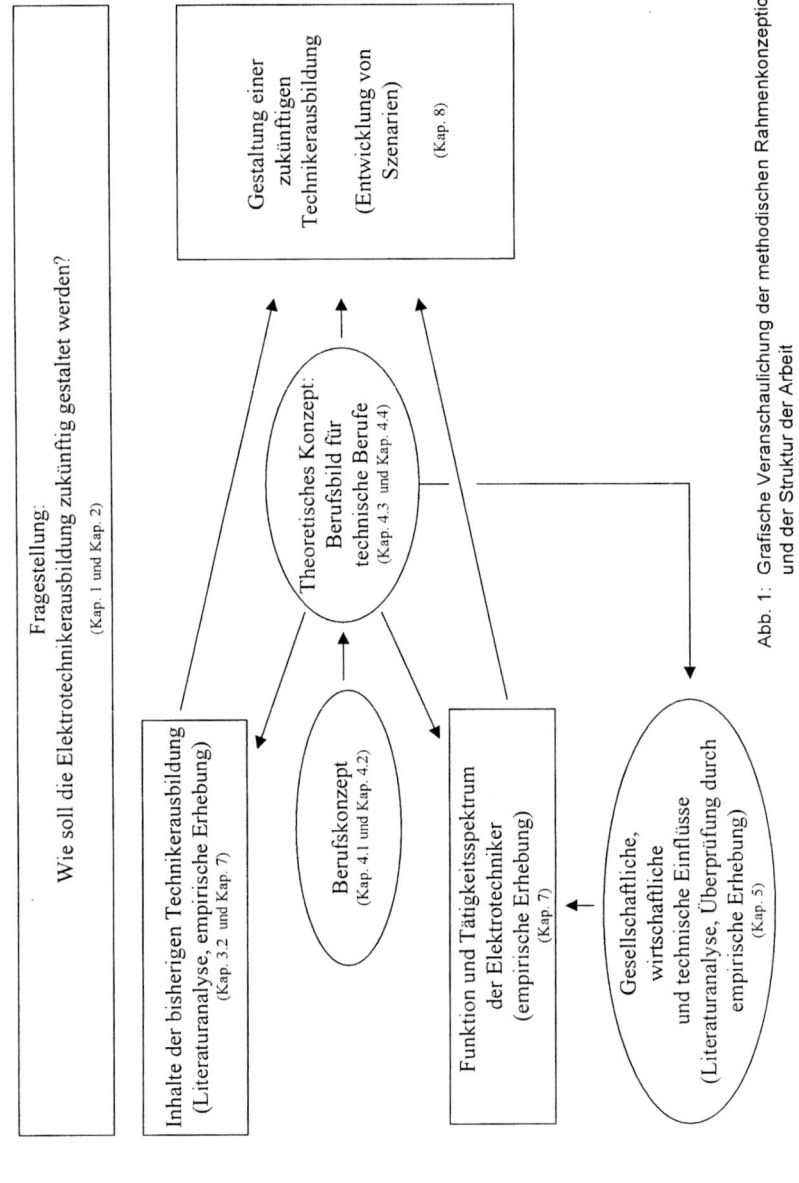

Abb. 1: Grafische Veranschaulichung der methodischen Rahmenkonzeption und der Struktur der Arbeit

# 3 Ausbildung Staatlich geprüfter Techniker der Fachrichtung Elektrotechnik

In diesem Kapitel soll dargelegt werden, in welchen Bereichen die Staatlich geprüften Techniker der Fachrichtung Elektrotechnik bisher Kompetenzen erwarben, auf welcher Ebene der betrieblichen Hierarchie die Techniker in der Vergangenheit eingeordnet wurden und welche Aufgaben die Elektrotechniker bisher im Beschäftigungssystem übernahmen. Um die Bedeutung der Technikerberufe zu klären und eine Einschätzung der Technikerpositionen in den Unternehmen zu ermöglichen, wird zunächst die historische Entwicklung der Technikerausbildung beschrieben. Der Einschätzung der praktischen und theoretischen Kompetenzen der Studierenden an den Fachschulen für Technik dient die anschließende Klärung der Ausbildungsvoraussetzungen für die Aufnahme einer Technikerausbildung. Dem folgt eine Beschreibung der Ausbildungsorganisation an den Fachschulen für Technik und eine knappe Darstellung der Inhalte, die den Studierenden in der Fachrichtung Elektrotechnik bisher vermittelt wurden. Für die Beschreibung der bisherigen Aufgaben und Tätigkeiten der Elektrotechniker werden die „Blätter zur Berufskunde" als Literaturquelle gewählt. Diese von der Bundesanstalt für Arbeit herausgegebene Schriftenreihe wird von Autoren verfaßt, die einschlägige Erfahrungen bezüglich der Ausbildung und den Tätigkeitsanforderungen in dem jeweils zu beschreibenden Beruf besitzen. Die „Blätter zur Berufskunde" können daher als verläßliche Quelle zur Beschreibung der mit einem Beruf verbundenen Qualifikationsanforderungen und Tätigkeiten angesehen werden.

Zur - zumindest partiellen - Überprüfung der aus der einschlägigen Literatur gewonnenen Erkenntnisse über die Ausbildung der Elektrotechniker sollen bei der schriftlichen Befragung der Technikerschulabsolventen Aspekte der individuell absolvierten Ausbildungsgänge erfaßt werden.

## 3.1 Entwicklung der Technikerausbildung

Die Weiterbildung von Facharbeitern zu Technikern war in der Nachkriegszeit durch die sehr alte Tradition von technischen Fachschulen aller Art geprägt, deren historische Entwicklung hier kurz aufgezeigt werden soll.

Noch zu Beginn des zwanzigsten Jahrhunderts gab es keinen einheitlichen Typ der technischen Fachschule. Die damals bestehenden Institutionen unterschieden sich nach Bezeichnung, Trägerschaft, Zugangsvoraussetzungen sowie Qualität und Dauer der angebotenen Ausbildungsgänge. Mit einer in der 20er und 30er Jahren voranschreitenden Vereinheitlichung dieser Institutionen über das gesamte

Reichsgebiet hinweg war eine Anhebung des Ausbildungsniveaus verbunden. Es entstanden die „Höheren technischen Fachschulen" als Vorgängerinnen der späteren Ingenieurschulen, aus denen wiederum die heute bestehenden Fachhochschulen hervorgingen (*Drexel* 1993, S. 132). Das „Höherdriften" der Höheren technischen Fachschulen und ihre Abgrenzung als Schulen für Ingenieure hatte die Bildung eines Feldes von „niedrigeren" technischen Fachschulen zur Folge, welche weiterhin bezüglich der Bezeichnung, Trägerschaft, Dauer, inhaltlichen Ausrichtung, Qualität sowie der Zugangsmöglichkeiten sehr heterogen waren. Ursache für diese Heterogenität war die Tatsache, daß sich die Schulentwicklung nach den Bedürfnissen der im jeweiligen Einzugsgebiet ansässigen Industrie richtete.

In der Nachkriegszeit existierten Bildungseinrichtungen, die Technikerqualifikationen in Form einer Weiterbildung vermittelten und in aller Regel eine Berufsausbildung mit anschließender Berufstätigkeit voraussetzten. Das Feld dieser „niedrigeren" technischen Fachschulen war sehr heterogen, die Technikerausbildung hatte kaum Bedeutung. Das änderte sich in den 50er Jahren, in denen die Technikerausbildung qualitativ wie quantitativ aufblühte. In der Bundesrepublik wurde ab der Mitte der 50er Jahre und Anfang der 60er Jahre ein großer zusätzlicher Bedarf an Technikern festgestellt. Mit dem Wirtschaftsaufschwung ging ein Ingenieurmangel einher, der auch die Nachfrage nach Technikern erhöhte, die als Gehilfen des Ingenieurs gesehen wurden. Dabei wurde von einem Verhältnis von Diplom-Ingenieuren zu Ingenieuren zu Technikern von 1:2:3 ausgegangen und daraus ein Fehlbedarf von ca. 60000 Technikern errechnet. Dieser Bedarf sollte, so die damaligen Schätzungen, angesichts der technischen Entwicklung und der fortschreitenden Automatisierung noch weiter ansteigen (*Drexel* 1993, S. 131 ff.).

Zunächst wurde die Dauer der Weiterbildung zum Techniker von zwei auf drei und später auf vier Semester verlängert. Die Bildungsinhalte wurden sukzessive vereinheitlicht und das Berufsbild (im Sinne einer Beschreibung der Ausbildungsziele und Tätigkeiten) sowie das Aufgabenfeld des Technikers präzisiert. Zu dieser Entwicklung hatten vor allem verschiedene Empfehlungen der Deutschen Gesellschaft für Gewerbliches Bildungswesen, der Deutschen Kommission für Ingenieur-Ausbildung und der Arbeitsstelle für Betriebliche Berufsausbildung (ABB) beigetragen. Zunehmende Professionalisierungstendenzen der Techniker richteten sich auf den Titelschutz und Verbandsgründungen, aber auch auf die Entwicklung der Ausbildung.

Die quantitative Nachzeichnung der Bedeutung des Technikers ist aufgrund der Datenlage mit Problemen verbunden. Auch die berufsbildungssoziologische Forschung zur Arbeit der Techniker sowie deren Qualifizierung weist eine außerordentlich schmale Bandbreite auf. Die Probleme betreffen einerseits die Erfassung der vom Bildungssystem erzeugten Techniker, da für die Jahre von 1971 bis 1982 nur Daten über jene Techniker vorliegen, deren Weiterbildung nach dem Arbeitförderungsgesetz (AFG) gefördert wurde. Erst ab 1982 existieren zuverlässige Zahlen bezüglich aller erfolgreichen Absolventen. Andererseits bestehen auch Probleme bei der Erfassung der Techniker des Beschäftigungssystems, also jener Arbeitskräfte, die in den Betrieben als „Techniker" eingesetzt werden. Die statistische Kategorie „Techniker" wurde erst spät als gesonderte Kategorie geschaffen. Zuvor wurden Techniker gemeinsam mit den Ingenieuren erfaßt. Nach den vorliegenden Zahlen zur Entwicklung der Quantität der Absolventen in den 50er und 60er Jahren läßt sich ab Mitte der 50er Jahre ein deutlicher Anstieg konstatieren, der bis etwa Mitte der 60er Jahre anhielt, dann aber von einem Rückgang abgelöst wurde: 1957 betrug die Zahl der Absolventen von Technikerschulen aller Fachrichtungen ca. *3600*, 1964 ca. *11 500* und 1967 ca. *10 000* (*Drexel* 1993, S. 129 ff.).

Die Ingenieurschule hatte sich in der Nachkriegszeit qualitativ und quantitativ weiterhin konsolidiert. Mit Beginn der 60er Jahre wurde aus den unterschiedlichsten Interessenlagen heraus über eine Anhebung der Ingenieurschulen zu Fachhochschulen diskutiert. Die erwähnten Interessen waren vor allem ständisches Professionalisierungsbestreben von Ingenieuren und Ingenieurschulpersonal. Die Umwandlung der Ingenieurschulen zu Fachhochschulen wurde gegen Ende der 60er Jahre tatsächlich vollzogen.

Die Weiterbildung zum Techniker geriet in den Sog dieser Entwicklung. Für die Technikerqualifizierung wurde die Konkurrenz der Ingenieurausbildung stärker. Auf der anderen Seite ergaben sich auch Entwicklungsmöglichkeiten für die Technikerschulen. Diese schienen geradezu prädestiniert, „in die von weiten Kreisen der Industrie prognostizierte und beklagte „Ingenieurschul-Lücke" einzuspringen, um so mehr, als sie ihre Ausbildungen zunehmend verlängerten und qualitativ anhoben" (*Drexel* 1993, S. 134). Die Chancen für weitere Stabilisierungsprozesse wurden von den Technikerschulen auch tatsächlich genutzt. In den zwanzig Jahren von 1960 bis 1980 erfolgte eine Verdoppelung der Ausbildungszeit. Damit war eine Professionalisierung verbunden, welche die Einbindung des Technikers in eine neue mittlere Ebene ermöglichte, weil nach 1968 die Ingenieurschulen als bisherige Ausbildungsstätten für diese Ebene durch die Umwandlung zur Fachhochschule auf eine höhere Ebene gehoben wurden.

Des weiteren wurde als Reaktion auf die politische Forderung nach besseren Bildungs- und Aufstiegschancen für Arbeiter sowie auf das Bestreben nach einer aktiven Arbeitsmarktpolitik im Jahr 1969 die finanzielle Unterstützung der Teilnahme an der Weiterbildung zum Techniker im Rahmen des Arbeitsförderungsgesetzes (AFG) wesentlich verbessert. Die Möglichkeit, die Weiterbildung zum

Techniker in der vollzeitschulischen Form zu absolvieren und die Qualifizierung nicht neben der Berufstätigkeit zu erwerben, wurde durch das AFG unterstützt. Damit wurde der Weg des Facharbeiters in mittlere Positionen ausgebaut.

Diese großzügige finanzielle Förderung war allerdings auf einen recht kurzen Zeitraum beschränkt. So wurde 1976, im Zuge einer Konsolidierung der öffentlichen Haushalte, eine nachhaltige Restriktion der Förderbestimmungen vorgenommen. Diese Maßnahmen hatten einen drastischen Rückgang der Studierendenzahlen an den Technikerschulen zur Folge: Im Jahr 1972, als die Technikerausbildung noch nach dem AFG gefördert wurde, hatten 31 000 Personen eine entsprechende Ausbildung aufgenommen. Dagegen waren es im Jahr 1976 nur noch ca. 7000 Personen. Erst 1980 überstieg die Zahl der Facharbeiter, die sich an einer Technikerschule einschrieben, wieder die 10 000er Grenze und erreichte, nach einem weiteren Rückgang auf ca. 8000 in den Jahren von 1983 bis 1985, im Jahr 1990 ein Niveau von ca. 14000 neu eingeschriebenen Studierenden (*Drexel* 1993, S. 134).

Die Verschlechterung der Förderbedingungen war aber nicht der einzige Grund für die abnehmende Anzahl der Studierenden an den Technikerschulen. Bereits 1975, also vor der Einschränkung der Fördermittel, war ein Rückgang der Studierendenzahlen zu verzeichnen. Die Ursache dafür waren vermutlich abnehmende Erfolgsaussichten in den Betrieben, was die Attraktivität des Bildungsgangs minderte. Die 1976 vorgenommene Einschränkung der finanziellen Förderung wurde u.a. auch damit begründet, daß die Absolventen der Technikerschulen vielfach wieder auf Facharbeiterniveau beschäftigt würden, da sie keine adäquaten Technikerpositionen fänden. Seit 1982 liegen Statistiken über alle erfolgreichen Absolventen der Technikerschulen vor. Hier lassen sich in den Jahren von 1984 bis 1987 Einbrüche der Studierendenzahlen feststellen. In den darauffolgenden Jahren zeigt sich ein steiler Anstieg.

Trotz eines prognostizierten hohen Bedarfs an Technikern zu Beginn der 60er Jahre konnten die Technikerschulen nicht auf das erwartete Ausmaß expandieren bzw. das zeitweise erreichte hohe quantitative Niveau stabilisieren. Dabei war eine Ursache sicher die Konkurrenz der Ausbildung an einer Ingenieurschule bzw. einer Fachhochschule, verbunden mit einem allgemeinen Trend zur Höherqualifizierung. Ein weiterer Grund war die Bedarfsentwicklung auf dem Arbeitsmarkt.

In der deutschen Industrie ist die Besetzung der mittleren Angestelltenpositionen beim gewerblichen Personal durch eine Rekrutierung aus der Facharbeiterschaft gekennzeichnet. Jedoch steht einem massiven Anstieg der erfolgreichen Absolventen von Techniker- und Meisterausbildungen in der zweiten Hälfte der 80er

Jahre ein viel geringerer Anstieg der in der Industrie mit diesen Qualifikationen zu besetzenden Positionen gegenüber. Diese ungleiche Entwicklung von Absolventen der Technikerschulen einerseits und deren adäquaten Positionen andererseits hat mit großer Wahrscheinlichkeit den zunehmend unterwertigen Einsatz der Absolventen zur Konsequenz. So gibt es Informationen über negative Auswirkungen dieser Entwicklungstendenz auf die Attraktivität der Weiterbildung zum Techniker und die beruflichen Entwicklungsperspektiven der Techniker. Allerdings ist die quantitative Erfassung eines solchen Prozesses schwierig, da Absolventen der Technikerschulen, die keine entsprechende Position als Techniker erlangen können, nicht unbedingt in Facharbeiterpositionen arbeiten, sondern auch in ganz andere Tätigkeitsbereiche überwechseln können und so möglicherweise nicht unterwertig beschäftigt sind (*Drexel* 1993, S. 143).

## 3.2 Ausbildungsvoraussetzungen

Der Beruf „Staatlich geprüfter Techniker" ist ein schulischer Weiterbildungsberuf. Die Weiterbildung zum Techniker erfolgt an einer Fachschule für Technik (früher: Technikerschule). Die aktuelle rechtliche Grundlage ist die „Rahmenvereinbarung über Fachschulen mit zweijähriger Ausbildungsdauer" entsprechend dem Beschluß der Kultusministerkonferenz vom 12. Juni 1992.

Der Besuch einer solchen Fachschule setzt bestimmte schulische bzw. berufliche Bildungsabschlüsse voraus. Schulische Voraussetzung ist mindestens der Hauptschulabschluß oder ein als gleichwertig anerkannter Abschluß. Weiterhin ist der erfolgreiche Besuch der Berufsschule (Abschlußzeugnis) oder der Abschluß einer entsprechenden Berufsfachschule Voraussetzung für den Eintritt in die Fachschule für Technik. In einigen Bundesländern wird der Abschluß der Berufsschule dem Hauptschulabschluß gleichgestellt. Fachtheoretische und fachpraktische Kenntnisse sind eine weitere Voraussetzung für die Aufnahme in die Fachschule. Dies sind konkret zum einen eine erfolgreich abgeschlossene einschlägige Berufsausbildung, zum anderen eine nachweisbare Praxis in einem Beruf des Berufsfeldes Elektrotechnik. In den einzelnen Bundesländern wird die Dauer der Praxis nicht einheitlich vorgeschrieben, in der Regel sollen jedoch Berufsausbildung und Berufspraxis insgesamt mindestens fünf Jahre betragen. In einigen Bundesländern ist es möglich, ohne eine abgeschlossene Berufsausbildung in die Technikerschule aufgenommen zu werden. Der Bewerber muß in diesem Falle meist eine mindestens siebenjährige einschlägige Berufspraxis nachweisen und gute Beurteilungen durch seine Arbeitgeber vorlegen können (*Schneider* 1997, S. 17 ff.).

## 3.3 Ausbildung an den Fachschulen für Technik

Die Weiterbildung zum Staatlich geprüften Techniker der Fachrichtung Elektrotechnik an einer Fachschule für Technik kann in Vollzeitform oder in Teilzeitform erfolgen. In der Vollzeitform kann die Weiterbildung innerhalb von zwei Jahren (vier Semestern), in der Teilzeitform innerhalb von vier Jahren (acht Semestern) abgeschlossen werden. Der Elektrotechnikerabschluß kann auch durch Fernunterricht erreicht werden.

Der Vollzeitunterricht umfaßt etwa 30 bis 40 Unterrichtsstunden pro Woche. In Abhängigkeit von den Schulordnungen der jeweiligen Fachschulen sind insgesamt etwa 2500 bis 2900 Unterrichtsstunden vorgesehen. In der Teilzeitform erfolgt der Unterricht an zwei bis drei Unterrichtsabenden pro Woche, die teilweise durch Wochenend- oder Blockseminare ergänzt werden. An einigen Fachschulen findet der Teilzeitunterricht ausschließlich an Wochenenden statt. Durchschnittlich werden etwa 14 bis 18 Unterrichtsstunden pro Woche erteilt. Die Ausbildung im Fernunterricht kombiniert Fernstudienphasen mit Präsenzunterricht. Die Studiendauer bei der Teilnahme am Fernunterricht beträgt etwa vier Jahre, wobei etwa 2800 bis 3000 Stunden für das Heimstudium angegeben werden und 250 bis 280 Stunden im Präsenzunterricht absolviert werden müssen.

Die Ausbildung zum Elektrotechniker ist in zwei Ausbildungsstufen von gleicher Dauer gegliedert. Während in der Unterstufe sprachliche sowie gesellschafts- und wirtschaftspolitische Inhalte wie auch die naturwissenschaftlichen und mathematischen Grundlagen auf dem Lehrplan stehen, geht es in der Oberstufe „um die auf die berufliche Qualifizierung des Technikers ausgerichteten Anwendungsfächer, unter Berücksichtigung der Schwerpunktbildung" (*Schneider* 1997, S. 22 ff.).

Die angesprochenen Schwerpunkte, die Studierende des Faches Elektrotechnik an den Fachschulen wählen können, unterscheiden sich je nach Fachschule. Die zahlreichen Spezialgebiete lassen sich jedoch den Hauptgruppen
- Energietechnik,
- Informations- und Kommunikationstechnik,
- Meß-, Regelungs- und Automatisierungstechnik sowie
- Mikroelekronik und Mikrosystemtechnik
zuordnen.

Am Beispiel einer Stundentafel für einen Studierenden der Fachrichtung Elektrotechnik mit dem Fachrichtungsschwerpunkt Prozeßleittechnik / Meß- und Regeltechnik der Staatlichen Technikerschule Weilburg (Hessen) sollen die Ausbildungsinhalte noch einmal verdeutlicht werden. Die in Klammern gestellten

Ziffern hinter den jeweiligen Fächern entsprechen der Anzahl der Semesterwochenstunden, in denen das betreffende Fach unterrichtet wird.

Der Lernbereich I umfaßt die Fächer Deutsch (8), Englisch (10), Gesellschaft und Umwelt (8) sowie Berufs- und Arbeitspädagogik (2). Die Fächer dieses Lernbereiches werden über die gesamte Zeit der Technikerausbildung unterrichtet.

Der Lernbereich II wird ausschließlich in der Unterstufe behandelt und beinhaltet die Fächer Mathematik (12), Technische Physik (6), Chemie (2), Elektrotechnik (12), Elektronik (8), Informationsverarbeitung (8) und das Fach Betriebsorganisation (2).

Aufbauend auf den in der Unterstufe vermittelten Grundlagen sind in der Oberstufe die „Anwendungsfächer" Gegenstand der Technikerausbildung. Hier erfolgt eine Schwerpunktlegung in Abhängigkeit vom gewählten Fachrichtungsschwerpunkt. Beim Fachrichtungsschwerpunkt Prozeßleittechnik / Meß- und Regeltechnik sind dies an der Technikerschule Weilburg die Fächer Leittechnik (12), Steuerungs- und Antriebstechnik (12), Regelungstechnik (10), Prozeßmeßtechnik (8) und Projektarbeit (8) (*Schneider* 1997, S. 36).

Parallel zur Technikerausbildung besteht an den Fachschulen für Technik die Möglichkeit, Zusatzqualifikationen zu erwerben. Der *mittlere Bildungsabschluß* wird Studierenden mit Hauptschulabschluß in den meisten Bundesländern aufgrund der erfolgreich abgelegten Technikerprüfung zuerkannt. In anderen Bundesländern sind zum Erwerb des mittleren Bildungsabschlusses die Teilnahme an Zusatzunterricht und das Bestehen einer Zusatzprüfung erforderlich. Die *Fachhochschulreife* können Studierende mit mittlerem Bildungsabschluß während der Technikerausbildung erwerben, an manchen Fachschulen ist dies auch in einem eigenständigen Lehrgang nach der Abschlußprüfung möglich. Der Erwerb der Fachhochschulreife setzt die Teilnahme an Zusatzunterricht in den Fächern Deutsch, Englisch und Mathematik und das Bestehen einer Zusatzprüfung voraus. In einigen Bundesländern beinhaltet bereits das Bestehen der Prüfung zum „Staatlich geprüften Techniker" die Zuerkennung der Fachhochschulreife. Je nach Angebot der einzelnen Fachschulen können weitere Qualifikationen erworben werden. So bereiten einige Fachschulen im Wahlbereich Studierende auch auf die Ausbildereignungsprüfung oder die Meisterprüfung vor. Auch der Erwerb von REFA-Scheinen und CAD-, CIM- Fachlehrgänge sind möglich (*Schneider* 1997, S.46).

Auf einer allgemeinen Ebene können folgende Funktionsbereiche als Tätigkeitsschwerpunkte der Elektrotechniker abgegrenzt werden:

- Entwicklung, Versuch
- Entwurf, Konstruktion
- Projektierung
- Arbeitsplanung und -vorbereitung
- Einkauf, Materialwirtschaft
- Fertigung
- Montage, Inbetriebnahme
- Qualitätssicherung, Prüfung
- Wartung, Service
- Vertrieb
- Dokumentation

Elektrotechniker sind meist als Angestellte in der freien Wirtschaft tätig. Vorrangige Branchen sind die Elektroindustrie, z.B. im Meßgerätebau, in der Steuerungs-, Regelungs- und Automatisierungstechnik, in Produktionsanlagen der Halbleitertechnologie sowie im Bereich der Datenverarbeitung und Computertechnik. Durch eine zunehmende Vernetzung der Elektrotechnik mit anderen technischen Bereichen kommen auch Branchen in Frage, die nicht der Elektrotechnik zugerechnet werden. Dies sind beispielsweise der Maschinenbau oder die Kfz-Industrie. Neben den Industriebetrieben kommen auch Rundfunkanstalten, der Fachhandel oder der öffentliche Dienst als Arbeitgeber in Frage (*Schneider* 1997, S. 7f).

Die Tätigkeitsobjekte unterscheiden sich in Abhängigkeit von den jeweiligen Unternehmensbranchen. So arbeiten die Elektrotechniker in den Branchen Energietechnik und Prozeßautomatisierung. Liegt der Unternehmensschwerpunkt beispielsweise bei der Informations- und Kommunikationstechnik, arbeiten die Techniker mit modernen Informationsübertragungssystemen, sowie Computer- und Automatisierungssystemen. In Unternehmen der Branche Datenverarbeitungstechnik installieren und betreuen sie zum Beispiel Mikrocomputersysteme beim Kunden, während in Unternehmen der Branchen Prozeßleittechnik bzw. Meß- und Regeltechnik Leitanlagen sowie elektrische und pneumatische Steuerungs- und Antriebstechnik als Tätigkeitsobjekte im Mittelpunkt stehen. Betriebliche Funktionsbereiche der Elektrotechniker sind beispielsweise das Konstruktionsbüro oder das Prüffeld. Zu den Tätigkeiten gehören aber auch die Kundenberatung und der Vertrieb von technischen Produkten (*Schneider* 1997, S. 9).

Wie aus den bisherigen Ausführungen zu erkennen ist, werden in den Blättern zur Berufskunde zwar grundlegende Tendenzen bezüglich der für die Elektrotechniker relevanten Unternehmensbranchen, Tätigkeitsarten und Tätigkeitsobjekte aufgezeigt, jedoch werden zu den einzelnen Bereichen keine quantitativen Angaben gemacht. Dies unterstreicht die Notwendigkeit einer empirischen Erhebung, auch zur quantitativen Erfassung der aufgeführten Bereiche. Bei der Erhebung soll ebenfalls die angedeutete Abhängigkeit der Tätigkeit von der Größe und Branche des jeweiligen Unternehmens untersucht werden. Die Tätigkeiten der Elektrotechniker unterscheiden sich nach *Schneider* in Abhängigkeit von der individuellen Berufserfahrung und Kompetenz der Techniker, auch hier sollen entsprechende Zusammenhänge untersucht werden.

Beim Vergleich der aktuellen Auflage der Blätter zur Berufskunde „Elektrotechniker" von *Schneider* aus dem Jahr 1997 mit der vorangehenden Auflage von *Herrmann* (1988) fällt bei den Tätigkeitsbeschreibungen auf, daß *Herrmann* Ende der achtziger Jahre vor allem die fachlich-technischen Tätigkeiten in den Vordergrund stellt, während *Schneider* 1997 (S.7) auch die Bedeutung von Kommunikation, Kooperation und Teamwork beschreibt. Auch diesem Wandel wird bei der Untersuchung nachzugehen sein.

Als theoretische Grundlage der geplanten empirischen Erhebung wird im nächsten Kapitel auf der Grundlage des Berufsbegriffs ein „Berufsbild für technische Berufe entwickelt", anhand dessen die Anforderungen des Beschäftigungssystems an die Elektrotechniker bzw. auch deren berufliche Tätigkeit systematisch beschrieben werden können.

## 4 Entwicklung des theoretischen Konstrukts Berufsbild

Ein großer Teil des Arbeitsmarktes in der Bundesrepublik Deutschland ist berufsbezogen strukturiert. Wie in Kapitel 2 dargestellt wurde, liegt auch dem Weiterbildungsberuf „Staatlich geprüfter Techniker der Fachrichtung Elektrotechnik" das gesellschaftliche Konzept der Beruflichkeit zugrunde. Die Organisation menschlicher Erwerbstätigkeit in Form von Berufen bietet sowohl Berufsinhabern als auch Arbeitgebern Vorteile. Dem Berufsinhaber verschafft der Beruf eine relative Autonomie gegenüber dem einzelnen Betrieb. Den Arbeitgebern bietet ein Zertifikat über einen beruflichen Abschluß Informationen über die Kompetenzen und sozialen Verhaltensweisen des Berufsinhabers. Die Berufe bilden auch einen Rahmen für das Maß an Akzeptanz betrieblicher Herrschaftsstrukturen.

Dies setzt aber eine Normierung beruflicher Ausbildungsgänge voraus, die das in Betracht kommende Tätigkeitsspektrum verengt. Diese Einengung von Tätigkeitsbereichen wird problematisch, wenn sich die Anforderungen des Arbeitsmarktes schnell verändern und zukünftige Anforderungen nicht absehbar sind. Das von *Mertens* 1974 zur Diskussion gestellte Konzept der „Schlüsselqualifikationen" beruht auf der Einsicht unzureichender Prognostizierbarkeit künftiger Arbeitsmarktanforderungen. Oft bedürfen daher berufliche Ausbildungsgänge einer Aktualisierung ihrer Inhalte. Bei extremen Diskrepanzen zwischen den in einem Berufsaneignungsprozeß erworbenen Inhalten und den auf dem Arbeitsmarkt benötigten Qualifikationen können die entsprechenden Berufe und selbst die Beruflichkeit zur Disposition stehen.

Die vorangegangenen Ausführungen machen deutlich, daß es sich bei Berufen um gesellschaftliche Konstrukte handelt, die einem historischen Wandel unterliegen. Daher können Berufe und auch Weiterbildungsberufe nicht als von der Gesellschaft unabhängige Realität angenommen und erforscht werden. Um die Bedeutung von Beruflichkeit genauer zu untersuchen, werden im folgenden Abschnitt Kategorien, Merkmale und Aspekte des Berufsbegriffs beleuchtet. Diese Beschreibung dient einerseits als Grundlage für die Konstruktion eines Berufsbildes, andererseits ist eine Darstellung der Leistungsmöglichkeiten bzw. der Nachteile des Berufskonzeptes auch erforderlich, um nach der Auswertung der empirisch erhobenen Daten beurteilen zu können, ob das Konzept des Weiterbildungsberufes weiterhin geeignet ist, die Weiterbildung der Facharbeiter im Berufsfeld Elektrotechnik zu organisieren. Nach der Klärung des Begriffes Beruf wird im darauffolgenden Kapitel aufbauend ein empirisch erfaßbares „Berufsbild" konstruiert.

## 4.1 Merkmale des Berufskonzepts

Nach *Stratmann* läßt sich nur im Horizont bestimmter gesellschaftlicher Bedingungen, Normen und Erwartungen angeben, was unter dem Berufsbegriff zu verstehen ist. Der Beruf ist für ihn nicht nur die Beherrschung einer typischen Kombination „technischer" Verfahren und Regeln, die Teil eines Syndroms spezifischer historisch-gesellschaftlich bedingter Leistungs- und Verhaltenserwartungen sind. Die Bedeutung solcher Erwartungen verlieren heute an Gültigkeit. Dagegen wird die Umstellungs- und Umlernfähigkeit zunehmend zu einem wichtigen Kriterium beruflich „richtigen" Verhaltens. Damit kann aber nun die früher im Beruf notwendigerweise enthaltene Allokationsfunktion nicht mehr zuverlässig angegeben werden, weshalb der Beruf noch am ehesten als eine neben anderen wahrzunehmende Rolle beschrieben werden kann. Dabei ist allerdings zu berücksichtigen, daß die berufliche Rolle die Wahrnehmung anderer Rollen entscheidend determiniert. Das wichtigste Merkmal der Rolle „Beruf" ist die (jeweils neu zu erlernende) Kombination spezieller Leistungen, deren Vermarktung in der Regel die Basis für die Erwerbslage und damit den sozialen Status des Rolleninhabers bildet (*Stratmann* 1984, S. 52).

Da die zunehmende Betonung von Umstellungs- und Umlernfähigkeit möglicherweise den Beruf als solchen in Frage stellt, liegt es nahe, darüber nachzudenken, inwiefern das Berufskonzept heute noch geeignet ist, das Arbeitsleben zu organisieren. Wie in Kapitel 1 bereits dargestellt, signalisiert in der Bundesrepublik ein Zertifikat des Berufsinhabers - sei es ein Facharbeiterbrief oder das an einer staatlichen Schule erworbene Zeugnis in einem Weiterbildungsberuf - den Arbeitgebern, über welches Mindestmaß an fachlichen Kompetenzen und über welche sozialen Verhaltensweisen der Inhaber des Zertifikats verfügt. Mit der Bezeichnung des jeweiligen Berufs gehen von der Seite der Betriebe bestimmte Erwartungen an die betriebliche Einsetzbarkeit des Berufsinhabers und an die mit diesem Einsatz verbundenen Lohn- bzw. Gehaltskosten einher (externe Rollenerwartung). Die Berufsinhaber dagegen verbinden mit ihrem Beruf bestimmte Erwartungen und Ansprüche an die Tätigkeit und die soziale Position (interne Rollenerwartung). Der Beruf ermöglicht damit eine Verständigung über Kompetenzen und sozialen Status, unabhängig von den jeweiligen betriebsspezifischen Anforderungen. Die Berufe übernehmen damit für beide Seiten eine wesentliche Schutzfunktion. Der Beruf trägt so zur Versachlichung innerbetrieblicher Sozialbeziehungen bei und schafft einen Rahmen für das Ausmaß an Akzeptanz betrieblicher Herrschaftsstrukturen, Entscheidungsprinzipien und Arbeitsbelastungen. Andererseits verengen aber die Berufe das in Betracht kommende Tätigkeitsspektrum des Inhabers. Dies wird dann kritisch, wenn sich der Arbeitsmarkt, wie dies aktuell der Fall ist, aufgrund der Verbreitung neuer Techniken und einer Veränderung betrieblicher Arbeitsorganisation in einem beschleunigten

Wandlungsprozeß befindet. In einem solchen Fall besteht die Gefahr, daß die Formalisierung und Zertifizierung von beruflichen Ausbildungsgängen zu einer Störgröße auf dem Arbeitsmarkt wird und ihre Funktion als Regelmechanismus verliert (*Georg; Sattel* 1995, S. 124 ff.). Der Beruf steht damit in einem Spannungsfeld zwischen einer funktional orientierten Tätigkeits- und Rollendefinition und einer flexibilitätshemmenden Rolleneinengung, die den Berufsinhaber und auch den Arbeitsplatzanbieter bzw. -gestalter in eine Sackgasse führen kann.

Berufe sind ein Konstrukt der Gesellschaft. Der Wandel und die jeweils aktuelle Bedeutung des Begriffs Beruf unterliegen dem gesellschaftlichen Willen. Anhand einer Beschreibung von Kategorien, Merkmalen und Aspekten des Berufsbegriffes nach *Lipsmeier* (1978, S. 14 f.) werden Eigenschaften zusammengestellt, die aus heutiger Sicht berufliche Tätigkeit treffend charakterisieren und damit auch eine Grundlage für die Erfassung empirischer Realität darstellen.

- **Erwerbsfunktion**

Der Beruf ist in der Regel die Einkommensquelle des Inhabers und damit seine dauernde Existenzgrundlage. Aufgrund dieser Funktion unterliegt der Beruf einem ökonomischen Kalkül.

- **Sozialisationsfunktion**

Berufe sind gesellschaftlich bestimmt und haben losgelöst von der Gemeinschaft keine Realexistenz. Das Vorhandensein oder Nichtvorhandensein von Berufen ist Ausdruck des gesellschaftlichen Wollens.

Auch das Maß der beruflichen Arbeitsteilung und die eingesetzte Technik sind gesellschaftlich bestimmt. Wie später noch aufgezeigt wird, unterliegen weder die Arbeitsorganisation noch die eingesetzte Technik, als entscheidende Bestimmungsfaktoren menschlicher Arbeitstätigkeit, einer an sich gegebenen Sachlogik, sondern nur dem gesellschaftlichen Willen.

Der Beruf stellt für den Menschen in der Regel die weitaus meisten Sozialkontakte her und vermittelt dem Inhaber durch konkrete Einblicke in begrenzte Zusammenhänge einen Teil seiner Realität.

Der Beruf hat neben der sozialen Seite immer auch eine individuelle Seite. Damit stehen Beruf und Berufswahl in einem Spannungsfeld zwischen persönlicher Eignung bzw. Neigung und dem ökonomischen Kalkül der Verwertbarkeit beruflicher Kenntnisse und Fertigkeiten.

- **Ganzheitlichkeitsaspekt**

Mit einigen Berufsideen ist der Aspekt von Ganzheit und Ganzheitlichkeit sowohl des Wertstückes, das im Rahmen der Berufstätigkeit hergestellt wird, wie auch des Arbeitsprozesses, in dem das geschieht, verbunden.

- **Kontinuitätsaspekt**

Die Einschätzung der zeitlichen Dimension der Ausübung einer Tätigkeit, die als Beruf angesehen werden soll, ändert sich im Laufe der historischen Entwicklung. So sieht *Luther* den Beruf als lebenslangen Dienst an der Gemeinschaft (*Lotz* 1998, S. 9). *Schlieper* (1975, S. 75 f.) spricht davon, daß nach einem Entscheidungsprozeß der freien Berufswahl für das Individuum die Verpflichtung besteht, den gewählten Beruf über eine „gewisse Dauer" auszuüben. Nach *Stratmann* (1984, S. 25) ist die Entscheidung für einen Beruf korrigierbar. Eine Korrektur wird durch gesellschaftliche Entwicklungen teilweise zur Notwendigkeit. Aufgrund der aktuellen Entwicklungen auf dem Arbeitsmarkt wird die Umstellungs- und Umlernfähigkeit zunehmend zum wichtigen Kriterium beruflich „richtigen" Verhaltens.

- **Erbauungsfunktion**

Von der Ausübung einer beruflichen Tätigkeit wird erwartet, daß sie einen Beitrag zur Bildung des Menschen leistet. Schon *Schiller* und *Goethe* gingen davon aus, daß bei Einhaltung des Prinzips der freien Berufswahl, die Berufsausübung der Persönlichkeitsentwicklung dienlich ist (*Lotz* 1998, S. 12 ff.).

- **Qualifikationsaspekt**

Als Bedingungen für die Ausübung eines Berufes werden der Erwerb und der Besitz von Qualifikationen (Fertigkeiten, Kenntnissen, Handlungen) angesehen.

- **Allokationsfunktion**

Allokation bezeichnet den Prozeß der durch Funktionsnotwendigkeiten begünstigten Verteilung von Arbeitskräften mit bestimmten Qualifikationen auf dem Arbeitsmarkt. Durch diese Zuweisung wird der Beruf zu einer sozialen Rolle, die der Inhaber neben anderen Rollen einnimmt, wobei der Beruf die weiteren sozialen Rollen entscheidend determinieren kann. Das soziale Umfeld erwartet vom Berufsinhaber die Erfüllung einer bestimmten Rolle (Rollenerwartung) und damit einer sozial bestimmten Leistung. In diesem

Sinne kann der Beruf als Dienst im Rahmen der menschlichen Gesamtordnung angesehen werden.

- **Selektionsfunktion**

Die Selektionsfunktion bezieht sich auf die Zuweisung von beruflichen Positionen nach Begabung und Leistung. Der Beruf bestimmt in hohem Maße den sozialen Status des Menschen.

### 4.2 Zur Entwicklung des Terminus Berufsbild

Der Beruf ist, wie im vorangegangenen Kapitel gezeigt, ein gesellschaftliches Konstrukt und kann nicht als an sich gegebene Realität beobachtet werden. Um aber die Frage zu beantworten, wie sich die berufliche Erwerbstätigkeit Staatlich geprüfter Techniker der Fachrichtung Elektrotechnik im Beschäftigungssystem gestaltet, muß eine Forschungsgrundlage geschaffen werden, mit Hilfe derer diese berufliche Erwerbstätigkeit abgebildet werden kann. Es soll ein „Berufsbild" gezeichnet werden.

Die Abbildung setzt jedoch eine Beobachtung und diese wiederum Beobachtungskriterien voraus. Hierzu wird im folgenden zunächst der bisher in der Literatur verwendete Berufsbildbegriff geklärt. Mit Hilfe der im vorigen Kapitel erarbeiteten Kategorien, Merkmale und Aspekte des Berufsbegriffes, der hier zu beschreibenden bisherigen Verwendung des Berufsbildbegriffes und einigen Kategorien, die insbesondere für technische Berufe Relevanz besitzen, wird anschließend das erwähnte „Berufsbild für technische Berufe" konstruiert.

Der Begriff „Berufsbild" wird seit den zwanziger Jahren dieses Jahrhunderts in der berufskundlichen Literatur verwendet und unterliegt seitdem einem ständigen Bedeutungswandel. Ein wesentliches Begriffsmerkmal ist jedoch die Beschreibung von *Tätigkeiten*, die bei der beruflichen Arbeit ausgeführt werden. Auch der bereits beim Berufsbegriff aufgeführte *Qualifikationsaspekt* wird häufig berücksichtigt.

Erstmals wurde der Begriff 1920/21 in den „Berufskundlichen Unterlagen für die Berufsberatung und Lehrstellenvermittlung" des Landes Sachsen-Anhalt zur Systematisierung von ca. 200 Berufen verwendet. Das Berufsbild war hier eine eingehende Beschreibung eines Berufes und enthielt Angaben über Berufsbezeichnungen, Anforderungen und wirtschaftliche Verhältnisse (*Mann* 1970, S. 150 f). Die Beschreibung der wirtschaftlichen Verhältnisse bezieht sich auf die *Selektionsfunktion* des Berufes. Etwas später folgende Beschreibungen beziehen neben einer Darstellung der Tätigkeiten, dem Qualifikationsaspekt und der Selektionsfunktion des Berufes auch die *Anforderungen an das Individuum* mit ein. So wurden im Jahre 1925 vom Arbeitsausschuß für Berufsausbildung, vom Verband der Metallindustriellen und dem deutschen Ausschuß für Technisches Schulwesen (DATSCH) Berufsbilder für die metallgewerblichen Berufe aufgestellt. Sie charakterisierten den Einsatzbereich der Ausgebildeten und die während der Lehre zu vermittelnden Fertigkeiten und Kenntnisse. Zweck war vor allem die psychologische Eignungsfeststellung (*Schlieper* 1964, S. 66). In den Jahren 1927 - 1936 wurden Berufsbilder für die in Deutschland vorkommenden Berufe entwickelt und im „Handbuch der Berufe" aufgeführt. Diese Berufsbilder wurden in Form ausführlicher Monografien dargestellt und nach den folgend aufgeführten Punkten gegliedert: Berufsbezeichnung, Entstehung, Berufsziffer, Arbeitsaufgaben, Tätigkeitsbeschreibungen, Anforderungen, Ausbildung, wirtschaftliche und soziale Verhältnisse sowie Literatur über die Berufe (*Mann* 1970, S. 150 f).

Eine enger gefaßte Bedeutung erhielt der Begriff Berufsbild in den Vorläufern der heutigen Ausbildungsordnungen, den sogenannten „Ordnungsmitteln zur Berufsausbildung". Diese Ordnungsmittel beinhalteten in den Bereichen Industrie und Handel (1969 waren ca. 380 Berufe erfaßt) das „Berufsbild", den Berufsbildungsplan sowie die Prüfungsanforderungen. Die Berufsbilder enthielten hier die Berufsbezeichnung, unter „Arbeitsgebiet" kurze Angaben zur Erwachsenentätigkeit, die Ausbildungsdauer, Art und Umfang der notwendigen Kenntnisse und Fertigkeiten. Im Handwerksbereich (hier waren 1969 ca. 125 Berufe erfaßt) führten die Berufsbilder zunächst die zur Ausübung eines Handwerks notwendigen Kenntnisse und Fertigkeiten bis zur Meisterprüfung auf, während die spezifischen Inhalte der Lehrlingsausbildung erst die ergänzenden „Fachlichen Vorschriften" (Lehrbilder) ergaben. Diese Berufsbilder wurden von den damit beauftragten Organen der Selbstverwaltung in engem Kontakt mit den Fachorganisationen und Sozialpartnern erarbeitet. Mit der staatlichen Anerkennung erhielten sie Rechtsverbindlichkeit und wurden zum verpflichtenden Bestandteil der Berufsausbildungsverträge (*Mann* 1970, S. 150 f). Bei der Darstellung der Berufsbilder erfolgte demnach nur noch eine Tätigkeitsbeschreibung und eine Berücksichtigung des Qualifikationsaspekts.

Eine noch weitergehende Begriffseinschränkung brachte die Neuregelung der Berufsausbildung mit dem Berufsausbildungsgesetz (BBiG) vom 14.8.1969. Anders als frühere Regelungen geht das BBiG von einer präskriptiven „Berufsbild - Lehre" aus: Danach ist nicht die jeweils vorgefundene Berufsrealität eines speziellen Unternehmens Maßstab der Ausbildung, sondern der in öffentlich-rechtlich geordneten Berufsbildern fixierte Mindeststandard an Kenntnissen und Fertigkeiten. Aufgrund dieser Funktion wurde das Berufsbild (neue Begrifflichkeit: „Ausbildungsberufsbild") Teil der für die einzelnen Berufe zu erlassenden „Ausbildungsordnungen" und seine Aussage nunmehr auf die berufsnotwendigen „Fertigkeiten und Kenntnisse" beschränkt (*Mann* 1970, S. 150 f), d.h. es wurde nur noch der Qualifikationsaspekt des Berufs berücksichtigt.

Auch in der berufspädagogischen Literatur der DDR wird das Berufsbild definiert. Das „Lexikon der Wirtschaft, Arbeit, Bildung, Soziales" (1982) versteht darunter ein staatliches Dokument der Berufsausbildung, welches die Berufsbezeichnung nennt und kurz die volkswirtschaftliche Bedeutung des Berufes beschreibt. Weiterhin werden die wichtigsten auszuübenden beruflichen Tätigkeiten und die psychophysischen Anforderungen genannt. Weiterer Begriffsinhalt waren hier der Ablauf und die Dauer der Ausbildung, Voraussetzungen zum Erlernen des Berufs, sowie Einsatz- und Qualifizierungsmöglichkeiten. Zweck war vor allem die qualifizierte Information in der Berufsberatung (*Freyer* u.a. 1982, S. 145).

Neben diesen zur Regulierung der Ausbildung in Lehrberufen beschriebenen Definitionen des Begriffs Berufsbild entwickelten sich in der berufspädagogischen Literatur auch weiter gefaßte Vorstellungen von einem Berufsbild. So definiert *Udo Müllges* das „Bild des Berufes" in einer von *Johannes Zielinski* 1965 veröffentlichten Studie „Der Gewerbelehrer, Bild und Wirklichkeit eines Erzieherberufes": Danach ist das „Bild eines Berufes" nicht gleich dem „Berufsbild" (in dem am Anfang des Kapitels beschriebenen Sinne), in welchem nach dem üblichen Vorgang diejenigen erforderlichen und erwünschten Eigenschaften, Fähigkeiten und Fertigkeiten angeführt werden, die ein erstes Bild der Leistungsansprüche in diesem beruflichen Tätigkeitsfeld vermitteln. Jedes „Berufsbild" (im eingeschränkten Sinne) steckt, was zum Zweck der Berufsberatung durchaus angemessen und ausreichend sein mag, einen solchen Rahmen von Anforderungen an den Menschen ab, um über die Bedingungen der Wahl, des Ausbildungsgangs und der Ausübung des betreffenden Berufs eine Orientierung zu geben. Die dort aufgeführten Punkte stellen nur abstrakte Einzelmerkmale dar, werden aber eben nicht in ihren inneren Verwebungen und Spannungen adäquat wiedergegeben. Leistungseigentümlichkeiten kommen nicht zur Geltung. Statt dessen werden nur gewisse Funktionen innerhalb der menschlichen Berufsführung auf einem bestimmten Gebiet beschrieben, ohne deren steuernde Motivation und innere geistige Organisation zu berücksichtigen (*Müllges* 1965, S.25 f.). Die Umschreibung der Tätigkeiten und Leistungsfunktionen allein erscheint nach *Müllges* zur Erfassung des „Bildes eines Berufs" unzureichend. Ein umfassendes „Berufsbild" kann nicht nur in einer Zusammenstellung der hauptsächlichen Leistungsfunktionen und -verpflichtungen bestehen. Es kommt darauf an, die nach außen sichtbare Tätigkeit in Richtung auf jenen inneren Kern der Berufsperson zu überschreiten, der schließlich alle beruflichen Verrichtungen und Verpflichtungen fundiert. Die Frage richtet sich also nicht in erster Linie darauf, was der Berufsinhaber „tut", sondern darauf, was der Berufsinhaber „ist" (*Müllges* 1965, S. 26 ff.).

Diesem hohen Anspruch von *Müllges* kann eine empirische Untersuchung, die eine Vielzahl von Individuen berücksichtigt, nicht gerecht werden. Die Ausführungen machen aber deutlich, daß bei einer Erfassung eines Berufsbildes neben der sozialen Seite die individuelle Seite des Berufs mit berücksichtigt werden sollte.

Bei der Betrachtung des Begriffs Berufsbild wird deutlich, daß bei der Abbildung von Berufen die Beschreibung der Tätigkeit eine zentrale Bedeutung einnimmt. Auch die Notwendigkeit der Berücksichtigung der individuellen Seite des Berufs wird hier noch einmal deutlich. Weitere Merkmale, die zur Berufsbildbeschreibung herangezogen wurden, wie der Qualifikationsaspekt, die Sozialisationsfunktion, die Selektionsfunktion und die Erbauungsfunktion, wurden bereits bei der Beschreibung des Begriffes Beruf herausgearbeitet.

### 4.3 Konstruktion eines „Berufsbildes für technische Berufe"

Das als Forschungsgrundlage für die empirische Untersuchung der beruflichen Arbeit von Elektrotechnikern benötigte „Berufsbild für technische Berufe" soll in diesem Kapitel abgeleitet werden. Dazu werden im wesentlichen die Kategorien, Merkmale und Aspekte des Berufsbegriffs verwendet, die in Kapitel 4.1 beschreiben wurden. Darüber hinaus werden noch Merkmale einbezogen, die sich aus der bisherigen Verwendung des Begriffes Berufsbild ergeben (Kapitel 4.2). Da es sich bei dem Beruf „Staatlich geprüfter Techniker der Fachrichtung Elektrotechnik" um einen technischen Beruf handelt, ist auch die Prägung des Berufsbildes durch den notwendigen Umgang mit der Technik zu berücksichtigen.

Fast alle im vorangegangenen Kapitel erwähnten Begriffsverständnisse von „Berufsbild" beinhalten eine Beschreibung der beruflichen Tätigkeiten des Berufsinhabers. Damit wird deutlich, daß die Abbildung eines Berufs eine Beschreibung des spezifischen beruflichen Tätigkeitsfeldes beinhalten sollte. Daher wird die *Tätigkeit* als konstituierendes Element eines „Berufsbildes für technische Berufe" bestimmt. Durch die Tätigkeit setzt sich der Mensch mit seiner Umwelt auseinander und verändert diese durch bewußtes und zielgerichtetes Handeln (*Oesterreich* 1987, S. 21 ff.). Die Ergebnisse der Tätigkeit sind sowohl Veränderungen der Umwelt als auch hervorgerufene Zustands- und Befindlichkeitsveränderungen beim arbeitenden Menschen. Damit ist bei der beruflichen

Tätigkeit eine fortwährende Wechselwirkung zwischen Arbeitsbedingungen und Leistungsvoraussetzungen gegeben (*Hacker* 1986, S. 34 ff.).

Sowohl bei der Klärung des Berufsbildbegriffes wie auch beim Berufsbegriff wurde deutlich, daß Beruflichkeit immer eine individuelle und eine soziale Seite beinhaltet. Diesem Aspekt soll auch bei der Beschreibung des Berufes der Elektrotechniker mit Hilfe des „Berufsbildes für technische Berufe" Rechnung getragen werden.

*Stratmann* beschreibt den Beruf in Anlehnung an *Daheim* als eine soziale Rolle, die der Berufsinhaber neben weiteren sozialen Rollen einnimmt (*Stratmann* 1989, S. 52). Die Gesamtgesellschaft und im besonderen das soziale Umfeld am Arbeitsplatz erwarten vom Berufsinhaber die Erfüllung einer Rolle, durch deren Übernahme eine sozial bestimmte Leistung erbracht wird. Das bedeutet, daß das soziale Umfeld eine Rollenerwartung an das Individuum richtet (*Greif* 1983, S. 129). Diese vom Umfeld an das Individuum herangetragene Erwartung soll im folgenden als *externe Rollenerwartung* bezeichnet werden (vgl. Sozialisationsfunktion des Berufes). In dieser externen Rollenerwartung kommen mehrere Merkmale des Berufsbegriffes zur Geltung. Die Übernahme einer beruflichen Rolle ist durch die Anforderungen der Gemeinschaft an den Besitz bestimmter Qualifikationen gebunden (Qualifikationsaspekt). Personen mit spezifischen Qualifikationen werden auf dem Arbeitsmarkt bestimmte Funktionen und damit entsprechende Positionen zugewiesen (Allokationsfunktion). Da der Erwerb von Qualifikationen und damit die Übernahme bestimmter beruflicher Rollen auch an Begabung und Leistung gebunden ist und die berufliche Rolle den sozialen Status des Menschen in hohem Maße bestimmt, kommt hier auch die Selektionsfunktion des Berufes zum Tragen.

Der Beruf hat immer eine soziale und eine individuelle Seite. Bezüglich der Betrachtung des Berufs als soziale Rolle muß berücksichtigt werden, daß der Berufsbegriff dann die Annahme der sozialen Rolle durch das Individuum beinhaltet. Deren Übernahme schließt eine individuelle Interpretation des Rollenverständnisses ein. Diese Interpretation wird *interne Rollenerwartung* genannt. Das Individuum ist üblicherweise bestrebt, entsprechend seinen Begabungen und den individuellen Vorstellungen, durch den Erwerb beruflicher Qualifikationen bestimmte Positionen im Beschäftigungssystem einzunehmen (Selektionsfunktion, Allokationsfunktion) und verbindet mit der Übernahme einer beruflichen Rolle bestimmte Erwartungen. Diese umfassen in der Regel die Erwerbsfunktion des Berufes. Da der Beruf oft die wesentliche Einkommensquelle des Berufsinhabers und damit seine dauernde Existenzgrundlage ist, verbindet das Individuum mit der Übernahme einer beruflichen Rolle ein bestimmtes, durch die berufliche Arbeit erzieltes Einkommen. Die Sozialisationsfunktion des Berufs ist für den Inhaber von entscheidender Bedeutung, da der Beruf für den Menschen in der Regel die weitaus meisten Sozialkontakte herstellt. Es existieren, je nach Individuum auch unterschiedliche, weitere Erwartungen in Verbindung mit der Übernahme einer beruflichen Rolle, die hier allerdings nicht vollständig aufgeführt werden können. Die *externe Rollenerwartung* und die *interne Rollenerwartung* werden als weitere konstituierende Elemente eines „Berufsbildes für technische Berufe" bestimmt (vgl. Kap. 4.4.2).

Als ein Merkmal des Berufes wurde der Qualifikationsaspekt beschrieben, nach dem als Bedingung für die Ausübung eines Berufs der Erwerb und Besitz von Qualifikationen angesehen wird. Der Qualifikationsbegriff beinhaltet jedoch nur die Anforderungen des Arbeitssystems an den Menschen. Zur Beschreibung der beruflichen Arbeit der Elektrotechniker soll daher der aktuelle Kompetenzbegriff herangezogen werden, der die subjektive Verarbeitung des Erwerbs von Kenntnissen, Fähigkeiten und Fertigkeiten mit einschließt. Der Kompetenzbegriff beinhaltet die zwei Seiten des Berufs, die individuelle und die soziale. Zum einen wird die sich entwickelnde *Kompetenz* durch die persönlichen Fähigkeiten und Neigungen des Individuums bestimmt. Zum anderen muß eine Kompetenzentwicklung durch die gesellschaftliche Organisation von Aus- und Weiterbildung ermöglicht werden. Auch die berufliche Tätigkeit selbst hat je nach ihrer Gestaltung kompetenzfördernde oder -mindernde Wirkungen (Erbauungsfunktion des Berufes). Dies wird um so deutlicher, wenn berücksichtigt wird, daß der Beruf seinem Inhaber einen Teil seiner Realität verschafft, indem er ihm konkrete Einblicke in begrenzte Zusammenhänge liefert (*Lotz* 1989, S. 23 ff.).

Das Berufsbild, d.h. die Tätigkeit sowie die externe und interne Rollenerwartung, werden durch die vom Berufsinhaber geforderte bzw. von diesem tatsächlich erworbene *Kompetenz* bestimmt.

Da es sich beim „Staatlich geprüften Techniker der Fachrichtung Elektrotechnik" um einen technischen Beruf handelt, sind diese in soziotechnischen Systemen tätig. Beim soziotechnischen System umfassen die Systemgrenzen sowohl die Technik als auch den Menschen. Es wird das Zusammenspiel von Mensch und Technik innerhalb des Arbeitsprozesses beleuchtet. Bei der Beschreibung des Berufsbildes soll auch die verwendete Produktionstechnik bzw. die von den Technikern produzierte Technik betrachtet werden, da Tätigkeit und Rollenerwartungen entscheidend durch die *Technik* determiniert werden.

Der bei der Betrachtung des Berufsbegriffs festgestellte Einfluß der Gesellschaft auf den Beruf wird auch bei der Wirkung des Bestimmungsfaktors *Technik* auf die berufliche Arbeit deutlich, da die Implementierung von soziotechnischen Systemen und die Verwendung einer bestimmten Technik letztendlich wieder gesellschaftlich determiniert sind (*Martin; Pangalos* 1993, S.77f.). D.h. die aktuelle technische Ausprägung der Arbeitsmittel (Produktionsmittel) und der Arbeitsgegenstände (Produkte) sind unter anderem durch einen gesellschaftlichen Entscheidungsprozeß bestimmt.

Gleiches gilt für einen weiteren Einflußfaktor, die *Arbeitsorganisation*. Bei der Beschreibung des Berufsbegriffs wurde der Ganzheitlichkeitsaspekt dargestellt, der sich sowohl auf die Ganzheit und Ganzheitlichkeit des Arbeitsobjektes wie auch des Arbeitsprozesses bezieht. Ob berufliche Arbeit diesem Aspekt gerecht wird, hängt entscheidend auch von der am Arbeitsplatz vorgefundenen Form der Arbeitsorganisation ab. Während noch in der 60er und 70er Jahren davon ausgegangen wurde, daß die „richtige" Form der Arbeitsorganisation im wesentlichen von den Anforderungen des technischen Systems bestimmt werde, beweisen neuere Forschungsergebnisse (z.B. *Kern; Schumann* 1988), daß ein Produktionsprozeß bei gegebener Technik, jedoch unterschiedlichen Formen der Arbeitsorganisation durchaus bezüglich ökonomischer Gesichtspunkte zu gleichen Ergebnissen führen kann. Da also technische Zwänge die Form der eingeführten Arbeitsorganisation nicht allein determinieren, ist auch die Auswahl einer bestimmten Organisationsform gesellschaftlich bestimmt. Damit wirkt die Gesellschaft auch über den Bestimmungsfaktor *Arbeitsorganisation* auf die Tätigkeit des Berufsinhabers und die externe und interne Rollenerwartung ein.

In den vorangehenden Ausführungen wurde der Einfluß der Gesellschaft auf den Beruf und das Berufsbild über die Bestimmungsfaktoren *Kompetenz*, *Technik* und *Arbeitsorganisation* beschrieben. In Kapitel 4.1 wurde die gesellschaftliche Determiniertheit jeglichen beruflichen Tuns dargestellt. Aus den beschriebenen Sachverhalten wird begründet, daß die Gesellschaft, neben der aufgezeigten Beeinflussung über die drei aufgeführten Bestimmungsfaktoren, auch immer einen direkten Einfluß auf den Beruf und das Berufsbild nimmt. D.h. sowohl das Berufsbild mit den konstituierenden Elementen *Tätigkeit* sowie *externe* und *interne Rollenerwartung*, als auch die Bestimmungsfaktoren *Kompetenz*, *Technik* und *Arbeitsorganisation* sind in einen *gesellschaftlichen Kontext* eingebettet.

Hier wird nicht der Anspruch erhoben, daß das Berufsbild mit der Tätigkeit und den Rollenerwartungen vollständig beschrieben werden kann. Es ist grundsätzlich nicht möglich, mit empirisch erfaßbaren Sachverhalten die „vollständige Realität" abzubilden. Das bedeutet, daß auch bei der Anwendung des hier entwickelten Modells „weiße Flecken" bleiben, die nicht berücksichtigt werden können bzw. nicht erfaßbar sind.

Das hier konstruierte und begründete Modell eines „Berufsbildes für technische Berufe" soll durch die folgende Grafik (Abb. 2) veranschaulicht werden. Daran anschließend wird das konstituierende Element *Tätigkeit* des Berufsbildes anhand von Forschungsergebnissen in der Arbeitspsychologie und der Arbeitswissenschaft genauer beschrieben. Mit der Untersuchung sozialer *Rollen* beschäftigen sich die Soziologie und die Sozialpsychologie. In diesen Wissenschaften wurden auch die Methoden zur empirischen Erfassung entsprechender Sachverhalte entwickelt. Eine Beschreibung der sozialen Rolle und der *externen* und *internen Rollenerwartung* schließt sich an die Ausführungen zur Tätigkeit an. Danach folgen eine Beschreibung der Bestimmungsfaktoren Kompetenz, Technik und Arbeitsorganisation sowie eine kurze Beleuchtung der zwischen diesen Faktoren bestehenden Interdependenzen.

Das damit genauer bestimmte „Berufsbild für technische Berufe" dient als Grundlage zur empirischen Erfassung der beruflichen Arbeit „Staatlich geprüfter Techniker der Fachrichtung Elektrotechnik".

## Berufsbild für technische Berufe

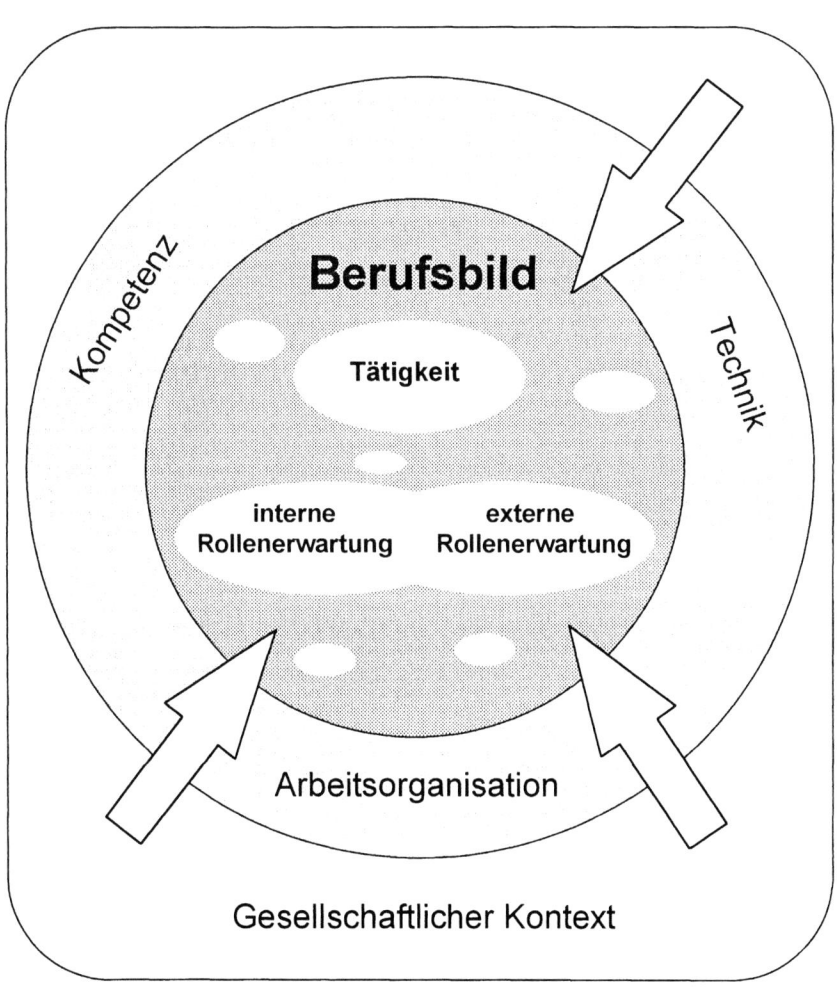

Abb. 2: Grafische Veranschaulichung: Berufsbild für technische Berufe

## 4.4 Konstituierende Elemente eines Berufsbildes für technische Berufe

Hier sollen die konstituierenden Elemente des Berufsbildes für technische Berufe *Tätigkeit* sowie *externe Rollenerwartung* und die *interne Rollenerwartung* genauer beschrieben werden. Diese Darstellungen bilden eine Grundlage, um Kriterien abzuleiten, anhand derer das „Berufsbild für technische Berufe" empirisch erfaßt werden kann.

### 4.4.1 Tätigkeit

Eine Beschreibung des konstituierenden Elementes Tätigkeit erfolgt auf der Grundlage der Handlungspsychologie, insbesondere im Sinne von *Hacker*. Die Theorie von *Hacker* wurde gewählt, da diese in den Arbeitswissenschaften eine breite Anerkennung als Grundlage arbeitspsychologisch fundierter Tätigkeitsanalysen fand. Auch das bei der Neuordnung der Berufsausbildung eingeführte didaktische Konzept der Handlungsorientierung basiert auf den Ausführungen *Hackers*. Auf handlungspsychologischer Grundlage wurde von *Hacker, Iwanowa* und *Richter* (1983) ein arbeitspsychologisches Erhebungsinstrument zur Erfassung von Tätigkeiten, das „Tätigkeitsbewertungssystem (TBS)", entwickelt. Dieses Erhebungsinstrument ist dazu geeignet, in der vorliegenden Untersuchung Anregungen für die empirische Erfassung von Tätigkeiten der Elektrotechniker zu geben.

Bei seinen Tätigkeiten setzt sich der Mensch mit seiner Umwelt auseinander und verändert sie nach seinen Zielen durch bewußtes und zielgerichtetes Handeln. Das Handeln ist gegenständlich; es bewirkt Veränderungen der objektiven Bedingungen der Umwelt und ist zugleich durch diese bestimmt. Handeln wird weder allein durch Reagieren noch allein durch Denken geleitet. Dabei ist das menschliche Handeln in gesellschaftliche Zusammenhänge eingebunden, die einzelnen Handlungen stehen im Zusammenhang größerer Handlungsgefüge (*Oesterreich* 1987, S.21 ff.).

**Handlungen**
Während Tätigkeiten als umfassende Vollzüge betrachtet werden, bezeichnet der Begriff Handlung die kleinste psychologische Einheit der willensmäßig gesteuerten Tätigkeiten. Der Beginn einer Handlung ist dadurch gekennzeichnet, daß an diesen Stellen der Aktivitätsfluß aufgrund einer Entscheidung auch in eine andere Richtung hätte fortgesetzt werden können. Das Ende einer Handlung ist die Stelle im Aktivitätsfluß, an der wiederum die Möglichkeit besteht zu entscheiden, den Aktivitätsfluß in eine andere Richtung zu lenken. Dabei ist eine Handlung immer

auf ein Ziel gerichtet, die Abgrenzung einer Handlung erfolgt durch das bewußte Ziel.

Ein Ziel im handlungspsychologischen Sinn ist ein angestrebtes Ergebnis des Handelns, welches den Ausgangspunkt für neue Handlungsmöglichkeiten darstellt. Nur durch das Erreichen von (Teil-) Zielen werden die Handlungen zu selbständigen, abgrenzbaren Grundbestandteilen der Tätigkeit. Die Rolle eines Oberziels kann das Motiv der Tätigkeit übernehmen. Dabei sind Tätigkeiten jedoch mehr als nur eine Addition von Handlungen. Mit gleichen Handlungen können verschiedene Tätigkeiten verwirklicht werden (*Hacker* 1986, S. 73).

Mit dem Begriff Handlungsregulation werden psychische Prozesse bezeichnet, aufgrund derer „das Handeln den äußeren Handlungsbedingungen angeglichen wird. Diese psychischen Prozesse betreffen die Bestimmung von Zielen, Planung des Handelns, die Verarbeitung von Rückmeldungen über die Ergebnisse des Handelns und die sensumotorisch geleitete Ausführung einzelner Handlungen" (*Oesterreich* 1987, S. 30).

**Operationen**
Operationen oder Teilhandlungen sind nur unselbständige Bestandteile der Tätigkeit bzw. Handlung, da ihre Resultate nicht als Ziele bewußt werden. Die Operationen basieren auf unselbständigen, von der Handlung abhängigen Bewegungen.

**Bewegungen**
Eine Operation setzt sich aus mehreren Bewegungen zusammen, welche wiederum in unterschiedlicher Komplexität vorliegen. Jede Handlung ist notwendigerweise ein psychischer Akt, weil sie bewußt, d.h. zielgerichtet ist; sie hat Ziele, folgt Motiven und erfüllt Aufgaben. Für die Bewegung als Untergliederung der Teilhandlungen gilt dies nicht. Die Bewegungen sind nicht notwendigerweise bewußtseinspflichtig, sondern höchstens bewußtseinsfähig (*Hacker* 1986, S. 74).

Tätigkeiten sind sowohl Ausdruck als auch prägende Instanz des menschlichen Bewußtseins. Die Veränderung der Umwelt durch die Tätigkeit des Menschen ist nicht nur Selbstverwirklichung, sondern zugleich auch mit der Veränderung der Persönlichkeit verbunden. Dabei werden nicht nur Kenntnisse, Erfahrungen, Fertigkeiten und Fähigkeiten gewonnen, sondern auch Einstellungen und Willensprozesse entwickelt, was in der Regel zu einer Verfestigung der Charaktereigenschaften führt (*Hacker* 1986, S. 61 ff.).

Für die Ausführung einer zielgerichteten, willentlichen Tätigkeit gelten die folgend aufgeführten Bedingungen:

1. Der Realitätsveränderung durch das Individuum geht eine Abbildungsumformung in der Vorstellung voraus. Die zukünftige Realität wird zunächst in einem antizipierten Abbild erzeugt.
2. Der Tätigkeit ist eine Orientierungsphase vorgeschaltet.
3. Der Realisation der Tätigkeit ist eine interne Probephase zur Programmerstellung vorgeschaltet, wobei
4. externe Informationen und Erfahrungen aus früheren Handlungen zur Abwägung des Nutzens der geplanten Tätigkeit herangezogen werden.
5. Zielirrelevante Einflüsse werden zurückgedrängt und zielbezogene Tätigkeitsphasen in den Vordergrund gestellt.
6. Die Handlungen zur Erreichung des Tätigkeitsziels sind hierarchisch geordnet. Damit werden Einzelschritte zu abhängigen Bestandteilen von übergeordneten Zielen und Programmen.
7. Das Resultat der Tätigkeit wird mit dem antizipierten Ziel verglichen. Auch im Verlauf der Tätigkeit wird ein ständiger Ist-Soll Vergleich vorgenommen.
8. Im Handlungsverlauf werden die verschiedenen Vorgehensweisen bezüglich der Effektivität zur Erreichung des Handlungsziels bewertet (*Hacker* 1986, S. 63).

Unter menschlicher Tätigkeit im Sinne von *Arbeitstätigkeit* soll in operationaler Definition all das verstanden werden, was der Mensch zur Erhaltung seiner eigenen Existenz oder der Existenz der Gesellschaft tut, soweit es von der Gesellschaft akzeptiert und honoriert wird (*Rohmert; Landau* 1979, S. 20). Gegenstand von Arbeitstätigkeiten können Materialien, Informationen, aber auch Menschen sein. Somit kann das entstehende Tätigkeitsergebnis stofflicher, energetischer oder informationeller Art sein (*Hacker* 1986, S. 84).

Die Arbeitstätigkeit erfolgt innerhalb eines *Arbeitssystems*, welches durch seinen Zweck, seine Technologie und seine Technisierung gekennzeichnet ist. Der *Zweck* eines Arbeitssystems ist die zielgerichtete Veränderung eines Arbeitsobjekts durch eine dem Ziel entsprechende Einwirkung. Als Tätigkeitsobjekte kommen neben materiellen Objekten (Produkte) auch Energien, Informationen oder Menschen in Frage. Die Ergebnisse der Vorgänge am Tätigkeitsobjekt Mensch werden als Dienstleistungen bezeichnet. Die grundsätzlichen Veränderungsmöglichkeiten an allen Tätigkeitsobjekten bestehen in Veränderungen der Beschaffenheit oder der Lage. Die *Technologie* des Arbeitssystems bezeichnet das spezielle Verfahren, das die gewünschte Veränderung bewirken soll. Dabei kann es sich um bestimmte Prozeßformen handeln, ebenso sind hiermit aber auch die Wirkungsmöglichkeiten des Menschen und ihr Einsatz gemeint, wie etwa das menschliche Sprechen als Übermittlungsverfahren im Ausbildungsprozeß. Die *Technisierung* eines Arbeitssystems beschreibt die Realisierung des Systems in seinen einzelnen Bereichen. Hier wird die Frage relevant, ob bestimmte Funktionen durch den Menschen oder durch technische Sachmittel ausgeführt werden. Wesentliche Funktionen des Arbeitssystems sind die Einwirkung, die Lenkung und die Überwachung. Diese Funktionen sind in jedem Arbeitssystem vorhanden. „Die Einwirkung ruft die eigentliche Veränderung am Tätigkeitsobjekt hervor. Durch die Lenkung wird dieser Prozeß durch Verarbeitung entsprechender Informationen zielgerichtet geführt. Die Überwachung dient dem Aufrechterhalten der Funktionsfähigkeit des Systems, das heißt der inneren Überprüfung und Beseitigung von Störwirkungen. Mit der Technisierung kann der Anteil der Technik im Arbeitssystem gekennzeichnet werden." (*Kirchner; Rohmert* 1972, S. 14)

Die menschlichen Tätigkeitsarten sind durch ihre Stellung im Arbeitssystem eindeutig zu kennzeichnen. Ihre objektiven Anforderungen ergeben sich aus dem Zweck und dem Gestaltungszustand des Arbeitssystems. Neben den technischen Gestaltungsfaktoren - Technologie, Technisierung - sind für die menschliche Tätigkeit weiterhin die ergonomische und organisatorische Gestaltung von Bedeutung. Dabei betrifft der ergonomische Gestaltungszustand die relative Anpassung der Arbeitsbedingungen an die menschlichen Eigenschaften und Fähigkeiten zur Arbeit (*Kirchner; Rohmert* 1972, S. 17).

Infolgedessen muß der Mensch bei seiner Arbeitstätigkeit in der Regel eine objektive Logik der Arbeitsgegenstände und der Arbeitsmittel berücksichtigen. Arbeitstätigkeiten können nicht mit beliebigen Ausführungsweisen zu beliebigen Zeitpunkten realisiert werden. Die Eingriffe des Arbeitenden in derartige Vorgänge müssen auf einer Mindestkenntnis der objektiven Gesetzmäßigkeiten aufbauen. Dazu gehört das Wissen um generelle Beeinflussungsmöglichkeiten wie auch die Abschätzung wahrscheinlicher Folgen des Handelns (*Hacker* 1986, S. 103).

Die Arbeitstätigkeit besteht aus auf Zweckmäßigkeit der Ausführung hin angelegten Handlungen, die durch den Willen gesteuert werden und klar von Affekthandlungen zu unterscheiden sind. Der Antrieb geht dabei nicht unmittelbar in die Handlung über, vielmehr erfolgt eine Abwägung von Handlungsmitteln und Handlungswegen (*Hacker* 1986, S.61). Dabei besteht im Arbeitsprozeß eine fortwährende Wechselwirkung zwischen den *Arbeitsbedingungen* und den *Leistungsvoraussetzungen des Individuums*. Unter dem Begriff Leistungsvoraussetzungen wird die Gesamtheit der zur Erfüllung eines Arbeitsauftrages verfügbaren physischen und psychischen Eigenschaften des arbeitenden Menschen verstanden. Die Arbeitsbedingungen bestimmen zusammen mit dem Arbeitsauftrag bzw. der selbstgestellten Aufgabe die objektiven Anforderungen. Die Grenze zwischen Arbeitsbedingungen und Leistungsvoraussetzungen verschiebt sich regelhaft, indem Arbeitsbedingungen beispielsweise zu Überzeugungen werden und Leistungsvoraussetzungen sich in Arbeitsresultaten vergegenständlichen, die dann den Charakter neuer Arbeitsbedingungen gewinnen. Damit werden längerfristige Tätigkeitsbereiche, die das menschliche Leben viele Jahre hindurch organisieren, zu einem wichtigen Bestandteil der Persönlichkeit. Die Arbeitstätigkeit hat so eine persönlichkeitsprägende Wirkung (*Hacker* 1986, S. 40). Aus dem reflexiven Bezug auf die eigene Tätigkeit entstehen wichtige Aspekte des Selbstbewußtseins der Individuen. Dies wird häufig auch als Selbstkonzept bezeichnet. Daher können Tätigkeiten nicht ohne das Betrachten dieses reflexiven Bezugs angemessen beschrieben werden.

Nach *Hacker* wird die Psyche des Individuums durch die folgenden relevanten Eigenschaften der *Arbeitstätigkeit* beeinflußt:

„*1. Sie ist bewußte, zielgerichtete Tätigkeit;*
*2. gerichtet auf die Verwirklichung eines Ziels als vorweggenommenes Resultat (Produkt), das*
*3. vor dem Handeln ideell gegeben war;*
*4. sie wird willensmäßig auf das bewußte Ziel hin reguliert;*
*5. bei der Herstellung des Produkts formt sich zugleich die Persönlichkeit; diese persönlichkeitsformende Wirkung ist nicht auf die Fähigkeiten und Fertigkeiten beschränkt, sondern betrifft auch den Charakter;*
*6. jede Arbeitstätigkeit, auch die innerhalb der gesellschaftlichen Arbeitsteilung isoliert ausgeübte, ist in ihren wesentlichen Merkmalen gesellschaftlich bestimmt. Sie ist stets bezogen auch auf Bedürfnisse anderer Menschen und gewinnt daraus einen ausschlaggebenden Teil ihres Sinns. Sie ist Verwirklichung des gesellschaftlichen Wesens des Menschen in der individuellen produktiven Tätigkeit"*
(*Hacker* 1986, S. 57).

Der Ausgangspunkt der Tätigkeit ist die Arbeitsaufgabe, welche beim Übernehmen des Arbeitsauftrages entsteht. Die Arbeitsaufgabe bestimmt die psychischen Komponenten der Arbeitstätigkeit. Die Einstellung zum Ziel und den Verwirklichungsbedingungen bildet den „Sinn" der Aufgabe und des Handelns. Der Sinn der Aufgabe ist am Aufbau des Handelns entscheidend beteiligt. Die *Antriebsregulation* bestimmt, ob überhaupt gehandelt, und wenn dies der Fall ist, mit welcher Intensität die Handlung vorangetrieben wird. Die Antriebsregulation wird von menschlichen Zielen und Motiven bestimmt. Dazu gehören Vorsätze und Absichten wie auch Bedürfnisse, Interessen, Gefühle, Strebungen und Überzeugungen (*Hacker* 1986, S. 69 f.). Die *Ausführungsregulation* bestimmt, auf welche Weise gehandelt wird. Sie ist auf die Analyse des Ziels und der Verwirklichungsbedingungen sowie auf das Verhältnis von Zielen und Bedingungen konzentriert. Auch die Kontrolle von bedingungsadäquaten Verfahren der Zielerreichung, die ständig ermittelt und angepaßt werden müssen, ist der Ausführungsregulation zuzuordnen (*Hacker* 1986, S. 71).

Neben den hier bereits angedeuteten Einflüssen der Technik auf die menschliche Arbeitstätigkeit wird diese in hohem Maße durch die am Arbeitsplatz vorgefundene Arbeitsorganisation beeinflußt. Die Arbeitsorganisation bestimmt die bei den Arbeitstätigkeiten erforderliche bzw. mögliche *Kooperation*. Weiterhin legt die Organisationsform durch das Maß der Arbeitsteilung die *Komplexität* einer Tätigkeit fest. Unter dem Begriff Komplexität werden die Art und Anzahl anforderungsverschiedener Teiltätigkeiten verstanden.

Tätigkeiten können auch danach unterschieden werden, ob Zielsetzungs-, Vorbereitungs- und Kontrollvorgänge integriert sind. Ist die *Vollständigkeit* gegeben, sind die drei genannten Vorgänge Bestandteile der Tätigkeit.

Sowohl die Komplexität als auch die Vollständigkeit bzw. Unvollständigkeit von Tätigkeiten stehen in einem bedeutenden Wechselwirkungsverhältnis zum Individuum. Beide Komponenten haben einen dialektischen Charakter, indem sie sowohl Einschränkungen der psychischen Struktur von Tätigkeiten als auch umgekehrt Voraussetzungen für ihre Entwicklung umfassen (*Hacker* 1986, S. 85 ff.).

Durch eine unterschiedliche Organisation der Arbeitsteilung und -kombination sind verschiedene *Kooperationsformen* möglich. Die Bedeutung unterschiedlicher Kooperationsformen darf nicht unterschätzt werden. Diese bedingen unterschiedliche kooperative und individuelle Tätigkeitsstrukturen und -inhalte mit entsprechend verschiedenen Auswirkungen auf die Leistungen und das Erleben der arbeitstätigen Personen.

Hier sind zwei Wirkungsgruppen zu unterscheiden:

a) Sozial-kollektive Wirkungen
Zu den sozial-kollektiven Wirkungen gehören spezifische soziale Anforderungen und deren Wirkungen. Dies sind beispielsweise gegenseitige Hilfsmöglichkeiten und damit die Möglichkeit zur Übernahme sozialer Verantwortung. Diese sozialkollektiven Wirkungen können zum Abbau von Belastungen beitragen.

b) Individuell-kognitive sowie individuell-motivationale Wirkungen
Die Notwendigkeit kooperativer Abstimmung verändert auch die individuellen Arbeitsanforderungen. Geeignete Kooperationsformen erzeugen mehr Anforderungsvielfalt. Damit werden Entscheidungsmöglichkeiten eröffnet bzw. Freiheitsgrade geschaffen (*Hacker* 1986, S. 98 f.).

Neben den „objektiven" naturwissenschaftlich bestimmten Gesetzmäßigkeiten wird durch die Arbeitsorganisation eine Vielzahl von Festlegungen über die Ausführungsweisen von Arbeitstätigkeiten getroffen.

> *„Es ist für Arbeitstätigkeiten charakteristisch, daß das geforderte Arbeitsergebnis auf verschiedene Art, d.h. mit unterschiedlichen Tätigkeitsstrukturen erreicht werden kann. Dabei existiert häufig auch nicht nur eine Optimalvariante, sondern eine Reihe unterschiedlicher, aber gleich günstiger Varianten."* (Hacker 1986, S. 104)

Diese Möglichkeiten zum unterschiedlichen auftragsbezogenen Handeln werden als *Freiheitsgrade* bezeichnet. Bezüglich der Freiheitsgrade sollte zwischen den objektiv existierenden und den subjektiv erfaßbaren Freiheitsgraden unterschieden werden. Objektiv im Arbeitssystem vorhandene Freiheitsgrade werden teilweise durch technische Notwendigkeiten, aber auch durch arbeitsorganisatorische Gestaltungsmaßnahmen festgelegt. Einerseits müssen objektiv gegebene Freiheitsgrade nicht notwendigerweise vom arbeitenden Menschen erkannt werden, andererseits müssen subjektiv wahrgenommene Freiheitsgrade nicht immer auch objektiv vorliegenden entsprechen. Sind Freiheitsgrade gegeben, dann sind die Arbeitstätigkeiten nur teilweise durch äußere Vorgaben festgelegt, d.h. es besteht die Möglichkeit zu unterschiedlichem auftragsbezogenem Handeln. Bei Arbeitstätigkeiten können zwei Arten von Freiheitsgraden unterschieden werden. Dies sind zum einen Freiheitsgrade bezüglich der inhaltlichen Arbeitsgestaltung, zum anderen Freiheitsgrade bezüglich der zeitlichen Arbeitsgestaltung. Wird der Handlungsspielraum (HSP) als die Summe der Freiheitsgrade definiert, so gilt folgende Beziehung:

HSP objektiv vorhanden >= HSP objektiv erforderlich >= HSP subjektiv erkannt >= HSP subjektiv beherrscht >= HSP subjektiv genutzt.

Die Arbeitsgestaltung sollte diesem Sachverhalt in der Weise beggnen, daß die Arbeitstätigen dazu angeleitet werden, objektiv gegebene, d.h. durch das Arbeitssystem ermöglichte, Handlungsspielräume zu nutzen. Erforderlichenfalls muß der objektiv gegebene Handlungsspielraum vergrößert werden, um persönlichkeitsförderliche und effektivitätssteigernde Strukturen zu erhalten (*Hacker* 1986, S. 109).

Aufgrund der Ausführungen zum Tätigkeitsbegriff ergeben sich die folgenden Leitfragen als Grundlage einer empirischen Erfassung von Tätigkeiten:

- Welche Tätigkeitsarten werden von den arbeitenden Menschen ausgeführt?
- An welchen Tätigkeitsobjekten arbeiten die Individuen?

- Welchen Zweck hat das Arbeitssystem, in dem die Tätigkeit ausgeübt wird?
- Welche Technik und welche Technologie wird im betrachteten Arbeitssystem verwendet?
- Welcher Grad der Technisierung liegt im betrachteten Arbeitssystem vor, d.h. welche Funktionen werden von Menschen, welche von technischen Sachmitteln erfüllt?
- Welche Kenntnisse, Erfahrungen, Fertigkeiten und Fähigkeiten setzt die Tätigkeit voraus bzw. können bei der Tätigkeit gewonnen werden?
- Welche Einstellungen und Willensprozesse setzt die Tätigkeit voraus bzw. werden durch die Tätigkeit entwickelt?
- Liegt eine vollständige Tätigkeit vor, d.h. beinhaltet die Tätigkeit Zielsetzungs-, Vorbereitungs- und Kontrollvorgänge?
- Handelt es sich um eine komplexe Tätigkeit, gekennzeichnet durch die Art und Anzahl anforderungsverschiedener Teiltätigkeiten?
- Welche Kooperationsformen werden aufgrund der Arbeitsorganisation ermöglicht?
- Über welche Entscheidungsmöglichkeiten verfügt das arbeitende Individuum?
- Über welche zeitlichen und inhaltlichen Freiheitsgrade verfügt der berufstätige Mensch am Arbeitsplatz?

Die entwickelten Fragestellungen können in einer empirischen Untersuchung direkt berücksichtigt werden. Die meisten hier entwickelten Fragestellungen wurden aber auch im Tätigkeitsbewertungssystem (TBS) von *Hacker, Iwanowa* und *Richter* (1983) berücksichtigt. Da das Tätigkeitsbewertungssystem jedoch für Arbeitsbeobachtungen durch geschulte Arbeitspsychologen entwickelt wurde, können in einer empirischen Erhebung nur einige Fragestellungen in modifizierter Form verwendet werden.

**4.4.2 Externe und interne Rollenerwartung**

Im vorangehenden Kapitel wurden aus den Merkmalen der „Tätigkeit" grundlegende Fragestellungen für die empirische Erfassung von Tätigkeiten abgeleitet. In ähnlicher Weise sollen durch die Klärung der Verwendung des Rollenbegriffs in den Sozialwissenschaften, speziell in der Organisationspsychologie, grundlegende Fragestellungen für die empirische Untersuchung der *externen* und *internen Rollenerwartung* entwickelt werden.

Die Arbeit der Techniker findet hauptsächlich in Organisationen statt. Die Untersuchung, wie Techniker von ihrer Umgebung gesehen, welche Erwartungen an sie herangetragen werden, soll deshalb anhand des Konstrukts der *Rollenerwartung*, ein Begriff aus der Organisationspsychologie, theoretisch untermauert werden.

Dazu wird im folgenden zunächst der soziologische Rollenbegriff geklärt und anschließend die organisationspsychologische Rollen- und Systemtheorie von *Katz* und *Kahn* dargestellt, da diese einen erweiterten Rollenbegriff in Organisationen beschreibt.

Der Rollenbegriff wurde in der sozialpsychologischen und soziologischen Analyse sehr uneinheitlich gebraucht, wobei sich allerdings ein stabiler Bedeutungskern herausbildete: Die Einheiten der Gesellschaft sind Positionen, welche von Individuen eingenommen werden, die wechselseitig miteinander interagieren. Der Begriff Position wird damit definierbar als Stellung eines Individuums in einer Interaktionsstruktur. Die gesellschaftliche Interaktionsstruktur kann nun aber auch unabhängig von konkreten Individuen als Netz von Positionen gedacht werden. An jede dieser Positionen bzw. den Positionsinhaber werden nun von den Interaktionspartnern bestimmte Erwartungen gerichtet. Damit kann die *soziale Rolle* als die Gesamtheit der an eine Position gerichteten Erwartungen definiert werden (*Roth* 1981, S. 83). Die soziale Rolle ist eine Einheit für jenes Verhalten, das entsprechend den mit einer bestimmten Position verbundenen Erwartungen über Rechte und Pflichten des Positionsinhabers erfolgt. Im Sozialisationsprozeß wächst ein Individuum in die verschiedensten Positionen hinein und übernimmt damit die entsprechenden Rollen. Dabei lernt die Person die Erwartungen anderer zu antizipieren, aber auch von den Interaktionspartnern bestimmte Handlungen zu erwarten. Entsprechend dieser wechselseitigen Abhängigkeit erfolgt das konkrete Verhalten. Wenn eine Person den Erwartungen nicht entspricht, kann rollenkonformes Verhalten durch Sanktionen der Gesellschaft erzwungen werden. Diesem Konzept zufolge liegt die Determination individuellen Verhaltens in der Gesellschaft, deren Mitglied das Individuum ist. Damit kann Persönlichkeit als der Schnittpunkt aller Positionen, die das Individuum in der Gesellschaft einnimmt, angesehen werden (*Roth* 1981, S. 83).

So wie in frühen Eigenschaftskonzeptionen der Persönlichkeit die Determinanten des Verhaltens allein im Individuum gesucht wurden, wobei man soziale Strukturen vernachlässigte und Individuen in einem sozialen Vakuum ansiedelte, verlegt das oben beschriebene ursprüngliche Rollenkonzept diese Determinanten ausschließlich in den sozialen Bereich. Soziale Strukturen werden hier unter Vernachlässigung individuellen Verhaltens analysiert. Eine weitere Voraussetzung des ursprünglichen Rollenkonzepts ist die Annahme, daß unter allen Mitgliedern der Gesellschaft ein hohes Maß an Übereinstimmung über verhaltensregelnde Normen sowie über den Grad ihrer Verbindlichkeit herrscht. Da nachweislich aber individuell verschiedene Wertesysteme wirken, trifft diese Voraussetzung nur mit Einschränkungen zu.

Ein erweiterter rollentheoretischer Persönlichkeitsbegriff geht davon aus, daß Werte, Normen, die Person und Handlungsziele mit in das Rollenverhalten eingehen und in interdependenter Beziehung zu anderen Verhaltensdeterminanten stehen. In neuere Rollenkonzepte gehen psychologische, soziologische und kulturanthropologische Annahmen mit ein.

Die oben aufgezeigten Schwächen der sozialpsychologischen und soziologischen Ansätze wurden von *Daniel Katz* und *Robert L. Kahn* zum Anlaß genommen, einen Ansatz zur Behebung dieser Schwächen in der Systemtheorie zu suchen. „Grundlegend für diesen Ansatz ist die Erkenntnis, daß man beginnend bei einzelnen Zellen, über einzelne biologische Organismen, schließlich sogar gesamte Nationen als offene Systeme begreifen und analysieren kann" (*Greif* 1983, S. 124). In der Hierarchie dieser Einzelsysteme schließt jedes System höherer Ebene die darunterliegenden Systemebenen ein. *Katz* und *Kahn* sehen alle sozialen Systeme, einschließlich der Organisationen, als offene Systeme an. Diese besitzen als wesentliches Merkmal, im Gegensatz zu den geschlossenen Systemen, Randelemente, welche Relationen zu Elementen anderer Systeme aufweisen. Die Struktur eines sozialen Systems besteht aus den zyklischen Aktivitäten der Mitglieder des Systems. Ständig untereinander rückgekoppelte, sich wiederholende Interaktionsprozesse machen das System aus. Zur Beschreibung dieser Prozesse ziehen *Katz* und *Kahn* die Rollentheorie heran. Die zyklischen Aktivitäten der Organisationsmitglieder werden als komplexes System von Rollen interpretiert.

*„Im organisationalen Kontext bestimmen Katz und Kahn Rollen als standardisierte Verhaltensmuster, die von allen Personen gefordert werden, die an einer gegebenen funktionalen Beziehung mitwirken, wobei diejenigen persönlichen Wünsche oder interpersonellen Verpflichtungen außer Acht gelassen werden, welche keine Bedeutung für die funktionale Beziehung haben"* (*Greif* 1983, S. 128).

In diesem Sinne besteht die Rolle in einer Organisation aus einer Menge von wiederkehrenden Aktivitäten, die zusammengenommen den Output der Organisation erbringen. Im allgemeinen sind Rollen einem einzelnen Subsystem der Organisation zugeordnet und mit einem einzelnen Arbeitsplatz verbunden. Ein Arbeitsplatz kann eine oder mehrere Rollen umfassen und beschreibt den gesamten Tätigkeitsbereich eines einzelnen Organisationsmitgliedes, d.h. auch die Beziehung der arbeitenden Person zu ihren Kollegen im Hinblick auf die zu erledigenden Aufgaben sowie die Einordnung in die Organisationshierarchie. Im einfachsten Fall sind Rolle und Arbeitsplatz durch eine einzige Aktivität bestimmt (z.B.: der Arbeitsplatz des Fließbandarbeiters). Ein Arbeitsplatz kann aber auch aus mehreren Rollen bestehen, da in einer Organisation einer Person mehrere Aufgabenbereiche zugeteilt werden können. In einer Organisation steht jeder

Arbeitsplatz in funktionaler Beziehung zu anderen Arbeitsplätzen. Zur Erfüllung der organisationalen Aufgaben ist zumindest teilweise ein direktes, koordiniertes Zusammenarbeiten zweier oder mehrerer Arbeitsplatzinhaber erforderlich. Die funktional zusammenwirkenden Arbeitsplätze werden vom *Katz* und *Kahn* als Rollenmenge (role set) bezeichnet (*Greif* 1983, S. 128).

Um die gemeinsamen Aufgaben zu bewältigen, sind alle in einer Organisation tätigen Personen darauf angewiesen, daß jeder einzelne Arbeitsplatzinhaber die von ihm erwarteten Arbeitsleistungen erbringt.

Damit entwickeln sich Rollenerwartungen der funktional aufeinander bezogenen Mitglieder der Organisation an den einzelnen Arbeitsplatzinhaber. Die Rollenerwartungen sind die Gedanken, Überlegungen und Einstellungen darüber, was ein bestimmtes Organisationsmitglied an seinem Arbeitsplatz tun soll, welche Kompetenzen es haben soll, was es denken oder glauben sollte und wie es sich gegenüber anderen zu verhalten hat (*Greif* 1983, S. 129).

Um bei der Zielperson das gewünschte Verhalten auszulösen, müssen Rollenerwartungen kommuniziert werden. Die Kommunikation von Rollenerwartungen an irgendeine Zielperson durch die Mitglieder der Organisation bezeichnen *Katz* und *Kahn* als Rollen-Senden. Der Rollensendungsprozeß, verbunden mit möglichen Sanktionen bei Rollenabweichungen ist faktisch die entscheidende Grundlage dafür, daß die Organisationsmitglieder sich Rollenerwartungen unterwerfen.

Der Begriff Rollenerwartung im Sinne von *Katz* und *Kahn* soll im folgenden als *externe Rollenerwartung* bezeichnet werden. In der externen Rollenerwartung spiegeln sich die Forderungen aller anderen Organisationsmitglieder wider, die sich an den Positionsinhaber richten.

Die Interpretation der eigenen beruflichen Rolle soll weiterhin als *interne Rollenerwartung* bezeichnet werden. Die internen Rollenerwartungen sind die durch das Selbstkonzept und die externen Rollenerwartungen bedingten Gedanken, Überlegungen und Einstellungen darüber, was der Rolleninhaber seiner Meinung nach an seinem Arbeitsplatz tun soll, welche Kompetenzen er sich in bezug auf seine Rolle zuschreibt bzw. als defizitär erlebt und eventuell noch entwickeln möchte.

Wie ein Berufstätiger die eigene berufliche Rolle wahrnimmt, dies wird, wie im vorangegangenen Kapitel beschrieben, durch die externe Rollenerwartung der sozialen Umgebung beeinflußt. Ein weiterer entscheidender Einflußfaktor für die Wahrnehmung der eigenen beruflichen Rolle ist das Selbstkonzept oder auch Selbstbild, das im Laufe des Lebens herangebildet und weiterentwickelt wird. Dieses Selbstkonzept setzt sich aus den auf die eigene Person bezogenen Vorstellungen und Überzeugungen zusammen. Es hat nicht nur einen Einfluß auf die Wahrnehmung der eigenen beruflichen Tätigkeit, sondern auch einen entscheidenden Einfluß auf die Berufswahl. Aktuelle Forschungsergebnisse über den Zusammenhang zwischen Selbstkonzept und beruflicher Entwicklung sollen anhand einer von *Scheller* und *Heil* (1993) verfaßten Gegenüberstellung der Aussagen der amerikanischen Psychologen *Korman* und *Super* zur Auswirkung des Selbstkonzeptes auf den Beruf und die Berufswahl dargestellt werden.

Für *Super* stellt sich das Selbstkonzept als umfassende Persönlichkeitsbeschreibung dar, die explizit auf das Bild zurückgreift, das eine Person von sich hat. Für den beruflichen Bereich haben Selbstkonzeptüberlegungen eine besondere Bedeutung, weil Individuen zu Berufen tendieren, deren erfolgreiche Ausübung Merkmale erfordern, die sie sich selbst zuschreiben. Berufliche Entwicklung ist für *Super* ein Vorgang der Entfaltung und Verwirklichung des Selbstkonzeptes einer Person. Die berufliche Entwicklung eines Individuums ist der Spiegel eines lebenslangen Prozesses der Konkretisierung des eigenen beruflichen Selbstkonzeptes (*Scheller; Heil* 1993, S. 254). Der Prozeß der beruflichen Entwicklung wird in diesem Zusammenhang als eine dynamische Synthese zwischen den persönlichen Bedürfnissen des Individuums und den ökonomischen und sozialen Forderungen der Gesellschaft gesehen. Dabei spielen kognitive Prozesse eine entscheidende Rolle. Untersuchungen im Sinne *Supers* beschäftigen sich mit der Ähnlichkeit zwischen Selbsteinschätzung und der Einschätzung von Berufen. Die Wahrscheinlichkeit, daß ein Beruf auch wirklich gewählt wird, steigt mit der Ähnlichkeit zwischen Selbsteinschätzung und der Einschätzung des Berufs (*Scheller; Heil* 1993, S. 255 f). *Super* postuliert eine Stabilität des Selbstkonzeptes, das sich durch den gewählten Beruf verwirklicht. Individuen wählen also den Beruf in Übereinstimmung mit ihrem Selbstkonzept.

In empirischen Studien wurden dagegen bei Studienanfängern hohe Übereinstimmungen zwischen Ideal-Selbstkonzept, Berufskonzept und Ideal-Berufskonzept, jedoch klare Unterschiede dieser Maße zum tatsächlichen Selbstkonzept festgestellt. Der Beruf wird hier vielmehr als ein Mittel zur Selbst-Aktualisierung betrachtet, d.h. er stellt eine Möglichkeit dar, sich in Richtung Ideal-Selbstkonzept zu entwickeln (*Scheller; Heil* 1993, S. 256).

*Korman* betont die Tendenz des Individuums, solche beruflichen Rollen zu wählen, in denen kognitive Balance oder Konsistenz in bezug auf die Wahrnehmung der eigenen Person gewährleistet ist. Dabei stellt das Selbstwertgefühl die bedeutendste Variable im Bemühen eines Individuums um Balance dar. Für *Korman* hat der Mensch nicht primär das Bedürfnis, sein Selbstwertgefühl zu erhöhen, sondern sich dazu konsistent zu verhalten (*Scheller; Heil* 1993, S. 257 ff.). Auf der Grundlage dieser Definition trifft *Korman* spezifische Aussagen bezüglich des

Zusammenhangs von Selbstkonzept, Selbstwertgefühl und beruflicher Entwicklung. Individuen mit hohem Selbstwertgefühl wählen einen mit ihrem Selbstkonzept übereinstimmenden Beruf, von dem sie sich die Befriedigung spezifischer Bedürfnisse erwarten. Diese Menschen orientieren sich eher an internen, eigenen Maßstäben und sind in der Lage, sich solchen Einflüssen zu widersetzen, die der eigenen Bedürfnislage entgegenstehen. Personen mit einem niedrigen Selbstwertgefühl, die in der Vergangenheit ihre eigenen Bedürfnisse nicht befriedigen konnten, neigen eher dazu, einen Beruf zu wählen, der mit ihrem Selbstkonzept nicht übereinstimmt. Diese Individuen orientieren sich vornehmlich an externen Maßstäben. *Korman* weist also dem Selbstwertgefühl in bezug auf die Implementation des Selbstkonzepts in einer Berufsrolle den Status einer Moderatorvariablen zu. Dem überdauernden Selbstwertgefühl stellt *Korman* ein situationsspezifisches Selbstwertgefühl zur Seite, dessen Komponenten er aufgabenspezifisches und soziales Selbstwertgefühl nennt.

*„Das aufgabenspezifische Selbstwertgefühl ist das Ausmaß der selbstperzipierten Kompetenz bezüglich einer Aufgabe in einer spezifischen Situation, das soziale Selbstwertgefühl beinhaltet die Selbstbewertung, die aus den Erwartungen anderer an eine Person in einer bestimmten Situation resultiert. Das Zusammenwirken von überdauerndem und situationsspezifischem Selbstwertgefühl definiert die Kompetenz, die sich ein Individuum in bezug auf die Bewältigung einer Aufgabe zuschreibt."*
(*Scheller; Heil* 1993, S. 258)

Eine Veränderung des Selbstwertgefühls kann durch die Veränderung der Kausalitätswahrnehmung von Erfolg oder Mißerfolg bewirkt werden.

Im folgenden soll eine Gegenüberstellung der Ansätze von *Korman* und *Super* erfolgen:

Beide Autoren stimmen darin überein, daß die berufliche Entwicklung in entscheidender Weise vom Selbstkonzept determiniert wird. *Super* bezieht sich auf das eigentliche Selbstkonzept, während *Korman* die Rolle des Selbstwertgefühls als eine evaluative Komponente des Selbstkonzept betont. Das Modell von *Super* geht davon aus, daß Individuen mit hohem Selbstwertgefühl sich selbst klarer wahrnehmen als Personen mit einem niedrigen Selbstwertgefühl. Damit sind Individuen mit hohem Selbstwertgefühl eher befähigt zu erkennen, inwieweit berufliche Rollen mit ihren wahrgenommenen Bedürfnissen, Werten, Interessen und Fähigkeiten in Einklang zu bringen sind. Das Individuum ist dann zu einer Unterscheidung in der Wahrnehmung von eigener Person und Beruf befähigt. Nach *Korman* sind Personen um Konsistenz und Balance bemüht und wählen den Beruf entsprechend der Selbstwahrnehmung. Individuen mit hohem Selbstwertgefühl wählen den Beruf in Übereinstimmung mit ihrem Selbstbild. Individuen mit niedrigem Selbstwertgefühl, die häufig die Erfahrung gemacht haben, daß eigene Entscheidungen nicht bedürfnisbefriedigend waren, werden solche beruflichen Rollen anstreben, die ihren eigenen Bedürfnissen nicht entsprechen. Im Gegensatz zu *Super* liegt nach *Korman* eine gleiche Wahrnehmung, jedoch eine unterschiedliche Durchsetzungskraft vor. In diesen Ansätzen hat also das Selbstkonzept meistens den Status einer unabhängigen Variablen. „Es spricht allerdings vieles dafür, den Beruf selbst als bedeutsame Determinante des Selbstkonzeptes zu betrachten, anstatt weiterhin anzunehmen, daß berufliches Verhalten durch das Selbstkonzept bestimmt wird" (*Scheller; Heil* 1993, S. 267).

Für die Interdependenz von Selbstkonzept und Beruf spricht, daß sich jedes Sein, jedes Selbstbewußtsein und jedes Selbstbild unter den Bedingungen der jeweiligen historischen und gesellschaftlichen Situation entwickelt bzw. weiterentwickelt. Eine der wichtigsten dieser Bedingungen ist die berufliche Erwerbsarbeit. Da die tägliche Arbeit mit einem Zeitanteil von üblicherweise acht bis zehn Stunden einen großen Teil unseres erlebten Lebens ausmacht, kann die Wirkung der Arbeit auf unser Selbstgefühl und Selbstverständnis und damit auf unser Selbstbild nicht hoch genug eingeschätzt werden. Die Arbeitstätigkeit hinterläßt einen bleibenden Eindruck, wie subtil die langfristigen Wirkungen scheinbar nebensächlicher Merkmale der Arbeitswelt im allgemeinen und der spezifischen Arbeitssituation im besonderen auch immer sind (*Baitsch; Ulich* 1990, S. 5). So wie die Arbeitstätigkeit die Kompetenz (-entwicklung) eines Menschen betrifft, gilt das auch für den Wissensausschnitt, der die eigene Person umfaßt. „Durch die Auseinandersetzung mit Menschen und Aufgaben im Rahmen der Arbeitstätigkeit verändert oder bestätigt sich das arbeits- und berufsbezogene Selbstbild" (*Baitsch* 1993, S. 55).

Das Maß der Übereinstimmung von interner und externer Rollenerwartung bzw., ob eine berufliche Rolle überhaupt angenommen wird, hängt davon ab, ob die auszuführenden Aufgaben der bisher entwickelten Identität des Individuums Entfaltungsmöglichkeiten bieten. Unter dem Begriff Identität wird die subjektive Gewißheit eines Individuums verstanden, eine innere Konsistenz zu verkörpern, ein inneres Sich-selbst-Gleichsein. In Interaktionsprozessen bestätigt sich die Identität und entwickelt sich gleichzeitig lebenslang weiter. Dabei verändert sie sich in ihrer inneren Organisation und Differenziertheit. So entsteht das Gefühl, die gleiche, wenn auch nicht dieselbe Person zu bleiben. Das Gefühl von Identität wird als psychosoziales Wohlbefinden erlebt und ist mit Gefühlen der Selbstachtung verbunden.

Berufliche Identität bezieht sich auf die subjektive Beurteilung, ob sich ein arbeitender Mensch in den Stationen seiner Arbeitsbiographie wiedererkennen kann.

Soll diese Identität erhalten oder weiterentwickelt werden, muß der arbeitende Mensch über die Bedingungen seiner Tätigkeit ein Mindestmaß an Kontrolle ausüben können. Kontrolle im psychologischen Sinne ist dann gegeben, wenn die Person über Möglichkeiten verfügt, relevante Bedingungen und Tätigkeiten gemäß den eigenen Interessen, Bedürfnissen und Zielen zu beeinflussen (*Baitsch* 1993, S. 57). Ein Mangel an Kontrolle betrifft somit das Selbstverständnis eines Menschen, seine Identität. Dies bedeutet weiterhin, daß Personen als Mitglied einer Arbeitsorganisation ein Bedürfnis nach der Beeinflussung der unmittelbaren Arbeitsumgebung, möglicherweise auch der Steuerung größerer Bereiche der Arbeitsorganisation haben (vgl. Kapitel 4.3.1).

Mit Hilfe der Ausführungen zum Rollenbegriff und zur externen und internen Rollenerwartung können die folgenden Leitfragen zur empirischen Erfassung der Rollenerwartungen als konstituierende Elemente des Berufsbildes gestellt werden:

- Welche Erwartungen werden vom sozialen Umfeld an den Positionsinhaber gerichtet?
- Welche Erwartungen bezüglich der Rechte und Pflichen des Inhabers sind mit der Position verbunden?
- Hat ein Arbeitsplatzinhaber nur eine Rolle oder mehrere Rollen (entsprechend einem Arbeitsbereich oder mehreren Aufgabenbereichen) und zu erfüllen?
- Wie gestalten sich die arbeitssystembedingten Beziehungen des Arbeitsplatzinhabers zu anderen Personen, wie ist das Zusammenwirken der Rollen koordiniert (Kooperations-möglichkeiten und -anforderungen)?
- Wie ist die vom Individuum zu erfüllende Rolle in die Hierarchie der Organisation eingeordnet?
- Gewährleistet ein Mindestmaß an individueller Kontrolle (Freiheitsgrade) die Möglichkeit der Indentifikation mit der beruflichen Arbeit und eine gewisse Arbeitszufriedenheit?
- Welche Rückschlüsse erlauben die externen Rollenerwartungen auf die Individuen?
- Über welche Haltungen und Wertvorstellungen müssen die Individuen verfügen, um der betreffenden beruflichen Rolle gerecht zu werden (Anforderungen an die interne Rollenerwartung)?
- Bestehen Differenzen zwischen externer Rollenerwartung (Erwartungen der Unternehmen) und der internen Rollenerwartung (Individuen)?
- Was erwartet der Positionsinhaber für die Erfüllung der beruflichen Rolle(n) vom sozialen Umfeld (z.B. Einkommen, soziale Anerkennung)?

Wie aus den Ausführungen zum Tätigkeitsbegriff (Kap 4.4.1) und zur externen und internen Rollenerwartung hervorgeht, ergeben die Begriffsbetrachtungen nicht immer eine eindeutige Zuordnung der jeweils zu beschreibenden Merkmale.

Das Merkmal Position in der betrieblichen Hierarchie ist eindeutig den Rollenerwartungen zuzuordnen. Ebenso das mit der Position verbundene Einkommen, die Verantwortung für Personal und die mit einer beruflichen Position verbundene soziale Anerkennung. Dagegen sind Kooperationsmöglichkeiten und -anforderungen, Freiheitsgrade sowie Haltungen und Wertvorstellungen des Individuums Merkmale, die in der Literatur sowohl zur Beschreibung von Tätigkeiten als auch von Rollenerwartungen verwendet werden. Diese Bereiche werden aufgrund einer pragmatischen Festlegung in der vorliegenden Untersuchung bei der Beschreibung der Rollenerwartungen dargestellt. Zur Beschreibung der Tätigkeiten erfolgt eine Darstellung der Unternehmen, deren Einordnung in die Wirtschaftszweige, des Zwecks der Arbeitssysteme sowie der Art der Tätigkeiten. Sowohl für die Tätigkeit als auch für die Rollenerwartungen sollen jeweils die Einflüsse der im folgenden zu beschreibenden Bestimmungsfaktoren *Technik*, *Arbeitsorganisation* und *Kompetenz* aufgezeigt werden.

## 4.5 Bestimmungsfaktoren des Berufsbildes

Nunmehr sollen die Bedeutungen der Bestimmungsfaktoren des Berufsbildes *Technik*, *Arbeitsorganisation* und *Kompetenz* geklärt werden, um anhand der so erarbeiteten Grundlagen die Einflußmöglichkeiten der Bestimmungsfaktoren auf die Tätigkeit und die Rollenerwartungen in der empirischen Erhebung genauer zu untersuchen. Da die drei Bestimmungsfaktoren nicht unabhängig voneinander sind, sondern Interdependenzen bestehen, werden diese Abhängigkeiten im Unterkapitel 4.5.4 erläutert.

### 4.5.1 Technik

#### 4.5.1.1 Zum Begriff Technik

Im gegenwärtigen Sprachgebrauch sind bezüglich des Begriffs „Technik" zwei Grundbedeutungen zu unterscheiden. In einem allgemeinen Sinn meint Technik jede planvoll und zweckmäßig ausgeübte Fertigkeit, wie beispielsweise die Technik des Weitsprungs, die Technik der Staatsverwaltung oder die Technik des Kopfrechnens. Dagegen bezieht sich der Ausdruck Technik in einem speziellen Sinn nur auf denjenigen Teil menschlicher Praxis, der es mit künstlich gemachten, nutzenorientierten, gegenständlichen Gebilden zu tun hat (*Ropohl* 1985, S. 60).

Im folgenden soll der Technikbegriff nur im speziellen Sinne verwendet werden, also dann, wenn Artefakte wie Maschinen, Apparate oder Geräte gemeint sind. Für diese Technik im besonderen Sinne wurde am Anfang des zwanzigsten Jahrhunderts der Begriff „Realtechnik" geprägt. Innerhalb dieser Realtechnik sind die folgenden Teilbereiche zu unterscheiden:

- die Menge der nutzenorientierten, künstlichen, gegenständlichen Gebilde (Artefakte),
- die Menge menschlicher Handlungen, in denen Artefakte verwendet werden,
- die Menge menschlicher Handlungen und Einrichtungen, in denen Artefakte entstehen

(*Ropohl* 1985, S. 60 f).

Nach *Bader* (1991, S. 444) gelten für die Technik im Sinne der Realtechnik die folgenden Aussagen:

- Technik ist Prozeß und zugleich Ergebnis zielorientierter Gestaltung der Umwelt durch den Menschen. Technisches Denken und Handeln ist stets auf die Erfüllung bestimmter Zwecke unter Verwendung bestimmter Mittel gerichtet.
- Technik wird aus Beständen der Natur entwickelt, d.h. aus vorhandenen Stoffen, nutzbarer Energie und herausgearbeiteten Informationen.
- Technik ist Produkt und Mittel des denkenden und handelnden Umgangs des Menschen mit und in seiner Umgebung.
- Technik wird in Form von *Produkten* (materialer Aspekt der Technik) und *Verfahren* (prozessualer Aspekt der Technik) realisiert.

Werden nur die Artefakte betrachtet, steht die Anwendung naturwissenschaftlicher Gesetze und die Gestaltung der Artefakte nach ingenieurwissenschaftlichen Grundsätzen im Vordergrund. Sollen allerdings die Entstehungs- und Verwertungszusammenhänge der Artefakte beleuchtet werden, sind gesellschaftliche, politische und wirtschaftliche Faktoren zu berücksichtigen. Diese Faktoren nehmen sowohl auf die Entwicklung wie auch die spätere Verwendung technischer Gegenstände Einfluß. Welche gesellschaftlichen Gruppen für die Gestaltung und Verwendung von Technik von besonderer Bedeutung sind, wird ebenfalls zu klären sein.

Daß die gegenwärtige Technikdiskussion sich im allgemeinen auf wenige Teilgebiete der Technik konzentriert und dabei viele andere relevante Aspekte außer acht läßt, ist insofern nicht verwunderlich, als die Teilgebiete der Technik heute so zahlreich sind, daß ein angemessener Überblick nur schwer zu gewinnen ist. Wenn sich aber der Technikbegriff in der gesellschaftlichen Diskussion auf aktuelle Teilaspekte wie Informationstechnik oder Gentechnik reduziert, besteht die Gefahr, daß der Technosphäre ein selbständiges, dämonisches Wesen angedichtet wird. In einer solchen Sichtweise werden die Artefakte mit ihren sozioökonomischen Entstehungs- und Verwertungsbedingungen gleichgesetzt, ohne die verschiedenen historischen Ausprägungen der Technik zu beachten (*Ropohl* 1985, S. 63). Um dem zu entgehen, müssen bei der Betrachtung einer Technik immer deren gesellschaftliche, politische und wirtschaftliche Entstehungs- und Verwertungsbedingungen mitberücksichtigt werden. Es sind stets bestimmte gesellschaftliche Gruppen, welche die Entwicklung und Verwendung einer Technik vorantreiben, und es sind ganz bestimmte Menschen, die spezielle Techniken herstellen und zum Einsatz bringen. Probleme und Mängel, die im Umgang mit der Technik auftreten, sind daher nicht allein an den technischen Objekten selbst festzumachen. Was ein Artefakt leistet oder auch nicht leistet, ist auf diejenigen zurückzuführen, die es entwickelt und hergestellt haben, und dies hängt oft auch davon ab, wie die Anwender den Gebrauch des technischen Gegenstands gestalten. „Die Mängel der Technik liegen nicht in den Artefakten, sondern in den individuellen und gesellschaftlichen Handlungszusammenhängen, in denen Artefakte entstehen und verwendet werden" (*Ropohl* 1985, S. 107).

### 4.5.1.2 Wirkkräfte der technischen Entwicklung

Um die Beeinflussung der Technik durch die Gesellschaft zu verdeutlichen, soll im folgenden der Frage nachgegangen werden, welche gesellschaftlichen und politischen Gruppen die Entwicklung und Anwendung einer bestimmten Technik vorantreiben bzw. verhindern.

Die technische Entwicklung folgt nicht einer „Eigenlogik des technischen Fortschritts", wie das in manchen Phasenmodellen der Mechanisierung und Automation von Ingenieuren und Industriesoziologen postuliert worden ist. Technische Entwicklung ist immer auf äußere Referenzen bezogen. Was vordergründig als innertechnisches Kriterium erscheint, wie z.B. Kraftersparnis oder Miniaturisierung, kann seine Herkunft aus sozialen, ökonomischen oder ästhetischen Orientierungskomplexen nicht verbergen. „Hinter jedem Sachzwang steht ein sozial konstruierter Zwang; hinter jeder technischen Norm steckt eine sozial definierte Norm" (*Rammert* 1992, S. 10). Die technische Entwicklung verläuft also nicht nach einer naturgesetzlichen Zwangsläufigkeit. Menschen treffen ganz bewußte Auswahlentscheidungen.

Da der technische Fortschritt demnach nicht einer Eigenlogik folgt, stellt sich die Frage, welche sozialen Interessengruppen in welchem Maße an der Orientierung der technischen Entwicklung beteiligt sind. Im folgenden sollen die wichtigsten dieser Einflußgruppen aufgeführt werden.

**Einfluß des Staates**

Der Staat übt ohne Zweifel einen Einfluß auf die technische Entwicklung aus. Es gibt Bereiche der Technik, die in zahlreichen Ländern grundsätzlich unter staatlicher Regie stehen. Hier ist vor allem die Militärtechnik zu nennen, die fast ausschließlich den Staat als Abnehmer hat. Der Staat beeinflußt die technische Entwicklung aber auch durch seine Forschungs- und Technikpolitik, welche die Geldmittel für die wissenschaftliche Forschung lenkt. Dabei wird u.a. die Ausarbeitung technisch sehr aufwendiger Lösungen vor- und mitfinanziert, und es werden durch andere Maßnahmen Entwicklungen begünstigt, die ohne diese Unterstützung von den Unternehmen als nicht gewinnträchtig angesehen würden (*Ropohl* 1985, S. 189). Des weiteren beeinflußt der Staat die technische Entwicklung indirekt durch rechtliche Normierungen. Diese sind bisher in ihrer Bedeutung für die technische Entwicklung eher unterschätzt worden. Solche Normierungen beziehen sich auf eine späte Phase der Technikentwicklung, wenn diese nicht mehr experimentell erprobt wird, sondern in der Massenproduktion gefertigt werden soll. Dabei wirken sich Normierungen im Hinblick auf technische Neuerungen und technologische Alternativen eher restriktiv aus. Neuerungen werden durch die Orientierung am „Stand der Technik" erschwert. Je stärker sich der Staat jedoch in seiner Normengestaltung vom Stand der Technik und den Standesinteressen der Professionen löst, um so eher werden grundlegende Innovationen angeregt (*Rammert* 1992, S. 14 f.).

**Einfluß der Wirtschaftsunternehmen**

Weiterhin üben die Wirtschaftsunternehmen Einfluß auf die technische Entwicklung aus, wobei die Aufmerksamkeit besonders auf die multinationalen Konzerne zu richten ist. Sind bezüglich eines technischen Produkts keine Gewinnerwartungen seitens der Unternehmen gegeben, wird dieses wahrscheinlich nicht bis zur Produktions- und Marktreife entwickelt. Die Sammlungen der Patentämter sind voll von Artefakten, bei denen eine Markteinführung an der fehlenden Gewinnerwartung scheiterte (*Ropohl* 1985, S. 188). Die Wirtschaftsunternehmen üben auch als Abnehmer von Produktionstechnologie und als Hersteller der technischen Produkte einen nicht zu unterschätzenden Einfluß auf die Auswahl und Verbreitung bestimmter Techniktypen aus. Auch durch die Finanzierung von Entwicklungsprojekten und die Einführung eigener Forschungslabors erfolgt eine Einflußnahme der Unternehmen auf die Technikentwicklung. Ferner versuchen vor allem Großunternehmen und multinationale Konzerne durch Patentkäufe die Zeitpunkte der Markteinführung einer bestimmten Technik festzulegen (*Rammert* 1992, S. 15).

Jedoch darf der Einfluß der Wirtschaftsunternehmen nicht überschätzt werden. Bei realistischer Einschätzung wird erkennbar, daß die beschriebene Bedeutung dieser gesellschaftlichen Akteure nicht in gleichem Maße für die primären Phasen der Technikgenese besteht. „Zu über 90 Prozent befassen sich die industriellen F&E-Abteilungen damit, den technischen Stand zu halten und mit kleinen, berechenbaren technischen Verbesserungen Wettbewerbsvorteile zu erzielen" (*Rammert* 1992, S. 15).

**Einfluß der Wissenschaft**

Unter dem Begriff Wissenschaft sollen hier die wissenschaftlichen Institutionen und die kognitiv oder technologisch-praktisch ausgerichteten Fachgemeinschaften des Forschungssystems verstanden werden. Die fortschreitende Technisierung der meisten wissenschaftlichen Disziplinen erzeugt einen Nachfragesog nach Hochleistungstechniken. Die technischen Entwicklungen entfernen sich damit erst einmal von den praktischen Bedürfnissen des Alltags. „Sie durchlaufen die Stufen von der wissenschaftlichen Experimentiertechnik über die industriell anwendbare Professionellentechnik bis hin zur im Alltag allgemein nutzbaren Laientechnik" (*Rammert* 1992, S. 16). Dabei bedingen sich wissenschaftliche Fortschritte und technologische Durchbrüche gegenseitig. Die wissenschaftlichen Fortschritte nehmen damit Einfluß auf die technische Entwicklung.

**Einfluß sozialer Bewegungen**

Beispiele für den Einfluß sozialer Bewegungen auf die Technikentwicklung finden sich in staatlichen Normierungen zum Arbeitsschutz, zum Datenschutz, zur Verbrauchersicherheit oder zum Umweltschutz. Die sozialen Bewegungen fungieren als Kritiker, die besonders die Risiken bestimmter Technikentwicklungen beobachten und so korrigierend und kompensierend auf Formen und Folgen des technischen Fortschritts wirken. Neben dieser korrigierenden Funktion besteht jedoch auch ein richtungsweisender Einfluß. So sind inzwischen Energieersparnis und Umweltverträglichkeit im Innovationswettbewerb ein Gütesiegel für die Produktqualität (*Rammert* 1992, S. 15).

Zusammenfassend läßt sich feststellen, daß die technische Entwicklung weder von einer ihr inhärenten Strukturlogik noch von einem einzelnen sozialen Akteur allein gesteuert wird. Spezielle Techniken entstehen nicht als zielstrebig entwickeltes Endprodukt durch die Aktivitäten einer einzigen sozialen Gruppe. Es sind vielmehr verschiedene soziale Akteure in wechselnden Konfigurationen beteiligt. Diese wirken unter Berücksichtigung des ökonomischen Wettbewerbs, der politischen Aushandlungen sowie der Diskussion um die kulturelle Sinngebung auf die technische Entwicklung ein. Die Erzeugung und Entwicklung technischer Produkte erfolgt „unter den sozial konstruierten Konfrontationen mit der physischen Umwelt und unter den Bedingungen der übrigen sozialen Umwelt" (*Rammert* 1992, S. 21). Grenzen ergeben sich auf der einen Seite durch die naturwissenschaftlich faßbaren physischen Bedingungen der Umwelt (naturwissenschaftliche Gesetzmäßigkeiten), auf der anderen Seite stoßen die technischen Konstruktionen auf Normen und Strukturen der wirtschaftlichen, politischen und kulturellen Umwelt. In seinem Fortschreiten durchläuft der technische Wandel einen mehrstufigen Selektionsprozeß. „Er umfaßt Projekte der Generierung neuer Technikkonzepte, Projekte der erfinderischen Konstruktion technischer Artefakte, Projekte der probeweisen Implementation und Projekte der dauerhaften Institutionalisierung technischer Systeme. (...) Der Projektbegriff zeigt an, daß es jedesmal um eine neue Kombination der sachlichen Elemente und der sozialen Umgangsregeln geht" (*Rammert* 1992, S. 21).

Die Technikentwicklung folgt demnach keiner Eigenlogik, sondern ist vom Einfluß sozialer Akteure abhängig. Ebenso kann vom Vorhandensein technischer Möglichkeiten nicht auf deren Einführungsgrad in den Unternehmen geschlossen werden. Vielmehr unterliegt die Einführung einer bestimmten Technik in relevante Bereiche der Unternehmen weiteren sozialen Entscheidungsprozessen. Bei einer empirischen Untersuchung zur Erfassung des Berufsbildes der Elektrotechniker soll daher geprüft werden, welche Technik im Arbeitsbereich der Techniker bereits eingeführt ist bzw. in der nahen Zukunft eingeführt werden soll. Von Interesse ist auch, wie eine Technik die Tätigkeit und die Rolle der Elektrotechniker determiniert bzw. welche Möglichkeiten ihnen durch eine bestimmte Technik eröffnet werden.

### 4.5.1.3 Einfluß der Technik auf die menschliche Arbeitstätigkeit

Die Einsatzmöglichkeiten der Technik am Arbeitsplatz sind eng mit der gesellschaftlichen Organisation der Arbeit verbunden. Diese umfaßt auch die Verteilung des gesamtgesellschaftlichen Arbeitsvolumens nach Art und Menge sowie die Verteilung der erwirtschafteten Güter an den Einzelnen. Die gesellschaftliche Arbeitsteilung in diesem weitgefaßten Sinne betrifft damit die quantitative Arbeitszeitregelung, die qualitative Arbeitsteilung und die Verteilung des Arbeitseinkommens (*Ropohl* 1991, S. 132). Durch die Abstraktion der Produktionsprozesse infolge der Arbeitsteilung werden einzelne Arbeitsprozesse, besonders in tayloristischen Strukturen, immer mehr mechanisiert. Damit wird es möglich, daß die Arbeitskraft des Menschen durch die Maschine ersetzt wird. Somit ist die Arbeitsteilung eine wesentliche Voraussetzung der Technisierung. Die gesellschaftliche Arbeitsteilung entwickelt sich durch die Technisierung zu einer soziotechnischen Arbeitsteilung. Demnach bedeutet Arbeitsteilung nicht nur die

Verteilung der gesellschaftlichen Gesamtarbeit zwischen den Menschen, sondern auch die Verteilung der Arbeit zwischen Mensch und Maschine, mit der Tendenz, der Maschinerie immer mehr Arbeit zu übertragen (*Ropohl* 1991, S. 133).

Die Übernahme menschlicher Arbeit durch technische Artefakte kann in zwei Ausprägungen erfolgen.

**Substitution**

Das Ersetzen ursprünglicher menschlicher Handlungs- und Arbeitsfunktionen durch technische Systeme wird als *Substitution* bezeichnet. Voraussetzung für eine Substitution ist, daß bestimmte Menschen infolge der gesellschaftlichen Arbeitsteilung nur noch eine einzige Teilarbeit zu verrichten haben. Wird diese Teilarbeit dann infolge der technischen Entwicklung und zum Zweck der ökonomischen Rentabilität automatisiert, werden die Menschen, die diese partielle Funktion vorher ausführten, arbeitslos. Es liegt an der gesellschaftlichen Arbeitsteilung, daß sich arbeitssparende Erfindungen nur für einen Teil der Menschen auswirken, diese dann aber in der Form betroffen sind, daß ihnen jegliche Arbeit genommen wird. Die Verminderung menschlicher Arbeit ist ein wesensmäßiger Bestandteil jeglicher Technisierung. Das Problem der Arbeitslosigkeit ist eine Folge unzureichender Organisation bei der Verteilung der Arbeit. Der Sinn der Technik liegt im wesentlichen darin, dem Menschen die Arbeit abzunehmen. Damit ist der Satz, daß die Technisierung, jedenfalls in ihrem substitutiven Teil, die menschliche Arbeitskraft freisetzt, keine Theorie, sondern eine Tautologie, da diese prinzipielle Technisierungstendenz gar nicht anders begriffen werden kann denn als der Ersatz menschlicher Arbeit durch technische Systeme. Daß die Technisierung Arbeitskräfte freisetzen kann, ist dann auch keine neue Einsicht (*Ropohl* 1991, S. 126).

Damit bestimmen die technische Entwicklung und der Einführungsgrad der Techniken, bezogen auf die Substitutionsfunktion der Technik, im Rahmen der gesamtgesellschaftlichen Arbeitsverteilung, welche Arbeitsplätze überhaupt erhalten bleiben. In einer zeitlich längerfristigen Entwicklung nimmt die Technik dann auch Einfluß auf das Vorhandensein bzw. Nichtvorhandensein bestimmter Berufe.

**Komplementarität**

Wird die Technisierung nicht nur auf die Übernahme herkömmlicher menschlicher Arbeitsfunktionen beschränkt, sondern werden menschliche Handlungs- und Arbeitsmöglichkeiten durch künstliche Systeme ergänzt und erweitert, spricht man von einer *Komplementarität* der Technik. Im Fall der komplementären

Nutzung der Technik dient die Technisierung des Arbeitsprozesses im wesentlichen dazu, die menschliche Arbeitskraft zu entlasten bzw. zu ergänzen.

Wie bereits aufgeführt, umfaßt der Begriff Technik im Sinne von Realtechnik drei wesentliche Punkte:

1. die Menge der nutzerorientierten, künstlichen gegenständlichen Gebilde (Artefakte),
2. die Menge menschlicher Handlungen, in denen Artefakte verwendet werden,
3. die Menge menschlicher Handlungen und Einrichtungen, in denen Artefakte entstehen
(*Ropohl* 1985, S. 60).

Bezüglich dieser drei Aspekte ist nun zwischen ausschließlich Technik nutzenden und Technik schaffenden Arbeitsplätzen zu unterscheiden: Während im Fall der ausschließlichen Techniknutzung am Arbeitsplatz Artefakte vorhanden sind (1) und genutzt werden (2), entstehen an den Technik nutzenden Arbeitsplätzen zudem Artefakte durch menschliche Handlungen (3), wobei das menschliche Tun durch die Produktionstechnik unterstützt wird (1+2).

Die Beschreibung des Zusammenwirkens von Mensch und Technik erfolgt oft in systemischer Betrachtungsweise. Mit dem Systembegriff wird allgemein eine aus Elementen bestehende Gesamtheit bezeichnet. Zwischen den Elementen des Systems existieren Beziehungen. Dabei wird ein System durch seine Abgrenzung von der Umgebung, des weiteren durch Eingangs-, Ausgangs- und Zustandsgrößen sowie durch einen funktionalen Zusammenhang der drei genannten Größen bestimmt.

Besteht ein System lediglich aus materiellen Elementen, wird dies als *technisches System* oder als Sachsystem bezeichnet. Die Eingangs-, Ausgangs- und Zustandsgrößen technischer Systeme lassen sich in den Kategorien *Stoff*, *Energie*, *Information* sowie *Raum* und *Zeit* beschreiben (*Bader* 1991, S. 446).

Führen Menschen unter Zuhilfenahme technischer Systeme durch Handeln zielgerichtete Veränderungen herbei, spricht man von einem *soziotechnischen Handlungssystem*. Bei der beruflichen Arbeit im soziotechnischen Handlungssystem kann der Mensch hinsichtlich der Erfüllung folgender Funktionen entlastet werden:

- der Funktion einer Kraftmaschine,
- der Funktion einer Arbeitsmaschine,
- der Funktion eines Stell-, Bedien-, Meß- und Schaltmechanismus,

- der Funktion eines Organisationsmechanismus.

Diese Entlastungsfunktionen bezeichnen zugleich die vier Mechanisierungs- bzw. Automatisierungsstufen (*Mueller; Schmid* 1989; S. 24).

Mängel, die im Zusammenwirken von Mensch und Technik auftreten, können einerseits in den Artefakten liegen. Beispielsweise entscheidet der anthropometrische Anpassungsgrad der technischen Gegenstände mit über die Gesundheitsförderlichkeit oder -beeinträchtigung der Arbeit. Andererseits treten Mängel auch dadurch auf, daß über der Perfektionierung der technischen Gegenstände oft vernachlässigt wurde, daß die Menschen, die mit den technischen Gegenständen umgehen, entsprechende Fähigkeiten besitzen müssen. D.h. anthropotechnische Unvollständigkeit kann in zweifacher Form auftreten: einerseits als mangelnde Anpassung technischer Sachsysteme an den Menschen und andererseits als mangelnde Kompetenz des Menschen gegenüber den Sachsystemen, mit denen er sich im soziotechnischen System zu einer Handlungseinheit verbindet (*Ropohl* 1985, S. 141). Je schlechter die Anpassung der technischen Arbeitsmittel an den Menschen gelungen ist, um so größer ist die Anpassungsfähigkeit, die vom Menschen bei der Arbeit gefordert wird.

Die Entstehungs- und Verwendungszusammenhänge von Technik unterliegen dem Einfluß gesellschaftlicher, politischer und wirtschaftlicher Faktoren. Die Entwicklung und Einführung der Artefakte folgt demnach keiner Eigenlogik, sondern unterliegt, wie gezeigt, dem Einfluß sozialer Gruppen. Auch der Einführungsgrad einer vorhandenen Technik in den Betrieben ist durch soziale Entscheidungsprozesse mitbestimmt, d.h. das Vorhandensein technischer Möglichkeiten sagt nichts über deren Einführung in den Unternehmen aus.

Bei der empirischen Erhebung ist daher zu prüfen, welche Techniken das Berufsbild der Staatlich geprüften Techniker bestimmen. Um den prozessualen Aspekt der Technik zu erfassen, sind die *Verfahren* relevant, an denen die Elektrotechniker beteiligt sind. Der materiale Aspekt der Technik wird durch die Erfassung der *Produkte* berücksichtigt. Weiterhin soll geprüft werden, ob die Technik in der voraussehbaren Zukunft Technikerarbeitsplätze ersetzt oder ob die Technik an den Arbeitsplätzen der Elektrotechniker komplementär genutzt wird. Werden Technikerarbeitsplätze durch die Einführung einer bestimmten Technik ersetzt, führen die Artefakte zur *Substitution* der Technikerarbeit. Steht der Aspekt der *Komplementarität* im Vordergrund, nutzen die Elektrotechniker eine bestimmte Technik zur Vervollständigung menschlicher Fähigkeiten, ohne einen zwangsläufigen Substitutionseffekt. Um Veränderungen der technischen Systeme zu benennen, soll weiterhin geprüft werden, ob im Tätigkeitsbereich der Staatlich geprüften Techniker neue *Stoffe* und neue *Energien* verwendet und ob neue *Informationswege* und *-techniken* genutzt werden.

### 4.5.2 Arbeitsorganisation

Während die Technik den Entwicklungsstand der Betriebsmittel und der Verfahren von Fertigungsprozessen umfaßt, wird durch die *Arbeitsorganisation* festgelegt, wo und in welcher Abfolge bestimmte Arbeitsaufgaben von wem ausgeführt werden. Arbeitsorganisationen sind von Menschen für Menschen eingerichtete Systeme. Es sind Menschen, die unter dem Einfluß ihres individuellen oder kollektiven kognitiven Bezugssystems Bedingungen herstellen, unter denen andere Menschen, oder auch sie selbst, tätig werden sollen. Wesentliches Merkmal, das ein soziales Gebilde zu einem Element der Klasse Arbeitsorganisation macht, ist das Vorhandensein anzustrebender Ziele, zu deren Erreichung eine interne Systemkultur besteht oder entwickelt wird. Die Menschen, die in die Arbeitsorganisation eingegliedert sind, verschaffen sich durch die Mitgliedschaft in diesem System ihre Existenzgrundlage (*Baitsch* 1993, S. 17). Die jeweilige Arbeitsorganisation nimmt Einfluß darauf, wie Menschen in einer Arbeitssituation handeln und sich in dieser Situation selbst erleben. Die Leistung der arbeitenden Menschen, ihre Sorgfalt, Loyalität und Zufriedenheit sowie ihre psychische und physische Gesundheit werden von den Bedingungen mitbestimmt, welche die Arbeitsorganisation ihnen vorschreibt bzw. anbietet. Zugleich sind es die arbeitenden Menschen, die diese Bedingungen aufrechterhalten und auch verändern (*Baitsch* 1993, S. 1). Damit ist die Arbeitsorganisation für den Menschen ein entscheidender Ausgangspunkt für seine weitere persönliche Entwicklung, da er hier, je nach der Art der am Arbeitsplatz vorgefundenen Organisationsform, mit teilweise erheblichen sachlichen, zeitlichen und sozialen Beschränkungen seiner Handlungs- und Entscheidungsmöglichkeiten konfrontiert wird (*Hörning; Knicker* 1981, S. 60).

Der Verband für Arbeitsstudien und Betriebsorganisation e.V. - REFA - definiert Arbeitsorganisation wie folgt:

*„Die organisatorische Arbeitsgestaltung - Arbeitsstrukturierung - umfaßt vorwiegend die Gestaltung des Arbeitsinhaltes und die Gestaltung der zeitlichen Bindung des Menschen an den Arbeitsablauf mit dem Ziel, die Wirtschaftlichkeit des Betriebes zu steigern und gleichzeitig die Attraktivität der Arbeitsplätze und die Arbeitszufriedenheit zu erhöhen"* (REFA 1985, S. 207).

Laut *Heeg* ist Arbeitsorganisation das Schaffen eines aufgabengerechten Zusammenwirkens von arbeitenden Menschen, Betriebsmitteln, Informations- und Arbeitsgegenständen durch eine zweckgerichtete Gliederung der Arbeitsaufgabe, die Gestaltung von Information und Kommunikation sowie die Gestaltung der Arbeitszeit (*Heeg* 1991, S. 17).

Die Ziele der Arbeitsorganisation sind nach REFA:

a) organisatorische Ziele:
 - geringe Durchlaufzeiten und Umlaufbestände
 - hohe Produktionsflexibilität
 - hohe Lieferbereitschaft
 - hohe Systemverfügbarkeit
 - geringe Herstellungskosten

b) personelle Ziele:
 - Arbeitssicherheit gemäß dem Stand der Technik
 - menschengerechte Arbeitsgestaltung
 - große Handlungsspielräume für den Menschen
 - ausreichende Qualifikationen
 - soziale Akzeptanz von Leistung und Lohn
(*Heeg* 1991, S. 20)

### 4.5.2.1 Aufbauorganisation und Ablauforganisation

Die Arbeitsorganisation kann in eine aufbau- und eine ablauforganisatorische Komponente unterteilt werden.

Bei der *Aufbauorganisation* wird der Arbeitsprozeß durch Aufgaben strukturiert. Die im Unternehmen anfallenden Aufgaben werden auf verschiedene Stellen aufgeteilt, und es wird die Zusammenarbeit dieser Stellen geregelt. Es geht um die Bildung funktionsfähiger Teilsysteme und deren Koordination. Vereinfachend läßt sich die Bedeutung der Aufbauorganisation in der Fragestellung „Wer ist wofür zuständig?" beschreiben (*Hackstein* 1988, S. 2). Innerhalb der Aufbauorganisation lassen sich weitere Unterscheidungen treffen.

- Die Aufbauorganisation des Gesamtbetriebes ist eher ein betriebswirtschaftliches Problem und zählt nicht zu den Aufgaben der Arbeitsorganisation im engeren Sinne.
- Die Aufbauorganisation der Produktionsarbeit wird der Arbeitsorganisation im engeren Sinne zugerechnet.

Bei der *Ablauforganisation* steht die Strukturierung der zur Aufgabenerfüllung erforderlichen Arbeitsvorgänge im Mittelpunkt. Durch die technische Ablauforganisation wird der Arbeitsprozeß im technischen Bereich eines Betriebes produktionszielorientiert strukturiert. Dabei befaßt sich die Ablauforganisation mit der räumlichen und zeitlichen Folge des Zusammenwirkens von Menschen, Betriebsmitteln und Arbeitsgegenständen bzw. Informationen, die zur Erfüllung der Arbeitsaufgaben notwendig sind. Hierbei werden als grundsätzliche Organisationsprinzipien die folgenden Ablaufprinzipien oder Organisationstypen der Fertigung genannt:

- die „Werkbankfertigung" als handwerklich organisierte Herstellung ganzer Produkte an einem Arbeitsplatz,
- die „Werkstattfertigung" oder „Fertigung nach dem Verrichtungsprinzip", bei der artgleiche Arbeitsplätze und Betriebsmittel zusammengefaßt werden,
- die Fertigung nach dem „Flußprinzip", bei der Arbeitsplätze und Betriebsmittel nach dem Fertigungsablauf angeordnet werden, wobei von „Reihenfertigung" gesprochen wird, wenn der Ablauf nicht zeitlich gebunden ist und von „Fließfertigung" bei zeitlicher Gebundenheit des Ablaufs (*Heeg* 1991, S. 23).

Die verschiedenen Ablaufprinzipien sind durch die Art und Weise der Aufteilung eines ganzheitlichen Arbeitsablaufs auf ein Arbeitssystem oder mehrere Arbeitssysteme gekennzeichnet.

### 4.5.2.2 Traditionelle tayloristische Formen der Arbeitsorganisation

Die Einführung von Arbeitsorganisationsstrukturen, die sich an *Taylors* Konzept der „wissenschaftlichen Betriebsführung" orientieren, sind u.a. auf den Gegensatz zwischen den Erfordernissen frühkapitalistischer industrieller Produktion und den Arbeitsgewohnheiten der Arbeiter zurückzuführen. Die meisten Fabrikarbeiter waren entweder bäuerlicher Herkunft oder handwerklich-zünftig geprägt und damit wenig geneigt, sich der Fabrikdisziplin zu unterwerfen sowie die Forderungen des Managements nach Pünktlichkeit, Gehorsam, Arbeitstempo, Ausdauer und Fleiß zu erfüllen (*Brödner* 1985, S. 39). Da die Arbeiter zudem über das praktische Erfahrungswissen verfügten, hatte die Führungsebene der Fabriken Schwierigkeiten, der „Bummelei" der Arbeiter Einhalt zu gebieten.

Die vorangehenden Ausführungen erklären das Ziel des Managements, möglichst unabhängig vom guten Willen und der technischen Leistungsfähigkeit jedes einzelnen Arbeiters zu werden.

*Taylors* „wissenschaftliche Betriebsführung" sollte dazu dienen, das reichhaltige Erfahrungswissen der Arbeiter in abstraktes Planungswissen des Managements zu verwandeln.

> *„Alle Kopfarbeit unter dem alten System wurde von dem Arbeiter mitgeleistet und war Resultat seiner persönlichen Erfahrung. Unter dem neuen System muß sie notwendigerweise von der Leitung getan werden in Übereinstimmung mit wissenschaftlich entwickelten Gesetzen. Denn selbst wenn der Arbeiter geneigt wäre, solche wissenschaftlichen Gesetze zu entwickeln und zu verwerten, so würde es doch physisch für ihn unmöglich sein, gleichzeitig an seiner Maschine und am Pult zu arbeiten. Es ist also ohne weiteres ersichtlich, daß in den meisten Fällen ein besonderer Mann zur Kopfarbeit und ein ganz anderer zur Handarbeit nötig ist."* (*Taylor* 1913, zitiert in: *Ulich* 1994, S. 8)

Durch eine genaue Analyse des Produktionsprozesses sollte ein theoretisch abstraktes Modell desselben gebildet werden, um damit die Abhängigkeit vom Erfahrungswissen der Arbeiter zu überwinden. Gemäß dem ersten Grundsatz *Taylors* fällt es der Betriebsleitung zu, die überlieferten Kenntnisse zusammenzutragen, die früher im Alleinbesitz der einzelnen Arbeiter waren, diese klassifiziert in Tabellen zu bringen und aus diesen Kenntnissen Regeln, Gesetze und Formeln zu bilden (*Brödner* 1985, S. 40f). *Taylors* zweiter Grundsatz knüpft daran unmittelbar an: Anhand der analytisch abgeleiteten Gesetzmäßigkeiten sollte dem Arbeiter die bestmögliche Arbeitsweise („one best way") in Form detaillierter Arbeitsanweisungen vorgeschrieben werden, die damit an die Stelle des Gutdünkens des einzelnen Arbeiters tritt. Mit diesem Prinzip wird die Kopfarbeit, die fortan von der Betriebsleitung getan wird, von der Handarbeit getrennt, d.h. die Planung wird von der Ausführung der Arbeit geschieden. Der dritte Grundsatz *Taylors* ist die „Pensumidee":

> *„Die zu leistende Arbeit eines jeden Arbeiters ist von der Leitung wenigstens einen Tag vorher aufs genaueste ausgedacht und festgelegt. Der Arbeiter erhält gewöhnlich eine ausführliche schriftliche Anleitung, die ihm bis ins Detail seine Aufgabe, seine Werkzeuge und ihre Handhabung erklärt. ... Dieses Pensum bestimmt nicht nur, was, sondern auch wie es getan werden soll, und setzt die Zeit fest, die zur Vollbringung der Arbeit gestattet ist."* (*Taylor* 1919 zitiert in: *Brödner* 1985, S. 41)

Damit ist das Produktionswissen der Arbeiter nicht nur objektiviert und so der Betriebsführung zugänglich, vielmehr wird auch der Arbeitsprozeß genau vorgegeben und seine Ausführung nach Quantität und Qualität durch das Management kontrolliert.

Infolge der Anwendung von *Taylors* Grundsätzen wurde der Betrieb als ein System technischer Abläufe verstanden, an die es die Beschäftigten anzupassen galt. Weiterhin wurde angenommen, daß es für jeden Auftrag eine systeminhärente beste Ausführungsweise gäbe, die analytisch identifiziert werden müsse und den Arbeitern zu vermitteln sei. „Bis auf den heutigen Tag bestimmen seine (*Taylors*) Grundsätze trotz aller später daran vorgenommenen sprachkosmetischen Operationen die Konzepte kapitalistischer Rationalisierung der Produktion" (*Brödner* 1985, S. 42). Folgen für die Strukturierung der Aufbauorganisation waren u.a. weitgehende Vollmachtenteilung und die Einrichtung von Stabsfunktionen. Die Ablauforganisation im Sinne des Taylorismus ist durch die Aufteilung ganzheitlicher Arbeitstätigkeiten in kleinste Tätigkeitselemente gekennzeichnet. Weiterhin sorgen individuelle Anreizsysteme dafür, daß Absprachen über Leistungsbegrenzungen erschwert werden. Die sich daraus ergebenden Arbeitsstrukturen stellen infolge ständiger Wiederholung gleicher Tätigkeitselemente minimale Anforderungen an das Können des einzelnen Arbeiters. Dessen Anlernzeit wurde auf ein Minimum reduziert, die Austauschbarkeit des einzelnen Arbeiters war gegeben.

Die Arbeit in den tayloristisch organisierten Produktionsstrukturen blieb nicht ohne Folgen für den arbeitenden Menschen. Bereits 1923 stellte *Lysinski* in seinem Buch „Psychologie des Betriebes" fest, daß „die wirklichen Erfolge des Taylorismus ohne Frage zum größeren Teil auf die Intensivierung und nur zu einem kleineren auf die Rationalisierung der Arbeit zurückzuführen sind" (*Lysinski* 1923, zitiert in: *Ulich* 1994, S. 12).

In tayloristischen Strukturen zu arbeiten bedeutete also, eine erhebliche Mehrleistung mit potentiell gesundheitsschädigenden Folgen zu erbringen. *Lysinski* betonte weiterhin, daß darüber hinaus die Gefahr der Vernichtung persönlicher und kultureller Werte besteht. Der Taylorismus sei seinem ganzen Wesen nach „berufszerstörend" (*Ulich* 1994, S. 12). Durch die Partialisierung von Arbeitstätigkeiten und die systematische Trennung von Kopf- und Handarbeit entstanden für die Arbeitnehmer und in der Folge auch für die Arbeitgeber vielfältige Probleme, mit deren Lösung sich die verschiedenen Wissenschaftsdisziplinen seither beschäftigen.

Beispielsweise hat die Arbeitswissenschaft bei der Arbeitsplatzgestaltung schon früh begonnen, auch humane Gestaltungsziele zu berücksichtigen. Die Herangehensweise war allerdings lange Zeit auf arbeitsphysiologische Gesichtspunkte wie den Schutz des Arbeitenden vor körperlicher Überlastung und vor schädlichen Umgebungseinflüssen beschränkt. Stets galt die Prämisse der Maximierung der technisch-wirtschaftlichen Rationalität. So wurden organisatorische Probleme der Gestaltung von Arbeitsabläufen überwiegend unter der Perspektive eines

effizienten, reibungslosen technischen Ablaufs betrachtet (*Heeg* 1991, S. 24).
Hier zeichnete sich allerdings in den letzten Jahrzehnten ein Wandel in der
Betrachtung ab. Bereits in den 50er Jahren vermehrte sich eine human begründete
Kritik an der traditionellen tayloristischen Arbeitsgestaltung, da die Folgen einer
restriktiven Arbeitsorganisation für den Arbeitenden und für das soziale Gefüge
des Betriebes immer deutlicher gesehen wurden (*Heeg* 1991, S. 25).

Die im Zuge dieser Entwicklung durchgeführten wissenschaftlichen Untersuchungen kamen im wesentlichen zu folgenden Ergebnissen:

> „*- die eng begrenzten Arbeitsaufgaben führen oft zu einseitiger körperlicher Beanspruchung und damit zu schneller Ermüdung,*
> - *ein gezwungenes, gleichmäßiges Arbeitstempo und sich durch kurze Zykluszeiten ständig wiederholende Arbeitsabläufe führen zu einseitiger psychischer Belastung und erzeugen oft das Gefühl von Monotonie und Langeweile; hierdurch verringert sich der innere Antrieb, die Motivation zur Arbeit,*
> - *der Erfahrungshorizont der Arbeitenden beschränkt sich auf die unmittelbare Umgebung des Arbeitsplatzes (Ein Zusammenhang mit dem gesamten Produktionsablauf ist für ihn nicht sichtbar. Dadurch entsteht oft das Gefühl von „Trivialität" und Sinnlosigkeit der Arbeit.),*
> - *der einzelne Arbeitende sieht sich oft unüberschaubaren, unpersönlichen Organisationsstrukturen gegenüber, auf die er keinen Einfluß hat (Gefühl von Anonymität),*
> - *die Kommunikation zwischen den Arbeitenden wird behindert und*
> - *der Arbeitende kann seine persönlichen Interessen und Fähigkeiten nicht anwenden oder weiterentwickeln".* (*Heeg* 1991, S. 25)

Da mangelnde Flexibilität und Effizienz in der Arbeitsausführung zumindest zu
einem Teil auf die Unzufriedenheit der Beschäftigten mit den Arbeitsbedingungen
zurückzuführen sind, treten für die Unternehmen negative ökonomische Folgen
auf. Diese sind vor allem bedingt durch:

- hohe Fluktuationsraten,
- einen hohen Krankenstand,
- Frühinvalidität.

Eine Demotivation der Arbeitenden kann sich auch auf die Produktqualität auswirken. Ein weiteres Problem tayloristischer Organisationsformen liegt in deren
unzureichender Flexibilität.

### 4.5.2.3 Humane Aspekte berücksichtigende Formen der Arbeitsorganisation

Mit dem Verblassen der Wirtschaftswunder-Euphorie und nachdem die Studentenbewegung die Gesellschaft politisch neu sensibilisiert hatte, wurde mit der Kritik an überkommenen technisch-wirtschaftlichen Machtstrukturen Anfang der 70er Jahre auch die Realität der Arbeitswelt zu einem sozialpolitischen Thema. So berief die Bundesregierung im Jahr 1971 eine Kommission für wirtschaftlichen und sozialen Wandel. Infolge der Arbeit dieser Kommission kam es schließlich 1974 zur Einrichtung eines Forschungsprogramms mit dem Titel „Humanisierung des Arbeitslebens". Dieses breit angelegte Forschungsprogramm stellte u.a. für die folgenden Zwecke finanzielle Mittel bereit:

- die Erarbeitung von Schutzdaten, Richtwerten, Mindestanforderungen an Maschinen, Anlagen und Arbeitsstätten,
- die Entwicklung von menschengerechten Arbeitstechnologien,
- die Erarbeitung von Modellen für eine menschengerechte Gestaltung von Arbeitsplätzen,
- die Erarbeitung menschengerechter Arbeitsorganisationsformen und
- die Verbreitung und Anwendung entsprechender wissenschaftlicher Erkenntnisse und Betriebserfahrungen.

Infolge dieses Forschungsprogramms und des dadurch verstärkten öffentlichen Interesses fand in der Bundesrepublik die Diskussion von Problemen der Arbeitsorganisation den Anschluß an Entwicklungen, die in einigen westlichen Industrieländern vorausgegangen waren (*Heeg* 1991, S. 26).

Im Zuge dieser Entwicklung entstanden neue Prinzipien der Arbeitsorganisation, die zunächst auf den Erkenntnissen amerikanischer Sozialwissenschaftler beruhten. Während die wissenschaftliche Erforschung der Arbeit in der Tradition *Taylors* individuell orientiert war, d.h. sich auf die Beobachtung des Einzelnen an seinem Arbeitsplatz konzentrierte, wurden nun in einer erweiterten Betrachtungsweise Gruppenprozesse mit in die Forschung einbezogen. Man begann, die Bedeutung sozialer Organisationsformen und zwischenmenschlicher Beziehungen bei der Arbeit zu untersuchen, insbesondere die Rolle, die formelle und informelle Gruppenprozesse, Informationsaustausch, soziale Anerkennung und Motivation bei beruflicher Arbeit einnehmen. „Arbeit wurde nunmehr nicht hauptsächlich als ein physiologisches, sondern ebenso als ein soziologisches und sozialpsychologisches Problem betrachtet" (*Heeg* 1991, S. 27). In diesem Zusammenhang sind die sogenannten Motivationstheorien für die weitere Entwicklung von besonderer Bedeutung:

- *Maslows* Modell der Bedürfnishierarchie,
- *McGregors* XY-Theorie,
- *Herzbers* Zwei-Faktoren-Theorie.

*Ulich* faßt die Bedeutung dieser Modelle für die Arbeitsorganisation wie folgt zusammen:

*„Die bereits erwähnten Konzepte von Maslow, Herzberg, McGregor ... weisen darauf hin, daß von einer nach tayloristischen Prinzipien gestalteten Arbeit in unserer Gesellschaft motivationale Anreize kaum mehr zu erwarten sind."* (Ulich 1974 zitiert in: Heeg 1991, S. 30)

In der folgenden Tabelle nach *Heeg* (1991, S. 32) werden einige der Grundprinzipien tayloristischer Organisationsformen neuen, soziologische und sozialpsychologische Aspekte berücksichtigenden Grundsätzen gegenübergestellt:

„Taylors Scientific Management" versus „modernes Motivation Management"

| Taylors „Scientific Management" | modernes „Motivation Management" |
| --- | --- |
| Es gibt für jede Aufgabe nur eine Bestmethode. | Die Bestmethode hängt auch stark vom individuellen Arbeiter ab. |
| Nicht der Arbeiter, sondern das Management kann die Bestmethode finden. | Der Arbeiter findet seine Bestmethode am ehesten selbst. |
| Je mehr Arbeitsteilung, um so mehr Produktivität. | Die Monotonie der Arbeitsteilung bremst; daher Arbeit auf längere Zyklen erweitern. |
| Nur technische Faktoren beeinflussen die menschliche Produktivität. | Ausschlaggebend für menschliche Leistungsbereitschaft sind psychische (gefühlsbedingte) Faktoren. |
| Der Arbeiter kann nur durch Geld motiviert werden. | Viele verschiedene, vor allem psychische Faktoren entscheiden über die Leistungsbereitschaft und den Leistungswillen. Arbeitsinhalt ist die treibende Kraft. |
| Was nicht kontrolliert wird, wird nicht ausgeführt. | Verantwortungsgefühl und Selbständigkeit steigern die Leistungsbereitschaft. |

Tab. 1

Um dem Bedürfnis nach individueller Entfaltung am Arbeitsplatz entgegenzukommen, sind nach *Heeg* (1991, S. 78 ff.) bei arbeitsorganisatorischen Gestaltungsprozessen die folgend aufgeführten Maßnahmen zur Arbeitsstrukturierung möglich:

**Verringerung von Zeitzwängen**
Der Begriff Zeitzwänge soll im gegebenen Kontext dann verwendet werden, wenn dem arbeitenden Individuum das Arbeitstempo von außen vorgegeben wird. Solche Zeitzwänge treten beispielsweise am Fließband oder an Arbeitsplätzen auf, bei denen eine Verkettung in der Art besteht, daß eine Variation des Arbeitstempos auf nachfolgende Arbeitsplätze unmittelbare Wirkungen hat. Werden als arbeitsorganisatorische Maßnahme sogenannte Puffer zwischen die einzelnen Arbeitsplätze geschaltet, können zumindest individuelle Schwankungen im Arbeitstempo ausgeglichen werden.

**Systematischer Arbeitsplatzwechsel (Job rotation)**
Von „Job rotation" spricht man, wenn unterschiedliche Tätigkeiten im zeitlichen Wechsel an verschiedenen Arbeitsplätzen durchgeführt werden. Ein solcher Arbeitsplatzwechsel kann entweder an Einzelarbeitsplätzen erfolgen oder derart gestaltet sein, daß die Mitglieder einer Arbeitsgruppe sich bei ihren Tätigkeiten abwechseln.

**Arbeitserweiterung (Job enlargement)**
Bei der Arbeitserweiterung werden mehrere, in ihrer Struktur ähnliche Arbeitsaufgaben auf etwa gleichem Qualifikationsniveau, die bislang auf mehrere Arbeitsplätze verteilt waren, im Aufgabenbereich eines Arbeitsplatzes vereinigt.

**Arbeitsanreicherung (Job enrichment)**
Der Begriff Arbeitsanreicherung wird dann verwendet, wenn strukturell verschiedenartige Arbeitsaufgaben wie Planung, Einrichtung, Fertigung, Instandhaltung und Kontrolle zu einer größeren Aufgabe zusammengefaßt werden. Mit der Arbeitsanreicherung werden bei der Tätigkeit demnach möglichst vollständige Handlungen im Sinne von Planung, Ausführung und Kontrolle angestrebt, um damit ein höheres Maß an Selbstverwirklichung für das Individuum zu ermöglichen. Durch das Einbeziehen dispositiver Aufgaben werden die Arbeitsinhalte nicht nur quantitativ, sondern auch qualitativ ausgeweitet, wodurch sich Arbeitsinhalte auf höherer Qualifikationsebene ergeben. Die Arbeitsanreicherung bewirkt eine Verminderung der Arbeitsteilung in horizontaler und vertikaler Richtung, da sowohl der Tätigkeitsbereich als auch die Entscheidungs- und Kontrollmöglichkeiten ausgeweitet werden.

**Teilautonome Arbeitsgruppen**
Das Prinzip der Teilautonomie besteht darin, daß der gesamten Arbeitsgruppe eine komplexe Arbeitsaufgabe übertragen wird, die mehrere Arbeitsinhalte auf verschiedenen Qualifikationsniveaus umfaßt. Die Aufteilung der Arbeitsaufgaben auf die Gruppenmitglieder fällt in den Entscheidungsspielraum der Gruppe. Auch über die Art und Weise der Arbeitsausführung wird in der Gruppe bzw. von dem

mit der Durchführung beauftragten Gruppenmitglied entschieden. Neben den ausführenden Tätigkeiten fallen meist auch dispositive Aufgaben in den Verantwortungsbereich der teilautonomen Arbeitsgruppe. Die Grenzen der Gruppenautonomie sind durch die von außen vorgegebenen Produktions- und Qualitätsziele, die Zeitvorgaben und durch die verfügbare Produktionstechnik gesetzt. Falls es die technischen Bedingungen erlauben, kann die Ablauforganisation auf der Ebene der Gruppenarbeitsplätze weitgehend den Gruppenmitgliedern überlassen bleiben. Durch die Integration von Koordinations-, Vorbereitungs- und Kontrollaufgaben in die Gruppenarbeit, besteht auf der Produktionsebene die Möglichkeit, auf hierarchische Stufen der Aufbauorganisation, wie Meister, Vorarbeiter Einrichter und Kontrolleure, zu verzichten. Durch diese Form der Gruppenarbeit ergeben sich auch für die arbeitenden Individuen einige Vorteile. Je nach der gruppenintern gewählten Arbeitsteilung ergeben sich erweiterte und angereicherte Arbeitsinhalte (*Heeg* 1991, S. 84). Anwendung findet die Strukturierungsmaßnahme „Teilautonome Arbeitsgruppe" z.B. beim Konzept der Fertigungsinseln, das eine Verbindung von teilautonomer Gruppe mit einer entsprechenden Gruppentechnologie darstellt.

Die aufgezeigten Maßnahmen zur Arbeitsstrukturierung bieten dem arbeitenden Menschen Entfaltungsmöglichkeiten, auf der anderen Seite können sich für das Individuum aber auch Nachteile ergeben.

Die Verringerung von Zeitzwängen, der systematische Arbeitsplatzwechsel und die Arbeitserweiterung ermöglichen die Milderung der negativen Folgen, welche durch die horizontale Arbeitsteilung bedingt sind. Vollständige Handlungen im Sinne von Planung, Ausführung und Kontrolle werden ab der Ebene der Strukturierungsmaßnahme „Arbeitsanreicherung" möglich. Der Arbeitnehmer kann den Arbeitsablauf zumindest teilweise nach den eigenen Bedürfnissen gestalten, die Dispositionstätigkeiten führen zwangsläufig zu Kommunikationsprozessen. Durch die Einbeziehung von Entscheidungs- und Kontrollmöglichkeiten wird hier neben der horizontalen Arbeitsteilung auch die vertikale Trennung der Tätigkeiten reduziert. An angereicherten Arbeitsplätzen werden aber auch höhere Anforderungen an die Kompetenz des Arbeitnehmers gestellt. Bei betrieblichen Arbeitsstrukturierungsmaßnahmen konnte festgestellt werden, daß nicht alle Mitarbeiter in Arbeitssystemen mit erweiterten und angereicherten Tätigkeiten arbeiten wollen. Einige fühlen sich bei einfachen Routinetätigkeiten wohler (*Heeg* 1991, S. 91). Die Ausführung vollständiger Handlungen ist meist auch mit einer Zunahme von Verantwortung verbunden, die einige Arbeitnehmer möglicherweise nicht übernehmen möchten. Die Arbeit in einer teilautonomen Arbeitsgruppe stellt wiederum höhere Anforderungen an die von den Arbeitnehmern einzubringende Kompetenz in ihren Dimensionen Fach-, Sozial- und Individualkompetenz (vgl. Kapitel 4.5.3), bietet aber gleichzeitig die Möglichkeit, bei der

Tätigkeit die vorhandenen Kompetenzen weiterzuentwickeln. Die Arbeit in der Gruppe setzt die Fähigkeit zur Kommunikation voraus. Eigene Interessen müssen mit den Vorstellungen der anderen Gruppenmitglieder abgeglichen werden. An die Fachkompetenz werden besonders dann hohe Anforderungen gestellt, wenn vorgesehen ist, daß jedes Gruppenmitglied alle anfallenden Tätigkeiten beherrscht. Als Arbeitsergebnis liegt in der Gruppe meist ein sinnvolles und funktionsfähiges Teilprodukt vor. Durch die Kommunikation mit den Nachbargruppen besteht für das Individuum die Möglichkeit, eine Übersicht über das Gesamtprodukt bzw. den gesamten Produktionsablauf zu erhalten (*Heeg* 1991, S. 84).

In den teilautonomen Arbeitsgruppen können für den Arbeitnehmer aber auch zusätzliche Belastungen entstehen. Einerseits erhalten die Individuen durch die Möglichkeit der zeitlichen Disposition über die eigene Arbeitskraft (Arbeitszeiten, Mehrarbeit, Urlaub) in Abhängigkeit von den Erfordernissen der Gruppe zusätzliche Entscheidungsmöglichkeiten und damit zeitliche Freiheitsgrade (vgl. Kapitel 4.3.1.2), andererseits kann aber der einzelne, durch die Notwendigkeit gemeinsam von außen gesetzte Ziele zu erreichen, einem erhöhten Gruppendruck ausgesetzt sein. Die Wahrscheinlichkeit des Eintretens einer solchen Situation erhöht sich insbesondere dann, wenn das Entlohnungssystem zeitlich determinierte Zielprämien bietet oder wenn das Einkommen an einen Gruppenakkord gekoppelt ist.

Das Individuum steht demnach bei den aufgezeigten Maßnahmen der Arbeitsstrukturierung stets in einem Spannungsfeld zwischen einer Entlastung durch die Aufhebung von Monotonie, bedingt durch vollständige Handlungen, Kommunikationsmöglichkeiten und der Möglichkeit, die eigene Kreativität einzubringen, und der Gefahr übermäßiger Belastung durch hohe Verantwortung und Gruppendruck. Für die Arbeitgeber bieten die Maßnahmen Arbeitsanreicherung und teilautonome Arbeitsgruppen den Vorteil, daß derart gestaltete Produktionssysteme eine hohe Flexibilität aufweisen. Das Produktions- und Erfahrungswissen der Arbeitnehmer sowie deren Innovationskraft und Kreativität können für die betrieblichen Ziele genutzt werden. Auf der anderen Seite müssen die Betriebe die meist höheren Kosten technischer Einrichtungen für entsprechend gestaltete Arbeitsplätze tragen. Weiterhin entstehen Kosten für Schulungsmaßnahmen der Mitarbeiter. Durch das erweiterte Tätigkeitsprofil, dem die Arbeitnehmer gerecht werden müssen, entstehen für den Arbeitgeber eventuell höhere Lohnkosten (*Heeg* 1991, S. 85).

Im Rahmen der empirischen Erhebung wird zu prüfen sein, welche Formen der Arbeitsorganisation an den Arbeitsplätzen der Techniker eingeführt worden sind. Dazu müssen sowohl Aspekte der Aufbauorganisation (Wer ist wofür zuständig?)

als auch der Ablauforganisation erfaßt werden. Im Vordergrund steht die Frage, ob die Arbeitsorganisation den Elektrotechnikern die Ausführung hierarchisch und sequentiell vollständiger Handlungen ermöglicht, die im Zusammenspiel mit entsprechenden zeitlichen und inhaltlichen Freiheitsgraden die Weiterentwicklung vorhandener bzw. den Erwerb neuer Kompetenzen zulassen. Entsprechende Arbeitsorganisationsformen wurden bei den Stukturierungsmaßnahmen *Arbeitsanreicherung* und *teilautonome Arbeitsgruppen* beschrieben. Es ist auch möglich, daß in einigen Betrieben Arbeitsorganisationsformen vorgefunden werden, die den arbeitenden Menschen entsprechend hohe Freiheitsgrade bieten, ohne daß explizit die beschriebenen Strukturierungsmaßnahmen durchgeführt wurden. Entscheidend ist die an den Technikerarbeitsplätzen vorhandene Form der Arbeitsorganisation.

### 4.5.3 Kompetenz

Um einerseits die eigenen Lebensverhältnisse zu gestalten und andererseits den beruflichen Anforderungen gerecht zu werden, benötigt das Individuum bestimmte Fähigkeiten, die es beispielsweise dazu befähigen, (berufliche) Entwicklungsmöglichkeiten wahrzunehmen oder geforderte Arbeitstätigkeiten mit den am Arbeitsplatz vorhandenen technischen Hilfsmitteln unter den Bedingungen der eingeführten Arbeitsorganisation auszuführen. Dazu gehört notwendigerweise auch die Bereitschaft, die erworbenen Fähigkeiten zur Handlungsausführung einzusetzen. Zur Beschreibung entsprechender Fähigkeiten, einschließlich der Bereitschaft, diese anzuwenden, wird immer häufiger der Kompetenzbegriff verwendet.

So definiert *Bader* den Begriff *berufliche Handlungskompetenz* als

*„die Fähigkeit und Bereitschaft des Menschen, in beruflichen Situationen sach- und fachgerecht, persönlich durchdacht und in gesellschaftlicher Verantwortung zu handeln sowie seine Handlungsmöglichkeiten ständig weiterzuentwickeln."*
(*Bader* 1995, S. 153)

Nach *Zimmer* (1993, S. 138 ff.) wird berufliche Handlungskompetenz erworben, indem sich das Individuum in bestimmter Weise mit „Aneignungsgegenständen" seiner Umwelt auseinandersetzt. Durch eine kompetenzfördernde Aneignungsweise, die eine individuelle Verarbeitung mit einschließt, werden Persönlichkeitseigenschaften (z.B. Kenntnisse, Fähigkeiten, Fertigkeiten, Haltungen) und Dispositionsfunktionen der Persönlichkeitseigenschaften (Wissen, Können, Wollen) erworben, die in ihrem Zusammenspiel Handlungskompetenz bewirken.

Dabei umschließt der Kompetenzbegriff die subjektive Verarbeitung des Erwerbs von Persönlichkeitseigenschaften und Dispositionsfunktionen. Kompetenz ist demnach immer individuelle Kompetenz (*Bader*, 1990, S. 9).

Zunächst wird der Kompetenzbegriff genauer untersucht. Dazu werden dessen unterschiedliche Bedeutungen aufgezeigt, und es wird die Differenz zum Qualifikationsbegriff herausgearbeitet. Ein weiterer Abschnitt beschäftigt sich mit der Entwicklung von Kompetenz durch das Individuum. Anschließend werden die Dimensionen beruflicher Handlungskompetenz, die Fach-, Sozial- und Individualkompetenz, beschrieben.

Der Begriff Kompetenz entstammt ursprünglich der juristischen Fach- und Amtssprache und bedeutet auch heute noch in diesem Kontext soviel wie „Zuständigkeit, Maßgabe, Befugnis". In diesem Sinne ist eine Person „von Amts wegen" kompetent, bestimmte Handlungen vorzunehmen. So ist die institutionelle Befugnis zur Ausführung bestimmter Handlungen im beruflichen Kontext das Ergebnis eines sozialen Prozesses wie Ausbildung, Prüfung und Zertifizierung. Beispielsweise besitzen nur bestimmte Personen oder Institutionen die Befugnis, berufliche Prüfungen durchzuführen oder technische Anlagen zu prüfen (*Friede* 1995, S. 13).

Geht es um die Bewertung von Leistungen, so werden solche Tätigkeiten als in der Ausführung „kompetent" bezeichnet, die dauerhaft und zuverlässig auf einem Leistungsniveau erbracht werden, das einem „allgemein üblichen Standard" in diesem Bereich entspricht.

In der Psychologie bezeichnet der Begriff Kompetenz die Fähigkeit eines Individuums, in einer geplanten Handlungssituation ein angemessenes Verhalten hervorzubringen, das aus der Wechselwirkung zwischen der individuell vorhandenen Ausprägung an Kompetenz und den Performanzbedingungen der Umwelt resultiert. Die anforderungsgerechte Bewältigung von Situationen durch das Individuum zeigt damit die Ausgeprägtheit der Kompetenz (*Friede* 1995, S. 14).

Im folgenden sollen die charakteristischen Unterschiede des Kompetenzbegriffs gegenüber dem Verhaltensbegriff und dem Fähigkeitsbegriff sowie auch gegenüber dem Qualifikationsbegriff aufgezeigt werden.

Konzepte, die mit dem Fähigkeitsbegriff operieren, gehen von der Annahme aus, daß das Individuum mit relativ stabilen und situationsinvarianten Fähigkeiten Klassen von Aufgaben mit einem bestimmten Schwierigkeitsgrad lösen kann. Der Motivationsbegriff ist in das Fähigkeitskonzept nicht integriert und wird getrennt von diesem betrachtet. Das Individuum steht im Zentrum, die Umwelt wird als

Material betrachtet. Im Gegensatz dazu steht das Verhalten unter der Kontrolle der Umwelt und ist somit ein typischer Begriff des Behaviorismus. Verhalten wird entweder durch vorausgehende Stimuli ausgelöst oder es wird die Wahrscheinlichkeit des Wiederauftretens eines bestimmten Verhaltens durch nachfolgende Ereignisse erhöht. Jedes Verhalten beruht auf einem körperlichen Trieb oder auf einer durch die Umwelt erzeugten Motivation (*Friede* 1995, S. 14).

Der Kompetenzbegriff nimmt zwischen dem Individuum und der Umwelt eine vermittelnde Position ein. In diesem Sinne wird Kompetenz als Grundbegriff in der kognitiven, der interaktionistischen und der humanistischen Psychologie verwendet. In der kognitiven Psychologie wird davon ausgegangen, daß das Individuum durch die Aufnahme und Aussendung von Informationen, Erwartungen und Wahrnehmungen mit der Umwelt verbunden ist. Die interaktionistische Psychologie betont, daß das Verhalten eines Individuums hinreichend aus den Wechselwirkungen zwischen den Persönlichkeitsmerkmalen und den Situationsbedingungen erklärt werden kann. Die humanistische Psychologie sieht die zentrale Leistung der Persönlichkeit in der Fähigkeit des Individuums, sich zunehmend erfolgreicher mit Anforderungen und Aufgaben auseinanderzusetzen (*Friede* 1995, S. 15).

Während der Begriff *Kompetenz* sich demzufolge auf die Befähigung des Individuums zu situationsgerechtem, eigenverantwortlichem Handeln bezieht und damit die Subjektivität hervorhebt, bezeichnet *Qualifikation* den Lernerfolg in bezug auf die Verwertbarkeit von Kenntnissen, Fähigkeiten und Fertigkeiten in beruflichen, gesellschaftlichen und privaten Situationen. Die Arbeitsqualifikation umfaßt die für die Ausführung der jeweiligen Arbeitsaufgaben notwendigen sowohl prozeßspezifischen als auch prozeßunspezifischen Qualifikationen der Arbeitskräfte. Der Begriff Qualifikation entstammt der Bildungsökonomie. Dahinter steht die Frage, wie das Bildungssystem entsprechend den Anforderungen des Beschäftigungssystems ausbilden kann. Daher bezeichnen Qualifikationen die Kenntnisse, Fähigkeiten und Fertigkeiten, die erforderlich sind um eine vorgegebene Aufgabenstellung mit festgelegten Handlungsfolgen zu bearbeiten. Qualifikationen werden demnach von bekannten Aufgabenstellungen mit bekannten Bearbeitungsabläufen her bestimmt. Die Eigenheiten der handelnden Individuen werden nicht berücksichtigt. „Aus bildungstheoretischer Perspektive ist dieser Begriff von Qualifikation als Zielbegriff für Berufsausbildung defizitär, weil er zum einen die im Subjekt angelegten Dispositionen für neue Handlungsfolgen und zum anderen autonomes Handeln mit eigenen Zielsetzungen weitgehend ausblendet" (*Bader* 1990, S. 8 f).

In Bezug auf die Abgrenzung der Begriffe Qualifikation und Kompetenz ist es bemerkenswert, daß „zunehmend auch Unternehmen die Ziele ihrer Aus- und

Weiterbildung mit der Bezeichnung „Berufliche Handlungskompetenz" umschreiben - auf der Basis von Kompetenz und nicht, wie früher vielfach, von Qualifikationen." (*Bader; Ruhland* 1994, S. 7)

Im folgenden Abschnitt soll der Frage nachgegangen werden, wie sich Kompetenz im Individuum entwickelt.

Wenn sich der Mensch mit den ihm gegebenen äußeren Lebensbedingungen auseinandersetzt, verarbeitet er gleichzeitig diese äußere Realität. Mit Hilfe bestimmter grundlegender Fertigkeiten und Fähigkeiten im sensorischen, motorischen, affektiven, kognitiven und interaktiven Bereich des Verhaltens und Handelns wird die gegenständliche und soziale Umwelt nach Objekten, Interaktionsabläufen, Werten, Normen und Deutungsmustern sowie nach dem Beziehungsgefüge zwischen diesen Einzelkomponenten mit den Sinnen aufgenommen, in Vergleiche einbezogen, eingeordnet, bewertet und integriert. Mit jedem Vorgang der Aneignung und Auseinandersetzung mit der Umwelt verändern sich die oben beschriebenen grundlegenden Fähigkeiten und Fertigkeiten in der Weise, daß eine Weiterentwicklung des Individuums stattfindet. Der Begriff Verarbeitung bezeichnet also zugleich eine Arbeit an sich selbst, wobei die aktuellen Eindrücke und Erfahrungen mit den im Laufe des Lebens bereits gespeicherten Erfahrungen und Beobachtungen in Einklang zu bringen sind.

Im Verlauf der Persönlichkeitsentwicklung kommt es zu einem fortschreitenden Beherrschen der grundlegenden Fähigkeiten und Fertigkeiten, „die es ermöglichen, eine zunehmend differenzierte Aufnahme und Beobachtung der konkreten situativen Gegebenheiten der Umwelt vorzunehmen und sich den Lebensbedingungen in angemessener Weise anzupassen, zugleich ein wachsendes Verstehen der Zusammenhänge von Ereignissen und Strukturen der Umwelt zu erwerben und eine fortschreitende Fähigkeit zur Gestaltung und Beherrschung der äußeren Realität zu entwickeln" (*Hurrelmann* 1995, S. 159). Die Aneignung und Auseinandersetzung mit der äußeren Realität ist ein lebenslang anhaltender Prozeß. Die Persönlichkeits- und Kompetenzentwicklung nimmt dann einen optimalen Verlauf, wenn in jeder aktuellen Handlungssituation ein Arrangement mit den Umweltbedingungen in der Weise möglich ist, daß ein Einklang mit den persönlichen Bedürfnissen und Interessen des jeweiligen Individuums hergestellt werden kann.

Persönlichkeitseigenschaften und deren dispositionelle Funktionen, die Voraussetzung für soziales Handeln sind, können nur über die wechselseitige Interaktion von Menschen vermittelt werden, da eine wechselseitige Interpretation von sozialen Situationen erforderlich ist. Als Ergebnis dieser Austauschprozesse und

Kommunikationen können Persönlichkeitseigenschaften und Dispositionsfunktionen verstanden werden, die das eigene Handeln in sozialen Situationen in angemessener Weise lenken und mit den eigenen Interessen und Bedürfnissen in Einklang bringen (*Hurrelmann* 1995, S. 160).

Die Persönlichkeit des Menschen kommt dann in der Steuerung von Handlungen, der psychischen Tätigkeit, zum Ausdruck. Durch diese werden der Inhalt und die Art der Interaktion mit der Umwelt geprägt. Obwohl die psychische Tätigkeit einer Person als hochspezifisch anzusehen ist, unterliegt diese jedoch, wie oben aufgezeigt, einer lebenslangen Veränderung. Damit kann Persönlichkeitsentwicklung als Veränderung der Qualität psychischer Steuerungsmuster beschrieben werden. Die psychische Tätigkeit beruht dabei nicht auf einer additiven Anhäufung von Persönlichkeitseigenschaften und Dispositionsfunktionen. „Erst die individuumspezifische Verknüpfung zwischen den einzelnen Komponenten beschreibt die psychische Tätigkeit" (*Baitsch* 1993, S. 52). In diesem Sinne umfaßt Kompetenz eine prozessuale und systemische Verknüpfung von einzelnen Persönlichkeitseigenschaften und Dispositionsfunktionen, die individualtypischerweise zur Realisierung konkreter Tätigkeiten psychisch aktualisiert werden. In der Kompetenz spiegelt sich damit die Konstruktion der individuellen Wirklichkeit.

Handlungskompetenz kann nun als ein Zustand individueller Verfügbarkeit und Anwendbarkeit von Persönlichkeitseigenschaften und Dispositionsfunktionen zur Auseinandersetzung mit den dinglich-materiellen und sozialen Lebensbedingungen bezeichnet werden. Dies bedeutet die Möglichkeit der Performanz von Verhaltens-, Interaktions- und Kommunikationsstrategien, die den Anforderungen verschiedener Handlungssituationen genügt, welche für die Person bzw. die Umwelt von Bedeutung sind. Die Struktur der Handlungskompetenz ist bestimmt durch die zu einem bestimmten Lebenszeitpunkt verfügbaren und anwendbaren Potentiale der Umweltwahrnehmung, der Steuerung des Handelns nach ethischen und moralischen Prinzipien, der affektiv gesteuerten Erschließung der sozialen Umwelt sowie der sozialen Kontaktfähigkeit und Verhaltenssicherheit (*Hurrelmann* 1995, S. 160 ff.). Das individuelle Referenzsystem für die Handlungskompetenz bildet sich in den Tätigkeiten eines Menschen. Im Lebenslauf des Individuums wechselt die Dominanz verschiedener Tätigkeitsfelder. Im Erwachsenenalter ist die Arbeitstätigkeit eine wichtige Quelle für die Weiterentwicklung der Handlungskompetenz (*Baitsch* 1993, S. 43).

Die menschliche Tätigkeit in Arbeitsorganisationen erfolgt einerseits in struktureller Kopplung mit den Aufgaben, auf die die Tätigkeit gerichtet ist, andererseits besteht eine Verbindung zu den Menschen, mit denen bei der Aufgabenbewältigung kooperiert wird. Die strukturelle Kopplung zwischen Menschen ist eine

Voraussetzung für Lernprozesse bestimmter Art. Solche Lernprozesse werden durch die gemeinsame Auseinandersetzung mit der gestellten Aufgabe ausgelöst. Des weiteren ermöglicht eine strukturelle Koppelung Lernprozesse über den Aufgabenbezug hinaus, da der Lernprozeß nicht unbedingt auf die Aufgabe im engeren Sinne beschränkt bleibt, sondern beispielsweise auch die Verständigung über die Natur der eigenen Arbeitssituation betrifft. Kommunikative Prozesse ermöglichen Strukturkoppelungen zwischen Menschen. Im Kommunikationsprozeß schaffen Menschen einen Bereich gemeinsamer Wirklichkeit, über dessen Beschaffenheit sie sich konsensuell einigen müssen. Sofern beide Menschen an der Konstruktion dieser Wirklichkeit beteiligt sind, führt dies zu einer strukturellen Erweiterung ihrer Kompetenzen, mit Umweltausschnitten und mit anderen Menschen umzugehen bzw. diese wahrzunehmen. Im Kontext von Arbeitsorganisationen bedeutet dies, daß die Kompetenzentwicklung in bestimmten Arbeitssituationen in der Interaktion mit Arbeitsaufgaben erfolgt. Die Weiterentwicklung besteht darin, daß Menschen ihrer Umgebung, auch der Zwischenmenschlichen, neue und andere Bedeutungen abgewinnen können (*Baitsch* 1993, S. 53).

Wie bereits beschrieben, meint *berufliche Handlungskompetenz* nach *Bader* die Fähigkeit und Bereitschaft des Menschen, in beruflichen Situationen sach- und fachgerecht, persönlich durchdacht und in gesellschaftlicher Verantwortung zu handeln (vgl. S. 61). Nach *Zimmer* (1993, S. 138.ff) entwickelt sich berufliche Handlungskompetenz durch eine das Individuum berücksichtigende „Aneignungsweise" von „Aneignungsgegenständen". Diese sind ideelle Gegenstände, die außerhalb der lernenden Person als Erfahrung und Erkenntnis existieren. Nach der Aneignung durch das Individuum erfüllen die „Gegenstände" Begriffe, Aussagen, Fragen, Hypothesen und Theorien als Bewußtseinsinhalt eine deskriptive Funktion. Regeln, Methoden, Prinzipien und Strategien erfüllen als Bewußtseinsinhalt eine regulative Funktion, Forderungen, Gebote und Normen eine imperative Funktion. Durch die Beschäftigung mit den aufgeführten Gegenständen entwickeln sich Persönlichkeitseigenschaften wie Kenntnisse, Fähigkeiten, Fertigkeiten, Gewohnheiten, Überzeugungen, Einstellungen, Haltungen, Interessen und Bedürfnisse. Gleichzeitig werden dispositionelle Funktionen der Persönlichkeitseigenschaften bei Leistung und Verhalten herangebildet, die beispielsweise in beruflichen Situationen die Entscheidung beeinflussen, ob herangebildete Persönlichkeitseigenschaften auch zur Anwendung kommen, d.h. die Bereitschaft besteht, diese einzusetzen (*Zimmer* 1993, S. 139 ff.).

Im berufspädagogischen Kontext hat es sich auf Grund pragmatischer Erwägungen durchgesetzt, berufliche Handlungskompetenz als ein Gefüge aus fachlicher, sozialer und individuumbezogener Handlungskompetenz zu denken (KMK 1999, S. 9). Als Unterscheidungskriterium gilt die jeweilige Perspektive, unter welcher der Person-Umwelt-Bezug betrachtet wird. Steht der Person-Aufgaben-Bezug im

Vordergrund, wird von Fachkompetenz gesprochen. Wird der Person-Person-Bezug betrachtet, ist Sozialkompetenz gemeint. Als Individualkompetenz soll der Person-Selbst-Bezug bezeichnet werden (*Friede* 1995, S. 14).

*Fachkompetenz* zeigt sich bei der Bewältigung von fachlichen Situationen, die sich als Anforderungen, Aufgaben, Aufträge, Vorgänge oder Probleme stellen können. Fachkompetenz auf der Seite der Person und berufliche Anforderungen auf der Seite der Umwelt treten in Zusammenhang, indem die zu bewältigenden Arbeitstätigkeiten Anforderungen an die Fachkompetenz stellen und die Fachkompetenz umgekehrt die Ausführungsbedingung der betreffenden Tätigkeiten ist. Während beim Kompetenzerwerb die Gegenstände der Umwelt die Persönlichkeitseigenschaften und deren Dispositionsfunktionen prägen, findet bei der „Anwendung" der (Fach)kompetenz ein Transfer der Persönlichkeit auf die Arbeitsaufgaben statt. Damit verändert das Individuum auch die Aufgabenstellungen und die Arbeitsumgebung (*Friede* 1995, S. 21).

*Bader* (1990, S. 10) definiert Fachkompetenz als die Fähigkeit und Bereitschaft, Aufgabenstellungen selbständig, fachlich richtig und methodengeleitet zu bearbeiten und das Ergebnis zu beurteilen.

*Sozialkompetenz* besitzt für den Menschen eine große Bedeutung, da er zwar ein individuelles, aber zugleich auch soziales Gattungswesen ist. Sozialkompetenz, Arbeitsteilung und Rollendifferenzierung bedingen sich gegenseitig, indem sie zugleich Voraussetzungen und Folgen für ihre Entwicklung sind. Die Fähigkeit zur Kommunikation und zur Kooperation erhält aufgrund der oben dargelegten Beziehungen eine besondere Bedeutung. Kommunikation und Kooperation beinhalten den Gebrauch von Symbolen, Zeichen, Begriffen und Sprache zur Ziel- und Folgenantizipation in Handlungsprozessen und zum Aufbau von Handlungsfeldern. Die Sozialkompetenz ist, auch wenn andere Begriffsbezeichnungen verwendet werden, Gegenstand vieler wissenschaftlicher Disziplinen, die sie jeweils unter der ihnen eigenen Perspektive betrachten. Die Entwicklungspsychologie erforscht den Verlauf und die Struktur der „psychosozialen Reife" sowie der Moralentwicklung, während die Sozialpsychologie die Personenwahrnehmung, -beurteilung und -beeinflussung zum Gegenstand wissenschaftlicher Forschungen macht. Die Sozialkompetenz als Komponente der beruflichen Handlungskompetenz zeigt sich im Vollzug von Person-Person-Bezügen bei der Bearbeitung beruflicher Aufgaben. Im Kontext einer beruflichen Tätigkeit wird der Person-Person-Bezug über die Art der Arbeitsorganisation hergestellt, in deren Rahmen die jeweilige Aufgabe bearbeitet werden muß.

Situationsangemessenes Agieren hängt wesentlich von Wahrnehmungs- und Diskriminationsprozessen ab. Sozialkompetenz setzt also das Verstehen von Situationen als Grundlage für kognitiv gesteuerte, situationsangemessene Aktionen des sozial Handelnden voraus. Grundsätzliche Voraussetzung ist dabei natürlich die Verfügbarkeit sozial angemessener Verhaltensweisen. Die Performanz dieser Verhaltensweisen wird dann aber noch von emotionalen Befindlichkeiten gesteuert. Hemmung, Angst und eine pessimistische Einstellung zu sich selbst können die Ausführung angemessenen sozialen Verhaltens auch dann verhindern, wenn die Person weiß, worin die angemessene Verhaltensweise besteht und sie auch über diese verfügt. Daher ist zwischen dem Verfügen über soziale Verhaltensweisen und deren Anwendung zu unterscheiden. „Sozialkompetenz ist deshalb ein Bündel aus sich wechselseitig beeinflussenden kognitiven, emotionalen und aktionalen Komponenten" (*Friede* 1995, S. 26).

*Argyle* geht von einem Konzept der Sozialkompetenz aus, das er in Anlehnung an Modelle psychomotorischen Verhaltens entwickelte (*Friede* 1995, S. 27). Danach ist Sozialkompetenz durch Prozesse der Zielsetzung, der Informationsverarbeitung und der Rückkopplung mit der sozialen Situation gekennzeichnet. Sozialkompetenz ist nach diesem Modell keine situationsinvariante Persönlichkeitseigenschaft, sondern eine Fähigkeit im Sinne von Kompetenz, situationsangemessenes Verhalten hervorzubringen. Wenn also soziales Verhalten durch die Wechselwirkung von Persönlichkeitseigenschaften mit Situationsvariablen bedingt ist, ergibt sich daraus, daß Sozialkompetenz keine stabile Fähigkeit im klassischen Sinne darstellt. Es ist daher sinnvoll, im Plural von Sozialkompetenzen zu sprechen und so viele Arten von Sozialkompetenzen zu unterscheiden, wie sich Klassen von sozialen Situationen bilden lassen. Die Motivation zur Performanz sowie zur ständigen Verbesserung sozialkompetenten Verhaltens kann in den angenehmen und unangenehmen Konsequenzen gesehen werden, die soziales Verhalten nach sich zieht. Stimmt das Handeln mit den gültigen sozialen Normen überein, ergibt sich als positive Konsequenz die soziale Anerkennung, was eine Verstärkung dieses Verhaltens zur Folge hat. Als Antrieb und Maßstab für sozial kompetentes Verhalten kann danach ein langfristig günstiges Verhältnis von angenehmen und unangenehmen Konsequenzen sozialen Verhaltens angesehen werden.

Im Wort Sozialkompetenz zeigt sich anschaulich die Bedeutung des Begriffes Kompetenz. So hat das Verhalten des Individuums unmittelbare Wirkungen auf das soziale Gefüge, indem es verändernd auf die Situation einwirkt. Neben diesen unmittelbaren Wirkungen auf die jeweiligen Gegebenheiten wirkt die soziale Situation mittelbar wieder auf das Individuum zurück, indem die Verarbeitung der Konsequenzen des sozialkompetenten Verhaltens zu Selbstsicherheit, Selbstbehauptung sowie zur Gestaltung des Selbstkonzeptes führen (*Friede* 1995, S. 27).

Auch die Etablierung interpersoneller Beziehungen in Gruppen gehört zu den mittelbaren Wirkungen sozialkompetenten Verhaltens. Nach *Bader* ist Sozialkompetenz als die Fähigkeit und Bereitschaft zu verstehen, sich mit anderen rational und verantwortungsbewußt auseinanderzusetzen und zu verständigen (*Bader* 1990, S. 10).

*Individualkompetenz* ist die Fähigkeit des Individuums, aufgrund seiner bisherigen Entwicklung zu entscheiden, welche Lebensziele Relevanz besitzen und wie zum Erreichen dieser Ziele in den sozialen Handlungsfeldern interagiert werden muß. Die Individualkompetenz wird auch als Humankompetenz bzw. Selbstkompetenz bezeichnet. *Bader* definiert Humankompetenz „als die Fähigkeit und Bereitschaft, als Individuum die Entwicklungschancen und Zumutungen in Beruf, Familie und öffentlichem Leben zu durchdenken und zu beurteilen, eigene Begabungen zu entfalten und Lebenspläne zu fassen und fortzuentwickeln." (*Bader* 1990, S. 10)

Die Individualkompetenz befähigt demnach dazu, die Grundbedürfnisse sowie die Interessen des durch Entwicklung und Sozialisation gebildeten „Ich" mit den Interessen und Forderungen des sozialen Umfeldes in Einklang zu bringen. Nach *Friede* kann die Individualkompetenz auch als die Fähigkeit zum Selbstmanagement angesehen werden. Dies beinhaltet:

- die Steuerung der Aufmerksamkeit,
- die Steuerung des persönlichen Einsatzes,
- die Selbstkontrolle der Motivation,
- eine rationale Anstrengungskalkulation
- sowie ein realistisches Selbstkonzept.

Die Ergebnisse der Handlungen des Individuums müssen zutreffend auf die individuellen Fähigkeiten und Anstrengungen oder auf außerhalb der Person liegende Umstände zurückgeführt werden (*Friede* 1995, S. 75). Individualkompetenz ist besonders dann erforderlich, wenn eine Person in sogenannten Dilemmasituationen eine Entscheidung treffen muß. Dies sind Situationen in denen es „die gute Lösung" nicht gibt, sondern eine abzuwägende und zu verantwortende. In der Bewältigung dieser Situationen wird die Individualkompetenz gleichzeitig weiterentwickelt (*Friede* 1995, S. 72 ff.).

Die *Methodenkompetenz* ist ein integraler Bestandteil von Fach-, Sozial- und Individualkompetenz. Werden die Methoden von Interessen und Gegenständen isoliert, bleiben diese formal, d.h. Methoden können nicht unabhängig von Inhalten betrachtet werden (*Bader* 1990, S. 10).

Für die empirische Erhebung zur Erfassung des Berufsbildes der Staatlich geprüften Techniker der Fachrichtung Elektrotechnik ergeben sich bezüglich des Bestimmungsfaktors *Kompetenz* die folgenden Fragestellungen:

- Orientieren sich die Arbeitgeber bei den von den Technikern zu erfüllenden Voraussetzungen eher am Qualifikationsbegriff oder am Kompetenzbegriff?
- Welche Kompetenzen bzw. Qualifikationen erwarten die Arbeitgeber von den Elektrotechnikern?
- Wie beurteilen die Arbeitgeber und die Elektrotechniker die Bedeutung der Fach-, der Sozial- und der Individualkompetenz?
- Wie beurteilen die Arbeitgeber und die Elektrotechniker den Kompetenzerwerb an den Technikerschulen in Bezug zu den verschiedenen Aufgaben der Techniker im Beschäftigungssystem?
- Wie beurteilen die Arbeitgeber und die Elektrotechniker die Bedeutung der Kompetenzentwicklung durch zunehmende Berufserfahrung?

### 4.5.4 Interdependenz von Technik, Arbeitsorganisation und Kompetenz

Nachdem bei der Klärung der Begriffe Technik, Arbeitsorganisation und Kompetenz bereits deutlich wurde, daß zwischen den Termini Interdependenzen bestehen, sollen nunmehr diese gegenseitigen Abhängigkeiten genauer untersucht werden.

Wie im Kapitel 4.5.2.2 aufgezeigt, wurde der Fertigungsprozeß in traditionellen tayloristischen Produktionsstrukturen systematisch analysiert und in möglichst einfache, kurze Operationen zerlegt. Eine genaue Leistungskalkulation und eine individuelle, leistungsabhängige Entlohnung sollten sicherstellen, daß der Arbeitnehmer seine Arbeitskraft voll einsetzt (*Kern; Schumann* 1985, S. 177). In dieser Tradition wurde der Inhalt der Arbeitsaufgaben unter der Dominanz der Technik (Anordnung der technischen Anlagen und Einrichtungen) und auch, sofern vorhanden, der einschränkenden gewerkschaftlichen Vorschriften festgelegt. Dabei wurden meist nur die exakt kalkulierbaren Vorgänge der unmittelbaren Produktion berücksichtigt (*Heeg* 1991, S. 21). Auch in der Betriebswirtschaftslehre herrscht oft noch weitgehend die klassische These von Technik vor. Technik wird als vorgegebene, exogene Größe behandelt. Aus dieser Perspektive erscheint für die Erzielung von ökonomischem Wohlstand lediglich die Anpassung der sozio-ökonomischen und sozio-psychischen Strukturen an die jeweilige technische Entwicklung erforderlich.

Wie bereits in Kapitel 4.5.2.2 beschrieben, führten die negativen Konsequenzen des Taylorismus für Arbeitnehmer und Arbeitgeber seit den 50er Jahren zu Forschungen um den Problemkreis des Verhältnisses von menschlicher Arbeit, deren Organisation und dem Technikeinsatz. Daß die zunehmende Weiterentwicklung der Technik und deren Anwendung nicht zwangsläufig zu einem Abbau von hochbelasteten Arbeitsplätzen und einem Qualifikationsanstieg führten, wurde auch in den 60er Jahren im Rahmen der verstärkten Automatisierung in den Industriebetrieben erkannt. Infolge der öffentlichen Thematisierung des sozialen und ökologischen Wachstums und der sich seit Mitte der 70er Jahre verfestigenden Massenarbeitslosigkeit rückten Fragen nach der sozialen Beherrschbarkeit und der Gestaltung des „technischen Fortschritts" in den Mittelpunkt politischer und wissenschaftlicher Diskussionen. Dadurch wurde die Forderung nach einer Technikfolgenabschätzung im Sinne einer sozialen Kontrolle der Technikentwicklung und Anwendung laut (*Mueller; Schmid* 1989, S. 25).

Einen weiteren Anstoß in der Diskussion um das Verhältnis von Arbeit und Technik gaben die Industriesoziologen *Kern* und *Schumann* mit ihren Forschungsergebnissen in den 70er Jahren. Sie analysierten die technisch bedingten Veränderungen der menschlichen Arbeit und versuchten, die Auswirkungen des technischen Wandels in den industriellen Kernbereichen zu erfassen.

Die Forschungsergebnisse von *Kern* und *Schumann* widersprachen der bis dahin häufig anzutreffenden Vorstellung, daß sich die industrielle Arbeit im Verlauf der technischen Entwicklung nach einem klaren und festen Muster verändert. Sie widerlegten die These von *Blauner*, nach der sich die Entfremdung bei der Arbeit durch die Technisierung entsprechend einer umgekehrten U-Kurve verändere. Nach *Blauner* sollte die Entfremdung in der handwerklichen Produktion gering, in der mechanisierten Produktion groß und in der Automatisierungsphase wieder klein sein. *Kern* und *Schumann* trafen die Feststellung, daß diese Darstellung den tatsächlichen Veurauf in unzulässiger Weise vereinfache (*Mueller; Schmid* 1989, S. 26). Auch die Auswirkungen der technischen Entwicklung auf die Gesamtgruppe der Arbeitskräfte sind differenziert zu betrachten. So konnten *Kern* und *Schumann* feststellen, daß in jeder Mechanisierungsstufe neue Formen industrieller Arbeit hinzukommen, aber auch ein Teil der alten Tätigkeiten erhalten bleibt. Daher ist es nicht möglich, vom technischen Niveau eines Produktionsmittels auf die erforderlichen Kompetenzen aller in diesem Arbeitssystem tätigen Arbeitnehmer zu schließen. Die beiden Industriesoziologen konnten mit ihren Forschungsergebnissen belegen, daß die Frage des Verhältnisses von Arbeit und Technik nicht als ein außergesellschaftliches, technizistisches Anpassungsproblem betrachtet werden kann.

Daß die Entwicklung und Bedeutung der Technik und ihre Auswirkungen auf den Arbeitsprozeß erst aus den sozioökonomischen bzw. den kulturellen Bedingungs- und Wirkungszusammenhängen zu erklären sind, wurde in den 70er Jahren neben den Untersuchungen von *Kern* und *Schumann* noch durch weitere Industriesoziologen empirisch belegt. Bei identischer Produktionstechnik können mit unterschiedlichen Arbeitsorganisationsformen annähernd gleiche Ergebnisse bezüglich der ökonomischen Rentabilität erzielt werden. Die Arbeitsverfahren determinieren nicht bloß eine Anwendungslogik. Vergleichbare technische Bedingungen erlauben durchaus unterschiedliche Formen der Aufbau- und Ablauforganisation. Welche technische und organisatorische Lösung sich in einem konkreten Unternehmen durchsetzt, hängt im wesentlichen von den historisch konkreten sozioökonomischen Bedingungen ab (*Mueller; Schmid* 1989, S. 26 f.).

Zunehmend setzte sich die Erkenntnis durch, daß die technische Entwicklung auch einen sozialen Prozeß darstellt. Die jeweilige Arbeitsorganisation folgt nicht nur einer durch ökonomische Konkurrenz vermittelten Eigenlogik, sondern spiegelt auch soziale Ordnungs- und Wertvorstellungen wider, die weit über die ökonomischen Gestaltungserfordernisse hinausweisen. Unter Berücksichtigung dieser Erkenntnis wurde in den 80er Jahren die Gestaltung des technischen Fortschritts selbst in den Mittelpunkt der wissenschaftlichen und politischen Diskussion gestellt.

Technik ist nicht als externer Faktor zu verstehen, sondern immer in gesellschaftliche, politische und wirtschaftliche Entstehungs- und Verwertungsbedingungen eingebunden. Bei der Gestaltung von Arbeit und Technik, die in einem interdependenten Verhältnis zum Faktor Kompetenz stehen, müssen sowohl ökonomische als auch soziale Bedingungen entsprechend berücksichtigt werden. Die Einführung neuer Techniken in einem Betrieb ist somit immer als ökonomischer und sozialer Prozeß zu sehen.

Während in der Tradition tayloristischer Denkweise für die Fähigkeiten des arbeitenden Menschen der Qualifikationsbegriff im Sinne einer Anpassungsqualifikation an bestehende Arbeitsplätze verwendet wurde, wird nun zunehmend der Kompetenzbegriff gebraucht, wie er im Kapitel 4.2.3 beschrieben wurde. Der Kompetenz des Menschen wird ein Eigenwert zugestanden, der unabhängig von technischen Neuerungen und Anforderungen des Beschäftigungssystems seine Berechtigung hat. Weiterhin werden in prozeßorientierten Organisationsstrukturen und vernetzten Arbeitsformen immer mehr allgemeine Fähigkeiten wie Mitdenken, Beobachtungsgabe, Problemerkenntnis- und Problemlösungsfähigkeit, situationsbezogenes Handeln, Handeln in komplexen und unsicheren Situationen, Prozeßverständnis gefordert, welche von konkreten technischen Situationen und spezifischen Arbeitsorganisationsformen unabhängig sind (*Dybowski* 1993, S. 86).

Arbeitsorganisationen werden von Menschen eingerichtet und bewußt auf ein Ziel hin orientiert. Bei diesem Gestaltungsprozeß spielen die individuellen und kollektiven Wahrnehmungen von Umwelten und anderen Menschen, Erwartungen und Überzeugungen, Werte und Normen eine entscheidende Rolle im Sinne einer Eingangsgröße. Auf dieser Basis wird eine bestimmte Struktur für die Arbeitsorganisation konzipiert oder kopiert und eingerichtet. Die völlige Planbarkeit von Arbeitsorganisationen und der darin beschäftigten Menschen ist nicht gegeben. Arbeitsorganisationen können nur funktionieren, wenn den Menschen ein Spielraum der autonomen Gestaltung ihrer Tätigkeit überlassen wird. Organisation, Kompetenz und Motivation sind eng miteinander verknüpft. Das Verhältnis zwischen ihnen ist keine einfache Ursache-Wirkungs-Kette sondern ein dynamisches. „Organisatorische Regelungen, die eingerichtet wurden, weil ein bestimmtes Handeln beobachtet (oder nur vermutet) wurde, beeinflussen Handeln und Motivation der Arbeitenden tatsächlich, wie sie auch deren Wissensstand verändern werden; spätere organisatorisch-technische Maßnahmen wiederum werden sich auf dieses Handeln beziehen." (*Baitsch* 1993, S. 3) Es entsteht eine systemische Eigendynamik. Qualifikations- bzw. Kompetenzentwicklung bei arbeitenden Menschen und die dynamische Veränderung ihrer Arbeitsorganisation bedingen sich gegenseitig. Die beiden Faktoren stehen in einem ineinander verwobenen Prozeß, kein Teil ist ohne den anderen zu denken.

So können in einem anthropozentrischen Verständnis vom arbeitenden Menschen die drei das Berufsbild bestimmenden Faktoren Technik, Arbeitsorganisation und Kompetenz als gleichwertige, interdependente Variablen angesehen werden, die bei einer empirischen Untersuchung mit gleicher Gewichtung zu betrachten sind. In diesem Zusammenhang ist es auch von Interesse festzustellen, ob die verantwortlichen Führungskräfte in den Unternehmen diese Gleichwertigkeit wahrnehmen oder (noch) dem Technikdeterminismus verhaftet sind.

## 5 Gesellschaftliche Einflüsse auf das Berufsbild

Berufe sind gesellschaftlich bestimmt und haben losgelöst von der Gemeinschaft keine Realexistenz. Die im jeweiligen gesellschaftlichen Kontext aktuelle Bedeutung eines Berufs, und damit des Berufsbildes, unterliegt gesellschaftlichen Bedingungen (vgl. Kap. 4.1). Wie in Abb. 2 auf Seite 31 dargestellt, sind sowohl das Berufsbild als auch dessen Bestimmungsfaktoren Technik, Arbeitsorganisation und Kompetenz in einen gesellschaftlichen Kontext eingebettet, d.h. gesellschaftliche Einflüsse wirken sowohl über die Bestimmungsfaktoren als auch direkt auf das Berufsbild. Gesellschaftlicher Wandel kann daher die Bestimmungsfaktoren des Berufsbildes verändern und über diese - oder auch direkt - das Berufsbild.

Anhand einer Literaturanalyse sollen gesellschaftliche Veränderungen dargestellt werden, die möglicherweise Einfluß auf das Berufsbild der Elektrotechniker nehmen. In der empirischen Erhebung soll dann geprüft werden, ob der hier darzustellende Wandel gesellschaftlicher Faktoren tatsächlich einen Einfluß auf das Berufsbild der Elektrotechniker ausübt und, wenn ja, welche Auswirkungen sich dadurch ergeben.

Zunächst wird erläutert, was der in der aktuellen gesellschaftlichen Diskussion oft zitierte Trend zur „Globalisierung" für die Wirtschaft und den Arbeitsmarkt bedeutet. In den darauf folgenden Kapiteln werden Folgewirkungen der Globalisierung und gesellschaftliche Trends genauer untersucht, die möglicherweise einen Wandel des Berufsbildes der Elektrotechniker bedingen. Wie sich der durch Globalisierungstendenzen verändernde Weltmarkt auf die Produktionsbedingungen auswirkt, wird in Kapitel 5.2 aufgezeigt. Anschließend wird als Antwortstrategie auf die veränderten Bedingungen das Konzept der schlanken Produktion (lean production) mit seinen Auswirkungen vorgestellt. Der Trend zur Globalisierung wurde wesentlich durch die Möglichkeiten beschleunigt, die sich im Zusammenhang mit der Einführung „neuer Techniken" ergaben. Was unter diesen „neuen Techniken" zu verstehen ist und welche Auswirkungen für den Beruf des Elektrotechnikers zu erwarten sind, wird in Kapitel 5.4 beschrieben. In Kapitel 5.5 werden die Ergebnisse einer Studie des Instituts für Arbeitsmarkt- und Berufsforschung (IAB) in Zusammenarbeit mit der Prognos AG vorgestellt. In der vom IAB und der Prognos AG durchgeführten Untersuchung wurden längerfristige Tendenzen des Arbeitskräftebedarfs ermittelt. In diesem Kapitel wird auch speziell die Bedarfsentwicklung auf der Ebene der Fachschulabsolventen dargestellt, dort nämlich sind die Staatlich geprüften Techniker einzuordnen. Da in diesem Zusammenhang das Problem einer möglichen Verdrängung der Elektrotechniker durch formal Höherqualifizierte relevant wird, ist diesem Sachverhalt das darauffolgende Kapitel gewidmet.

## 5.1 Globalisierung

Das Schlagwort Globalisierung bezeichnet, neben anderen möglichen Sichtweisen, eine Tendenz zur Internationalisierung der Märkte für Waren, Geld und Kapital, teilweise auch für Arbeitskräfte. Diese Entwicklung wurde u.a. durch die neuen Techniken ermöglicht (vgl. Kap. 5.4), die durch „revolutionäre" Neuerungen in Telekommunikation und Datenverarbeitung, aber auch im Transportwesen die Voraussetzung für eine Globaliserung geschaffen haben. Der politisch gewollte Abbau von Handelsschranken war eine weitere Voraussetzung, die der Tendenz zur Internationalisierung der Märkte Vorschub leistete. *Hirsch-Kreinsen* charakterisiert den Weltmarkt zwar als ein Wechselspiel zwischen Globalisierung einerseits und einzelstaatlichem Protektionismus andererseits, jedoch zeigt die Gesamtentwicklung die eindeutige Tendenz zur Internationalisierung (*Hirsch-Kreinsen* 1994, S. 436). In der Tat hat sich der Markt für Warenkapital vergrößert. So zirkulieren heute erheblich mehr Waren in größerem Maßstab und über größere Entfernungen als noch vor einigen Jahren. Die Warenmärkte sind von internationaler Konkurrenz geprägt. Für informierte und zahlungskräftige Kunden entwickelten sich in den letzten Jahren immer bessere Möglichkeiten, auf das Warenangebot der führenden Produzenten in den meisten kapitalistischen Ländern zurückzugreifen. Gleichzeitig haben die Produzenten keine Probleme, ihre Produkte in den wichtigsten kapitalistischen Ländern auf den Markt zu bringen (*Krätke* 1997, S. 217).

Der internationale Warenhandel wächst besonders zwischen den Industrieländern, in besonderem Maße entwickelt er sich zwischen den Mitgliedsländern der Europäischen Union. Seit Anfang der siebziger Jahre haben Größe und Gewicht der Export- und Importaktivitäten innerhalb der EU ständig zugenommen. „Die wichtigsten Handelspartner für die europäischen Industrieländer sind ihre europäischen Nachbarländer, und dieser innereuropäische Handel wird immer wichtiger" (*Krätke* 1997, S. 226).

Neu auf dem internationalen Warenmarkt ist auch die Tendenz, daß Industrieprodukte aus Billiglohnländern der dritten Welt in Hochlohnländer der ersten Welt exportiert werden. Die Bedeutung dieser Importe ist allerdings im Bezug zum Gesamtvolumen des Weltwarenmarktes als gering einzuschätzen. Jedoch hat das Gewicht einiger Länder Südostasiens wie beispielsweise Honkong oder Singapur im internationalen Handel zugenommen, weil sie zu Knotenpunkten im weltweiten Warenexport der westlichen Industrieländer geworden sind (*Krätke* 1997, S. 226).

Der Weltmarkt kostituiert sich jedoch nicht nur über Handelsströme, sondern auch über Finanz- und Kreditströme, über Produktions- und Dienstleistungsbeziehungen sowie neuerdings auch über Technologie-, Forschungs- und Entwicklungstransfer (*Hirsch-Kreinsen* 1994, S. 436). So werden im Zusammenhang mit Globalisierungstendenzen vor allem noch zwei wichtige Indikatoren genannt: Das Geldkapital auf den internationalen Finanzmärkten und die Aktivitäten der transnationalen Konzerne. Bezüglich des Geldkapitals ist anzumerken, daß das Volumen der reinen Finanztransaktionen auf den internationalen Finanzmärkten in den letzten Jahren in erheblichem Maße zugenommen hat. Nur noch 10% des auf den internationalen Finanzmärkten gehandelten Kapitals haben noch etwas mit dem Handel von Gütern und Dienstleistungen zu tun. Die verbleibenden 90% dienen oft auch spekulativen Zwecken (*Krätke* 1997, S. 218 f.).

In welchem Maße die Aktivitäten der transnationalen Konzerne internationalisiert sind, soll im folgenden aufgezeigt werden. Es soll zunächst dargelegt werden, wie diese multinationalen Unternehmen die Standorte ihrer Produktionsanlagen planen.

Von den hundert größten internationalen Konzernen haben etwa 20 mehr als die Hälfte ihrer Produktionsanlagen im Ausland, bei den verbleibenden 80% der internationalen Unternehmen sind mehr als die Hälfte des Investitonskapitals im jeweiligen Heimatland des Konzerns angelegt. Die „ausländischen" Produktionsanlagen und Firmensitze der Unternehmen sind aber nicht wahllos über den Globus verteilt, sondern dort zu finden, wo die wichtigsten ausländischen Absatzmärkte dieser Firmen liegen. Dabei werden diese Produktionsanlagen in der Regel auf diejenigen Produkte und Produktlinien ausgerichtet, die auf dem jeweiligen Auslandmarkt bereits gut eingeführt sind. Vollständig integrierte Fertigungen, für die im Ausland ein eigenes Netz von Zulieferern und Händlern aufgebaut werden müßte, sind eher selten. Stattdessen findet man an ausländischen Standorten häufig Teil- oder Endfertigungen. Hierbei handelt es sich aber keineswegs um eine „Abwanderung ins Ausland". Vielmehr gehr es darum, durch Produktion am Ort selbst einen direkten Zugang zum jeweiligen ausländischen Markt zu erhalten. Aus diese Weise werden Zölle und Importbeschränkungen umgangen sowie Wechselkurseffekte und hohe Transportkosten vermieden bzw. reduziert (*Krätke* 1997, S. 216).

Damit erweist sich die Möglichkeit einer erleichterten Besetzung ausländischer Märkte als ein bestimmender Faktor der Internationalisierung der Produktion. Da vorzugsweise die Endfertigungen ins Ausland verlagert werden, muß diese Entwicklungstendenz bei den international agierenden deutschen Konzernen nicht zwangsläufig zum Abbau von Arbeitsplätzen im Inland führen. Durch die effektivere Besetzung der ausländischen Absatzmärkte wird der Gesamtumsatz des Konzerns möglicherweise gesteigert. Erfolgt die Zulieferung der Teile zur ausländischen Endfertigung aus Deutschland, kann in diesem Bereich eine Produktionssteigerung nötig werden. Die beschriebene Entwicklung bewirkt jedoch eine Verschiebung der Tätigkeitsspektren.

Neben der Möglichkeit zur Besetzung ausländischer Absatzmärkte berücksichtigen die Unternehmen bei der Wahl von Produktionsstandorten die sogenannten Standortfaktoren. Bezüglich der standortbedingten Kriterien werden „harte" und „weiche" Standortfaktoren unterschieden. Harte Standortfaktoren sind z.B. Löhne, Steuern und Energiepreise, die sich mehr oder weniger leicht quantifizieren lassen. Als weiche Standortfaktoren sind beispielsweise die politische Stabilität, die Qualität des Rechtswesens und das Niveau des Bildungs- und Erziehungswesens zu nennen. Damit wird deutlich, daß die in der politischen Diskussion oft genannten Entscheidungskriterien für die Standortwahl von Unternehmen, die Lohnkosten sowie die Steuer- und Abgabenbelastung, zwar wichtige, aber keineswegs entscheidende Faktoren sind. Viel wichtiger ist, was ein Unternehmen für die gezahlten Löhne bekommt, z.B. die erbrachte Arbeitsleistung und die Qualität der geleisteten Arbeit. So ist ein Land mit hoher Steuerbelastung, aber einem funktionierenden Bildungs- und Gesundheitswesen möglicherweise der attraktivere Standort als ein Land mit vergleichsweise niedrigeren Unternehmenssteuern, in dem aber die Mehrzahl der Schulabsolventen faktisch Analphabeten sind und ein Großteil der Erwerbspersonen unter langfristig verschleppten bzw. chronischen Krankheiten leidet (*Krätke* 1997, S. 209).

Der wichtigste Faktor ist die Arbeitsproduktivität. Die höchste Arbeitsproduktivität findet sich in Ländern, in denen hohe Sozialversicherungsbeiträge und hohe Lohnsteuern bezahlt werden, wie beispielsweise in Schweden oder in den Niederlanden. Daher spielen Steuerbelastungen bei der Standortwahl nicht die entscheidende Rolle, auch aus dem Grund, daß bei Investitionen im Ausland die Rentabilität nach Steuern nicht mehr vom Steuersystem eines Landes, sondern von den Interaktionen der Steuersysteme in mehreren Ländern abhängt.

Diese hier aufgeführten Gründe sowie die oben aufgezeigte Möglichkeit, nationale Märkte zu besetzen, haben zur Folge, daß die weitaus meisten Kapitalexporte aus hochentwickelten kapitalistischen Ländern in ebenso hochentwickelte kapitalistische Länder gehen, deren Kostenniveau sich nicht wesentlich von dem des „Heimatlandes" des jeweiligen Konzerns unterscheidet. Auch das Eigentum an den multinationalen Konzernen ist nur in beschränktem Maße international gestreut. Zwar sind mittlerweile die Aktien vieler Konzerne in den USA, Japan und auch in Deutschland an Börsen im Ausland notiert, jedoch liegt der tatsächliche Anteil des Aktienkapitals, das sich in den Händen ausländischer Anleger befindet, in den wenigsten Fällen über 10 Prozent (*Krätke* 1997, S. 222).

Obwohl die Internationalisierung der „weltweit" operierenden Konzerne, wie oben aufgezeigt, noch nicht so weit fortgeschritten ist, wie es die aktuelle Diskussion vermuten läßt, führt die Globalisierung insgesamt zu einem wachsenden Konkurrenzdruck, dem sich die bundesdeutschen Unternehmen stellen müssen. Die in der Logik des kapitalistischen Wirtschaftssystems verankerte

Notwendigkeit zur Schaffung immer effektiverer und flexiblerer Entwicklungs-, Produktions- und Distributionsprozesse zeigt dementsprechende Auswirkungen auf den Arbeitsmarkt und damit auch auf die Beschäftigungssituation der Elektrotechniker (vgl. Kap. 5.2 und Kap. 5.5).

Zwar haben die Handelsaktivitäten der Bundesrepublik Deutschland mit Südostasien und Osteuropa in den vergangenen zehn Jahren zugenommen, jedoch bestehen auch gegenläufige Tendenzen. So gehören deutsche Exporteure in einigen Ländern mit hoher Wachstumsdynamik nicht zur Spitzengruppe. Auch in einigen High-Tech-Branchen mit weltweitem Wachstum sind deutsche Unternehmen zwar technologisch auf dem neuesten Stand, spielen aber bei Exportaktivitäten im internationalen Vergleich kaum eine Rolle.

Die Stärke der deutschen Unternehmen auf dem Weltmarkt liegt in der Qualität, Zuverlässigkeit und Maßanfertigung nach Kundenwünschen. Sie sind beispielsweise im Exportgeschäft mit Südostasien vor allem in Sektoren stark, wo sie traditionell gut und teuer waren, im Fahrzeug- und Maschinenbau, bei chemischen Produktionsanlagen und im Bereich Elektrotechnik.

Wegen der Konzentration auf hochwertige Investitionsgüter profitiert die deutsche Industrie von jeder weltweiten Neustrukturierung. Hier hat die „Welle der flexiblen Automatisierung" der deutschen Investitionsgüterindustrie zwar internationale Großaufträge eingebracht, die Entwicklungstendenz zur flexiblen Fertigung birgt auf längere Sicht aber auch Gefahren: Flexible Automatisierung ermöglicht einerseits die computergesteuerte Herstellung von kleinen Losgrößen oder Einzelstücken und erlaubt andererseits in höherem Maße als bisher, Maschinen aus standardisierten Modulen zusammenzubauen. Die Maschinen werden aber auch in zunehmendem Maße programmierbar. Bei Umstrukturierungen muß daher kein neuer Maschinenpark angeschafft werden, es ist nur ein Umprogrammieren der bestehenden Produktionsanlagen erforderlich. Dazu wird aber immer neue Software benötigt. Die Softwareentwicklung ist jedoch ein Bereich, in dem deutsche Unternehmen in Entwicklung und Distribution keine Spitzenpositionen einnehmen. Auf längere Sicht verschiebt sich das Schwergewicht der Investitionen von der Hardware- zur Softwareseite. „Genau in diesem Bereich, bei der Entwicklung spezialisierter Software (Maschinensteuerungsprogramme), hinkt die deutsche Industrie hinterher. Hier kann man eine Konkurrenzschwäche ausmachen" (*Krätke* 1997, S. 229).

Diese Entwicklung wirkt sich in entscheidendem Maße auf die Tätigkeiten in Elektroberufen und damit auf die Einsatzmöglichkeiten der Elektrotechniker aus. Während viele Steuer- und Regeleinrichtungen bisher auf elektromechanischem Wege realisiert wurden, zeichnet sich die Tendenz ab, in diesem Bereich verstärkt Mikroprozessoren einzusetzen, wozu die entsprechende Software benötigt wird. Da die Ausbildung von Hochschulabsolventen im Vergleich zu den Staatlich geprüften Technikern in höherem Maße theoretisch ausgerichtet ist, besitzen die Erstgenannten meist eine höhere Kompetenz für eine berufliche Tätigkeit im Bereich Softwareentwicklung. Hier besteht die Gefahr, daß die Elektrotechniker durch formal Höherqualifizierte wie Fachhochschul- und Universitätsabsolventen verdrängt werden (vgl. Kap. 5.6).

## 5.2 Gesteigerte Anforderungen des globalen Marktes

Die tiefgreifenden und auf lange Sicht anhaltenden Veränderungen der Weltmarktbedingungen, die in hohem Maße von der Tendenz zur Globalisierung beeinflußt werden, stellen neue Anforderungen an die Produktionsökonomie. Im vorangehenden Kapitel wurde auf die Gefahr einer Einschränkung der langfristigen Absatzmöglichkeiten von Investitionsgütern hingewiesen, die sich im Zusammenhang mit der technischen Entwicklungstendenz „flexible Automatisierung" ergibt. Aber auch unabhängig von dieser technischen Entwicklungsrichtung deuten Sättigungserscheinungen auf den Konsum- und Investitionsgütermärkten langfristig auf eine Stagnation in der Entwicklung der Absatzmöglichkeiten hin. An dieser Marktlage ändert auch die Existenz unterversorgter Gebiete in unterentwickelten Ländern nichts, da diese mangels kaufkräftiger Nachfrage außerhalb jeder Marktökonomie stehen. Auch aus diesem Grund dominieren am Weltmarkt auf lange Sicht die entwickelten Industrieländer selbst. Die verschärfte Konkurrenz auf den Weltmärkten, aber auch ein verändertes Konsumentenverhalten in Richtung auf mehr Qualität und weniger Quantität, bewirken eine verstärkte Differenzierung der Absatzmärkte.

Die Massenproduktion war in der Vergangenheit die vorherrschende Strategie der Unternehmen zur Herstellung von Konsumgütern. Die Umsetzung dieser Produktionsstrategie erfolgte mit einer spezifischen Technik, die zwar Kostendegression bei steigender Produktion ermöglichte, aber gleichzeitig eine Unvereinbarkeit zwischen Automation und Flexibilität beinhaltete. Zunehmende Technisierung in der Produktion implizierte eine zunehmende Starrheit der Massenproduktion. Eine solche Starrheit ist den veränderten Wettbewerbsbedingungen des globalen Marktes nicht mehr gewachsen. Die aus den veränderten Markt- und Absatzbedingungen zu ziehende Konsequenz besteht darin, ein möglichst flexibles Produktionspotential aufzubauen, um schnell auf eine schwankende Nachfrage und auf veränderte Märkte reagieren zu können. Die geringen Wachstumsaussichten führen zu einem Verdrängungswettbewerb, der den Konkurrenten die Bedingungen diktiert. Nur Hersteller, die ihre Produkte den Kundenwünschen anpassen können und in der Lage sind, termingerecht hohe Qualität und Funktionalität zu liefern, können sich unter den veränderten Wettbewerbsbedingungen Chancen ausrechnen. Innovationsfähigkeit, Flexibilität und Termintreue sind entscheidende Merkmale von Wettbewerbsfähigkeit unter Verdrängungsbedingungen (*Brödner* 1985, S. 60).

Innovationsfähigkeit und Flexibilität wurden aber durch die in der Vergangenheit angewendeten taylorisitisch orientierten Strategien der Massenproduktion eingeschränkt. Durch die ausgeprägte vertikale Arbeitsteilung wurden die vorhandenen Kompetenzen des Personals in ihrer Entfaltung gehemmt. Dagegen blähten sich die indirekten Bereiche der Planung und Steuerung der Produktion auf. Die Produktivität einer Fertigung hängt jedoch, wie empirische Untersuchungen zeigen, wesentlich von der Nutzung aller vorhandenen Kompetenzen des Personals ab. Daß Betriebe, die wenig arbeitsteilig organisiert sind, effizient produzieren können, zeigen größere „Handwerks"-Betriebe, die hinsichtlich Beschäftigtenzahl, Produktspektrum und maschineller Ausrüstung mit kleinen und mittleren „Industrie"-Unternehmen durchaus vergleichbar sind (*Brödner* 1985, S. 57). Um künftig den Wettbewerbsbedingungen des Marktes gerecht zu werden, sind Strategien notwendig, die eine höhere Flexibilität ermöglichen, um auf Marktanforderungen und Kundenwünsche entsprechend reagieren zu können. Bezüglich des Personals sollten diese innovativen Strategien einerseits die vorhandenen Kompetenzen der Individuen ganzheitlich nutzen und andererseits dem arbeitenden Menschen weitere Entwicklungschancen bieten.

Wie die Arbeitgeber der Elektrotechniker die Kompetenzen ihrer Mitarbeiter in den Unternehmen nutzen und deren weitere Kompetenzentwicklung fördern, soll in der empirischen Untersuchung geprüft werden.

Im folgenden Kapitel wird untersucht, inwieweit das Konzept der schlanken Produktion (lean production) den Anforderungen eines veränderten Marktes gerecht wird.

## 5.3  Lean Production

Der Begriff „lean production" wurde zum ersten Mal im Jahr 1990 in der Veröffentlichung zu einer wissenschaftlichen Untersuchung des Massachusetts Institute of Technologie (MIT) verwendet. Diese MIT-Studie beschäftigt sich im wesentlichen mit der Suche nach den Ursachen der weltweit herausragenden Marktstellung des japanischen Automobilherstellers Toyota sowie des Erfolgs anderer japanischer Firmen. Das dabei analysierte, effiziente Konzept japanischer Produktion wird als „lean production" oder umfassender als „lean management" bezeichnet. Das letztgenannte Konzept „lean management" umfaßt neben der Produktion auch Verwaltung, Vertrieb sowie Forschung und Entwicklung, während sich „lean production" auf die Produktionsorganisation bezieht. Bezüglich des Verständnisses von „lean production" herrschen unterschiedliche Auffassungen: Im Ursprung bezeichnet der Begriff, wie dargestellt, japanische Produktionsstrategien, wie sie von den Autoren der am Massachusetts Institute of Technologie angefertigten Studie beschrieben wurden. Nachfolgend wurden die vorgefundenen Strategien jedoch von weiteren Autoren zu einem neuen, revolutionären Konzept erhoben (*Brujmann; Olsen* 1993, S. 1 f).

Im Umgang mit dem Konzept „lean production" werden in der Bundesrepublik teilweise sehr unterschiedliche und diffuse Auffassungen vertreten. Im folgenden soll dennoch versucht werden, wesentliche Paradigmen und Strategien von „lean production" darzustellen.

Um sich einem wandelnden Markt anpassen zu können und konkurrenzfähig zu bleiben, muß die gesamte Organisation eine hohe Dynamik aufweisen. Diese Dynamik setzt unter anderem eine ständige Kommunikation aller betroffenen Ebenen inclusive der Zulieferer voraus und wird durch flache Hierarchien und vernetzte Informationsstrukturen ermöglicht. So wurde in den entsprechenden Firmen Japans eine enge Verknüpfung von Produktentwicklung, Zuliefersystem und Vertrieb neben einer von nahezu allen Mitarbeitern getragenen Unternehmensphilosophie festgestellt. „Lean production" beinhaltet weiterhin eine ganzheitliche Betrachtungsweise von Mensch, Technik und Organisation. Die Strategie der Optimierung einzelner Technologien weicht einer ganzheitlichen Betrachtungsweise.

Nach *Brujmann; Olsen* (1993) und *Heeg* (1991) beinhaltet das Konzept „lean production" die folgenden Paradigmen:

- Der Mensch wird als entscheidender Produktionsfaktor erkannt und menschliche Arbeit nicht länger als Restfunktion zur Bewältigung noch nicht automatisierter Prozesse betrachtet. Die Fähigkeiten und Fertigkeiten der Mitarbeiter im Unternehmen sollen weiterentwickelt und ganzheitlich genutzt werden. Als Konsequenz daraus ergibt sich die Notwendigkeit zur systematischen Förderung der Mitarbeiter, welche als entscheidende Produktionsfaktoren betrachtet werden. D.h. entsprechende Personalentwicklungsstrategien beinhalten die Entwicklung und Förderung der Mitarbeiter durch entsprechende Weiterbildungsmaßnahmen.

- Technik dient der Vervollständigung und umfassenden Nutzung menschlicher Kompetenz. Die Gestaltung und Anwendung der Technik folgt der Organisationsentwicklung (vgl. Kap. 4.5.1).

- Die Produktion wird als integrierter Prozeß verstanden. Durch die ständige Kommunikation und Kooperation aller am Produktionsprozeß Beteiligten sollen durch eine Parallelisierung der Arbeitsschritte Planungs- und Konstruktionszeiten verkürzt werden. Bezüglich der Aufbauorganisation sind möglichst wenige Hierarchiestufen vorgesehen, auch um kurze Informationswege zu erhalten. Verantwortung soll gegebenenfalls delegiert werden.

- Team- und Gruppenarbeit sowie ein gemeinsames Problemlösen auf allen Ebenen werden im Rahmen der gesamten Innovations- und Wertschöpfungskette angestrebt. Aufträge an einzelne Arbeitsgruppen werden möglichst in Form von Projekten vergeben. Durch hohe zeitliche und inhaltliche Freiheitsgrade (Selbstorganisation im Team), die den Produzierenden zugestanden werden, sollen Produktionsabläufe schneller und stabiler verlaufen. Diese Organisationsformen sollen auch dazu beitragen, daß von der Produktionsebene mehr innovative Impulse zur Verbesserung der Produktion ausgehen.

- Die Zulieferer werden stärker in den Produktionsprozeß integriert, indem diese bereits in der Konstruktionsphase verantwortlich an der Panung der von ihnen zu fertigenden Produkte beteiligt werden. Fehlerhafte Teilprodukte werden dem Zulieferer nicht abgenommen. Die Zulieferung erfolgt „just in time", so daß Lagerhaltungskosten weitgehend vermieden werden.

- Die Qualitätssicherung wird in den Produktionsprozeß integriert. Dies ist in dem Sinne zu verstehen, daß Zwischenprodukte nach vorher festgelegten Qualitätskriterien geprüft und als fehlerhaft erkannte Vorprodukte nicht weiterverarbeitet werden. Qualitätssicherung erfolgt also nicht als Endkontrolle mit eventueller Nacharbeitung des Produkts. Dies sichert den effizienten Einsatz von Ressourcen und die Vermeidung von Verschwendung. Bezüglich des gesamten Produktionsprozesses wird durch die Beteiligung aller Mitarbeiter ein „kontinuierlicher Verbesserungsprozeß (KVP)" angestrebt.

- Die höhere Flexibilität des „schlanken" Produktionssystems ermöglicht eine konsequente Marktorientierung.

Bezüglich der von den Beschäftigten zu erwartenden Kompetenzen ist festzustellen, daß in „schlanken" Strukturen neben den Anforderungen an die Fachkompetenz vermehrt die Sozial- und die Individualkompetenz gefordert werden. Die erhöhten Anforderungen ergeben sich aufgrund vergrößerter Arbeitsumfänge. Dem arbeitenden Menschen werden damit aber auch mehr zeitliche und inhaltliche Freiheitsgrade zugestanden. Daraus resultieren anspruchsvolle Tätigkeiten, die dem Beschäftigten individuelle Lern- und Entwicklungschancen bieten. Die Nutzung dieser Entwicklungsmöglichkeiten und der „richtige" Umgang mit den Anforderungen, die im Zusammenhang mit „lean production" auftreten, fordern die Sozial- und Individualkompetenz des arbeitenden Menschen.

Die Nutzung der eigenen Arbeitskraft steht im Spannungsfeld zwischen dem individuellen Interesse des langfristigen Erhalts der Erwerbsmöglichkeiten und dem Interesse der Unternehmen zur aus betrieblicher Sicht optimalen Nutzung der Mitarbeiterressourcen. So fällt bei japanischen Unternehmen in Europa auf, daß die Belegschaft jung ist und kaum Altersunterschiede bestehen. „In Japan selbst, wo über einen längeren Zeitraum schon Erfahrungen gemacht wurden, hat sich gezeigt, daß eine Beschäftigung einzelner im Rahmen von „lean production" auf Grund der physischen Belastungen kein ganzes Arbeitsleben dauern kann" (*Brujmann; Olsen* 1993, S. 5).

Dieser Sachverhalt legt dem Individuum eine besondere Verantwortung für die Erhaltung der eigenen Arbeitskraft auf. Die Bewältigung dieser Situation erfordert eine ausgeprägte Individualkompetenz.

In welchem Ausmaß die Arbeitsplätze der Staatlich geprüften Techniker der Fachrichtung Elektrotechnik von der Strategie „lean production" betroffen sind, wird im Rahmen dieser Arbeit zu untersuchen sein. Dazu soll erhoben werden, inwieweit Strategien, die diesem Konzept zugeordnet werden können, bereits in den Unternehmen eingeführt sind und die berufliche Tätigkeit der Elektrotechniker bestimmen. Es ist zu untersuchen, ob eine umfassende Nutzung der Kompetenzen (vgl. Kap. 4.5.3) des Personals in den Unternehmen erfolgt und ob die Elektrotechniker aufgrund einer entsprechenden Arbeitsgestaltung und angemessener Weiterbildungsmaßnahmen die Möglichkeit haben, vorhandene Kompetenzen weiterzuentwickeln. Ferner ist von Interesse, welche Bedeutung die Kooperations- und Kommunikationsfähigkeit sowie die Bereitschaft, diese einzusetzen, für die Staatlich geprüften Techniker hat. Zu den überprüfbaren Merkmalen von „lean production" gehört auch die Form der eingeführten Arbeitsorganisation (vgl. Kap. 4.5.2). So ist der Bedeutung von Team- und Gruppenarbeit nachzugehen. Die Aufbau- und die Ablauforganisation bestimmen die zeitlichen und inhaltlichen Freiheitsgrade (vgl. Kap. 4.4.1) des Personals. Hohe Freiheitsgrade können als ein Merkmal von „lean production" angesehen werden.

In schlanken Produktionsstrukturen übernehmen alle Beteiligten Verantwortung für den gesamten Produktionsprozeß. In diesem Zusammenhang ist beispielsweise von Interesse, inwieweit die Techniker bei Kostenbetrachtungen einbezogen werden und Verantwortung für die Qualitätssicherung übernehmen. Auch der Einsatz der Technik (vgl. Kap. 4.5.1) am Arbeitsplatz ist ein relevantes Merkmal. Eine komplementäre Techniknutzung und eine Beteiligung des Personals bei der Technikgestaltung sprechen in diesem Zusammenhang für schlanke Produktionsstrukturen.

## 5.4 Veränderungen durch die Einführung neuer Techniken

Obwohl die Bedeutung der „neuen Techniken" in der Literatur häufig hervorgehoben wird, gibt es keine allgemein gültige Begriffsdefinition. Im folgenden sollen einige Spezifika der neuen Techniken dargestellt werden.

Beispielsweise sind die Gentechnik, die Weiterentwicklung der Mikroprozessoren sowie eine dadurch innovierte Computer- und Robotertechnik, neue Werkstoffe oder auch neue Medien dem Begriff „neue Techniken" zuzuordnen. Als wesentlich für neue Techniken gilt, daß sie Veränderungen in weiten Bereichen des Technikeinsatzes hervorrufen können und nicht auf spezifische Einsatzbereiche beschränkt bleiben. Ein weitgehender Konsens besteht darüber, daß die auf der Mikrotechnik basierenden neuen „Informations- und Kommunikationstechniken" zentraler Bestandteil aktueller und zukünftiger Innovation sind bzw. sein werden. Die neuen Informations- und Kommunikationstechniken führen nach weitgehend übereinstimmender Auffassung nicht in erster Linie zu neuen Produktionsverfahren und Produkten. Vielmehr wird vom Einsatz dieser Techniken eine Verbesserung bereits vorhandener Verfahren und Produkte erwartet. Aus ökonomischer Sicht hat das Innovationspotential der „microelectronic-based technologies" drei Dimensionen: Die Miniaturisierung, das Einbringen von „Intelligenz" in die Ausstattung und die schnelle Verarbeitung großer Informationsmengen zu geringen Kosten. Der Grad der Komplexität einer Gesellschaft steht in einem interdependenten Zusammenhang mit der Möglichkeit der Verarbeitung der anfallenden Informationsmengen. „Die zunehmende Bedeutung und Notwendigkeit von Informationen konfligiert mit der beschränkten Informationsverarbeitungskapazität des Menschen. Diese Schranke ist durch die neuen Technologien erheblich hinausgeschoben worden. *Information* gilt inzwischen als *Produktionsfaktor*, der die Produktionsfaktoren Arbeit und Kapital an Bedeutung überholt hat" (*Mueller; Schmid* 1989, S. 61 f.).

Nach *Mueller* und *Schmid* sind *Flexibilität* und *Integration* die wesentlichen Schlüsselbegriffe, welche die auf der Mikroelektronik basierenden neuen Techniken bezüglich ihrer Bedeutung für den betrieblichen Einsatz kennzeichnen.

Der Begriff *Flexibilität* bezieht sich hier auf drei Bereiche: *Auftragsflexibilität* bedeutet die Fähigkeit, ein Produkt mit kurzen Durchlaufzeiten, hoher Qualität, geringen Lagerbeständen, hoher Lieferbereitschaft und beliebiger Auftragshöhe zu fertigen. *Produktflexibilität* umschreibt die Möglichkeit der Fertigungseinführung von Produktvarianten bzw. neuen Produkten in wechselnden Losgrößen bei kürzester Vorbereitungs- und Umstellzeit. Die *Systemflexibilität* beinhaltet die Möglichkeit, neue Fertigungseinrichtungen in die laufende Fertigung einzubeziehen. Der Begriff *Integration* bezieht sich darauf, alle Unternehmensbereiche - vom Eingang der Rohstoffe bis hin zum Warenausgang - mit Hilfe der Informationstechniken zu verknüpfen und zu vernetzen. Mit integriert werden dabei auch die Außenbeziehungen der Unternehmen sowohl zu den Lieferanten, welche direkt in die Produktionskette des Unternehmens einbezogen werden, als auch die Außenbeziehungen zu den Kunden. Dadurch können mögliche Marktveränderungen frühzeitig bei der Produktion berücksichtigt werden (*Mueller; Schmid* 1989, S. 62 f.).

Daß die Elemente Flexibilität und Integration inzwischen als Schlüsselkategorien der Fertigungsstrategien gelten, liegt an den oben beschriebenen Wettbewerbsbedingungen eines durch Globalisierungstendenzen veränderten Marktes.

Doch auch für die Nutzung moderner Technik im betrieblichen Ablauf gilt das gleiche Kriterium wie für die eingeführte Form der Arbeitsorganisation (vgl. Kap. 4.5.4). Nicht das technisch Machbare, sondern institutionelle Einflußgrößen bestimmen die Zeit und das Ausmaß der Einführung neuer Techniken. Daher muß zwischen dem Innovationspotential der neuen Techniken und ihrer tatsächlichen Verbreitung unterschieden werden. Denn technische Neuerungen setzen sich nur dann durch, wenn sie ökonomisch verwertbar sind. Eine technische Innovation ist immer das Ergebnis innerbetrieblicher Entscheidungsprozesse, auch wenn das gesellschaftliche Umfeld Einfluß auf den betrieblichen Implementierungsprozeß neuer Techniken nimmt (*Mueller; Schmid* 1989, S. 65).

Mit Bezug auf die empirische Erhebung muß hier die Frage gestellt werden, inwieweit die Mikroprozessortechnik, die Computer- und Robotertechnik bzw. allgemein die Informations- und Kommunikationstechniken die berufliche Arbeit der Staatlich geprüften Techniker bestimmen. Gerade für Berufe im Bereich Elektrotechnik lassen die Infomations- und Kommunikationstechniken bedeutende Veränderungen erwarten. Es ist anzunehmen, daß die Elektrotechniker bei ihrer beruflichen Tätigkeit von den neuen Informations- und Kommunikationstechniken nicht nur in der Weise betroffen sind, daß die technischen Systeme Teile der bisher ausgeführten Arbeitsaufgaben erleichtern, diese verändern oder abnehmen. Vielmehr wird es in den Aufgabenbereich der Techniker fallen, entsprechende technische Systeme in allen Phasen zu begleiten, d.h. beispielsweise diese zu planen, herzustellen, zu vertreiben und zu warten. Die Neuerungen im Bereich der Informations- und Kommunikationstechniken haben für die Elektrotechniker eine doppelte Bedeutung, da die technischen Systeme sowohl Arbeitsmittel als auch Arbeitsgegenstände dieser Berufsgruppe sind. In diesem Zusammenhang ist auch von Interesse, welchen Einfluß die Elektrotechniker auf die Einführung der neuen Techniken nehmen können.

## 5.5 Langfristige Entwicklung des Arbeitskräftebedarfs nach Tätigkeiten und Qualifikationen

In den Jahren 1989 - 1991 erstellte das Institut für Arbeitsmarkt- und Berufsforschung (IAB) in Zusammenarbeit mit der Prognos AG Strukturprojektionen zum tätigkeits- und qualifikationsspezifischen Arbeitskräftebedarf für die alten Bundesländer der Bundesrepublik Deutschland. Inzwischen liegt eine aktualisierte Version der Prognose vor, welche die neuen Rahmendaten berücksichtigt, die sich durch die Veränderungen der wirtschaftlichen und sozialen Bedingungen in Folge der deutschen Wiedervereinigung ergaben (*Tessaring* 1994). Der Geltungsbereich der Aussagen ist aber weiterhin auf die alten Bundesländer beschränkt; Auszubildende werden bei der Projektion nicht berücksichtigt.

In der Untersuchung werden die folgenden Tätigkeitsschwerpunkte unterschieden:

1. *Produktionsorientierte Tätigkeiten*
   - Gewinnen, Herstellen, Anbauen, Bauen
   - Maschinen / Anlagen steuern, einrichten, warten
   - Reparieren, Restaurieren

2. *Primäre Dienstleistungstätigkeiten*
   - Allgemeine Dienstleistungstätigkeiten (Bewirten, Reinigen, Transportieren u.a.)
   - Handeln, Verkaufen, Vermitteln, Werben
   - Bürotätigkeiten (Schreiben, Berechnen, Programmieren, Bildschirmarbeit)

3. *Sekundäre Dienstleistungstätigkeiten*
   - Forschen, Entwickeln, Planen, Konstruieren, Zeichnen
   - Organisation, Management, Koordinieren
   - Sichern, Recht anwenden, Bewachen
   - Ausbilden, Beraten, Informieren, Pflegen, Unterhalten

Bezüglich der Qualifikationsebenen wurde folgende Unterscheidung der Ausbildungsabschlüsse getroffen:

- ohne Ausbildung (einschließlich berufliches Praktikum)
- Lehre / Berufsfachschule (BFS): abgeschlossene Lehre oder eine gleichwertige Berufsfachschulausbildung
- Fachschule: Abschluß einer Fach-, Meister- oder Technikerschule
- Abschluß einer Fachhochschule
- Abschluß einer Universität oder einer vergleichbaren wissenschaftlichen Hochschule

In der Studie werden drei Projektionsvarianten betrachtet. In der oberen Variante wird das Jahr 1991, in dem verzerrende Effekte durch die Folgen der Wiedervereinigung vermutet werden, weniger stark gewichtet. Nach Tessaring hat diese Variante die höchste Plausibilität. Die weiterhin verwendeten Daten beziehen sich auf diese obere Projektionsvariante (1994, S. 8).

### 5.5.1 Arbeitskräftebedarf nach Qualifikationsebenen

Bei der Betrachtung des Arbeitskräftebedarfs nach Qualifikationsebenen wird der auffälligste Wandel bei den Arbeitskräften ohne Ausbildungsabschluß festgestellt. Während 1991 noch jeder fünfte Erwerbstätige (20,1%) ohne Ausbildungsabschluß war, wird für das Jahr 2010 ein Rückgang der entsprechend besetzbaren Arbeitsplätze auf etwa 10% prognostiziert. D.h. die Anzahl der 5,6 Millionen Ungelernten - Arbeitsplätze des Jahres 1991 halbiert sich voraussichtlich bis zum Jahr 2010 auf ca. 2,8 Millionen.

Dagegen steigt der Bedarf an Arbeitskräften mit dem Abschluß einer betrieblichen oder berufsfachschulischen Erstausbildung. Nach den Projektionsergebnissen könnte sich deren Anteil bezogen auf alle Erwerbstätigen von 59,2% im Jahr 1991 auf 62,6% im Jahr 2010 erhöhen. Das entspricht einem Beschäftigungszuwachs von etwa 1,3 Millionen Arbeitsplätzen auf dieser Qualifikationsebene.

Die Bedarfsentwicklung auf der Fachschulebene ist im Rahmen dieser Untersuchung von besonderem Interesse, da hier auch die Gruppe der Techniker erfaßt ist. Die Entwicklung auf dieser Qualifikationsebene zeigt, in welchem Umfang eine berufliche Weiterbildung an Techniker-, Meister- und sonstigen Fachschulen zukünftig an Bedeutung gewinnen wird. Die Zahl der Arbeitsplätze für diese Qualifikationsebene dürfte im Projektionszeitraum bis 2010 um 16,7 % zunehmen (von 8,4% 1991 auf 9,8% 2010 bezogen auf alle Erwerbstätigen). In absoluten Größenordnungen entspricht dies einem Beschäftigungsgewinn von mehr als 400 000 Arbeitsplätzen (*Tessaring* 1994, S. 11). Dabei ist jedoch nicht berücksichtigt, daß möglicherweise ein Teil dieser Arbeitsplätze auf der Qualifikationsebene Fachschule zukünftig mit Fachhochschulabsolventen besetzt werden könnten. Auf diese Problematik wird im Kapitel 5.6 näher eingegangen.

Für die Hochschulabsolventen ergibt sich in der Projektion eine überdurchschnittliche Bedarfszunahme. Der Beschäftigungszuwachs für Fachhochschulabsolventen wird mit ca. 40% angegeben, d.h. es könnten für dieses Qualifikationsniveau etwa 450 000 neue Arbeitsplätze entstehen. Die Beschäftigung der Fachhochschulabsolventen würde damit von 1,1 Millionen auf rund 1,6 Millionen ansteigen, der Anteil am Gesamtbedarf erhöhte sich dann von 4,1% auf 5,7% aller Erwerbstätigen.

# Arbeitskräftebedarf nach Qualifikationsebenen

ohne Auszubildende, Geltungsbereich:
Alte Bundesländer der Bundesrepublik Deutschland

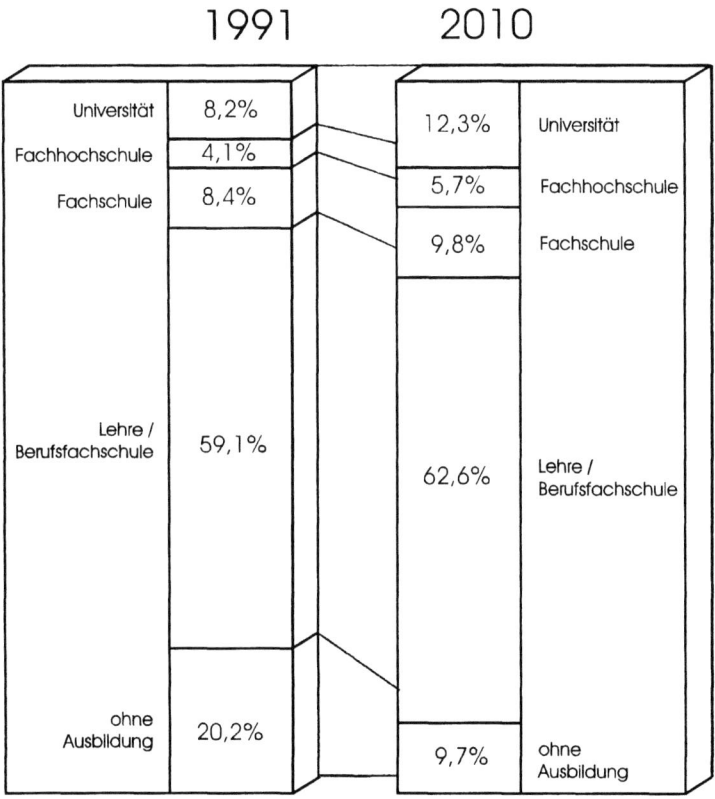

Datenquelle: Tessaring, Manfred: Langfristige Tendenzen des Arbeitskräftebedarfs nach Tätigkeiten und Qualifikationen in den alten Bundesländern bis zum Jahre 2010. Eine erste Aktualisierung der IAB/Prognos-Projektion 1989/91, (obere Projektionsvariante). In: Mitteilungen aus der Arbeitsmarkt- und Berufsforschung, 27 (1994) 1, S. 11

Abb. 3: Ergebnisse der IAB/Prognos Projektion: Arbeitskräftebedarf nach Qualifikationsebenen

Noch höher ist der erwartete Anstieg bei den Universitätsabsolventen. Der Anteil der verfügbaren Beschäftigungsmöglichkeiten für diese Qualifikationsebene könnte von 8,2% (1991) am Gesamtbedarf auf 12,3% (2010) ansteigen, was einem Zuwachs der Arbeitsplätze um 50% entspricht. Nach dieser Prognose erhöht sich die Beschäftigung von Universitätsabsolventen um ca. eine Million auf etwa 3,3 Millionen (*Tessaring* 1994, S. 11).

### 5.5.2 Arbeitskräftebedarf nach Tätigkeitsschwerpunkten

Werden die *Produktionstätigkeiten* betrachtet, ist laut Prognose ein Rückgang des Anteils dieser Tätigkeitsgruppe am Gesamtarbeitskräftebedarf von 33,4% im Jahr 1991 auf 28,3% im Jahr 2010 zu erwarten. Dies entspricht einem Wegfall von ca. 1,2 Millionen Arbeitsplätzen bei den Produktionstätigkeiten. Innerhalb dieser Tätigkeitsgruppe fällt auf, daß die Arbeitsplätze jedoch allein beim Tätigkeitsschwerpunkt „Gewinnen, Herstellen, Anbauen, Bauen" wegfallen (von 19,2% 1991 auf 12,5% 2010 bezogen auf den Gesamtarbeitskräftebedarf), während die Tätigkeiten im Bereich Maschinen- und Anlagenbedienung und die Reparaturtätigkeiten ihren Anteil sogar etwas erhöhen.

Bei den *primären Dienstleistungen* wird sowohl anteilsmäßig (ca. 39 %) als auch absolut mit rund 11 Millionen Erwerbstätigen im untersuchten Zeitraum bis 2010 eine Stagnation erwartet. Auch die Tätigkeitsschwerpunkte innerhalb der Gruppe primäre Dienstleistungen erfahren voraussichtlich nur eine unwesentliche Verschiebung ihrer Anteile.

Eine deutliche Zunahme wird für den Bereich der *sekundären Dienstleistungen* prognostiziert. Für diese Gruppe wurde ein Anteilszuwachs von 26,4% im Jahr 1991 auf 32,4% am Gesamtbedarf im Jahr 2010 berechnet, was einer Zunahme von ca. 1,6 Millionen Arbeitsplätzen entspricht. Innerhalb der sekundären Dienste werden jedoch unterschiedliche Entwicklungen erwartet. Der relativ höchste Anteilszuwachs wird bei den Organisations- und Managementtätigkeiten zu verzeichnen sein (von 6,3% 1991 auf 9,5% 2010 bezogen auf den Gesamtbedarf), was einer Zunahme von rund 900 000 Arbeitsplätzen entspricht. Auch für die Ausbildungs-, Beratungs- und Informationstätigkeiten wird im Projektionszeitraum ein Anstieg von 11,8% (1991) auf 14,6% (2010) erwartet. Für die Forschungs- und Entwicklungstätigkeiten zeigt die Prognose keine nennenswerte Zu- oder Abnahme. Das Gleiche gilt für den Bereich „Sichern, Recht anwenden, Bewachen" (*Tessaring* 1994, S. 8f.).

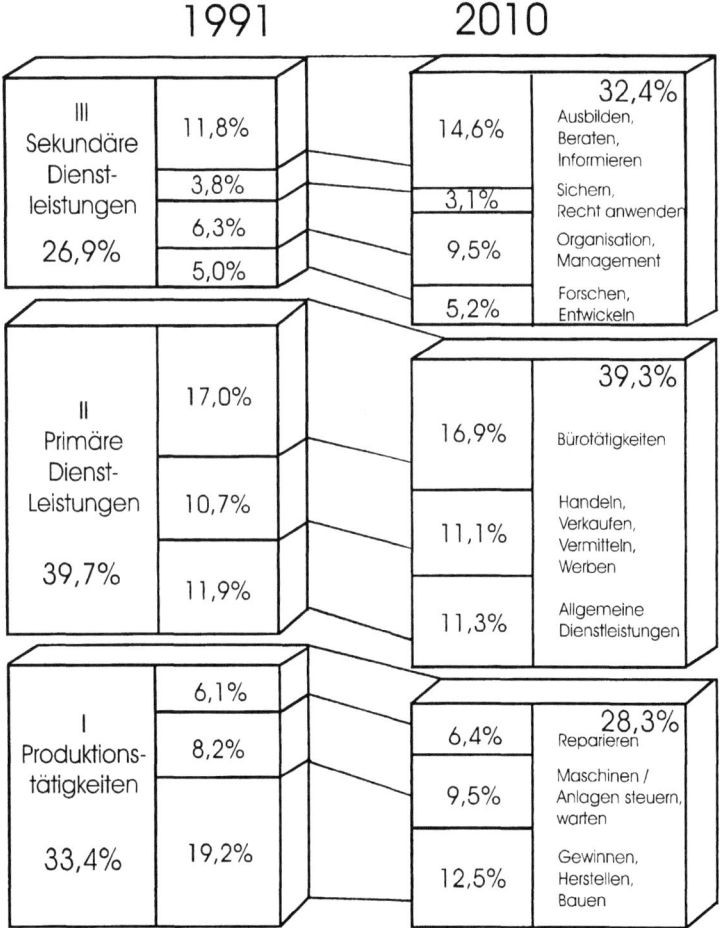

Abb. 4: Ergebnisse der IAB/Prognos Projektion: Entwicklung des Bedarfs an Erwerbstätigen nach Tätigkeitsgruppen

### 5.5.3 Arbeitskräftebedarf nach Tätigkeitsschwerpunkten auf der Qualifikationsebene der Fachschulabsolventen

Im folgenden soll der Arbeitskräftebedarf nach Tätigkeitsgruppen auf der Qualifikationsebene der Fachschulabsolventen dargestellt werden. In dieser Qualifikationsgruppe sind die Absolventen von Techniker-, Meister- und sonstigen Fachschulen zusammengefaßt.

Die *Produktionstätigkeiten* nehmen auf dieser Qualifikationsebene im Jahr 1991 mit 33,9% etwa den gleichen Anteil an wie es mit 33,4% dem Anteil dieser Tätigkeiten am Gesamtarbeitskräftebedarf entspricht. Allerdings wird hier ein weniger starker Rückgang des Tätigkeitsschwerpunktes Produktion bis zum Jahr 2010 prognostiziert. So sollen am Ende des Projektionszeitraums 30,7% der Fachschulabsolventen mit Produktionstätigkeiten befaßt sein, während bei der Betrachtung aller Erwerbstätigen nur noch 28,3% mit diesem Tätigkeitsgebiet beschäftigt sein werden. Wie in der übergeordneten Gruppe aller Erwerbstätigen ist der Rückgang lediglich auf eine Abnahme der Tätigkeiten im Bereich „Gewinnen, Herstellen, Anbauen, Bauen" zurückzuführen, während die Reparaturtätigkeiten und die Maschinen- und Anlagenbedienung sogar etwas an Bedeutung gewinnen.

Der Bereich der *primären Dienstleistungen* hat auf der Qualifikationsebene der Fachschulabsolventen (25,2% im Jahr 1991) eine wesentlich geringere Bedeutung als in der Gesamtgruppe aller Erwerbstätigen (39,7% im Jahr 1991). Entsprechend den für die Gesamtgruppe erstellten Prognosen wird für die Qualifikationsebene der Fachschulabsolventen eine Stagnation der Anzahl von Erwerbsmöglichkeiten im Bereich der primären Dienstleistungen bis zum Jahr 2010 vorausgesagt (25,6% im Jahr 2010). Auch die einzelnen Tätigkeitsschwerpunkte innerhalb der primären Dienstleistungen verändern sich nur wenig.

Die *sekundären Dienstleistungen* haben aufgrund ihres hohen prozentualen Anteils auf der Qualifikationsebene der Fachschulabsolventen eine besondere Bedeutung. Im Jahr 1991 nahmen die Tätigkeiten in diesem Bereich bei den Fachschulabsolventen einen Anteil von 40,9% ein. Bis zum Jahr 2010 wird ein Anstieg auf 43,7% prognostiziert. Auch innerhalb der sekundären Dienstleistungen wird sich auf der betrachteten Qualifikationsebene der Anteil der einzelnen Tätigkeiten verändern. Während die Bedeutung von Forschungs- und Entwicklungstätigkeiten für Fachschulabsolventen anders als in der Gesamtgruppe von 10,6% 1991 auf 8,4% 2010 abnimmt, gewinnen die Tätigkeitsschwerpunkte „Organisation, Management", „Sichern, Recht anwenden" sowie „Ausbilden, Beraten, und Informieren" auf diesem Ausbildungsniveau an Bedeutung (*Tessaring* 1994, S. 18).

# Fachschulabsolventen nach Tätigkeitsgruppen

ohne Auszubildende, Geltungsbereich:
Alte Bundesländer der Bundesrepublik Deutschland

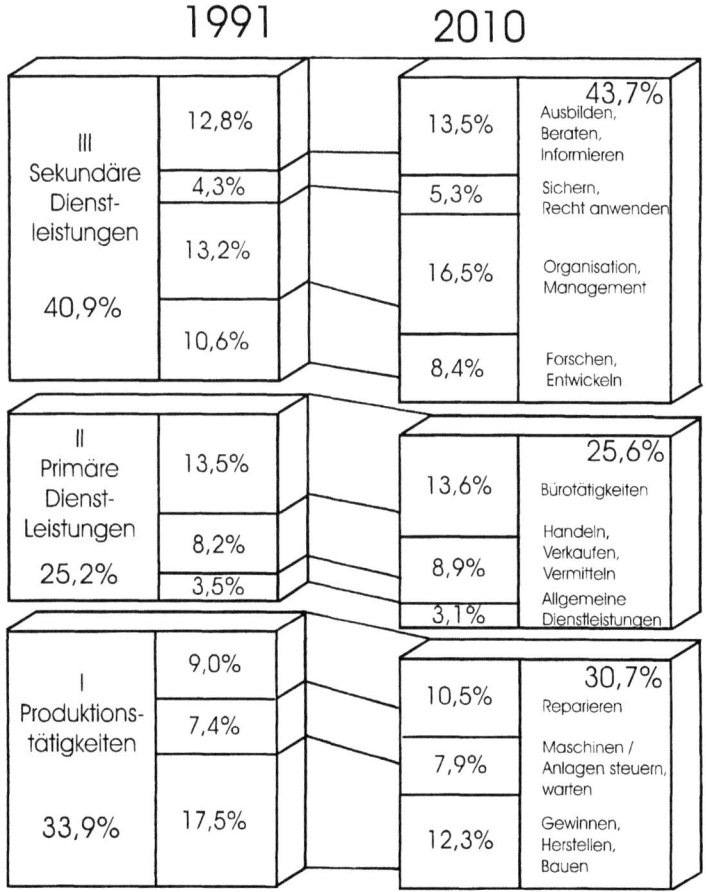

Datenquelle: Tessaring, Manfred: Langfristige Tendenzen des Arbeitskräftebedarfs nach Tätigkeiten und Qualifikationen in den alten Bundesländern bis zum Jahre 2010. Eine erste Aktualisierung der IAB/Prognos-Projektion 1989/91, (obere Projektionsvariante). In: Mitteilungen aus der Arbeitsmarkt- und Berufsforschung, 27 (1994) 1, S. 18

Abb. 5: Ergebnisse der IAB/Prognos Projektion: Entwicklung des Bedarfs an Fachschulabsolventen nach Tätigkeitsgruppen

### 5.5.4 Zusammenfassung der Prognose

Resümierend kann festgestellt werden, daß die Arbeitsplätze der Zukunft in der Tendenz immer höhere Anforderungen an die Kompetenzen der Erwerbstätigen stellen. Im Jahr 2010 werden wahrscheinlich 18% der Arbeitsplätze einen Fachhochschulabschluß oder ein Universitätsstudium erfordern. Auch für die Qualifikationsebene der Fachschulabsolventen, zu der die Staatlich geprüften Techniker gehören, zeichnet sich mit knapp 10% am Anteil aller Erwerbstätigen bis zum Jahr 2010 ein steigender Bedarf ab. In diesem Zusammenhang ist bei der durchzuführenden empirischen Erhebung zu prüfen, ob die Arbeitgeber auch für die Staatlich geprüften Techniker der Fachrichtung Elektrotechnik eine positive Bedarfsentwicklung bestätigen können.

Die Zahl der Arbeitsplätze, die eine Lehre voraussetzen, zeigt ebenfalls eine steigende Tendenz (59,2% 1991, 62,6% 2010). Die gesamte Entwicklung geht zu Lasten der Erwerbstätigen ohne Ausbildungsabschluß. Die Zahl der diesem Personenkreis zur Verfügung stehenden Arbeitsplätze dürfte sich im Projektionszeitraum halbieren. Damit zeigen die Projektionsergebnisse, daß sich in allen Tätigkeitsbereichen die Tendenz zum Einsatz von qualifizierten und hochqualifizierten Arbeitskräften fortsetzt, wobei diese Entwicklung ausschließlich zu Lasten der Personen ohne Ausbildungsabschluß geht.

Was die Tätigkeitsschwerpunkte anbelangt, bestätigt sich bei der Aktualisierung der IAB/Prognos-Daten die steigende Tendenz in Richtung der humankapitalintensiven sekundären Dienstleistungen. Auf der Qualifikationsebene der Fachschulabsolventen, wo die sekundären Dienstleistungen schon 1991 mit insgesamt 40,9% eine wichtige Bedeutung hatten, gewinnen vor allem die Tätigkeitsschwerpunkte „Organisation, Management", „Sichern, Recht anwenden, Bewachen" sowie „Ausbilden, Beraten, Informieren" an Bedeutung. Die Bedeutung sekundärer Dienstleistungen als Inhalt beruflicher Tätigkeit für Elektrotechniker soll bei der angestrebten empirischen Untersuchung erhoben werden.

Im Bereich der primären Dienstleistungen wird sowohl für die Gesamtgruppe (39,7% 1991) als auch für die Fachschulabsolventen (25,2% 1991) bis zum Jahr 2010 eine weitgehende Stagnation prognostiziert.

Produktionstätigkeiten verlieren sowohl für die Gruppe aller Erwerbstätigen als auch auf der Qualifikationsebene der Fachschulabsolventen an Bedeutung. Dies ist aber ausschließlich auf einen Rückgang des Tätigkeitsschwerpunktes „Gewinnen, Herstellen, Ausbauen, Bauen" zurückzuführen, während die Maschinen- und Anlagenbedienung und Reparaturtätigkeiten an Bedeutung gewinnen.

In der IAB/Prognos-Studie wird ein steigender Bedarf an Fachschulabsolventen prognostiziert. Bei der durchzuführenden empirischen Erhebung soll geprüft werden, ob die Unternehmensvertreter für die Staatlich geprüften Techniker der Fachrichtung Elektrotechnik ebenfalls eine Zunahme des Bedarfs bestätigen können. Nach einer Erhebung der von den Elektrotechnikern ausgeübten Tätigkeitsarten kann der zukünftige Bedarf an diesen Tätigkeiten anhand der dargestellten Ergebnisse der IAB/Prognos - Studie eingeschätzt werden. Von besonderem Interesse ist hier auch die Bedeutung der in der Studie als zukünftig besonders relevant beurteilten sekundären Dienstleistungen für die Elektrotechniker.

## 5.6 Verdrängung der Techniker durch formal Höherqualifizierte

In den im vorangehenden Kapitel aufgezeigten Ergebnissen der IAB/Prognos-Studie wurde festgestellt, daß sowohl auf der Ebene der Hochschulabsolventen als auch auf der Ebene der Fachschulabsolventen, die die Techniker mit einschließt, neue Arbeitsplätze entstehen. Die Ergebnisse der Prognose geben jedoch, entsprechend dem Arbeitskräftebedarfsansatz, nur Auskunft über die auf den einzelnen Ebenen benötigten Mindestqualifikationen am Arbeitsmarkt. Der Ansatz berücksichtigt jedoch nicht die Möglichkeit eines Überangebots an hochqualifizierten Arbeitskräften, das eventuell einen Verdrängungsprozeß von oben nach unten einleitet. Im konkreten Fall der Elektrotechniker besteht die „Gefahr" einer Verdrängung durch Fachhochschulabsolventen der Fachrichtung Elektrotechnik.

Aufgrund der in der IAB/Prognos-Studie ermittelten Daten ist eine Aussage über den Spezialfall Staatlich geprüfte Techniker der Fachrichtung Elektrotechnik nicht möglich. Es läßt sich jedoch die Feststellung treffen, daß sich die Prozesse der Verdrängung von Beschäftigten mit einer „mittleren" formalen Qualifikation wie Techniker und Meister durch formal Höherqualifizierte in den verfügbaren Erwerbsstatistiken noch nicht erkennbar niedergeschlagen haben (*Tessaring* 1994, S. 11).

Bezüglich einer möglichen Verdrängung von „oben" liegen in der wissenschaftlichen Diskussion unterschiedliche Auffassungen vor. Die Vertreter des Arbeitskräftebedarfsansatzes gehen davon aus, daß ein wachsender Anteil von Tätigkeiten, die theoretische oder wissenschaftliche Kenntnisse voraussetzen, zu einer Verschiebung in der Qualifikationsstruktur beitragen. Dies führt nach dieser Hypothese zur zunehmenden Besetzung höherer und mittlerer Positionen durch Arbeitskräfte, die im Bildungssystem höhere Abschlüsse erworben haben. Durch diesen Verdrängungsprozeß würden dann die Aufstiegswege von Arbeitskräften mit formal niedrigerer Qualifikation gefährdet, was vor allem die Arbeiter treffen würde.

Zu dem gleichen Ergebnis führen die Konsequenzen, die aus der Angebotshypothese zu folgern sind. Der beschriebene Verdrängungsprozeß stützt sich hier auf die Annahme, daß die Expansion des Bildungssystems und das wachsende Angebot an höher qualifiziertem Arbeitskräftenachwuchs die Betriebe zu einer entsprechenden Veränderung ihrer Personalpolitik veranlassen werde (*Drexel; Méhaut* 1989, S. 290).

Sowohl die Bedarfshypothese wie auch die Angebotshypothese prognostizieren damit dem Zugang zu mitteren Positionen von „unten" geringer werdende Chancen. Aufstiegswege von niedrigeren in höhere Positionen werden hiernach auf allen Ebenen schwieriger, da die angestrebten Arbeitsplätze durch Direktzugänge aus den höheren Bildungsgängen des öffentlichen Bildungssystems besetzt werden.

*Drexel* und *Méhaut* widersprechen den beiden Hypothesen und deren Folgerungen. Sie gehen davon aus, daß die Entscheidung, ob eine Position auf der mittleren Ebene durch einen Aufstieg oder einen Seiteinstieg besetzt wird, in letzter Instanz von den Betrieben getroffen wird. Die Betriebe sind daran interessiert, neben den Direktzugängen auch den Aufstieg als eine Möglichkeit der Rekrutierung von Arbeitskräften zu erhalten. Dieses betriebliche Interesse an Aufstieg als Zugangsweg zu mittleren Positionen hat vor allem personalpolitische Gründe. Betriebe haben mit der Regulierung des Verhältnisses von Aufstieg und Seiteinstieg sowie der Gestaltung der Aufstiegswege die Möglichkeit einer indirekten Langfrist-Steuerung der weiteren Entwicklung des Bildungssystems. Diese Entscheidungen bestimmen die relativen Attraktivitäten der verschiedenen Ausbildungswege. Dies wiederum reguliert langfristig die Teilnehmerzahlen spezifischer Bildungsgänge und hat damit auch Einfluß auf die Strategien der öffentlichen und privaten Bildungsplaner und -träger.

Ein weiterer Grund für das betriebliche Interesse am Aufstieg von Facharbeitern liegt bei deren Kompetenz: Die Kompetenzen der Arbeitskräfte eines bestimmten „Niveaus" können die Kompetenzen der darunterliegenden Ebene niemals vollständig mit einschließen. Beruflicher Aufstieg erzeugt Arbeitskräfte, die aufgrund ihrer Berufsbiographie die erforderlichen Kompetenzen von mindestens zwei hierarchischen Ebenen in sich vereinigen. Diese Kompetenzen, so die Vermutung, werden nicht nur additiv angehäuft, sondern durch die tägliche Praxis und deren Erfordernisse integriert. Diese Personen können dann eine Gelenkfunktion übernehmen, welche die Potentiale der verschiedenen Kategorien von Arbeitskraft miteinander vernetzen. Dabei geht es um Fragen einer gemeinsamen Sprache, aber auch um Zusammenarbeit über Hierarchieebenen hinweg. Dadurch wird eine „weiche" Arbeitsteilung und eine sie ergänzende „weiche" Kooperation möglich, was eine zentrale Bedeutung für das effektive und reibungslose „Funktionieren" des Betriebsablaufes hat (*Drexel; Méhaut* 1989, S. 325 f.). Diesem Argument kann allerdings entgegengehalten werden, daß auch viele Fachhochschulabsolventen über einen vor dem Studium erworbenen Berufsabschluß verfügen und damit die angesprochenen sozialen Verhaltensweisen „erlernt" haben. Dennoch bietet die Erhaltung von Aufstiegsmöglichkeiten den Betrieben erhebliche Flexibilitätspotentiale.

Die einzelnen Betriebe können Beförderungen selektiv und restriktiv vornehmen oder großzügig in breitem Umfang handhaben. Durch die jeweilige Personalpolitik werden Aufstiegsströme in Gang gesetzt oder unterbunden. Weiterhin können Aufstiegswege vielfältig gestuft oder auf wenige Etappen reduziert werden (*Drexel; Méhaut* 1989, S. 324 ff.).

Setzen die Betriebe weiterhin für bestimmte Aufstiegswege formale Qualifikationen voraus, können sie die „Eigeninitiative" der Arbeitskräfte zum Abschluß der entsprechenden Bildungsgänge mobilisieren. Dies hat aus betriebswirtschaftlicher Sicht den Vorteil, daß die Initiative und das Risiko der Weiterbildung den Arbeitskräften überlassen bleibt. Der Betrieb kann die Honorierung der Weiterbildung durch Aufstieg nach seinem jeweiligen Bedarf abrufen. Durch solche Aufstiegstraditionen kann das jeweilige Unternehmen Mechanismen der vorauseilenden Selbstqualifizierung in Gang setzen und unterhalten ohne personalpolitisch unter Forderungs- und Zeitdruck zu geraten. Der „Betrieb erhält auf diese Weise tendenziell ohne Kosten Qualifikationsvorrat, der flexibel auf der unteren Ebene genutzt und ebenso flexibel nach oben abgerufen werden kann" (*Drexel; Méhaut* 1989, S. 328).

Die Erhaltung traditioneller Aufstiegswege hat aber noch einen weiteren Grund. Die mit einem Aufstieg verbundenen Verbesserungen für den Arbeitnehmer erzeugen bei diesem in der Regel Zufriedenheit. Daneben lenkt die bloße Existenz von Aufstiegswegen in einem Betrieb die Interessen der Arbeitnehmer auf eine mögliche Verbesserung ihrer Arbeits- und Lebenssituation durch einen leistungsbedingten Aufstieg in der betrieblichen Hierarchie. „Die Orientierung an möglichen Aufstiegen bindet in vielfältiger Weise Überlegungen, Planungen und Energien der Arbeitskräfte, steuert ihr Verhalten und richtet es auf Loyalität dem Betrieb gegenüber, auf „Bewährung" und auf Konkurrenz mit anderen Arbeitskräften aus" (*Drexel; Méhaut* 1989, S. 329). Arbeitskräfte und ihre Interessenvertretungen können durch eine betrieblich geförderte Aufstiegsorientierung politische Handlungs- und Durchsetzungspotentiale verlieren.

Damit wird deutlich, daß die Arbeitgeber möglicherweise doch ein langfristiges Interesse daran haben, den Beschäftigten weiterhin Aufstiegswege offenzuhalten, sei es durch den reinen Ernennungsaufstieg oder durch einen Aufstieg nach einer entsprechenden Weiterbildung wie im Falle des Staatlich geprüften Technikers.

Die Verwissenschaftlichung des betrieblichen Ablaufs in vielen Bereichen sichert demnach nicht notwendig eine stetige Zunahme des Direkteinstiegs von Absolventen der höheren öffentlichen Bildungsgänge in mittlere und höhere Positionen, wie es die Bedarfshypothese postuliert. Auch die Schaffung neuer Bildungsgänge auf hohem Niveau, die der Staat mehr oder minder autonom einführt, führen nicht unbedingt zur Verdrängung von Aufstieg, wie es die Angebotshypothese nahelegt.

Zusammen mit den Ergebnissen der IAB/Prognos-Studie, in der eine Zunahme von Beschäftigungsmöglichkeiten auf der Ebene der Fachschulabsolventen postuliert wird, zeigen die dargelegten Hypothesen eine Entwicklung auf, die auch zukünftig einen Bedarf an der Weiterbildung von Facharbeitern wahrscheinlich erscheinen läßt.

Für die empirische Erhebung ergeben sich aus den vorangegangenen Ausführungen die folgenden Fragestellungen:

- Wird der innerbetriebliche Aufstieg von Facharbeitern in den Betrieben als personalpolitisches Instrument genutzt?

- Werden mittlere Positionen durch den Aufstieg des bereits in den Betrieben beschäftigten Personals oder durch Seiteinstiege besetzt?

- Wie wird die spezifische Kompetenz der Techniker (betriebliche Erfahrung als Facharbeiter verbunden mit theoretischer Fundierung des Praxiswissens an der Technikerschule) gegenwärtig von den Personalverantwortlichen in den Betrieben beurteilt?

- Wie beurteilen die Arbeitgeber bzw. die von ihnen eingesetzten Personalverantwortlichen die Problematik der Verdrängung von Staatlich geprüften Technikern durch formal Höherqualifizierte?

## 6 Methoden für die empirische Erfassung des Berufsbildes

Im empirischen Teil dieser Arbeit sollen die im theoretischen Teil entwickelten Fragen zum Berufsbild der Elektrotechniker sowie zu dessen Bestimmungsfaktoren Technik, Arbeitsorganisation und Kompetenz (vgl. Abb. 2) auf der Grundlage einer zu erhebenden Datenbasis beantwortet werden. Dabei soll auch geprüft werden, wie die in Kapitel 5 beschriebenen Veränderungen der gesellschaftlichen Bedingungen Einfluß auf das Berufsbild nehmen.

Unter einer empirischen Methode wird ein spezielles System von Regeln verstanden, das die Tätigkeit bei der Erlangung neuer Erkenntnisse organisiert. Die Methoden sind zum einen Mittel, um die Realität zu erfassen - und damit auch zu schaffen -, zum anderen führen alle Methoden zu Aussagen, die auf bestimmten Stichproben von Objekten, von Räumen und von Zeiten beruhen (*Friedrichs* 1990, S. 189). Grundsätzlich lassen sich die Methoden der empirischen Sozialforschung zur Erfassung der „sozialen Realität" miteinander kombinieren. Die einzelnen Methoden unterscheiden sich jedoch nach *Friedrichs* in folgenden Punkten:

1. Verbale versus nonverbale Kommunikation
Die einzelnen Methoden stellen unterschiedliche Anforderungen an die linguistische Leistungsfähigkeit der jeweils untersuchten Personen, da einige Erhebungsverfahren mehr auf verbalen, andere mehr auf nonverbalen Akten beruhen.

2. Fehlertheorie
Die Fehler in den Vorgehensweisen sind unterschiedlich groß, in unterschiedlichem Maße bekannt und ungleich gut kontrollierbar. Auch die Fehlertheorie ist nicht für alle Methoden gleich gut entwickelt. Das Experiment gilt als exakteste Methode, Intensivinterview und Gruppendiskussion weisen wahrscheinlich die meisten Fehlerquellen auf.

3. Ausmaß der Aufdringlichkeit
Mit diesem Aspekt verbindet sich die Frage nach der „Natürlichkeit" der Situation, in der die Erhebung durchgeführt wird. Die einzelnen Methoden determinieren das Verhalten der Betroffenen in ungleichem Maße.

4. Einstellung versus Verhalten
Einige Methoden sind besser geeignet, Einstellungen zu erfragen, andere ermöglichen eher, ein Verhalten zu beobachten. Diesbezüglich sind die Ergebnisse einiger sozialpsychologischer Untersuchungen zu berücksichtigen, die besagen, daß sich Individuen anders verhalten, als sie in einer Befragung angeben (*Friedrichs* 1990, S. 189 ff.).

Für eine empirische Erhebung bei Absolventen einer Technikerschule und bei Arbeitgebern bzw. deren Vertretern ist davon auszugehen, daß genügend verbale Verständnis- und Ausdrucksfähigkeit gegeben ist, um Methoden anzuwenden, mit denen hauptsächlich im Bereich der verbalen Kommunikation gearbeitet wird. Bei solchen Methoden ist die Frage ein wesentliches Instrument.

Für die Erhebung relevanter Daten zum Berufsbild Staatlich geprüfter Techniker aus der Perspektive der Technikerschulabsolventen wurde die schriftliche Befragung gewählt. Die Sichtweise der Arbeitgeber wurde anhand strukturierter Interviews untersucht. In den folgenden Kapiteln werden die Vorgehensweisen bei den empirischen Erhebungen erläutert und die Stärken und Schwächen der gewählten Methoden diskutiert.

### 6.1 Schriftliche Befragung von Technikern

Wie in Kapitel 2 begründet, erfolgte die Durchführung der empirischen Erhebung in Form einer Fallstudie, für die eine Fachschule für Technik in Hessen - die Staatliche Technikerschule Weilburg - ausgewählt wurde. Im ersten Teil der empirischen Erhebung wurde als quantitative Methode die schriftliche Befragung mit einem Fragebogen durchgeführt. Diese Methode erlaubt einen hohen Grad an Standardisierbarkeit, allerdings ist der ganzheitliche Charakter sozialer Gefüge schlecht zu erfassen. Die befragten Absolventen der Technikerschule Weilburg, die in den letzten Jahren ihre Prüfung abgelegt hatten, waren eine geeignete Klientel für eine schriftliche Befragung. Die Methode bot die Möglichkeit, mit den gegebenen finanziellen Mitteln einen großen Personenkreis relativ kostengünstig zu befragen.

Weitere Vorzüge der schriftlichen Befragung sind:

- Die Zeit, die für die Befragung einer Person benötigt wird, ist im Vergleich zu anderen Methoden relativ gering. Der Befragte kann sich jedoch für eine Frage die Zeit nehmen, die er benötigt.

- Die Abwesenheit eines Interviewers wirkt sich insofern positiv aus, als bei der Beantwortung der Fragen keine Fremdbeeinflussung gegeben ist. Zusätzlich ist eine größere Auswertungsobjektivität gegeben. Dadurch ist mit einer größeren Reliabilität zu rechnen.

Die Fähigkeit, einen Fragebogen auszufüllen, hängt sowohl von der Verständlichkeit des Fragebogens, als auch der sprachlichen Leistungsfähigkeit der befragten Klientel ab. Bei den Absolventen einer Technikerschule kann ein sprachliches

Niveau vorausgesetzt werden, das zumindest die Beschreibung objektiver Gegenstände im Bereich der eigenen Ausbildung und des alltäglichen Berufslebens ermöglicht.

Für den Zugang zu einer auf dem neuesten Stand befindlichen Adressenkartei waren zwei Möglichkeiten gegeben: Der Schulverein der Staatlichen Technikerschule Weilburg verfügt über eine aktuelle Datenbank mit den Adressen seiner Mitglieder. Auf diese wurde jedoch nicht zugegriffen, weil das so erreichbare Klientel wahrscheinlich zu besonders erfolgreichen Technikern hin verschoben ist, da bei diesem Personenkreis erfahrungsgemäß eine höhere Identifikation mit der ehemaligen Ausbildungsstätte vorliegt. Für die schriftliche Befragung wurde daher die Adressenkartei der Technikerschule genutzt, da eine ausreichende Aktualität der Adressen gegeben war und die erforderliche Genehmigung der zuständigen Schulaufsichtsbehörde erfolgreich eingeholt werden konnte.

**6.1.1 Die Rücklaufquote als Gütekriterium für die schriftliche Befragung**

Das Hauptproblem bei einer schriftlichen Befragung ist die Rücklaufquote. Da diese üblicherweise zwischen 7% und 70 % schwankt, treten hier oft Schwierigkeiten auf, zu gültigen Aussagen zu kommen (*Friedrichs* 1990, S. 237). Die Validität einer empirischen Untersuchung durch eine schriftliche Befragung wird demnach wesentlich von der Rücklaufquote bestimmt, weshalb deren Maximierung ein wesentliches Ziel darstellt. Die Rücklaufquote wird von der *Antwortfähigkeit* und der *Antwortbereitschaft* der befragten Klientel mitbestimmt.

Die *Antwortfähigkeit* kann durch die folgenden Gründe eingeschränkt sein:

- Das abzufragende Feld existiert nicht oder nicht bewußt beim Befragten (geistige Beschränktheit).
- Durch kulturelle Normen sind bestimmte Sachverhalte nicht vorstellbar.
- Der Befragte findet keine Zeit, um zu antworten.

Die *Antwortbereitschaft* wird durch die Aufforderungsgröße des Umfrageträgers (z.B.: Bekanntheit) positiv beeinflußt. Dagegen wird die Bereitschaft des Befragten, den Bogen ausgefüllt zurückzusenden, umso geringer sein, je größer die soziale Distanz zwischen der befragten Gruppe und dem Umfrageträger ist (*Schwenk* 1988, S. 18).

Nach *Friedrichs* (1990, S. 241) trägt eine Vielzahl von einzelnen Bedingungen zu einer *hohen* Rücklaufquote bei:

- die Homogenität der Befragtengruppe,
- die Bedeutung des Themas für die Befragten,
- ein hoher formaler Schulabschluß,
- die Zugehörigkeit des Befragten zu einer „hohen" sozialen Schicht,
- ein auf generelle Ziele und nicht auf individuelle Belohnung gerichteter uneigennütziger Appell,
- ein nach grafischen Gesichtspunkten gestalteter Fragebogen und ein entsprechend gestaltetes Anschreiben,
- die Kürze des Fragebogens,
- telefonische Nachfragen,
- die Verwendung von Briefmarken, keine Massendrucksache,
- evtl. Anreize für den Befragten (Belohnung, Verlosung).

Bei der durchgeführten Absolventenbefragung konnte davon ausgegangen werden, daß bei der *Antwortfähigkeit* nur das Zeitproblem relevant war. Damit blieb als wesentliche Variable die *Antwortbereitschaft*. Als mögliche „offizielle Umfrageträger" kamen die Technikerschule Weilburg selbst, der Studierendenrat und der Schulverein der Technikerschule Weilburg in Betracht. Ausgewählt wurde der Schulverein und der Studierendenrat, da bei beiden Umfrageträgern, und in besonderem Maße beim Studierendenrat, eine geringe soziale Distanz zu den Absolventen vermutet wurde. Unter Zugrundelegung der oben aufgeführten rücklaufmaximierenden Bedingungen nach *Friedrichs* konnte festgestellt werden, daß in der Befragtengruppe eine hohe *Homogenität* bezüglich der relevanten Fragestellungen vorlag. Aufgrund der Schulbildung und der sozialen Schicht waren keine Antwortbarrieren zu vermuten. Da sich die Untersuchung auf den Technikerberuf und die Gegebenheiten am Arbeitsplatz bezog, nahm das Befragungsthema eine zentrale Stellung im Alltag der Befragten ein.

Die Befragung wurde bei den zu befragenden Absolventen zwei Wochen zuvor mit einem Ankündigungsschreiben angemeldet. Dem Fragebogen selbst lag ein Begleitschreiben bei, welches den Sinn der Fragebogenaktion erläuterte und in welchem die Absolventen aufgefordert wurden, den ausgefüllten Fragebogen bis zu einem bestimmten Datum (drei Wochen nach Zusendung des Fragebogens) zurückzusenden. Sowohl das Ankündigungsschreiben als auch das Begleitschreiben wurden jeweils vom Vorsitzenden des Schulvereins und vom Vorsitzenden des Studierendenrates unterzeichnet. Die versendeten Briefe wurden mit Sondermarken der Deutschen Bundespost frankiert. Den Fragebogen wurden Rücksendeumschläge mit dem Aufdruck „Entgelt zahlt Empfänger" beigelegt.

In einem Pretest, Ankündigungs- und Begleitschreiben waren hier mit einem blauen Stift von Hand unterzeichnet, wurden 144 Fragebögen an Absolventen der

Fachrichtung Elektrotechnik verschickt. In diesem Vorlauf erhielten wir 73 auswertbare Fragebögen zurück. Dies entspricht einer Rücklaufquote von 50,7%.

Bei der Durchführung des Hauptlaufs wurden die Unterschriften der Vorsitzenden von Schulverein und Studierendenrat wegen der großen Zahl der Ankündigungs- und Begleitschreiben gescannt und in schwarzer Schrift auf die Schreiben gedruckt. Hier wurden 1051 Absolventen der Fachrichtung Elektrotechnik angeschrieben, die aus der Adreßkartei der Fachschule für Technik nach dem Zufallsprinzip ausgewählt wurden. Wegen der beschränkten finanziellen Mittel konnte nur jeder dritte einschlägig ausgebildete Absolvent, von dem eine Adresse vorhanden war, angeschrieben werden. Von den hier Befragten sendeten 468 Techniker auswertbare Fragebögen zurück, dies entspricht einer Rücklaufquote von 44,5%.

Nach der Durchführung des Pretests brauchten nur 7 der 41 Fragen des Fragebogens modifiziert zu werden, so daß die beim Pretest erhaltenen Antworten in der statistischen Gesamtauswertung berücksichtigt werden konnten. Ingesamt wurden demnach 1195 Fragebögen verschickt, wobei 110 Briefe von der Deutschen Bundespost als unzustellbar an den Absender zurückgesandt wurden. Die Gesamtzahl der auswertbaren Antworten belief sich auf 541 Fragebögen. Wird der Gesamtrücklauf nach den 1195 versendeten Fragebögen berechnet, beträgt die Rücklaufquote 45,3%. Werden nur die 1085 von der Deutschen Bundespost zugestellten Fragebögen zur Berechnung des Gesamtrücklaufs herangezogen, erhält man für die Rücklaufquote einen Wert von 49,9%. In der Literatur werden für die Rücklaufquote Werte zwischen 7% und 70% angegeben (*Friedrichs* 1990, S. 237).

**6.1.2 Analyse des Rücklaufs**

Als Basis der statistischen Auswertung der schriftlichen Befragung wird untersucht, ob es Differenzen bei der relativen Antworthäufigkeit, bezogen auf die einzelnen Abschlußjahrgänge gibt, die bei der weiteren Auswertung berücksichtigt werden müssen.

Die Analyse des Rücklaufs ist aber noch aus einem weiteren Grund sinnvoll. Das Jahr der Technikerprüfung bzw. das „Dienstalter" ist eine besonders relevante Variable für die Untersuchung zeitlicher Entwicklungen. Einige statistische Methoden, wie beispielsweise die Korrelation von Variablen in Kreuztabellen, sind nur sinnvoll, wenn eine Mindestanzahl von Fällen die möglichen Variablenwerte annehmen und insgesamt nicht zu viele Variablenwerte (dies entspricht der Anzahl der Zeilen bzw. Spalten in einer Kreuztabelle) gegeben sind. Daher sollen die einzelnen Jahrgänge der Variablen „Dienstalter" in Klassen zusammengefaßt werden. Für eine begründete Klassenbildung ist die Analyse des Rücklaufs erforderlich.

Dazu wird zunächst in Abbildung 6 die Anzahl der antwortbereiten Techniker in Abhängigkeit vom Jahr der Technikerabschlußprüfung dargestellt.

Rücklauf der Fragebögen in Abhängigkeit vom Abschlußjahrgang

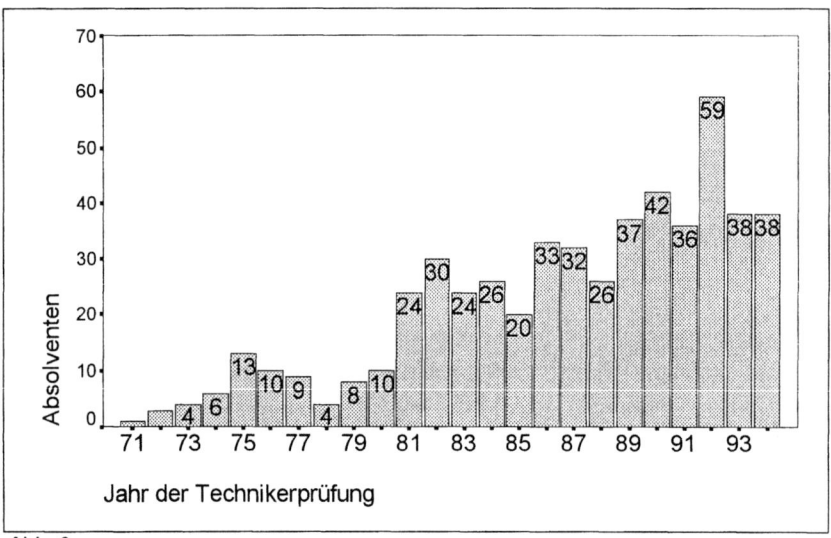

Abb. 6 (TE 1)

Die Übersicht über die Gesamtpopulation (N= 541, davon 6 Technikerinnen) zeigt, daß die jüngeren Jahrgänge in relativ hoher Anzahl erfaßt wurden. Ein gewisser Bruch ist ab dem Jahrgang 1980 festzustellen. Für die geringer werdende Zahl der erfaßten Techniker mit höherem Dienstalter können zwei mögliche Erklärungen gegeben werden. Da die Adressen der befragten Techniker nach dem Zufallsprinzip aus der Kartei entnommen wurden, nimmt die Wahrscheinlichkeit, eine noch gültige Adresse zu haben, mit einem weiter zurückliegenden Abschlußjahrgang ab. Zum anderen geht mit der Zeit üblicherweise die Identifikation mit einer Ausbildungsinstitution und somit die Antwortbereitschaft zurück. Dies erklärt jedoch noch nicht den sprunghaften Abfall der Antworten im Jahr 1980. Um genauere Aussagen treffen zu können, wird in den Abbildungen 7 und 8 die Anzahl der Antworten pro Jahrgang mit der jeweiligen Gesamtabsolventenzahl verglichen.

Wie bereits erwähnt, ist zwischen den Abschlußjahrgänen 1981 und 1980 ein deutlicher Einschnitt in der Anzahl der beantworteten Fragebögen festzustellen. Bei einem Vergleich der Rückläufe mit der Anzahl der Absolventen pro Jahrgang relativiert sich dieser vermeintliche Einschnitt. Der auf die Jahrgangsstärke bezogene, prozentuale Rücklauf (Abb. 8) nimmt mit gewissen Schwankungen kontinuierlich ab, ohne signifikante Einschnitte zu zeigen. Mögliche Gründe wurden bereits oben aufgeführt. Beachtenswert ist die höhere Antwortbereitschaft des Jahrgangs 1992 gegenüber den Abschlußjahrgängen 1993 und 1994. Eine mögliche Erklärung kann die konjunkturelle Lage und damit die Vermittelbarkeit der Absolventen auf dem Arbeitsmarkt sein. Während bezüglich des Wiedereinstiegs ins Berufsleben nach der Weiterbildung zum Techniker (Vollzeitform) bis 1992 aufgrund der Arbeitsmarktlage keine Schwierigkeiten bestanden, wandelte sich dieser Trend in den letzten Jahren. Damit verminderte sich wahrscheinlich die individuelle Wertschätzung der Qualifikation Techniker und die Verbundenheit mit der ausbildenden Institution, was einen Rückgang der Antwortbereitschaft zur Folge hatte.

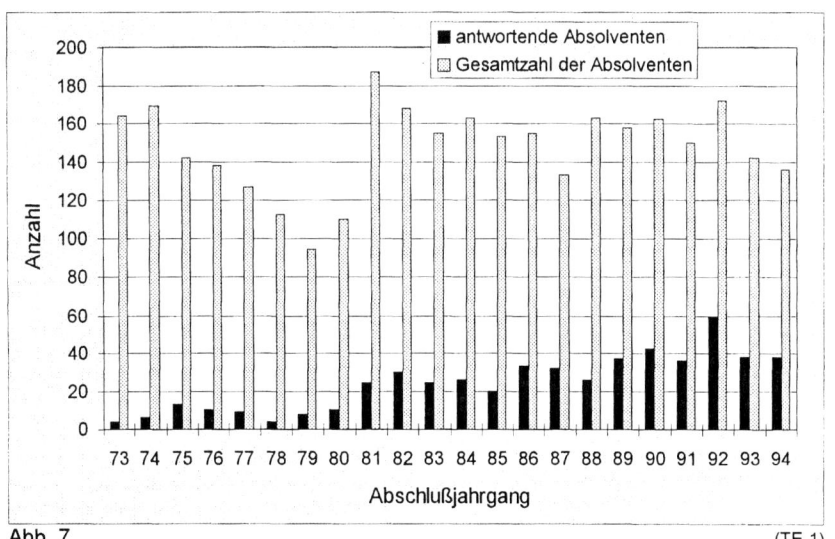

Abb. 7 (TE 1)

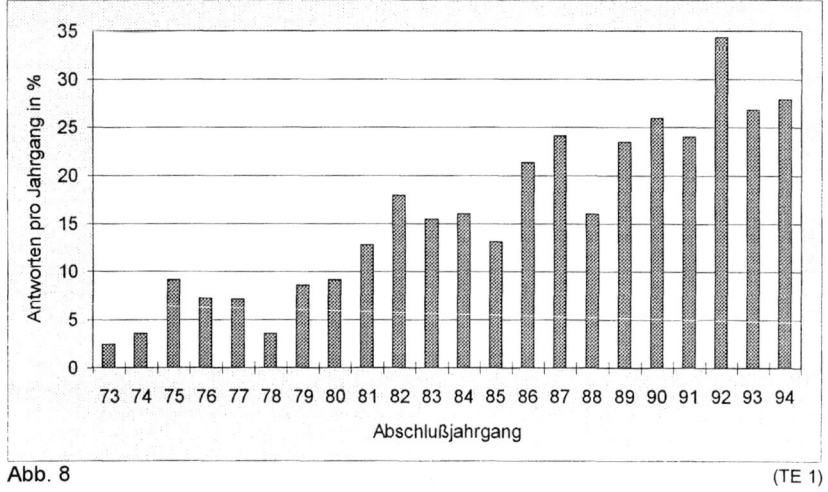

Abb. 8 (TE 1)

Die auf die Abschlußjahrgänge bezogene relative Antworthäufigkeit zeigt bei den Absolventen, deren Technikerabschluß nicht mehr als 15 Jahre zurückliegt, keine besonderen Einschnitte, die bei der weiteren Auswertung berücksichtigt werden müssen. Besonders für diese Gruppe von Technikern sind zuverlässige Aussagen möglich. Diese Jahrgangsgrenze wird bei der Einteilung der „Dienstaltersklassen" berücksichtigt, die im nächsten Kapitel dargestellt wird.

In der für die Fallstudie gewählten Technikerschule Weilburg hatten zum Zeitpunkt der schriftlichen Absolventenbefragung 3408 Facharbeiter ihre Weiterbildung zum Elektrotechniker erfolgreich abgeschlossen. Von diesen Absolventen wurden 1195 nach dem Zufallsprinzip aus der Adreßkartei ausgewählt, angeschrieben und gebeten, den Fragebogen ausgefüllt zurückzusenden. 541 Fragebögen, die vollständig bearbeitet waren, konnten in die Untersuchung einbezogen werden. Das entspricht einer Rücklaufquote von 45,3%. Damit konnten 15,9% aller Elektrotechniker, die ihre Technikerprüfung in Weilburg ablegten, in die Untersuchung einbezogen werden.

Für die weitere Auswertung der schriftlichen Befragung werden die Methoden der deskriptiven Statistik angewendet. Es wird *nicht* angestrebt, von der Stichprobe Aussagen für eine theoretisch unendlich große Grundgesamtheit abzuleiten.

### 6.1.3 Klassenbildung nach Abschlußjahrgängen

Wie bereits im vorangehenden Kapitel begründet, ist es für die weitere Auswertung der schriftlichen Befragung sinnvoll, die Variable „Dienstalter" zu Klassen zusammenzufassen. Da die prozentuale, auf Abschlußjahrgänge bezogene Rücklaufquote bis auf die geringere Erfassung der Jahrgänge vor 1980 keine wesentlichen Einschnitte zeigt, müssen bei der Klassenbildung nach Abschlußjahrgängen keine weiteren Parameter berücksichtigt werden. Dem erwähnten Einschnitt wird dahingehend Rechnung getragen, daß an dieser Stelle eine Klassengrenze gezogen wird. Dies ist möglich, wenn beginnend mit dem Jahrgang 1994 jeweils fünf Abschlußjahrgänge zu einer Klasse zusammengefaßt werden. Die Anzahl der antwortbereiten Absolventen in den so gebildeten Klassen ist in Abbildung 9 dargestellt.

Wie in der Grafik zu sehen ist, nimmt die Anzahl der Techniker in den einzelnen Klassen mit der zeitlichen Entfernung zum Abschlußprüfungsjahr kontinuierlich ab. Bei den zur weiteren Auswertung vorzunehmenden Korrelationen der „Dienstaltersklasse" mit anderen Variablen sind zuverlässige Aussagen bis zur dritten Klasse mit einer Absolventenzahl von 114 möglich. Die Klasse vier mit 44 erfaßten Absolventen kann erläuternd herangezogen werden. Die Klasse fünf mit nur 14 Technikern ist ohne nennenswerte Aussagekraft.

Die Korrelation weiterer Variablen mit der „Dienstaltersklasse" in Kreuztabellen ermöglicht Aussagen über zeitliche Verläufe. Die Absolventen in den aufsteigenden Klassen verfügen über eine zunehmende Berufserfahrung. Im weiteren Verlauf der Auswertung wird es sinnvoll sein, einige erfragte Merkmale gerade im Hinblick auf dieses Kriterium zu differenzieren.

### 6.2 Strukturierte Interviews zur Ermittlung der Arbeitgeberperspektive

Unter einem Interview im Sinne der empirischen Sozialforschung wird ein zielgerichtetes Gespräch mit wissenschaftlicher Zielsetzung verstanden, bei dem die zu befragende Person durch eine Reihe gezielter Fragen oder mitgeteilter Stimuli zu verbalen Reaktionen veranlaßt werden soll. Die Kommunikation ist beim Interview asymmetrisch, da der Interviewer fragt und der Befragte antwortet (*Friedrichs* 1990, S. 207). Die Bereitschaft des Interviewpartners zur Mitarbeit vorausgesetzt, kann das Interview sehr viele Informationen zu einem Themenkomplex liefern und bietet damit die Möglichkeit, die Wahrnehmung und Interpretation von Sachverhalten durch Individuen zu ermitteln. Bei der Methode des Interviews müssen nach *Atteslander* (1993, S. 154) die folgenden Fehlerquellen berücksichtigt werden:

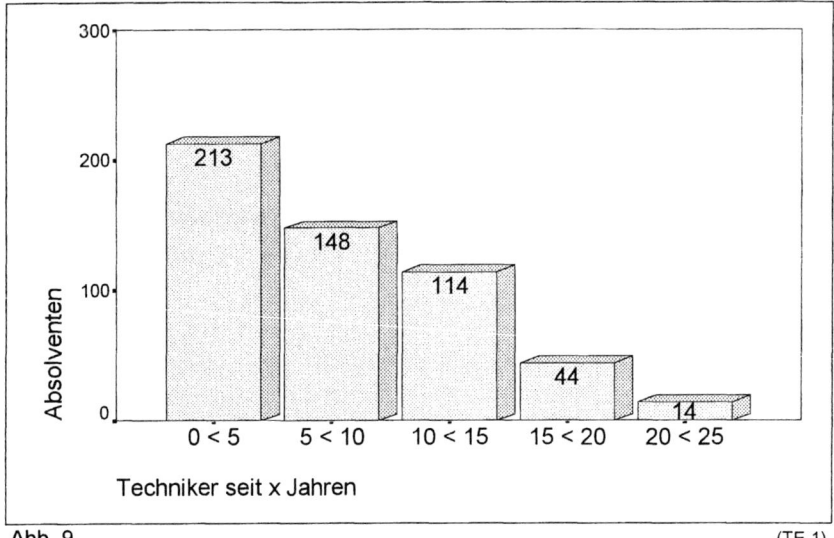

Abb. 9 (TE 1)

- Die Aussagen von Personen über ihr eigenes Handeln können gegenüber den tatsächlich ausgeführten Handlungen Verschiebungen (meist in Richtung sozialer Erwünschtheit) aufweisen. Damit stellt sich die Frage, inwieweit von verbalen Aussagen überhaupt auf das Handeln von Personen geschlossen werden kann.

- Die Aussagen von Individuen lassen nur sehr bedingt Schlüsse über Organisationen zu.

- Die sprachliche Basis einer Erhebung ist problematisch, da das Sprachverständnis von Interviewer und Befragtem weitgehend übereinstimmen müssen (Versteht der Befragte unter der Frage das Gleiche wie der Forscher?). Diese Möglichkeit der verbalen Vieldeutigkeit stellt zwar ein methodologisches Problem dar, sie entspricht aber der Tatsache, daß die soziale Realität nur in den seltensten Fällen verbal eindeutig erfaßt und wiedergegeben werden kann.

- Die Bereitschaft des Befragten, Informationen zu geben, hängt stärker von einer befriedigenden persönlichen Beziehung zum Interviewpartner als vom Thema ab.

Damit stellt sich die Frage, wie mit diesen Fehlerquellen bei der vorliegenden Problemstellung umgegangen wird.

Das erste Problem methodischer Fehler bezieht sich auf die Aussagen von Personen über ihr eigenes Handeln. Bei der Befragung von Arbeitgbern bzw. deren Vertretern zum Berufsbild Staatlich geprüfter Techniker stehen nicht so sehr die Handlungen der Befragten selbst im Vordergrund (ausgenommen Fragestellungen, die sich auf die Praxis der Einstellung von Technikern beziehen). Vielmehr sind die Erwartungen, die an die Techniker bzw. die Technikerausbildung herangetragen werden, und betriebliche Organisationsstrukturen zu ermitteln. Verschiebungen bei der Darstellung der Technikerpositionen in Richtung sozialer Erwünschtheit könnten einerseits möglich sein, andererseits sollte aber auch die Arbeitgeberseite an einer realistischen Darstellungsweise Interesse haben, um bei potentiellen Mitarbeitern keine unerfüllbaren Erwartungen zu erzeugen. Unerfüllte Erwartungen können die Frustration der Arbeitnehmer zur Folge haben.

Die zweite Aussage zu möglichen Fehlerquellen beinhaltet, daß die verbalen Äußerungen von Personen nur bedingt Schlüsse auf Organisationen zulassen. Diese Fehlermöglichkeit ist zwar bei der Auswertung zu berücksichtigen, es ist aber auch anzumerken, daß die verantwortlichen Mitarbeiter der Personalabteilung bzw. die Betriebs- und Abteilungsleiter, mit denen die Interviews geführt werden sollen, innerhalb eines Betriebes wahrscheinlich zu dem Personenkreis gehören, der am besten, zumindest über die formalen Organisationsstrukturen, informiert sein dürfte. Themenbereiche, die sich auf Einstellungskriterien und Erwartungen an die Elektrotechniker beziehen, können am besten von dem untersuchten Personenkreis beantwortet werden, da die Kriterien der Arbeitgeber und deren Vertreter, auch wenn sie subjektiv geprägt sind, für die Einstellung oder auch die Nicht-Einstellung eines bestimmten Technikers entscheidend sind.

Die dritte Fehlerquelle bezieht sich auf die sprachliche Basis der Erhebung. Die Methode setzt gute verbale Fähigkeiten des Befragten und ein weitgehend ähnliches Sprachspiel (gleiche Vorstellung von Begriffen) zwischen Interviewer und Befragtem voraus. Da es sich bei den Interviewpartnern im gegebenen Fall um Arbeitgeber bzw. deren Vertreter in den Positionen Personalchef, Betriebsleiter oder Abteilungsleiter handelt, und auch der Interviewer eine akademische Ausbildung abgeschlossen hat, wird von den entsprechenden verbalen Fähigkeiten ausgegangen.

Die Bereitschaft des Befragten, Informationen zu geben, zeigt sich im gegebenen Fall zuerst in der grundsätzlichen Bereitschaft, auf eine telefonische Anfrage hin einen Interviewtermin zu vereinbaren. Hier dürfte zunächst das Interesse am Thema maßgebend sein. Die Bereitschaft im Interview selbst, viele maßgebliche

Informationen mitzuteilen, hängt dann einerseits von der Relevanz des Themas, aber andererseits auch von der herzustellenden positiven Beziehung zwischen den Interviewpartnern ab (Diese konnte in 14 von 15 Fällen hergestellt werden).

Bezüglich der Strukturierung von Interviews werden häufig drei Einteilungen unterschieden (*Atteslander* 1993, S. 156 ff):

- Beim wenig strukturierten Interview wird ohne einen Fragebogen gearbeitet. Die Last der Kontrolle des Gesprächsverlaufs liegt allein beim Interviewer. Die Bezeichnung „nicht strukturiertes Interview" ist nicht sinnvoll, weil es kein Gespräch gibt, das nicht in irgendeiner Weise strukturiert ist.

- Bei der teilstrukturierten Form des Interviews handelt es sich um ein Gespräch, das aufgrund vorbereiteter und vorformulierter Fragen stattfindet. Die Abfolge der Fragen ist bei dieser Form der Befragung jedoch offen. Dadurch besteht die Möglichkeit, Themen aufzunehmen, die sich aus dem Gespräch ergeben, und sie von den Antworten ausgehend weiter zu verfolgen.

- Beim standardisierten Interview wird ein detailliert ausgearbeiteter Fragebogen verwendet, in dem sowohl die Formulierung der einzelnen Fragen wie auch die Reihenfolge der Fragen fixiert sind. Bei dieser standardisierten Form des Interviews kann, wie bei einer schriftlichen Befragung, mit offenen oder geschlossenen Fragen gearbeitet werden. Die offenen Fragen beinhalten im Gegensatz zu den geschlossenen Fragen keine Antwortvorgaben.

Die wenig strukturierte Form des Interviews wird häufig zum Erfassen qualitativer Aspekte angewendet. Solche qualitativen Untersuchungen dienen oft dem analytischen Zugang zum historisch und biografisch konkreten Aufbau sozialer Prozesse sowie zu deren Formungsprinzipien (*Schütze* 1987, S. 16). Qualitative Ansätze werden auch dort angewendet, wo der Zugang zu einem Forschungsfeld gefunden werden soll.

Bei den durchzuführenden Interviews sollen jedoch konkrete Bezüge zu dem in der schriftlichen Befragung der Absolventen verwendeten Fragebogen hergestellt werden, um die Aussagen der Techniker zu ihrem Berufsbild und dessen Bestimmungsfaktoren mit den Angaben der Arbeitgeber besser vergleichen zu können und zukunftsweisende Perspektiven zu entwickeln. Ein Abgleich ist besonders vor dem Hintergrund der Tatsache interessant, daß sich bei Befragungen zur eigenen Person (im vorliegenden Fall der Techniker) die Tendenz, die Antworten in Richtung sozial erwünschter Tatbestände zu verschieben, besonders bemerkbar macht.

Daher wurde für die Befragung der Arbeitgeber bzw. deren Vertreter die Form des standardisierten Interviews gewählt. Um den Antwortmöglichkeiten der Interviewpartner einen breiten Spielraum zu geben, wurden weitgehend offene Fragen gestellt. Die geschlossene Form der Fragestellung wurde nur dort verwendet, wo ein direkter Vergleich mit den Fragen der schriftlichen Befragung sinnvoll erschien bzw. die Verwendung einer Skala die Vergleichbarkeit der Arbeitgeberantworten ermöglichen sollte.

Mit dem für die Durchführung der standardisierten Interviews entwickelten Fragebogen wurden, neben einigen Angaben zum betreffenden Unternehmen, Aussagen über die Tätigkeit der Techniker und die externe Rollenerwartung als konstituierende Elemente des Berufsbildes erhoben. Außerdem wurden die Bestimmungsfaktoren des Berufsbildes, Technik, Arbeitsorganisation und Kompetenz, erfaßt. Um diese Bereiche im Interview zu behandeln, war ein umfangreicher Fragenkatalog erforderlich, dessen Beantwortung eine Interviewzeit von 70 bis 90 Minuten in Anspruch nahm. Da die meisten der interviewten Personen zu den für Sie interessanten Themenschwerpunkten bei den offenen Fragen sehr ausführliche Angaben machten und die Interviews in einigen Fällen auch mit zwei Gesprächspartnern geführt wurden, konnten nicht alle Angaben in der geschilderten Ausführlichkeit während des Interviews mitgeschrieben werden. Daher wurden während der Gespräche die wesentlichen Stichpunkte zu den entsprechenden Fragen notiert, und es wurde anschließend ein Gedächtnisprotokoll angefertigt.

Entsprechend der Gestaltung der Untersuchung als Fallstudie, die auf die Absolventen der staatlichen Technikerschule Weilburg bezogen ist, sollte auch bei der Ermittlung der Arbeitgeberperspektive dem Fallstudiencharakter insofern Rechnung getragen werden, daß sich die Auswahl der Unternehmen, bezogen auf die geographische Lage, auf potentielle Arbeitgeber für die Weilburger Techniker beschränkte. Daher wurde der geographische Bereich für die Auswahl der Betriebe auf den Großraum Rhein-Main beschränkt. Für die spezifische Auswahl einzelner Interviewpartner wurden die folgenden Kriterien herangezogen:

- Da alle für die Techniker in Frage kommenden Wirtschaftszweige (Industrie, Handel, Handwerk und öffentlicher Dienst) berücksichtigt werden sollten, war ein Auswahlkriterium für die Unternehmen die Kammerzugehörigkeit (Industrie- und Handelskammer, Handwerkskammer) bzw. die Zugehörigkeit zum öffentlichen Dienst.

- Es sollten Interviews mit Gesprächspartnern in Klein-, Mittel- und Großbetrieben durchgeführt werden.

- Die in der schriftlichen Befragung der Absolventen erfaßte Branchenzugehörigkeit der die Techniker beschäftigenden Unternehmen sollte bei der Auswahl der Interviewpartner berücksichtigt werden.

Durch das Heranziehen dieser Kriterien sollte vor allem die Vergleichbarkeit der Angaben zum Berufsbild und seinen Bestimmungsfaktoren aus der Sicht der Techniker mit der Arbeitgeberperspektive hergestellt werden.

Die strukturierten Interviews zur Ermittlung der Arbeitgeberperspektive wurden mit Arbeitgebern bzw. deren Vertretern in den Positionen Geschäftsführer, Personalchef, Abteilungsleiter, Betriebsleiter oder Ausbildungsleiter in 15 Unternehmen geführt. Die entsprechend den oben aufgeführten Kriterien getroffene Auswahl der Unternehmen ist in Tab. 2 dargestellt.

Auswahl der Unternehmen für die Interviews

| Nr. | Zuständige Stelle | Beschäftigte | Branchen |
|---|---|---|---|
| 1 | Industrie- und Handelskammer | 24000 | Fahrzeugbau |
| 2 | Industrie- und Handelskammer | 8000 | Chemische Industrie |
| 3 | Industrie- und Handelskammer | 3000 | Maschinenbau, Elektrotechnik, Automatisierungstechnik |
| 4 | Industrie- und Handelskammer | 1436 | Energiewirtschaft, Elektrotechnik |
| 5 | Industrie- und Handelskammer | 1000 | Elektrotechnik, Meßtechnik, Automatisierungstechnik, Datenverarbeitung, Nachrichten- und Sicherungstechnik |
| 6 | Industrie- und Handelskammer | 100 | Maschinenbau |
| 7 | Industrie- und Handelskammer | 30 | Maschinenbau, Automatisierungstechnik, Datenverarbeitung |
| 8 | Industrie- und Handelskammer | 25 | Datenverarbeitung |
| 9 | Industrie- und Handelskammer, Handwerkskammer | 85 | Elektrotechnik, Installationstechnik, Automatisierungstechnik, |
| 10 | Handwerkskammer | 380 | Elektrotechnik, Installationstechnik, Sicherungstechnik |
| 11 | Handwerkskammer | 81 | Elektrotechnik, Installationstechnik |
| 12 | Handwerkskammer | 70 | Elektrotechnik, Sicherungstechnik, Automatisierungstechnik, Meßtechnik, Installationstechnik, Maschinenbau |
| 13 | Öffentlicher Dienst mit Tendenz zur Privatisierung | 900 | Elektrotechnik, Maschinenbau, Begutachtung in fast allen Branchen |
| 14 | Öffentlicher Dienst | 1900 | Nachrichtentechnik (Rundfunk) |
| 15 | Öffentlicher Dienst | 730 | Forschung |

Tab. 2 (AG U2 / AG U5)

# 7 Empirische Befunde zum Berufsbild der Staatlich geprüften Techniker

Die Darstellung und Beschreibung der empirisch erhobenen Daten erfolgt anhand der konstituierenden Elemente des Berufsbildes: *Tätigkeit* und *Rollenerwartung* (vgl. Kap. 4.4). Dabei werden jeweils die Einflüsse der Bestimmungsfaktoren *Technik*, *Arbeitsorganisation* und *Kompetenz* (vgl. Kap. 4.5) aufgezeigt. Die Ergebnisse der schriftlichen Absolventenbefragung und die in den Interviews zur Ermittlung der Arbeitgeberperspektive erhobenen Daten werden bei der jeweiligen Beschreibung der konstituierenden Elemente bzw. der Einflüsse der Bestimmungsfaktoren des Berufsbildes dargestellt und miteinander verglichen.

Bei der Auswertung der erhobenen Daten wird auch eine wissenschaftliche Hausarbeit mit dem Titel „Karriereverläufe der Absolventen der Staatlichen Technikerschule Weilburg - Abteilung Elektrotechnik" berücksichtigt, die *Mettenmeyer* und *Sternberg* im Jahr 1978 unter der Betreuung von *Grüner* an der Technischen Hochschule Darmstadt anfertigten. Diese Arbeit beinhaltet die statistische Auswertung einer schriftlichen Befragung von 262 Absolventen der Technikerschule Weilburg, die einen Abschluß in der Fachrichtung Elektrotechnik erwarben. Diese Staatsarbeit berücksichtigt die Abschlußjahrgänge von 1966 bis 1975. Der für die vorliegende Untersuchung entwickelte Fragebogen zur Absolventenbefragung ermöglicht es, relevante Fragestellungen der oben erwähnten Staatsarbeit mit den aktuellen Ergebnissen zu vergleichen. Damit sollen Erkenntnisse über längerfristige Veränderungen eröffnet werden. Wenn in der folgenden Auswertung die Ergebnisse der Staatsarbeit bei geeigneten Fragestellungen herangezogen werden, wird dies jeweils gesondert bezeichnet bzw. erläutert.

## 7.1 Tätigkeit

### 7.1.1 Beschäftigende Unternehmen

Zur Beschreibung der Unternehmen, in denen die Techniker der Fachrichtung Elektrotechnik tätig sind, werden zunächst diejenigen bei der schriftlichen Absolventenbefragung erhobenen Kriterien dargestellt, die für die Auswahl der Interviewpartner zur Ermittlung der Arbeitgeberperspektive herangezogen wurden. Dies sind die Verteilung der Techniker auf die einzelnen Wirtschaftszweige (Industrie, Handel, Handwerk und öffentlicher Dienst), die Brachen der Unternehmen sowie die an der Zahl der beschäftigten Arbeitnehmer gemessene Unternehmensgröße. Die bei den Interviews berücksichtigten Unternehmen werden bezüglich dieser Daten mit den Ergebnissen der schriftlichen Absolventenbefragung verglichen.

In diesem Kapitel soll auch anhand der Daten der schriftlichen Befragung untersucht werden, wie die Abschlußfachrichtung der Technikerprüfung und die Wirtschaftszweig- und Branchenzugehörigkeit der Unternehmen zusammenhängen.

**Wirtschaftszweig der Unternehmen**

In Abbildung 10 ist die Verteilung der Absolventen auf die Wirtschaftszeige Handwerk, Industrie, Handel und öffentlicher Dienst dargestellt.

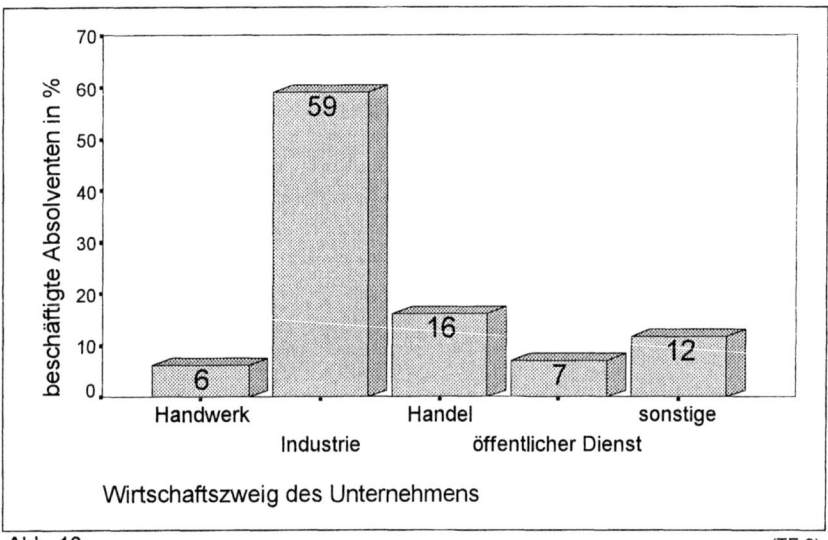

Abb. 10 (TE 9)

Aus der Grafik geht hervor, daß die Techniker vor allem in Betrieben des Wirtschaftszweiges Industrie (59,2 %) beschäftigt sind. Aber auch der Handel nimmt mit 16,1 % dort beschäftigter Absolventen eine nicht zu unterschätzende Bedeutung als Arbeitgeber ein. Öffentlicher Dienst und Handwerk, in dem 7,0 % bzw. 6,2 % der Absolventen tätig sind, müssen bei weiteren Betrachtungen ebenfalls beachtet werden.

Dieses Kriterium wurde bei der Wahl der Interviewpartner insofern berücksichtigt, als von den 15 Unternehmen, die für die Durchführung der Interviews ausgewählt wurden, acht der Industrie- und Handelskammer angehören, drei sind der

Handwerkskammer zugeordnet. Bei einem Unternehmen liegt eine Doppelmitgliedschaft (IHK und HWK) vor. Außerdem wurden drei Unternehmen des öffentlichen Dienstes berücksichtigt, wovon eines die Privatisierung anstrebt.

**Unternehmensbranchen**

Neben der Gliederung nach Wirtschaftszweigen ist bei der Beschreibung der Unternehmen (wie auch für die Auswahl der Interviewpartner) deren Branchenzugehörigkeit von Interesse. Die Verteilung der Branchenzugehörigkeit der Unternehmen, in denen die befragten Absolventen beschäftigt sind, ist in Abbildung 11 dargestellt. Die Systematisierung der Branchen wurde nach einer Studie von *Hillmer, Peters* und *Polke* vorgenommen die 1977 im VDI-Verlag verlegt wurde.

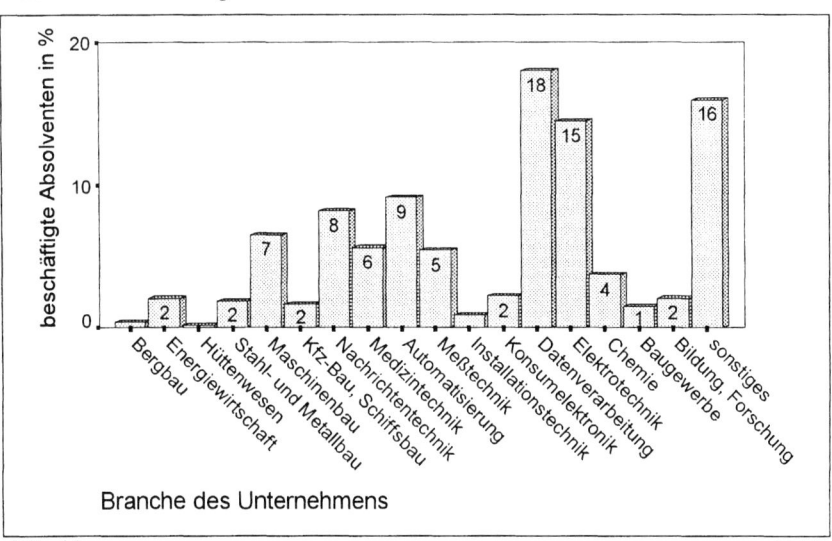

Abb. 11 (TE 8)

Die Techniker wurden nach der wichtigsten Branche des sie beschäftigenden Unternehmens befragt. Hier wurde die Datenverarbeitung mit 18,1% am häufigsten genannt. 14,5% der Befragten geben die Elektrotechnik als Unternehmensbranche an. Oft genannte Branchen sind auch die Automatisierungstechnik mit

9,1%, die Nachrichtentechnik mit 8,2% und der Maschinenbau mit 6,5% der befragten Absolventen.

Die Vertreter der Unternehmen, die für die Ermittlung der Arbeitgeberperspektive ausgewählt wurden, machen ebenfalls Angaben zu der Branche bzw. den Branchen ihres Unternehmens. Inwieweit die Branchenverteilung der Unternehmen, in denen die Interviews durchgeführt wurden, die Angaben der schriftlichen Absolventenbefragung repräsentiert, wird bei der Betrachtung von Tabelle 3 ersichtlich. Die Reihenfolge der dort aufgeführten Unternehmensbranchen entspricht der Häufigkeit, mit der die Techniker die entsprechende Branche als die wichtigste des sie beschäftigenden Unternehmens angeben. Wie der Tabelle 3 zu entnehmen ist, entsprechen tendenziell die von den Technikern am häufigsten aufgeführten Nennungen den Branchen der Unternehmen, die zur Ermittlung der Arbeitgeberperspektive ausgewählt wurden.

Vergleich der Unternehmensbrachen (schriftliche Befragung/strukturierte Interviews)

| Unternehmensbranche | Schriftliche Absolventenbefragung | Strukturierte Interviews |
|---|---|---|
| Datenverarbeitung | 18 % | 5 |
| Elektrotechnik | 15 % | 8 |
| Automatisierung | 9 % | 5 |
| Nachrichtentechnik | 8 % | 5 |
| Maschinenbau | 7 % | 5 |
| Medizintechnik | 6 % | 1 |
| Meßtechnik | 5 % | 4 |
| Chemie | 4 % | 1 |
| Energiewirtschaft | 2 % | 2 |
| Kfz- Bau, Schiffbau | 2 % | 1 |
| Bildung, Forschung | 2 % | 2 |
| Installationstechnik | 1 % | 5 |

Tab. 3 (TE 8 / AG U2)

**Unternehmensgrößen**

Zur weiteren Charakterisierung der Unternehmen, in denen die befragten Absolventen der Technikerschule beschäftigt sind, wird deren Größe untersucht. Als Maß für die Unternehmensgröße soll hier die Anzahl der beschäftigen Arbeitnehmer dienen. In Abbildung 12 ist die Verteilung der Absolventen auf Betriebe nach dem Kriterium Arbeitnehmerzahl dargestellt.

Die meisten Techniker (24,4%) arbeiten in Unternehmen mit einer Beschäftigtenzahl von 100 bis 499 Mitarbeitern. Mit 18,3% bzw. 13,3% sind Unternehmensgrößen von 1 bis 19 Mitarbeitern und 1000 bis 4999 Mitarbeitern am zweit- und dritthäufigsten vertreten. In allen anderen Klassen der Arbeitnehmerzahlen liegen die Werte zwischen 6% und 9%, was einer relativ „gleichmäßigen" Verteilung entspricht. Unter Berücksichtigung der nicht-linearen Klasseneinteilung der Variable Unternehmensgröße ist die Aussage möglich, daß für die Techniker der Fachrichtung Elektrotechnik Unternehmen jeder Größenordnung als Arbeitgeber in Frage kommen.

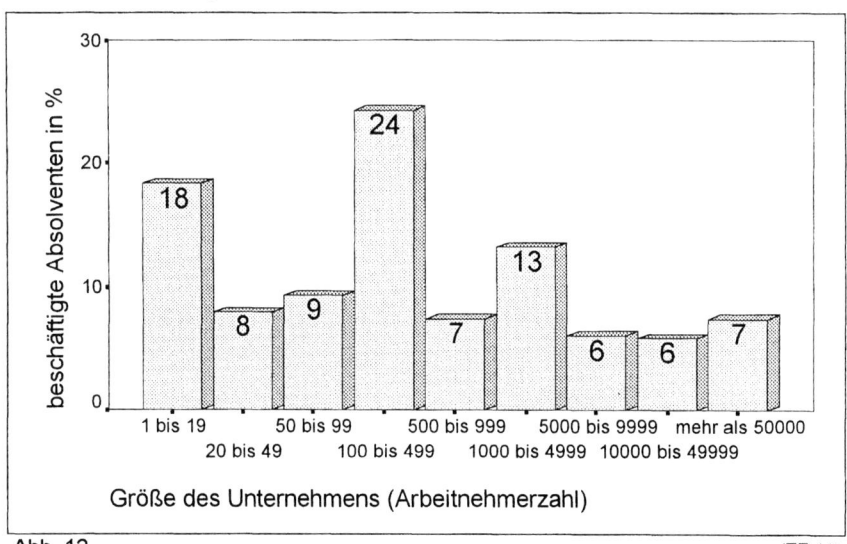

Abb. 12 (TE 11)

Wird eine Unterteilung in Kleinbetriebe (1 bis 49 beschäftigte Arbeitnehmer), mittelständische Betriebe (50 bis 499 beschäftigte Arbeitnehmer) und Großbetriebe mit mehr als 500 beschäftigten Arbeitnehmern vorgenommen, dann sind 26,3% der befragten Absolventen in Kleinbetrieben tätig, 33,7% arbeiten in Unternehmen, die dem Mittelstand zugerechnet werden können, 40,0% der Techniker sind in Großbetrieben tätig. Großbetriebe rangieren vor kleinen und mittelständischen Unternehmen. Dies entspricht dem bereits festgestellten Sachverhalt, daß die Techniker am häufigsten in den tendenziell größeren Industriebetrieben tätig sind. Jedoch sind Kleinbetriebe, mittelständische Betriebe und Großunternehmen für die Techniker bedeutende Arbeitgeber, die bei weiteren Betrachtungen berücksichtigt werden müssen. Bei der Auswahl der Interviewpartner wurde dieser Sachverhalt mit einbezogen.

Nachdem die Unternehmen, in denen die befragten Absolventen tätig sind, anhand der Größen beschrieben wurden, die auch für die Auswahl der Interviewpartner relevant waren, soll untersucht werden, ob ein Zusammenhang zwischen dem gewählten Fachrichtungsschwerpunkt der Technikerprüfung und dem Wirtschaftszweig sowie der Branche der beschäftigenden Unternehmen besteht.

**Zusammenhang zwischen dem Wirtschaftszweig der Unternehmen und dem Fachrichtungsschwerpunkt der Technikerprüfung**

Zunächst wird dargestellt, wie sich der Fachrichtungsschwerpunkt der Technikerprüfung bei der Wahl eines Arbeitgebers auf den Wirtschaftszweig des beschäftigenden Unternehmens auswirkt. Als methodisches Problem ist zu beachten, daß die Auswahl der befragten Techniker anhand der Adreßkartei der Technikerschule erfolgte, die Techniker in den vier Abschlußfachrichtungen in bestimmten Jahrgangsstärken ausgebildet hatte. In bezug auf die darzustellende Fragestellung liegt daher eine gewichtete Stichprobe vor. Aus diesem Grund muß bei den folgenden Überlegungen immer von den Fachrichtungsschwerpunkten auf die Wirtschaftszweige geschlossen werden.

Techniker der Fachrichtung Elektrotechnik finden am häufigsten in Industrieunternehmen eine Beschäftigung. 59,4% aller befragten Absolventen sind in Unternehmen des Wirtschaftszweiges Industrie tätig. Von diesem Wert weichen die Techniker der Fachrichtung Meß- und Regeltechnik am weitesten nach oben ab. 72,9% der Meß- und Regeltechniker finden ihren Arbeitsplatz in einem Industrieunternehmen. Auch die Informationselektroniker sind mit 63,5% häufiger als der Durchschnitt aller Absolventen in Industrieunternehmen beschäftigt. Die Beschäftigung von Energieelektronikern in Indusriebetrieben entspricht mit 58,2% in etwa dem Durchschnittswert. Die Absolventen mit dem Fachrichtungsschwerpunkt Datenverarbeitungstechnik unterschreiten den Wert für alle Befragten erheblich. Nur 50,9% der Datenverarbeitungstechniker sind in Industrieunternehmen beschäftigt.

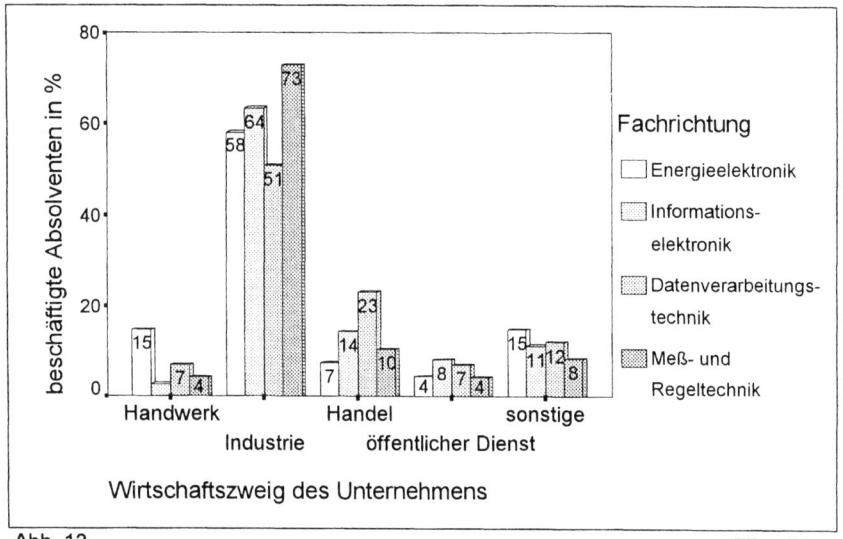

Abb. 13 (TE 9 / TE 2)

16,0 % aller befragten Absolventen sind in Unternehmen des Wirtschaftszweiges Handel tätig. Datenverarbeitungstechniker sind häufiger im Handel tätig (23,1%) als Elektrotechniker der anderen Fachrichtungen. Dies spricht für einen hohen Bedarf an fachlicher Kompetenz beim Verkauf von Hardware und Software.

Auch im öffentlichen Dienst, 6,8% aller befragten Absolventen sind hier beschäftigt, sind die Informationselektroniker (8,1%) und die Datenverarbeitungstechniker (6,9%) überproportional vertreten.

Ein deutlicher Einfluß der Abschlußfachrichtung ist im Wirtschaftszweig Handwerk festzustellen. Dort sind 6,1% aller befragten Absolventen tätig. Mehr als doppelt so groß ist der Anteil der Energieelektroniker, die ihren Arbeitsplatz im Handwerk finden (14,9%). Der Durchschnittswert wird auch von den Datenverarbeitungstechnikern überschritten. 6,9% aller Absolventen dieser Fachrichtung sind in Handwerksbetrieben tätig. Durch die in den Interviews erhaltenen Angaben können die Daten, welche die Bedeutung bestimmter Abschlußfachrichtungen für das Handwerk hervorheben, bestätigt und erläutert werden. Von vier Vertretern der in den Interviews berücksichtigten Handwerksunternehmen gaben drei

Interviewpartner an, daß bei ihnen hauptsächlich Techniker der Fachrichtungen Energieelektronik und Datenverarbeitungstechnik tätig sind. Die Aufgaben dieser in Handwerksbetrieben beschäftigten Techniker sind die Planung und die Bauleitung von Elektroinstallationen in großen Bauprojekten wie auch die Planung und Herstellung von komplexen Schaltanlagen. Die Bauleitung im Bereich der Hoch- und Niederspannungselektroinsallation ist ein typischer Aufgabenbereich des Handwerksmeisters der Fachrichtung Elektrotechnik. Der Einsatz von Technikern in diesem Aufgabenbereich wurde von den Interviewpartnern in den beiden Handwerksunternehmen, in denen diese Tätigkeit der wichtigste Aufgabenbereich für die Techniker ist, damit begründet, daß wegen der guten Auftragslage ein hoher Bedarf an Bauleitern besteht und auf dem Arbeitsmarkt nicht genug Elektromeister zur Verfügung stehen. Aus diesem Grund wird für diese Augabe auf Staatlich geprüfte Elektrotechniker mit der Vertiefungsrichtung Energieelektronik zurückgegriffen. Der Bedarf an Datenverarbeitungstechnikern im Handwerk läßt sich mit der zunehmenden Bedeutung der Informations- und Kommunikationstechnik in den Handwerksbetrieben erklären. So erfordern beispielsweise die Installation moderner Kommunikationsanlagen wie auch die moderne prozessorgesteuerte Haushaltselektronik eine Fachkompetenz, welche die Techniker in ihrer Weiterbildung erwerben konnten.

**Zusammenhang zwischen der Unternehmensbranche und dem Fachrichtungsschwerpunkt der Technikerprüfung**

Im folgenden soll untersucht werden, wie der Fachrichtungsschwerpunkt der Technikerprüfung die Arbeitsplatzwahl der Techniker bezüglich der Branche beeinflußt. Dazu sind in den Abbildungen 14 bis 17 die Verteilungen der Absolventen auf die Unternehmensbranchen jeweils für die einzelnen Abschlußfachrichtungen dargestellt.

Branche der Unternehmen, in denen Elektrotechniker mit der Abschlußfachrichtung Energieelektronik beschäftigt sind

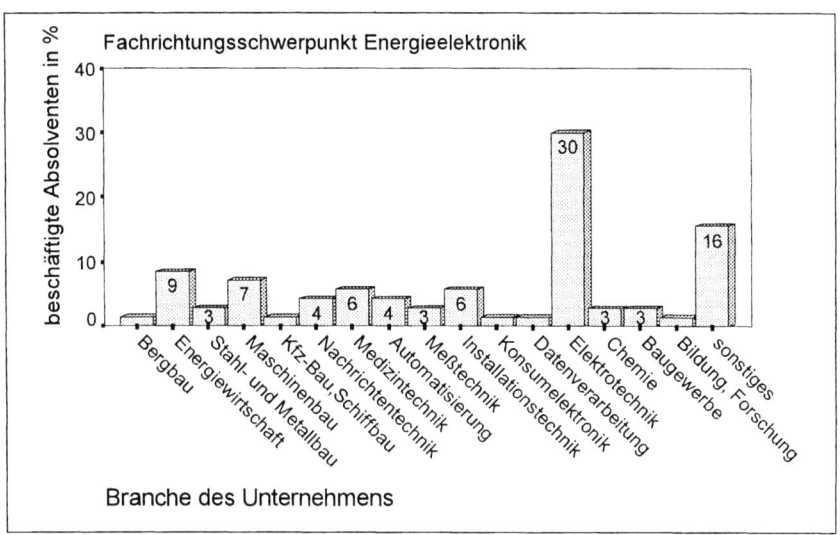

Abb. 14      N = 70 Absolventen der Fachrichtung Energieelektronik   (TE 8 / TE 2)

Branche der Unternehmen, in denen Elektrotechniker mit der Abschlußfachrichtung Informationselektronik beschäftigt sind

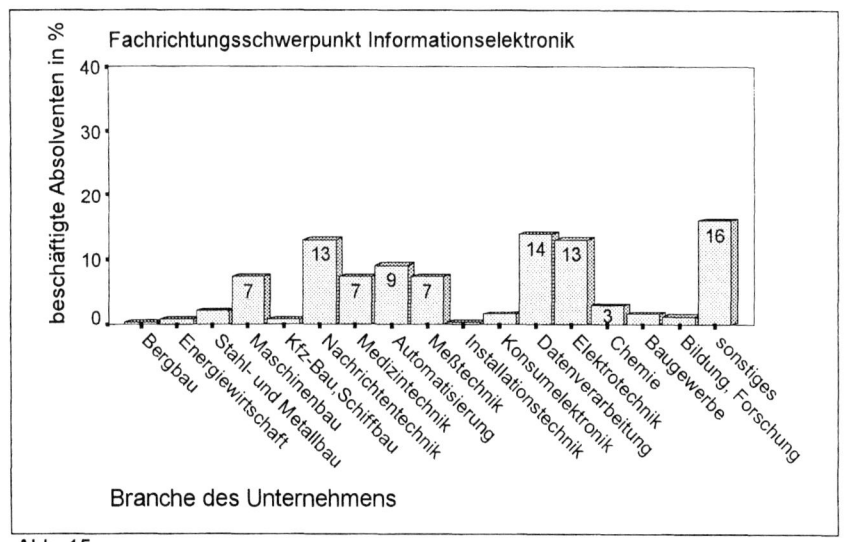

Abb. 15      N = 230 Absolventen der Fachrichtung Informationselektronik   (TE 8 / TE 2)

Branche der Unternehmen, in denen Elektrotechniker mit der Abschlußfachrichtung Datenverarbeitungstechnik beschäftigt sind

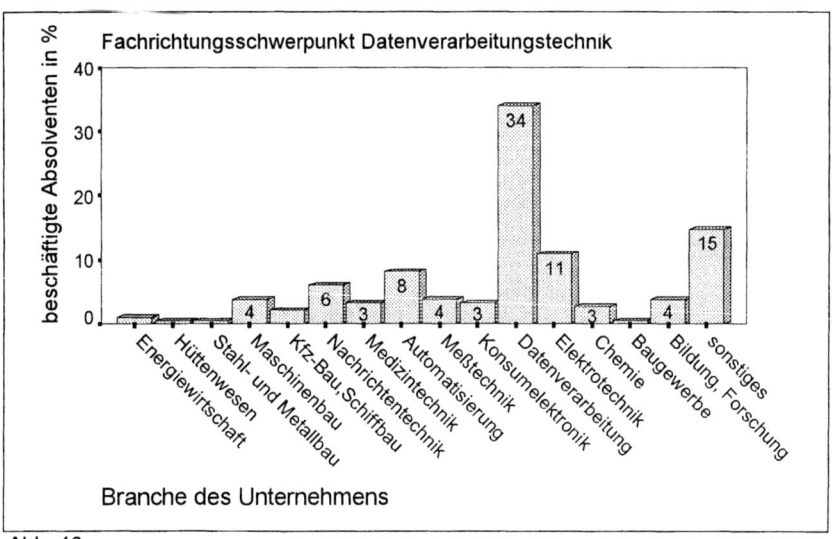

Abb. 16     N = 182 Absolventen der Fachrichtung Datenverarbeitungstechnik    (TE 8 / TE 2)

Branche der Unternehmen, in denen Elektrotechniker mit der Abschlußfachrichtung Meß- und Regeltechnik beschäftigt sind

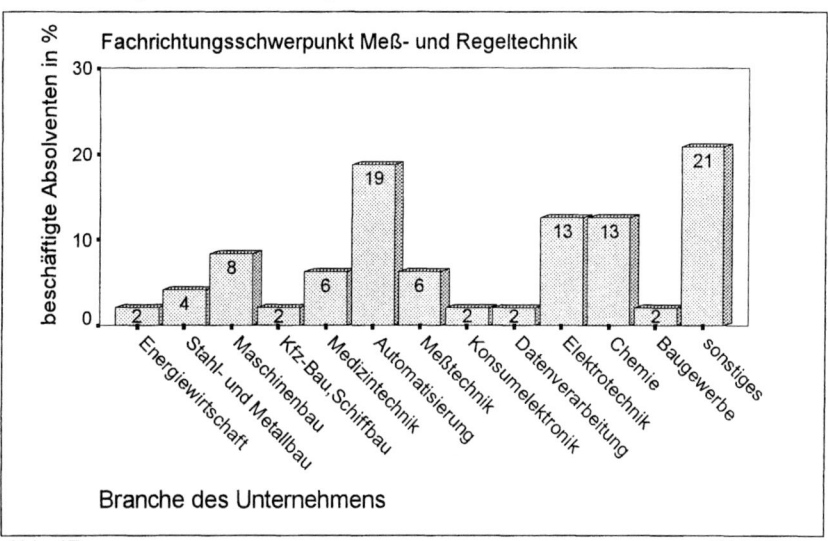

Abb. 17     N = 48 Absolventen der Fachrichtung Meß- und Regeltechnik    (TE 8 / TE 2)

Bei den Absolventen mit dem Fachrichtungsschwerpunkt Energieelektronik fällt auf, daß hier 30,0% der Befragten als Unternehmensbranche Elektrotechnik angaben. Diese Branche ist bei den anderen Abschlußfachrichtungen nur in einem Bereich von 11,0% bis 13,0% vertreten. Mit 8,6 % ist die Energiewirtschaft die zweitwichtigste Arbeitgeberbranche der Energieelektroniker. Bei den Interviews zur Ermittlung der Arbeitgeberperspektive wurde ein Unternehmen (Nr. 4) berücksichtigt, dessen wichtigste Aktivitäten dem Bereich Energiewirtschaft zuzuordnen sind (Stromverteilung). Alle dort beschäftigten Techniker der Fachrichtung Elektrotechnik (25) haben den Fachrichtungsschwerpunkt Energieelektronik vertieft.

Wurde von den befragten Absolventen der Fachrichtungsschwerpunkt Informationselektronik gewählt, sind die Datenverarbeitung (13,9%), die Nachrichtentechnik (13,0%) und die Elektrotechnik (13,0%) die häufigsten Branchen der beschäftigenden Unternehmen.

Bei den Technikern mit einem Abschluß in der Fachrichtung Datenverarbeitungstechnik ist ein spezifischer Branchenschwerpunkt auszumachen. Erwartungsgemäß ist ein hoher Anteil (34,1%) der Datenverarbeitungstechniker in einem Unternehmen tätig, das der Branche Datenverarbeitung zugeordnet werden kann.

Haben die befragten Absolventen einen Abschluß der Fachrichtung Meß- und Regeltechnik erworben, sind die Automatisierung (18,8%), die Elektrotechnik (12,5%) und die Chemie (12,5%) die am meisten angegebenen Unternehmensbranchen. Für vier der in den Interviews berücksichtigten Unternehmen ist die Automatisierungstechnik ein relevantes Tätigkeitsfeld. Eines dieser Unternehmen bevorzugt ausschließlich Meß- und Regeltechniker, zwei dieser Unternehmen stellen Techniker in den Fachrichtungen Meß- und Regeltechnik sowie Informationselektronik ein. 12,5% der befragten Meß- und Regeltechniker sind in der chemischen Industrie beschäftigt; damit ist diese Branche für diese Techniker ein wichtiger Arbeitgeber.

Der Aufgabenbereich der Meß- und Regeltechniker liegt in der chemischen Industrie oft im Bereich der Prozeßsteuerung bei der Herstellung chemischer Produkte. Das Gespräch mit Vertretern eines großen Unternehmens aus dieser Branche (Nr. 2) ergab, daß in diesem speziellen Betrieb bevorzugt Techniker der Fachrichtung Energieelektronik eingestellt werden, daneben besteht aber auch ein Bedarf an Meß- und Regeltechnikern. Dies wird damit begründet, daß die Staatlich geprüften Techniker zwar auch an der Regelung der Produktionsprozesse arbeiten (Tätigkeitsfeld der Meß- und Regeltechniker), das primäre Einsatzgebiet ist aber die Energieversorgung im Unternehmen. Für den letztgenannten Einsatzbereich ist eine Vertiefung in der Fachrichtung Energieelektronik am besten geeignet.

## 7.1.2 Tätigkeitsarten und Tätigkeitsobjekte

Zur Beschreibung des primären Tätigkeitsbereiches der Staatlich geprüften Techniker werden zunächst die entsprechenden Daten der schriftlichen Absolventenbefragung ausgewertet, um einen quantitativen Überblick über die Verteilung von *Tätigkeitsarten* und *Tätigkeitsobjekten* (vgl. Kap. 4.4.1) zu erhalten. Zur Erläuterung zumindest einiger der quantitativen Daten werden anschließend die in den Interviews erhaltenen Ergebnisse zur Tätigkeit der Staatlich geprüften Techniker aus der Arbeitgeberperspektive beschrieben.

Die in die Untersuchung einbezogenen Absolventen wurden im Fragebogen gebeten, die wichtigsten Aktivitäten an ihrem Arbeitsplatz anzugeben. In Abbildung 18 ist die Häufigkeitsverteilung der jeweils wichtigsten Tätigkeitsart an den Arbeitsplätzen der Elektrotechniker dargestellt.

**Wichtigste Tätigkeitsart der Elektrotechniker am Arbeitsplatz**

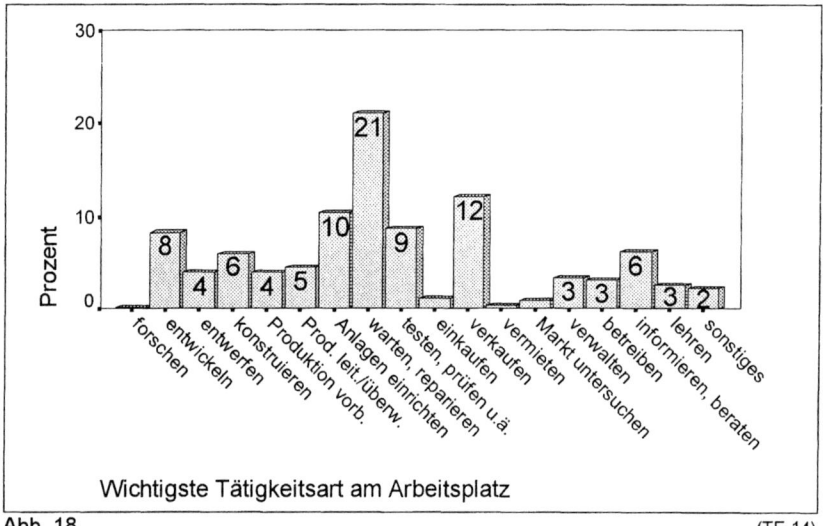

Abb. 18 (TE 14)

In der Reihenfolge der Häufigkeit sind die wichtigsten Tätigkeiten der Elektrotechniker:

- warten und reparieren (21,1% der Nennungen)
- verkaufen (12,2% der Nennungen)
- Anlagen einrichten (10,5% der Nennungen)
- testen, prüfen und sachverständig beurteilen (8,7% der Nennungen)
- entwickeln (8,4% der Nennungen)

Neben der Tätigkeitsart wurde in der schriftlichen Befragung das wichtigste Tätigkeitsobjekt am Arbeitsplatz der Staatlich geprüften Techniker ermittelt. Die Ergebnisse sind in Abbildung 19 dargestellt.

In der Reihenfolge der Häufigkeit sind die wichtigsten Tätigkeitsobjekte an den Arbeitsplätzen der Techniker:

- Computersysteme und -netze (21,6% der Nennungen)
- Steuerungen und Regeleinrichtungen (14,8% der Nennungen)
- Anlagen und Apparate (12,1% der Nennungen).

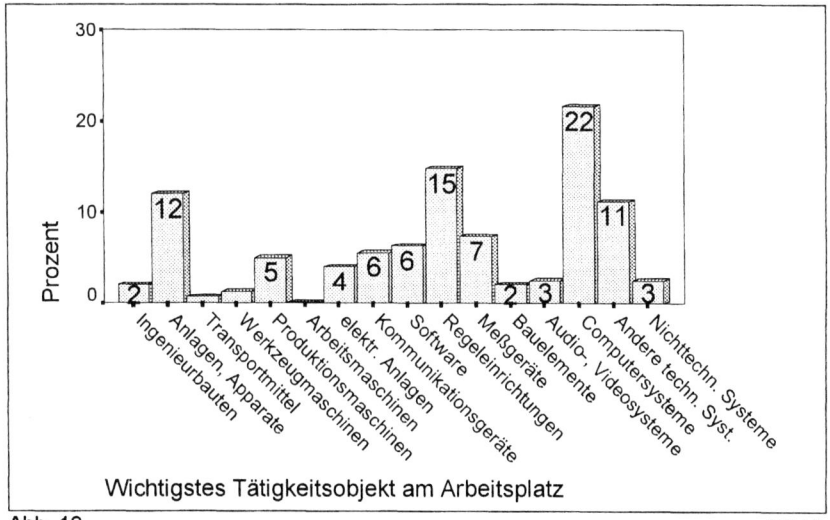

Abb. 19 (TE 14)

Um festzustellen, an welchem Tätigkeitsobjekt eine Tätigkeitsart am häufigsten ausgeübt wird, wurden die beiden Variablen „Wichtigste Tätigkeitsart am Arbeitsplatz" und „Wichtigstes Tätigkeitsobjekt am Arbeitsplatz" in einer

Kreuztabelle korreliert. Dieser Kreuztabelle wurden die folgenden am häufigsten auftretenden Kombinationen entnommen:

Wichtigste Tätigkeitsobjekte und Tätigkeitsarten an den Arbeitsplätzen

| Wichtigstes Tätigkeitsobjekt am Arbeitsplatz | Wichtigste Tätigkeitsart am Arbeitsplatz | Anteil der befragten Techniker an einem entsprechenden Arbeitsplatz |
|---|---|---|
| Computersysteme und -netze | warten und reparieren | 6,2% (N=32) |
| Software | entwickeln | 2,7% (N=14) |
| Anlagen und Apparate | warten und reparieren | 2,7% (N=14) |
| Meßgeräte | warten und reparieren | 2,3% (N=12) |
| Computersysteme und -netze | verkaufen | 2,1% (N=11) |

Tab. 4 (TE 14)

Wie bereits die Darstellungen der Häufigkeitsverteilungen beider Variablen verdeutlichen auch die in Tabelle 4 aufgeführten Sachverhalte die herausragende Bedeutung von Computersystemen und -netzen als Tätigkeitsobjekte und der Wartungs- und Reparaturtätigkeiten als Tätigkeitsart. So sind 6,2% aller befragten Absolventen mit Wartungs- und Reparaturtätigkeiten an Computersystemen und -netzen beschäftigt.

Um zu untersuchen, wie sich die Berufserfahrung und die durch die Erfahrung weiterentwickelte Kompetenz (vgl. Kap 4.5.3) auf die Tätigkeit des Staatlich geprüften Technikers auswirkt, wird die Variable „Tätigkeitsart" mit der „Dienstalterskohorte" korreliert. So läßt sich feststellen, welche Tätigkeitsarten bevorzugt von Berufseinsteigern bzw. welche Tätigkeitsarten vermehrt von den Absolventen mit Berufserfahrung ausgeübt werden. Die Tätigkeitsarten, bei denen eine eindeutige Abhängigkeit vom „Dienstalter" der Techniker festgestellt werden konnte, sind in Tabelle 5 aufgeführt.

Zwischen den Tätigkeitsarten „warten und reparieren", „Anlagen einrichten", „testen und prüfen" und dem „Dienstalter" besteht ein negativer Zusammenhang, d.h. diese Tätigkeiten werden vor allem von den „jüngeren" Elektrotechnikern ausgeführt. Dagegen korrelieren die Tätigkeiten „verkaufen" und „informieren, beraten" positiv mit der Variable „Dienstalter". Diese Tätigkeiten werden bevorzugt von Technikern ausgeführt, die bereits über eine gewisse Berufserfahrung

Wichtigste Tätigkeitsarten in Abhängigkeit vom Dienstalter

|  | Seit 0 < 5 Jahren Techniker (N=207) | Seit 5 < 10 Jahren Techniker (N=144) | Seit 10 < 15 Jahren Techniker (N=111) |
|---|---|---|---|
| warten, reparieren | 24,2 % | 23,6 % | 17,1 % |
| Anlagen einrichten | 15,0 % | 9,7 % | 6,3 % |
| testen, prüfen | 10,6 % | 7,6 % | 6,3 % |
| verkaufen | 9,2 % | 11,1 % | 17,1 % |
| informieren, beraten | 4,8 % | 4,9 % | 11,7 % |

Tab. 5 (TE 14 / TE 1)

verfügen. Das verstärkte Auftreten einer Tätigkeitsart bei dienstjüngeren Technikern läßt sich wie folgt erklären:

- Eine Tätigkeitsart wird auf dem Arbeitsmarkt in zunehmendem Maße benötigt. Aus diesem Grund werden die Absolventen beim Wiedereintritt in das Beschäftigungssystem bevorzugt auf entsprechende Positionen eingestellt.

- Eine Tätigkeitsart erfordert im Gegensatz zu anderen Tätigkeiten nur solche Kompetenzen, über die die Techniker bereits nach der Technikerausbildung verfügen. Für andere Tätigkeitsarten notwendige Kompetenzen werden erst mit zunehmender Berufserfahrung erworben.

Wie aus Tabelle 5 zu ersehen ist, besteht bei den drei zuerst aufgeführten Tätigkeitsarten „warten und reparieren", „Anlagen einrichten" sowie „testen und prüfen" die Tendenz, daß diese Tätigkeiten bevorzugt von den Berufseinsteigern ausgeführt werden. Laut den Ergebnissen der IAB-Prognos Studie (vgl. Kap. 5.5.2) werden diese Tätigkeitsbereiche zukünftig an Bedeutung gewinnen. Dies unterstützt vor allem die erste der beiden oben aufgeführten möglichen Erklärungen.

Anders verhält es sich bei den Tätigkeiten „verkaufen" sowie „informieren und beraten". Obwohl auch für diese Tätigkeiten in der IAB-Prognos Studie sowohl für die Gesamtheit aller Arbeitskräfte, als auch auf der Qualifikationsebene der Fachschulabsolventen ein Bedeutungszuwachs prognostiziert wird, sind vermehrt die dienstälteren Techniker mit diesen Tätigkeiten beschäftigt. Dies spricht dafür, daß die Ausübung dieser Tätigkeiten Kompetenzen erfordert, die bei den Berufseinsteigern noch nicht vorhanden sind. Die Techniker erwerben diese wahrscheinlich mit zunehmender Berufserfahrung und/oder durch eine entsprechende Weiterbildung.

Die Einstufung von Vertriebs- und Beratungstätigkeiten als Aufstiegspositionen für die Elektrotechniker wurde während der Interviews von der Arbeitgeberseite bestätigt. Um eine fachgerechte Beratung der Kunden zu gewährleisten, sind in den untersuchten Unternehmen, in denen für die Techniker eine Beratungs- oder Vertriebstätigkeit in Frage kommt, die entsprechenden Positionen an eine einschlägige Berufserfahrung als Techniker gebunden. Es handelt sich um Aufstiegspositionen mit einer höheren Vergütung. Neben der Fachkompetenz, die von den Personalverantwortlichen als die Basis für alle in Frage kommenden Tätigkeiten vorausgesetzt wird, ist für Beratungs- und Vertriebstätigkeiten eine hohe Sozialkompetenz erforderlich.

Im folgenden werden die Tätigkeitsbereiche der Techniker anhand der in den Interviews ermittelten Daten aus der Arbeitgeberperspektive beschrieben. Die untersuchten Fälle (Unternehmen) wurden zwar systematisch anhand der Ergebnisse der schriftlichen Befragung ausgewählt und können somit zur Erläuterung der Ergebnisse dienen, jedoch handelt es sich bei den Beschreibungen um Einzelfälle, die nicht dem Anspruch der Repräsentativität für alle möglichen Tätigkeiten der Techniker in den verschiedenen Branchen gerecht werden.

Zur Gliederung der Beschreibung werden die Kriterien „Kammerzugehörigkeit" und „Branche" herangezogen.

**Unternehmen mit Zugehörigkeit zur Industrie- und Handelskammer**

Bei den Unternehmen 3,4 und 5 (vgl. Kap. 6.2, Tab. 2) handelt es sich um Industriebetriebe, die neben anderen Branchen auch die Elektrotechnik als Unternehmensbereich angeben.

In Unternehmen Nr. 3 werden Investitionsgüter hergestellt, auch der Sondermaschinenbau gehört zu den Unternehmensaktivitäten. Als Unternehmensbranchen gaben die befragten Vertreter Maschinenbau, Elektrotechnik und Automatisierungstechnik an. Von den 3000 Mitarbeitern des Betriebes haben 90 einen Abschluß als Staatlich geprüfte Techniker der Fachrichtung Elektrotechnik.

Unternehmen Nr. 5, ebenfalls mit der Herstellung und dem Vertrieb von Investitionsgütern befaßt, bietet weltweit Prozeßleitsysteme für Firmen in den Bereichen Chemie und Verfahrenstechnik sowie für Kraftwerke an. Die Produktpalette umfaßt weiterhin Gasanalysegeräte und Protokollierungsgeräte (Schreiber, Regler, Meßumformer). Als Dienstleistung wird dem Kunden die Projektierung von Anlagen angeboten, außerdem gehören die Schulung im Umgang mit den Produkten und ein entsprechender Kundenservice zum Leistungsangebot. Von ca. 1000 Mitarbeitern sind 180 als Staatlich geprüfte Elektrotechniker beschäftigt.

In beiden Unternehmen (3 und 5) ist die Tätigkeit im Prüffeld ein wichtiger Aufgabenbereich der Elektrotechniker. Dort werden die in den Unternehmen hergestellten Anlagen und Systeme auf Funktion, Sicherheit und elektromagnetische Verträglichkeit geprüft. Die Prüffeldtätigkeit erfordert eine enge Zusammenarbeit mit dem Kundenservice, ein weiteres Betätigungsfeld der Elektrotechniker. Durch die Tätigkeit im Prüffeld erwerben die Techniker die notwendigen Produktkenntnisse, die für eine Servicetätigkeit erforderlich sind. Da die Prüffeldtechniker bereits eng mit dem Service zusammenarbeiten, erlangen die Techniker bereits bei der Prüffeldtätigkeit einen Einblick in die kundenspezifischen Problemstellungen. Die Servicetechniker sind neben den Inbetriebnahmen beim Kunden, der Wartung und der Fehlerbeseitigung an den technischen Systemen auch für die Einweisung der Mitarbeiter des Kunden in die Bedienung der gelieferten Investitionsgüter zuständig. Da die Produkte in beiden Unternehmen an Kunden in der ganzen Welt geliefert werden, müssen die Techniker über ausbaufähige Englischkenntnisse verfügen. In einem der beiden Unternehmen (3) werden von den im Service tätigen Elektrotechnikern Kenntnisse auf dem Gebiet der Mechatronik erwartet. Während die Elektrotechniker früher zusammen mit Maschinenbautechnikern die beim Kunden anstehenden Probleme lösten, wird heute aus Kostengründen von den Elektrotechnikern erwartet, daß sie auch mechanische Probleme bearbeiten können. Die Kenntnisse auf dem Gebiet Mechatronik erwerben die Elektrotechniker in betrieblichen Weiterbildungsveranstaltungen.

Die Hauptleistung von Unternehmen 4 besteht in der Energieversorgung, genauer der Stromverteilung. Von ca. 1500 Beschäftigten haben 25 Mitarbeiter einen Abschluß als Staatlich geprüfter Elektrotechniker, die alle die Abschlußfachrichtung Energieelektronik gewählt hatten. Die wichtigsten Aufgaben der Techniker sind die Zähler- und Meßtechnik sowie der Bau und die Unterhaltung der Stromversorgungseinrichtungen. Für die Absolventen der Technikerschulen besteht aber auch die Möglichkeit, in anderen Unternehmensbereichen tätig zu werden. Dies sind die Anwendungstechnik und die Telekommunikationseinrichtungen.

Wie sich die Tätigkeit der Staatlich geprüften Techniker in Industrieunternehmen gestaltet, die als wichtigste Branche den Maschinenbau angeben, soll im folgenden beschrieben werden. Unternehmen 6 ist ein Betrieb mit 100 Beschäftigten, 10 davon sind Staatlich geprüfte Elektrotechniker. Die vom Unternehmen hergestellten und vertriebenen Produkte sind Handlingsysteme (Handhabungsroboter), die weltweit ausgeliefert werden. Während konstruktive Tätigkeiten von Maschinenbautechnikern übernommen werden, ist der Haupteinsatzbereich der Elektrotechniker die Tätigkeit im Kundendienst. Die Aufgabe besteht vor allem darin, die Steuerung der Handlingsysteme an die Erfordernisse der Kunden anzupassen, d.h. eine entsprechende Programmierung vorzunehmen. Eine weitere Aufgabe ist die Einweisung der Kunden; dies beinhaltet auch eine Lehrtätigkeit bei Schulungen, die von den Kunden zur Ausbildung des Personals gekauft werden.

Bei Unternehmen 7 handelt es sich um die deutsche Tochter einer ausländischen Gesellschaft, die Werkzeugmaschinen und CNC-Steuerungen in Deutschland vertreibt, die notwendigen Serviceleistungen anbietet und die entsprechenden Schulungen durchführt. 14 der 30 im Unternehmen beschäftigten Mitarbeiter sind Elektrotechniker. Deren Tätigkeitsbereich umfaßt die Inbetriebnahme der CNC-Steuerungen an den Werkzeugmaschinen sowie deren Instandhaltung im Service. Auch das Programmieren von SPS-Steuerungen gehört zum Aufgabenbereich der Elektrotechniker. Mit etwas Erfahrung und der zugehörigen Sozialkompetenz ist eine Tätigkeit im Verkauf möglich. Auch die Lehrtätigkeit bei Kundenschulungen gehört zum Aufgabenbereich der Techniker.

Ein weiteres Interview wurde mit dem Vertreter eines Unternehmens (Nr. 8) geführt, das in der Datenverarbeitungsbranche tätig ist und insgesamt 25 Mitarbeiter beschäftigt. Die Unternehmensaktivitäten sind die Entwicklung und der Vertrieb von Software, die dazu dient, CAD-Programme im Sinne des CAM (computer aided manufacturing) über Datennetze direkt an die CNC-Werkzeugmaschinen zu übertragen. Auch die Installation der notwendigen Hardwarekomponenten wird von den im Service beschäftigten Mitarbeitern vorgenommen. Für die Techniker entstehen Tätigkeitsbereiche im Service und im Support. Zu den Aufgaben gehören die Konfiguration der Software, die Installation der Computersysteme beim Kunden und eine anschließende Supporttätigkeit.

Die in einem Großunternehmen der chemischen Industrie (Nr. 2) beschäftigten Elektrotechniker (25) sind für die Energieversorgung, die Instandhaltung und Arbeiten in der Elektrowerkstatt zuständig. Für diese Aufgaben werden bevorzugt Elektrotechniker der Abschlußfachrichtungen Energieelektronik sowie Meß- und Regeltechnik eingestellt. Die Techniker sind in eine „Meistergruppe" integriert und werden als fachlich höherqualifizierte Mitarbeiter für anspruchsvolle Aufgaben eingesetzt, die von „Handwerkern" nicht geleistet werden können. Der Meister ist der Leiter der organisatorischen Einheit „Meistergruppe" und damit, bezogen auf den alltäglichen Betriebsablauf, der „Chef" (nicht der disziplinarische Vorgesetzte) des Technikers.

Auch in einem Unternehmen der Automobilindustrie (Nr. 1) wurden die Tätigkeitsbereiche der Elektrotechniker erfragt. Aufgabenbereiche sind dort die Planung und Konstruktion (z.b. Leiterplattenentwicklung), sowie die Errichtung und Instandhaltung der Werksanlagen.

**Unternehmen mit Zugehörigkeit zur Handwerkskammer**

Die Hauptleistungen der Handwerksunternehmen Nr. 10 (380 Mitarbeiter, 30 Elektrotechniker) und Nr. 11 (81 Mitarbeiter, 3 Elektrotechniker) sind die Installation von Stark- und Schwachstromanlagen in Industriebetrieben sowie bei Bauprojekten. In beiden Unternehmen arbeiten Staatlich geprüfte Techniker der Fachrichtung Elektrotechnik als Bauleiter auf den Baustellen. Obwohl dies ein typischer Einsatzbereich für den Handwerksmeister der Fachrichtung Elektrotechnik ist, werden die Techniker auf diesen Positionen beschäftigt. Die Vertreter der Unternehmen begründeten den Einsatz der Techniker als Bauleiter mit der guten Auftragslage, verbunden mit einem Mangel an gut qualifizierten Meistern. In Unternehmen 10 sind die Techniker auch im Planungsbüro beschäftigt, in Unternehmen 11 gehören die Durchführung von Kalkulationen und der technische Einkauf zu den Tätigkeiten der Elektrotechniker.

Ein anderes Handwerksunternehmen (Nr. 12) stellt elektronische Steuerungen und Zubehörteile für die Kühltechnik her, eine weitere Unternehmensaktivität ist der allgemeine Schaltanlagenbau. Einige der im Unternehmen beschäftigten Elektrotechniker prüfen die elektronischen Steuerungen im Prüffeld, andere sind im kundenspezifischen Sonderbau tätig. Weiterhin gehören das Erstellen von Angeboten sowie die Planung und Durchführung von Projekten zum Aufgabenbereich der Techniker.

Eines der berücksichtigten Unternehmen gehört sowohl der Industrie- und Handelskammer als auch der Handwerkskammer an. In dem 85 Mitarbeiter starken Betrieb sind 3 Techniker der Fachrichtung Elektrotechnik beschäftigt. Die Aufgaben der Techniker sind die Durchführung von Programmierungen sowie die Planung von Antriebssteuerungen.

**Unternehmen des öffentlichen Dienstes**

Zum Abschluß der Tätigkeitsbeschreibungen werden noch die Aufgaben von Technikern in drei Unternehmen des öffentlichen Dienstes dargestellt. Unternehmen 13 übt eine staatsentlastende technische Überwachungstätigkeit aus und ist einerseits dem öffentlichen Dienst zuzurechnen, andererseits aber auch teilweise in der Gesellschaftsform einer GmbH organisiert. Die 900 Mitarbeiter des Unternehmens sind teilweise öffentlich Bedienstete und teilweise Angestellte der GmbH. Grundsätzlich besteht im Unternehmen die Tendenz zur Privatisierung. Die Aufgaben der Arbeitnehmer sind nicht eindeutig den beiden Bereichen öffentlicher Dienst und GmbH zuzuordnen, d.h. Angestellte des öffentlichen Dienstes erledigen Aufgaben im Bereich der GmbH und umgekehrt. Zu den Aufgaben der Mitarbeiter des Unternehmens gehört die Überwachung technischer Anlagen sowie Begutachtungs- und Beratungstätigkeiten in den Bereichen Schadenbegutachtung, Unfallgutachten, Laboranalysen und Sicherheitsanalysen. Aufgrund der vom zuständigen Landesministerium mitgestalteten Hausprüfverordnung ist für eine Sachverständigentätigkeit ein Ingenieurstudium erforderlich.

Den Technikern wird aufgrund der zur Zeit geltenden gesetzlichen Regelungen das Recht zur Ablegung der Sachverständigenprüfung noch nicht zugestanden. Durch die Tendenz zur Privatisierung des Unternehmens entstehen aber, aufgrund des Wegfalls formaler Bestimmungen, mehr Einsatzmöglichkeiten für Staatlich geprüfte Techniker. Dieser Deregulierungsprozeß kann dem Techniker zukünftig auch die Sachverständigentätigkeit ermöglichen. Aktuelle Aufgaben der Techniker sind die Durchführung von Prüftätigkeiten als Sachkundige sowie eine unterstützende Tätigkeit für die Sachverständigen.

In einem weiteren Interview wurden die beruflichen Einsatzmöglichkeiten von Staatlich geprüften Technikern der Fachrichtung Elektrotechnik beim öffentlich rechtlichen Rundfunk (Nr. 4) untersucht. Die für das Interview ausgewählte Rundfunkanstalt produziert sowohl Radio- als auch Fernsehsendungen und strahlt diese aus. Von den 1900 Mitarbeitern haben immerhin 130 Beschäftigte einen Abschluß als Staatlich geprüfter Techniker der Fachrichtung Elektrotechnik. Fast alle der beschäftigten Elektrotechniker wählten die Abschlußfachrichtung Energieelektronik. Die Elektrotechniker sind in der Rundfunkanstalt für die Energietechnik im weitesten Sinne, die Haustechnik sowie die Wärme- und Kältetechnik zuständig. Im Bereich Fernsehen gehört die Beleuchtungstechnik zum Aufgabenfeld der Techniker. Weitere Aufgabenbereiche sind die im Haus benötigte Meß- und Regeltechnik sowie Service- und Reparaturtätigkeiten an Audio- und Videogeräten.

Das dritte dem öffentlichen Dienst zugehörige Unternehmen (Nr. 15) ist eine Forschungseinrichtung, die einen Schwerionenbeschleuniger betreibt und den erzeugten Ionenstrahl wissenschaftlichen Forschungsgruppen zur Verfügung stellt. Die Techniker sind für die Betreuung der Elektronik an den Beschleunigeranlagen zuständig, außerdem erbringen sie Dienstleistungen für die einzelnen Forschungsgruppen. Ein weiteres Aufgabengebiet ist die Wartung der technischen Anlagen im Rechenzentrum. Teilweise sind die Techniker auch mit der Unterweisung von Auszubildenden in Elektroberufen betraut.

### 7.1.3 Bedeutung technikübergreifender Tätigkeiten

Nach den Projektionen der IAB-Prognos Studie ist zukünftig mit einer Abnahme der Produktionstätigkeiten am Gesamtanteil aller Tätigkeitsarten zu rechnen (vgl. Kap. 5.5). Dagegen nimmt der Anteil der primären und sekundären Dienstleistungen zu. Dies gilt sowohl für die Gruppe aller Erwerbstätigen als auch für die Qualifikationsebene der Fachschulabsolventen. Wie im vorigen Kapitel festgestellt wurde, sind bei den wichtigsten Tätigkeitsarten der Techniker das „Verkaufen" (12,2%) als primäre Dienstleistung und „informieren, beraten" (6,4%) als sekundäre Dienstleistung mit einem nicht zu vernachlässigenden Anteil vertreten. Diese Tätigkeiten werden aber vorzugsweise von Technikern mit mehrjähriger Berufserfahrung ausgeübt.

Die in Kapitel 5 beschriebenen Veränderungen der Weltmarktbedingungen stellen neue Anforderungen an die Produktionsökonomie. Diesen Anforderungen wird teilweise mit neuen Managementstrategien begegnet. Die Strategie der „schlanken Produktion" (lean production) setzt dabei auf eine hohe Dynamik der gesamten betrieblichen Organisation, die durch eine ständige Kommunikation auf allen betroffenen Ebenen erreicht werden soll. Dazu werden durch flache Hierarchien vernetzte Informationsstrukturen ermöglicht. Im Konzept „lean production" wird der Mensch als entscheidender Produktionsfaktor erkannt, d.h. die Fähigkeiten der Beschäftigten sollen ganzheitlich genutzt und weiterentwickelt werden. Dies ist aber nur möglich, wenn den Mitarbeitern hohe Freiheitsgrade mit der Möglichkeit zur Selbstorganisation zugestanden werden (vgl. Kap. 5.2 und 5.3).

Wenn diese Entwicklungstendenzen auf die Tätigkeit der Elektrotechniker Einfluß nehmen, bedeutet dies, daß die Techniker bei ihrer Arbeitstätigkeit zunehmend ökonomische und organisatorische Fragestellungen berücksichtigen müssen. Dies würde dann auch auf Elektrotechniker zutreffen, deren wichtigste Tätigkeitsart den technischen Tätigkeiten zuzuordnen ist.

Im folgenden wird geprüft, in welchem Maße sich die Techniker im Rahmen ihrer Tätigkeit auch mit ökonomischen und organisatorischen Fragestellungen auseinandersetzen.

In der schriftlichen Befragung machten die Absolventen Angaben zur Bedeutung von „Ablauforganisation", „Teamarbeit", „Kundenberatung und Verkauf",

„Kostenbetrachtungen", „Qualität und Qualitätssicherung" sowie „Produkthaftung" für ihre Arbeitsaufgabe. Dabei waren Antworten in den Kategorien „von zentraler Bedeutung", „wichtig", „weniger wichtig" und „ohne Bedeutung" möglich.

Die Bedeutung der aufgeführten Kriterien wird im Zusammenhang mit der jeweils wichtigsten Tätigkeitsart am Arbeitsplatz der Techniker dargestellt. Dabei werden die befragten Techniker anhand der Tätigkeitsarten in zwei Gruppen eingeteilt: Einerseits Elektrotechniker, deren wichtigste Tätigkeitsart den technischen Tätigkeiten zugeordnet wird (N= 345), andererseits Technikerschulabsolventen, deren wichtigste Tätigkeitsart am Arbeitsplatz dem nicht-technischen Bereich zuzuordnen ist (N= 170).

In den Tabellen 6a und 6b ist die Bedeutung dieser Themenbereiche für diejenigen Techniker dargestellt, die sich am häufigsten technisch orientierten Tätigkeiten widmen. Tabelle 6a zeigt die Wichtigkeit der oben aufgezählten technikübergreifenden Themenbereiche in Abhängigkeit von der wichtigsten Tätigkeit am Arbeitsplatz. Die in der Tabelle aufgeführten Prozentwerte geben den Anteil der Techniker mit der in der ersten Spalte ablesbaren wichtigsten Tätigkeitsart an, für die der in der obersten Zeile erkennbare Themenbereich „von zentraler Bedeutung" oder „wichtig" ist. Bei der Besprechung werden die Gruppen von Tätigkeitsschwerpunkten (wichtigste Tätigkeit), in die weniger als N=15 der Befragten Techniker fallen, nicht berücksichtigt. In Tabelle 6b ist die Bedeutung der technikübergreifenden Themenbereiche zusammenfassend für all die Techniker dargestellt, die eine der in Tabelle 6a aufgeführten wichtigsten Tätigkeitsarten ausüben. Die Prozentwerte in Tabelle 6b geben unter den Punkten a bis d die Wichtigkeit der jeweiligen Themenbereiche in den vier vorgegebenen Antwortkategorien wieder. Um die Vergleichbarkeit mit der Darstellungsweise in Tabelle 6a zu gewährleisten, ist unter dem Punkt e der Anteil aller Techniker mit technisch orientierten Tätigkeitsarten aufgeführt, für die der jeweilige Themenbereich „von zentraler Bedeutung" oder „wichtig" ist (a+b).

Für die Absolventen, deren wichtigste Tätigkeit am Arbeitsplatz technisch orientiert ist, hat der Themenkomplex „Qualität und Qualitätssicherung" innerhalb der aufgeführten technikübergreifenden Bereiche die höchste Bedeutung. Für 87,4% der Techniker dieser Gruppe ist Qualität und Qualitätssicherung „von zentraler Bedeutung" (44,7%) oder „wichtig" (42,7%). Alle Elektrotechniker, deren wichtigste Tätigkeit das „Entwerfen" ist, müssen sich mit dem Thema Qualitätssicherung auseinandersetzen (100,0%). Der niedrigste Wert tritt bei den Absolventen auf, welche die „Produktion vorbereiten". Aber auch hier ist die Qualitätssicherung für 81,0% „von zentraler Bedeutung" oder „wichtig".

Rang 2 nimmt die „Organisation von Abläufen" ein. Für 83,4% der befragten Absolventen, die hauptsächlich technisch orientierte Tätigkeiten ausüben, ist dieser Themenbereich zumindest wichtig. Die höchste Bedeutung hat die Ablauforganisation bei Elektrotechnikern, deren Aufgabe es ist, die „Produktion (zu) leiten" (95,6% mindestens „wichtig"). Der niedrigste Wert tritt bei den mit „warten und reparieren" beschäftigten Technikern auf (76,4% mindestens „wichtig").

Die „Teamarbeit" ist für 77,4% der Techniker mit technisch orientiertem Aufgabenbereich „von zentraler Bedeutung" oder „wichtig". Auch hier tritt der niedrigste Wert bei den Technikern auf, deren wichtigste Aufgabe „Wartungs- und Reparaturtätigkeiten" sind (68,5% mindestens „wichtig").

„Kostenbetrachtungen" nehmen den 4. Rang bezüglich der Wichtigkeit der erfragten technikübergreifenden Themenbereiche ein (62,7% mindestens „wichtig"). „Kostenbetrachtungen" sind vor allem bei den Technikern von Bedeutung, deren wichtigste Aufgabe das „Konstruieren" ist (87,5% mindestens „wichtig").

Die „Produkthaftung" ist für 50,8% der Absolventen, die hauptsächlich technisch orientierte Tätigkeiten ausüben, „von zentraler Bedeutung" (13,7%) oder „wichtig" (37,1%). Überraschend ist hier, daß der niedrigste Wert (37,5% mindestens „wichtig") bei Elektrotechnikern auftritt, welche die „Produktion leiten und überwachen".

Obwohl „Kundenberatung und Verkauf" bei den vorwiegend mit technischen Tätigkeiten beschäftigten Elektrotechnikern den letzten Rang einnehmen, wird dieser Bereich von 44,8% dieser Absolventengruppe als mindestens „wichtig" eingeschätzt. Techniker, die mit der „Vorbereitung" (23,8% mindestens „wichtig") sowie „Leitung und Überwachung der Produktion" (13,0% mindestens „wichtig") betraut sind, müssen sich am wenigsten mit „Kundenberatung und Verkauf" auseinandersetzen. Bei allen anderen technischen Tätigkeiten wird die Kundenorientierung von wenigstens 41,3% der Techniker als mindestens „wichtig" eingeschätzt.

Die in den Tabellen 6a und 6b aufgezeigten Befragungsergebnisse belegen die Wichtigkeit der aufgeführten technikübergreifenden Tätigkeitsbereiche auch für die Techniker, deren wichtigste Tätigkeitart am Arbeitsplatz den Tätigkeiten im technischen Bereich zugeordnet werden kann (N=345). Bis auf den Bereich „Kundenberatung und Verkauf" werden alle anderen technikübergreifenden Themenbereiche von mehr als der Hälfte dieser Technikergruppe als zumindest „wichtig" für die eigene Tätigkeit eingeschätzt.

Relevanz technikübergreifender Tätigkeitsbereiche in Abhängigkeit von der wichtigsten Tätigkeitsart am Arbeitsplatz bei primär technisch orientierten Tätigkeiten

Anteil der Techniker für die der jeweilige Bereich „von zentaler Bedeutung" oder „wichtig" ist

| Wichtigkeit von wichtigste Tätigkeit | Organisation von Abläufen | Teamarbeit | Kundenberatung und Verkauf | Kostenbetrachtungen | Qualität / Qualitätssicherung | Produkthaftung |
|---|---|---|---|---|---|---|
| forschen (N=1) | 100,0 % | 100,0 % | 0,0 % | 100,0 % | -- | 0,0 % |
| entwickeln (N=41) | 90,3 % | 82,9 % | 43,9 % | 73,2 % | 92,9 % | 66,7 % |
| entwerfen (N=20) | 90,5 % | 95,0 % | 52,4 % | 76,2 % | 100,0 % | 66,6 % |
| konstruieren (N=31) | 81,3 % | 83,9 % | 48,4 % | 87,5 % | 84,4 % | 43,4 % |
| Produktion vorbereiten (N=21) | 81,0 % | 95,3 % | 23,8 % | 57,1 % | 81,0 % | 66,6 % |
| Produktion leiten / überwachen (N=22) | 95,6 % | 81,8 % | 13,0 % | 60,8 % | 95,8 % | 37,5 % |
| Anlagen einrichten (N=55) | 85,5 % | 72,7 % | 56,3 % | 56,4 % | 85,4 % | 56,3 % |
| warten, reparieren (N=108) | 76,4 % | 68,5 % | 49,6 % | 60,6 % | 84,6 % | 38,2 % |
| testen, prüfen (N=46) | 84,8 % | 76,0 % | 41,3 % | 45,6 % | 86,9 % | 58,7 % |

Tab. 6a

| a: zentrale Bedeutung b: wichtig c: weniger wichtig d: ohne Bedeutung e: a + b | Organisation von Abläufen | Teamarbeit | Kundenberatung und Verkauf | Kostenbetrachtungen | Qualität / Qualitätssicherung | Produkthaftung |
|---|---|---|---|---|---|---|
| primär technisch orientierte Tätigkeiten (Gesamt) (N = 345) | a: 20,3 % b: 63,1 % c: 15,1 % d:  1,4 % e: 83,4 % | a: 21,2 % b: 56,2 % c: 21,7 % d:  0,9 % e: 77,4 % | a: 15,5 % b: 29,3 % c: 27,9 % d: 27,3 % e: 44,8 % | a: 16,6 % b: 46,1 % c: 26,4 % d: 10,9 % e: 62,7 % | a: 44,7 % b: 42,7 % c:  7,4 % d:  5,1 % e: 87,4 % | a: 13,7 % b: 37,1 % c: 27,7 % d: 21,4 % e: 50,8 % |

Tab. 6b                                                                                                   (TE 34 / TE 14)

Zum Vergleich werden die Befragungsergebnisse bezüglich der technikübergreifenden Themenbereiche auch für die Absolventen dargestellt, deren wichtigste Tätigkeit am Arbeitsplatz nicht-technisch orientiert ist (N=170). Die Daten werden in den Tabellen 7a und 7b analog der Darstellungsweise in den Tabellen 6a und 6b für diese Absolventengruppe aufgezeigt.

Techniker, deren wichtigste Tätigkeitsart am Arbeitsplatz den nicht-technisch orientierten Aufgaben zuzuordnen ist, sind häufig mit der „Organisation von Abläufen" beschäftigt. Für 85,9% dieser Elektrotechniker ist die Ablauforganisation „von zentraler Bedeutung" (34,7%) oder „wichtig". Den 2. Rang in der Wichtigkeit nehmen Kostenbetrachtungen ein. Dieser Bereich ist für 81,1% der hier betrachteten Technikergruppe mindestens „wichtig".

Wie bei den Elektrotechnikern, die am häufigsten technisch orientierte Tätigkeiten ausüben, nimmt die „Teamarbeit" den 3. Rang ein. 78,1% der Techniker, deren wichtigste Tätigkeit am Arbeitsplatz den nicht-technisch orientierten Tätigkeiten zugerechnet werden kann, ordnen der Teamarbeit das Kriterium „von zentraler Bedeutung" (24,3%) oder „wichtig" (53,8%) zu. Das Thema „Qualität und Qualitätssicherung" ist bei der hier beschriebenen Technikergruppe von geringerer Bedeutung als bei deren Berufskollegen mit überwiegend technischen Tätigkeiten. Jedoch wird auch dieser Themenbereich von 74,5% der Techniker mit nicht-techischen Tätigkeiten als zumindest wichtig für ihre beruflichen Aufgaben eingeschätzt. „Kundenberatung und Verkauf" ist für 71,0% der Techniker mit nicht-technischen Tätigkeiten „von zentraler Bedeutung" (59,2%) oder „wichtig" (11,8%). Der hohe Wert für die Kategorie „von zentraler Bedeutung" kommt dadurch zustande, daß die Techniker, deren wichtigste Tätigkeit am Arbeitsplatz das Verkaufen (N=63) ist, natürlich auch dem Tätigkeitsbereich „Kundenberatung und Verkauf" eine zentrale Bedeutung zumessen. Die „Produkthaftung" ist für 47,1% der hier beschriebenen Technikergruppe mindestens „wichtig". Dieser Themenbereich nimmt damit eine annähernd gleiche Bedeutung wie bei Technikern mit vorwiegend technischen Tätigkeiten ein.

Relevanz technikübergreifender Tätigkeitsbereiche in Abhängigkeit von der wichtigsten Tätigkeitsart am Arbeitsplatz bei primär nicht-technisch orientierten Tätigkeiten

Anteil der Techniker für die der jeweilige Bereich „von zentaler Bedeutung" oder „wichtig" ist

| Wichtigkeit von wichtigste Tätigkeit | Organisation von Abläufen | Teamarbeit | Kundenberatung und Verkauf | Kostenbetrachtungen | Qualität / Qualitätssicherung | Produkthaftung |
|---|---|---|---|---|---|---|
| einkaufen (N=6) | 100,0 % | 83,3 % | 33,3 % | 100,0 % | 83,3 % | 50,0 % |
| verkaufen (N=63) | 84,4 % | 79,4 % | 100,0 % | 90,4 % | 76,6 % | 59,4 % |
| vermieten (N=2) | 50,0 % | 0,0 % | 100,0 % | 50,0 % | 0,0 % | 0,0 % |
| Markt untersuchen (N=5) | 80,0 % | 75,0 % | 100,0 % | 80,0 % | 80,0 % | 40,0 % |
| verwalten (N=18) | 100,0 % | 77,8 % | 50,0 % | 88,9 % | 72,2 % | 38,9 % |
| betreiben (N=17) | 75,1 % | 94,1 % | 17,6 % | 58,9 % | 88,2 % | 17,6 % |
| informieren, beraten (N=33) | 84,9 % | 78,8 % | 87,9 % | 81,8 % | 63,6 % | 57,6 % |
| lehren (N=14) | 85,7 % | 71,4 % | 7,7 % | 50,0 % | 69,2 % | 15,4 % |
| sonstiges (N=12) | 91,6 % | 66,7 % | 50,0 % | 83,4 % | 90,9 % | 50,0 % |

Tab. 7a

| a: zentrale Bedeutung b: wichtig c: weniger wichtig d: ohne Bedeutung e: a + b | Organisation von Abläufen | Teamarbeit | Kundenberatung und Verkauf | Kostenbetrachtungen | Qualität / Qualitätssicherung | Produkthaftung |
|---|---|---|---|---|---|---|
| primär nicht- technisch orientierte Tätigkeiten (Gesamt) (N = 170) | a: 34,7 % b: 51,2 % c: 12,4 % d: 1,8 % e: 85,9 % | a: 24,3 % b: 53,8 % c: 16,0 % d: 5,9 % e: 78,1 % | a: 59,2 % b: 11,8 % c: 13,0 % d: 16,0 % e: 71,0 % | a: 38,2 % b: 42,9 % c: 12,4 % d: 6,5 % e: 81,1 % | a: 27,8 % b: 46,7 % c: 13,6 % d: 11,8 % e: 74,5 % | a: 15,9 % b: 31,2 % c: 31,2 % d: 21,8 % e: 47,1 % |

Tab. 7b (TE 34 / TE 14)

In Tabelle 8 ist die Bedeutung der bisher betrachteten technikübergreifenden Tätigkeitsbereiche für die Techniker aus der Sicht der Arbeitgeber dargestellt. Hierzu wurden die während der Interviews erhaltenen Ergebnisse bezüglich dieser Fragestellung analog der Darstellungsweise in den Tabellen 6b und 7b zusammengefaßt. Da bei den Interviews nur 15 Unternehmen berücksichtigt wurden, sind die Ergebnisse quantitativ nicht repräsentativ und haben vielmehr erläuternden Charakter.

Relevanz technikübergreifender Tätigkeitsbereiche für alle Elektrotechniker aus der Arbeitgeberperspektive

| a: zentrale Bedeutung<br>b: wichtig<br>c: weniger wichtig<br>d: ohne Bedeutung<br>e: a + b | Organisation von Abläufen | Teamarbeit | Kundenberatung und Verkauf | Kostenbetrachtungen | Qualität / Qualitätssicherung | Produkthaftung |
|---|---|---|---|---|---|---|
| Arbeitgeberperspektive<br><br>(N = 15) | a: 13,3 %<br>b: 73,3 %<br>c: 13,3 %<br>d: 0,0 %<br><br>e: 86,6 % | a: 40,0 %<br>b: 53,3 %<br>c: 6,7 %<br>d: 0,0 %<br><br>e: 93,3 % | a: 20,0 %<br>b: 26,7 %<br>c: 40,0 %<br>d: 13,3 %<br><br>e: 46,7 % | a: 13,3 %<br>b: 66,7 %<br>c: 13,3 %<br>d: 6,7 %<br><br>e: 80,0 % | a: 33,3 %<br>b: 60,0 %<br>c: 6,7 %<br>d: 0,0 %<br><br>e: 93,3 % | a: 6,7 %<br>b: 26,7 %<br>c: 53,3 %<br>d: 13,3 %<br><br>e: 33,4 % |

Tab. 8 (AG K5)

Die Bedeutung technikübergreifender Tätigkeitsbereiche für Techniker, deren wichtigste Tätigkeitsart am Arbeitsplatz dem technischen Bereich zuzuordnen ist, wurde in den Interviews auch von der Arbeitgeberseite bestätigt. In besonderem Maße betonten die Interviewpartner den hohen Stellenwert der Teamfähigkeit. In einigen der kleineren Unternehmen wurde die Fähigkeit zur Zusammenarbeit im Team und das „Passen des neuen Mitarbeiters in das bestehende Team" bei den Einstellungskriterien genannt. Kooperationsfähigkeit ist aber nicht nur bei der Arbeit innerhalb eines Teams gefragt, auch die Fähigkeit zur abteilungsübergreifenden Zusammenarbeit ist beispielsweise dann von Bedeutung, wenn Entwicklungs- oder Prüffeldtechniker im Sinne der Kundenorientierung mit den Servicetechnikern kooperieren müssen. Die Teamarbeit wurde von 14 der 15 Interviewpartner (93,3 %) als mindestens „wichtig" eingestuft (vgl. Tabelle 8).

Das Tätigwerden bei technikübergreifenden Aufgabenstellungen ist auch erforderlich, wenn Fragen der Qualitätssicherung und des Qualitätsmanagements anliegen. Während die meisten Industrieunternehmen, in denen Interviews durchgeführt wurden, bereits nach der DIN EN ISO 9000 ff. zertifiziert waren, wurde in den Handwerksbetrieben das Zertifizierungsverfahren vorbereitet oder aktuell durchgeführt. Gerade in den Unternehmen, in denen die Implementierung eines Qualitätsmanagementsystems zum Zeitpunkt des Interviews durchgeführt wurde, waren die Techniker besonders intensiv in entsprechende Fragestellungen eingebunden. In zwei Fällen hatten die für das Gesamtunternehmen zuständigen Qualitätsbeauftragten einen Abschluß als Staatlich geprüfter Techniker der Fachrichtung Elektrotechnik. In bereits zertifizierten Unternehmen finden regelmäßige Treffen von Qualitätsgruppen statt, in die die Techniker eingebunden sind. Wie die Teamarbeit wurde auch die Qualitätssicherung von 14 der 15 Interviewpartner als mindestens „wichtig" für die Tätigkeit der Elektrotechniker eingestuft. Damit nehmen diese beiden Themenbereiche für die Staatlich geprüften Techniker der Fachrichtung Elektrotechnik aus der Sichtweise der Arbeitgeber bei den technikübergreifenden Tätigkeitsbereichen die höchste Bedeutung ein.

Technikübergreifende Tätigkeiten werden für die Techniker auch dann besonders relevant, wenn sie im Service beschäftigt sind. Schon bei den fachlich orientierten Aufgaben sind hier die speziellen Anforderungen des Kunden zu berücksichtigen (z.B. Programmierung eines Handhabungsroboters nach den speziellen Kundenanforderungen).

Neben diesen im weitesten Sinne fachlichen Anforderungen müssen die im Service tätigen Elektrotechniker insgesamt ein kundenorientiertes Verhaltensrepertoire beherrschen. In zwei der bei den Interviews berücksichtigten Unternehmen, in denen die Techniker Serviceaufgaben übernehmen, besuchen diese in ihrer Einarbeitungsphase Schulungen mit dem Lehrgangstitel „Kundenorientiertes Verhalten". Eine Servicetätigkeit bietet den Technikern gute Voraussetzungen, die für eine Tätigkeit im Verkauf notwendigen Kompetenzen zu erwerben, da Serviceaufgaben teilweise in eine Verkaufstätigkeit übergehen. Dies ist beispielsweise dann der Fall, wenn der Ersatz eines Gerätes oder eines Geräteteils gegen eine Reparatur abzuwägen ist. Hier müssen die Techniker auch entsprechende Kostenbetrachtungen durchführen.

Da der Marktbereich vieler Unternehmen nicht auf den deutschsprachigen Raum beschränkt ist, benötigen die Techniker ausbaufähige Fremdsprachenkenntnisse. Dies gilt in besonderem Maße für die in Service und Verkauf tätigen Elektrotechniker. Fremdsprachenkenntnisse gehören hier zu den Einstellungsvoraussetzungen. Unternehmen, in denen die Techniker Fremdsprachenkenntnisse benötigen, bieten oft als Weiterbildungsmöglichkeit Sprachkurse in Englisch, teilweise auch in Französisch an.

In vier der für die Interviews ausgewählten Unternehmen gehört die Einweisung der Kunden in die fachgerechte Bedienung der erworbenen Maschinen und

Geräte zu den Aufgaben der Elektrotechniker. Dies geschieht zum einen während einer Kurzeinweisung vor Ort beim Kunden, andererseits werden bei komplexen Sachverhalten auch komplette Lehrgänge vom Kunden gekauft. Bei diesen Schulungsmaßnahmen treten die Techniker dann als Lehrkräfte auf.

In den größeren Handwerksbetrieben liegt für die Elektrotechniker ein sehr breites Tätigkeitsfeld vor. Neben den technischen Aufgaben gehören in drei der vier berücksichtigten Unternehmen mit Zugehörigkeit zur Handwerkskammer die Kalkulation von Aufträgen und die Ausarbeitung von Angeboten zum Tätigkeitsbereich der Techniker. In einem der Handwerksunternehmen ist ein Elektrotechniker mit der Leitung des technischen Einkaufs beauftragt. Wenn die Techniker in den Handwerksunternehmen als Bauleiter beschäftigt sind, fällt die komplette Durchführung der Bauprojekte in ihren Aufgabenbereich. Die Tätigkeit beinhaltet dann die Planung und Kalkulation der Aufträge. Auch Materialanforderungen sowie die Abrechnung der Baustelle inclusive der Rechnungserstellung gehören dann zu den Aufgaben der Techniker.

Die Bedeutung technikübergreifender Tätigkeitsbereiche und Aufgaben wird auch deutlich, wenn die von der Arbeitgeberseite genannten Beförderungskriterien betrachtet werden. Obwohl eine ausgeprägte Fachkompetenz bei allen Technikern vorausgesetzt wird, ist ein Aufstieg der Elektrotechniker nur aufgrund ihrer fachlichen Kompetenz nicht üblich. Wichtige Beförderungskriterien sind hingegen die „Fähigkeit, mit Menschen umzugehen", „Führungseigenschaften" oder, allgemein bezeichnet, die „Sozialkompetenz" der Techniker. Daß der Begriff „Sozialkompetenz" zum aktiven Wortschatz der Personalverantwortlichen gehört, zeigt, daß der Kompetenzbegriff sich immer mehr durchsetzt. Weiterhin wurden die „Fähigkeit zu organisieren" und die „Persönlichkeit des Technikers" als wichtige Beförderungskriterien genannt.

**Relevanz technikübergreifender Themenbereiche bei Weiterbildungsaktivitäten**

Des weiteren wurden die Weiterbildungsaktivitäten der Techniker in bezug auf die Relevanz technikübergreifender Themenbereiche genauer untersucht. Da die Ausbildung der Techniker bisher weitgehend auf den technischen Bereich beschränkt wurde (vgl. Kap. 3.2), liegt die Vermutung nahe, daß Arbeitsaufgaben mit vielfältigen technikübergreifenden Tätigkeiten von den Elektrotechnikern entsprechende Weiterbildungsaktivitäten erfordern.

Relevanz von Weiterbildungsbereichen in Abhängigkeit von der wichtigsten Tätigkeitsart (technische Tätigkeitsarten)

Anteil der Techniker für die der jeweilige Bereich ein Weiterbildungsschwerpunkt darstellt

| Weiterbildungs-schwerpunkt / wichtigste Tätigkeit | technischer Bereich | betriebswirtschaftlicher Bereich | organisatorischer Bereich | Umgang mit Menschen |
|---|---|---|---|---|
| forschen (N=1) | 100,0 % | 0,0 % | 0,0 % | 100,0 % |
| entwickeln (N=44) | 100,0 % | 31,8 % | 56,8 % | 40,9 % |
| entwerfen (N=21) | 100,0 % | 47,6 % | 47,6 % | 23,8 % |
| konstruieren (N=32) | 90,6 % | 40,6 % | 46,9 % | 21,9 % |
| Produktion vorbereiten (N=21) | 90,5 % | 52,4 % | 61,9 % | 42,9 % |
| Produktion leiten /überwachen (N=24) | 75,0 % | 33,3 % | 66,7 % | 37,5 % |
| Anlagen einrichten (N=55) | 94,5 % | 21,8 % | 47,3 % | 30,9 % |
| warten, reparieren (N=111) | 96,4 % | 19,8 % | 38,7 % | 36,0 % |
| testen, prüfen (N=46) | 93,5 % | 13,0 % | 52,2 % | 21,7 % |

| technisch orientierte Tätigkeitsarten (Gesamt) | 94,1 % | 27,0 % | 48,5 % | 32,7 % |
|---|---|---|---|---|

Tab. 9 (TE 20 / TE 14)

In den Tabellen 9 und 10 ist die Relevanz der Weiterbildungsschwerpunkte „technischer Bereich", „betriebswirtschaftlicher Bereich", „organisatorischer Bereich" und „Umgang mit Menschen" in Abhängigkeit von der wichtigsten Tätigkeitsart am Arbeitsplatz der Techniker dargestellt.

In Tabelle 9 sind die Antworten der Techniker zusammengefaßt, die als vorrangige Arbeitsaufgabe eine technisch orientierte Tätigkeit angeben. In Tabelle 10 erfolgt eine analoge Darstellung für jene Techniker, die vorrangig nicht-technische Tätigkeiten ausüben. Bei der Besprechung werden die Gruppen von Tätigkeitsschwerpunkten (wichtigste Tätigkeit) in die weniger als N=15 der befragten Techniker fallen nicht berücksichtigt.

Von 94,1% der Techniker, mit vorrangig technischen Tätigkeiten (vgl. Tab. 6) wird der technische Bereich als relevanter Weiterbildungsschwerpunkt angegeben. Wie jedoch bei der Betrachtung technikübergreifender Tätigkeitsbereiche gezeigt, muß auch diese Technikergruppe Anforderungen auf technikübergreifenden Gebieten gerecht werden. Daher wird vermutet, daß hier entsprechende Weiterbildungsmaßnahmen erforderlich sind.

Bei den Weiterbildungen mit technikübergreifenden Schwerpunkten wird der „organisatorische Bereich" von 48,5% der hier betrachteten Technikergruppe als weiterbildungsrelevant bezeichnet. Für Elektrotechniker mit primär technisch orientierten Tätigkeiten ist damit die Fortbildung in organisatorischen Fragen der wichtigste technikübergreifende Weiterbildungsbereich.

Den „Umgang mit Menschen" (32,7%) und den „betriebswirtschaftlichen Bereich" (27,0%) sehen knapp ein Drittel der vorrangig mit technischen Aufgaben betrauten Techniker als weiterbildungsrelevant an.

Der höchste Weiterbildungsbedarf im organisatorischen Bereich wird mit 66,7% bei der Tätigkeit „Produktion leiten und überwachen" festgestellt. Der höchste Wert für die Schwerpunkte „betriebswirtschaftlicher Bereich" (52,4%) und „Umgang mit Menschen" (42,9%) tritt jeweils bei der Tätigkeitsart „Produktion vorbereiten" auf.

Auch von Technikern, die vorrangig nicht-technische Tätigkeitsarten ausüben (vgl. Tab. 10), werden am häufigsten Weiterbildungsmaßnahmen im technischen Bereich belegt. Wesentlich höher fallen hier jedoch die Werte für die Weiterbildungsschwerpunkte „betriebswirtschaftlicher Bereich" (54,4% gesamt), „organisatorischer Bereich" (65,4% gesamt) und „Umgang mit Menschen" (67,3% gesamt) aus. Der höchste Weiterbildungsbedarf im organisatorischen (77,8%) und betriebswirtschaftlichen Bereich (83,3%) tritt bei der Tätigkeit „verwalten" auf. Verkaufstätigkeiten gehen mit dem höchsten Weiterbildungsbedarf (75,0%) im Umgang mit Menschen einher.

Zusammenfassend kann festgestellt werden, daß sich Elektrotechniker in der Regel mit technikübergreifenden Inhalten beschäftigen müssen. Dies gilt auch für Techniker, die vorrangig technisch orientierte Tätigkeitsarten ausüben. Mit Ausnahme des Bereiches „Kundenberatung und Verkauf" werden alle betrachteten technikübergreifenden Themenbereiche von mehr als der Hälfte der Techniker mit vorrangig technisch orientierten Aufgaben als zumindest „wichtig" für die eigene

Relevanz von Weiterbildungsbereichen in Abhängigkeit von der wichtigsten Tätigkeitsart (nicht-technische Tätigkeitsarten)

Anteil der Techniker für die der jeweilige Bereich ein Weiterbildungsschwerpunkt darstellt

| Weiterbildungs-schwerpunkt / wichtigste Tätigkeit | technischer Bereich | betriebswirtschaftlicher Bereich | organisatorischer Bereich | Umgang mit Menschen |
|---|---|---|---|---|
| einkaufen (N=6) | 50,0 % | 83,3 % | 83,3 % | 50,0 % |
| verkaufen (N=64) | 76,6 % | 68,8 % | 68,8 % | 75,0 % |
| vermieten (N=2) | 0,0 % | 50,0 % | 100,0 % | 100,0 % |
| Markt untersuchen (N=5) | 60,0 % | 60,0 % | 80,0 % | 40,0 % |
| verwalten (N=18) | 77,8 % | 77,8 % | 83,3 % | 72,2 % |
| betreiben (N=17) | 94,1 % | 11,8 % | 35,3 % | 23,5 % |
| informieren, beraten (N=33) | 81,8 % | 42,4 % | 63,6 % | 66,7 % |
| lehren (N=14) | 78,6 % | 21,4 % | 35,7 % | 85,7 % |
| sonstiges (N=12) | 66,7 % | 58,3 % | 83,3 % | 75,0 % |

| nicht-technisch orientierte Tätigkeitsarten (Gesamt) | 76,6 % | 54,4 % | 65,5 % | 67,3 % |
|---|---|---|---|---|

Tab. 10                                                                 (TE 20 / TE 14)

Tätigkeit eingeschätzt. Etwa die Hälfte dieser Technikergruppe bildet sich im „organisatorischen Bereich" weiter, ungefähr ein Drittel in betriebswirtschaftlichen Fragen und im „Umgang mit Menschen".

Die meisten Arbeitgeber messen den Bereichen „Teamarbeit", „Qualität und Qualitätssicherung", „Organisation von Abläufen" und „Kostenbetrachtungen" einen hohen Stellenwert für die Arbeitstätigkeit der Elektrotechniker zu.

Während die Bedeutung technikübergreifender Tätigkeitsbereiche sowohl von den Technikern selbst als auch von der Arbeitgeberseite für die mit technischen

Aufgabenstellungen befaßten Techniker ähnlich hoch eingeschätzt wird wie für deren Berufskollegen mit nicht-technisch orientierten Tätigkeiten, zeigen sich beim Weiterbildungsverhalten dieser beiden Technikergruppen Unterschiede. In der letztgenannten Gruppe bilden sich 17% bis 35% (je nach Themenbereich) mehr Elektrotechniker in technikübergreifenden Themenbereichen weiter.

### 7.1.4 Einflüsse durch die gesellschaftliche Entwicklung

In Kapitel 5 wurden gesellschaftliche Entwicklungen beschrieben, die zum Teil direkt oder aber über die Bestimmungsfaktoren *Technik*, *Arbeitsorganisation* und *Kompetenz* Einfluß auf das *Berufsbild* (*Tätigkeit* und *Rollenerwartungen*) nehmen können. Die Auswirkungen gesellschaftlicher Entwicklungen auf das Berufsbild der Elektrotechniker werden im folgenden beschrieben.

Zu diesen Entwicklungstendenzen gehören die gesteigerten Anforderungen an die Produktionsflexibilität. *Brödner* (1985) beschreibt die Probleme einer zu starren Massenproduktion, die den Flexibilitätsanforderungen des Marktes nicht gewachsen ist (vgl. Kapitel 5.2). Eine Lösungsstrategie zur Erhaltung der Konkurrenzfähigkeit auf dem Markt besteht im Aufbau eines flexiblen Produktionspotentials, das auf Nachfrageschwankungen entsprechend reagieren kann. Nach *Brödner* ist eine marktgerechte, wenig arbeitsteilig organisierte Produktionsstrategie in einigen größeren Handwerksbetrieben anzutreffen, die eine mit kleinen Industriebetrieben vergleichbare maschinelle Ausstattung besitzen und ihren Kunden ein entsprechend breites Produktspektrum anbieten können.

Die Techniker waren bisher zum größten Teil in Industriebetrieben beschäftigt. Aufgrund der Technisierung der Handwerksbetriebe sowie der teilweise dort anzutreffenden flexiblen Produktionsstrategien könnten auch im Handwerk für Techniker interessante Arbeitsplätze entstehen.

Daß der Anteil der im Wirtschaftszweig Industrie beschäftigten Techniker möglicherweise abnimmt, deuten auch die Ergebnisse der IAB-Prognos Studie an. Wie bereits aufgeführt ist zukünftig mit einer Abnahme der Produktionstätigkeiten zugunsten der primären und sekundären Dienstleistungen zu rechnen. Ebenso wurde in Kapitel 5.5.3 die Möglichkeit der Verdrängung von Technikern aus den Industriebetrieben durch formal Höherqualifizierte beschrieben. Auch diese Entwicklungen sprechen für eine zunehmende Relevanz des Handwerks und auch des Wirtschaftszweiges Handel für die Techniker. Falls dies zutrifft, müßten vor allem die Berufseinsteiger vermehrt ihre Arbeitsplätze in Unternehmen finden, die nicht dem Wirtschaftszweig Industrie zugerechnet werden können.

Um zu überprüfen, ob Industrieunternehmen als Arbeitgeber für die Elektrotechniker an Relevanz verlieren, während die Betriebe anderer Wirtschaftszweige möglicherweise an Bedeutung gewinnen, wird der Wirtschaftszweig der beschäftigenden Unternehmen in Abhängigkeit vom klassifizierten Dienstalter der Techniker in Abbildung 20 dargestellt. Die Verteilung der untersuchten Gesamtgruppe auf die verschiedenen Wirtschaftszweige wurde bereits in Kapitel 7.1.1 (Abb. 10) aufgezeigt.

Eine besondere Auffälligkeit zeigt sich in Abbildung 20, wenn die Gruppe der Absolventen betrachtet wird, die erst in jüngster Zeit nach der Weiterbildung zum Techniker wieder in das Beschäftigungssystem einmündeten (seit 0 < 5 Jahren Techniker). Während die „dienstälteren" Techniker zu ca. 65 % im Wirtschaftszweig Industrie beschäftigt sind, fällt der Wert bei den Berufseinsteigern deutlich auf 50% ab. Diese Berufseinsteiger sind vermehrt in den anderen Wirtschaftszweigen anzutreffen. 10,4% der Berufseinsteiger arbeiten in Unternehmen des Wirtschaftszweiges Handwerk, 21,8 % sind im Handel beschäftigt.

Wirtschaftszweig der Unternehmen in Abhängigkeit vom „Dienstalter" der Elektrotechniker

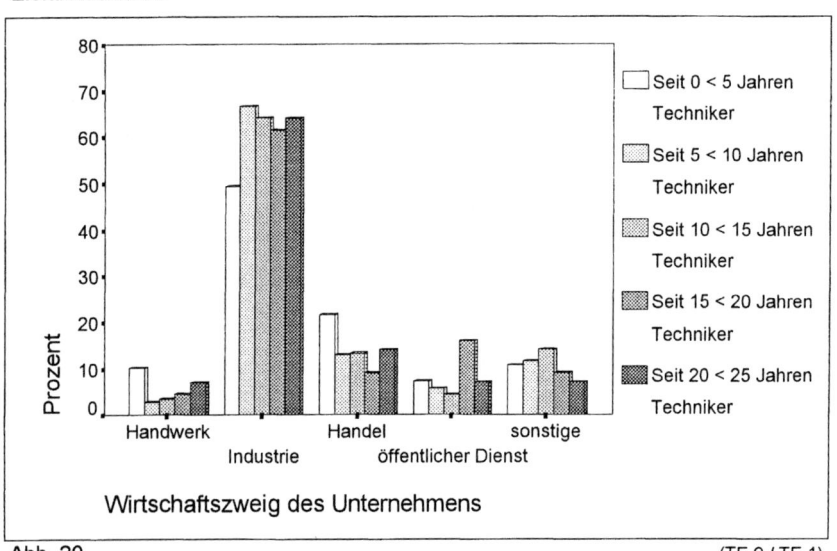

Abb. 20 (TE 9 / TE 1)

Die Untersuchung von *Mettenmeyer* und *Sternberg* (1978) bekräftigt die aufgezeigte Tendenz. 1978 waren 71% der befragten Techniker in der Industrie tätig, während die Unternehmen der Wirtschaftszweige Handwerk und Handel nur mit jeweils 4% den Technikern als Beschäftigungsort dienten. Der öffentliche Dienst trat damals bei 15% der befragten Techniker als Arbeitgeber auf. Die Tatsache, daß der öffentliche Dienst die Weiterbildung zum Techniker und Meister nicht mit einer spezifischen Gehaltseingruppierung honoriert (diese verbleiben im mittleren Dienst), mag dazu beigetragen haben, daß dieser Arbeitgeber mit der Zeit an Attraktivität verlor.

Die Wirtschaftszweige Handwerk und Handel haben bei den „Berufseinsteigern" im Gegensatz zu den Technikern, die diesen Beruf seit fünf und mehr Jahren ausüben, eine vergleichsweise hohe Relevanz als Arbeitgeber.

Um festzustellen, ob die Techniker in Handwerk und Handel adäquate Positionen besetzen oder ob diese Arbeitsplätze nur wegen des Mangels entsprechender Positionen in der Industrie besetzt werden, wird nun der Versichertenstatus und die Gehaltsverteilung in den einzelnen Wirtschaftszweigen für die Kohorte der „Berufseinsteiger (seit 0 < 5 Jahren Techniker) untersucht. Zunächst wird der Versichertenstatus der dienstjüngsten Techniker mit der Gesamtgruppe verglichen.

Versichertenstatus der Elektrotechniker

|  | Arbeiter | Angestellte | Beamte | selbständig | arbeitslos | vollzeitlich in Weiterbildung |
|---|---|---|---|---|---|---|
| Gesamtgruppe | 3,3 % | 84,6 % | 0,9 % | 7,4 % | 2,8 % | 0,9 % |
| seit 0 < 5 Jahren Techniker | 8,0 % | 84,1 % | 0,0 % | 2,5 % | 3,0 % | 2,5 % |

Tab. 11 (TE 6 / TE 1)

Wie in Tabelle 11 zu ersehen, sind die meisten Techniker als Angestellte beschäftigt. Dies gilt sowohl für die Berufseinsteiger (84,1%) als auch für die Gesamtgruppe (84,6%). Ein wesentlicher Unterschied ist nur bei den Versichertenklassen „Arbeiter" und „Selbständiger" festzustellen. Während nur 2,5% der Techniker, die weniger als 5 Jahre im Beruf arbeiten, die Selbständigkeit wagen, sind es in der Gesamtgruppe 7,4%. Umgekehrt sieht es beim Status „Arbeiter" aus. Während in der Gesamtgruppe nur 3,3% diesen Status einnehmen, sind in

Versichertenstatus in Abhängigkeit vom Wirtschaftszweig (Berufseinsteiger)

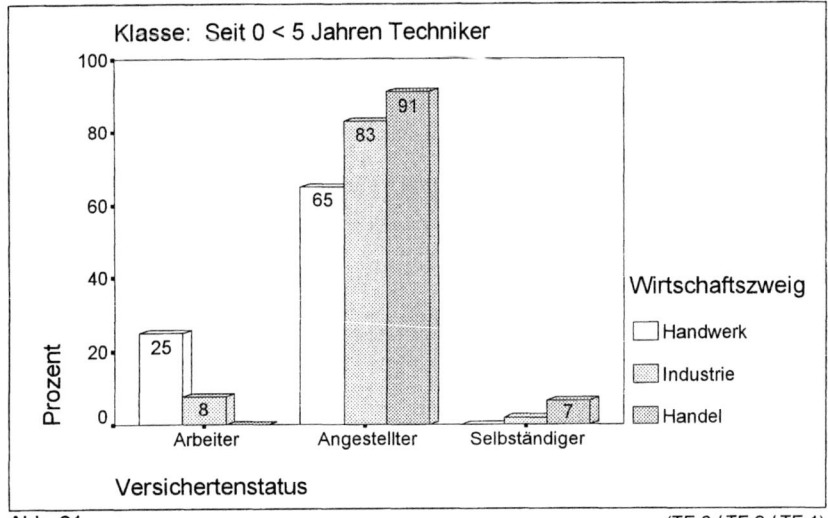

Abb. 21 (TE 6 / TE 9 / TE 1)

der Gruppe der Berufseinsteiger 8,0% als Arbeiter beschäftigt. Für den Wiedereintritt in das Beschäftigungssystem nach der Technikerausbildung nehmen demnach einige Berufseinsteiger den Versichertenstatus „Arbeiter" in Kauf. Um festzustellen, ob der Wirtschaftszweig des beschäftigenden Unternehmens einen Einfluß auf den Versichertenstatus der Berufseinsteiger hat, wird die in Abbildung 21 dargestellte Verteilung der Versichertengruppen bei den Berufseinsteigern für die drei wichtigsten Wirtschaftszweige Industrie, Handel und Handwerk interpretiert.

Den Status Arbeiter nehmen 25,0% der im Handwerk beschäftigten „Berufsanfänger" ein. Im Wirtschaftszweig Industrie arbeiten nur 8,0% der Berufseinsteiger als Arbeiter, im Handel tritt dieser Versichertenstatus in der untersuchten Alterskohorte nicht auf. Die im Handel tätigen Elektrotechniker mit weniger als fünf Jahren Berufserfahrung sind zu 90,9% Angestellte, 6,8 % der Berufsanfänger in diesem Wirtschaftszweig sind selbständig. Nach dieser Auswertung ist vor allem hervorzuheben, daß der Arbeiterstatus im Handwerk überpropotrtional auftritt.

Um weitere Aussagen bezüglich der Attraktivität von Handel und Handwerk zu erhalten, wird für die Berufseinsteiger die Verteilung des monatlichen Bruttoeinkommens in Abhängigkeit vom Wirtschaftszweig der beschäftigenden Unternehmen dargestellt.

Bruttoeinkommen in Abhängigkeit vom Wirtschaftszweig (Berufseinstieger)

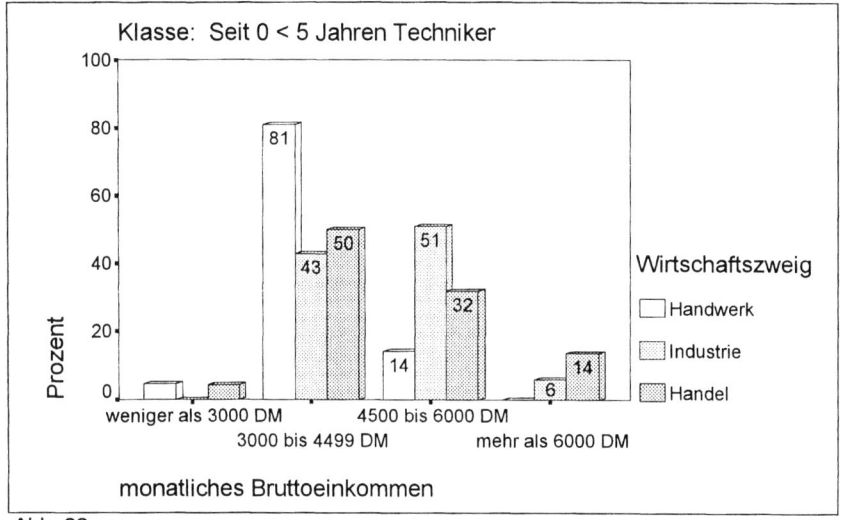

Abb. 22 (TE 7 / TE 9 / TE 1)

Die durchschnittlich höchsten Bezüge erhalten die Berufseinsteiger in der Industrie. 51,0% der Techniker liegen in diesem Wirtschaftszweig mit den Anfangseinkommen zwischen 4500,- DM und 6000,- DM, 43,0% zwischen 3000,- DM und 4499,- DM. Im Handel erzielt die Hälfte (50,0%) der Techniker in der jüngsten Dienstalterskohorte Bruttoeinkommen im Bereich von 3000,- DM bis 4499,- DM. Allerdings ist hier auch der höchste Anteil der „Spitzeneinkommen" in diesem Wirtschaftszweig zu finden. 13,6% der im Handel beschäftigten Berufseinsteiger verdienen mehr als 6000,- DM Brutto im Monat. Die niedrigsten Anfangsvergütungen werden im Handwerk gezahlt. Für 81,0% der Berufseinsteiger liegt das Bruttoeinkommen zwischen 3000,- DM bis 4499,- DM. Nur 14,3% verdienen zwischen 4500,- DM und 6000,- DM. Mehr als 6000,- DM verdient keiner der Berufseinsteiger im Handwerk.

Wird das Bruttoeinkommen in Abhängigkeit vom Wirtschaftszweig des beschäftigenden Unternehmens für alle befragten Absolventen dargestellt (Abbildung 23), kann die bei den Berufsanfängern festgestellte Tendenz bestätigt werden. Während jeweils mehr als ein Drittel der in Industrie- und Handelsunternehmen beschäftigten Absolventen mehr als 6000,- DM pro Monat verdienen, liegen nur 6,0 % der im Handwerk tätigen Techniker in dieser Einkommensgruppe. 58,0 % der im Handwerk beschäftigten Absolventen haben ein monatliches Einkommen von 3000,- DM bis 4499,- DM.

Bruttoeinkommen in Abhängigkeit vom Wirtschaftszweig (Gesamt)

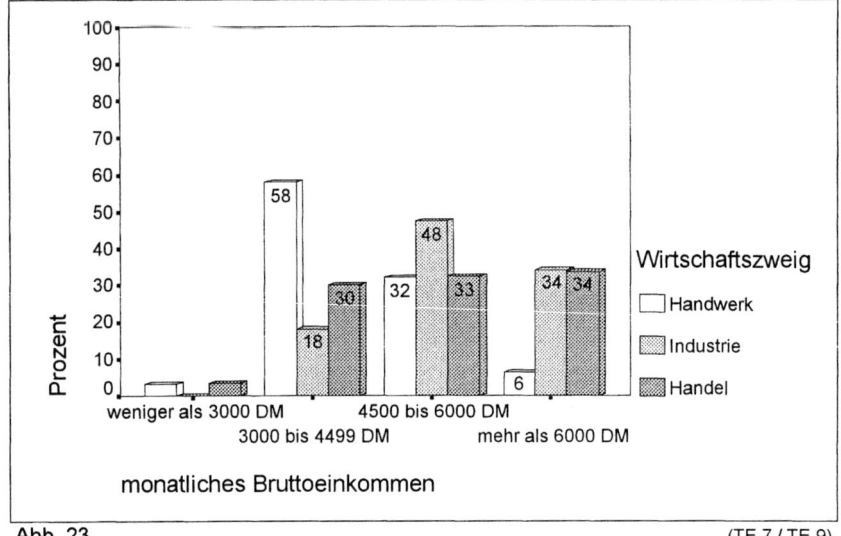

Abb. 23 (TE 7 / TE 9)

In den Interviews mit den Arbeitgebern bzw. deren Vertretern wurde diese Tendenz bestätigt. Als höchstes monatliches Spitzeneinkommen der Techniker im Handwerk wurde ein Betrag von 6500,- DM genannt. Die in den Industrieunternehmen genannten Maximalgehälter lagen um bis zu 3000,- DM monatlich höher. Bei der Befragung der Arbeitgeber wurde aber auch deutlich, daß die in Handwerksunternehmen beschäftigten Techniker meist in einem breiten Aufgabenbereich tätig werden können (vgl. Kap. 7.1.3). Diesem breiten Tätigkeitsfeld stehen in Industrieunternehmen bessere Verdienstmöglichkeiten gegenüber.

Die Interviewpartner wurden bei der Ermittlung der Arbeitgeberperspektive befragt, wie sie die Entwicklung der Anzahl von Stellen für Elektrotechniker im eigenen Unternehmen beurteilen (vgl. Kap. 5.6). Von sieben Gesprächspartnern in Industrieunternehmen prognostizierten vier eine gleichbleibende Anzahl von Technikerstellen, drei Gesprächspartner rechnen zukünftig mit weniger Technikerpositionen im jeweiligen Unternehmen. Fünf der sieben Industrieunternehmensvertreter halten es für „ziemlich sicher" (2) bzw. „wahrscheinlich" (3), daß zukünftig Ingenieure die bisherigen Aufgaben der Techniker übernehmen. Diese Einschätzung wird mit einer Zunahme der Technisierung und damit steigenden Anforderungen an die Fachkompetenz begründet.

Die Technisierung und die damit einhergehenden höheren kognitiven Anforderungen an die Beschäftigen schaffen aber in Handwerksunternehmen Arbeitsplätze für Techniker, da deren Fachkompetenz die Fähigkeiten von Handwerksmeistern und Facharbeitern ergänzt. Dies könnte ein Grund dafür sein, daß die Berufseinsteiger, wie gezeigt, vermehrt in Handwerksunternehmen tätig werden, während der Anteil der in Industrieunternehmen beschäftigten Techniker zurückgeht.

Bei der Betrachtung von Einkommen und Versichertenstatus der Techniker ergeben sich Unterschiede zwischen Unternehmen mit Zugehörigkeit zur Industrie- und Handelskammer bzw. der Handwerkskammer. Die durchschnittlich höchsten Anfangsgehälter erzielen die Berufseinsteiger im Wirtschaftszweig Industrie. Auch im Handel sind einige Spitzenverdiener bei den Berufseinsteigern. Diese Tendenz setzt sich auch bei Technikern mit Berufserfahrung fort. Das Gehaltsniveau in Handwerksunternehmen ist deutlich niedriger. Bei den Berufseinsteigern tritt dort der Versichertenstatus „Arbeiter" mit 25 % am häufigsten auf.

Mit diesem Ergebnis wird die Bedeutung des Handwerks als Arbeitgeber und das in Handwerksunternehmen anzutreffende breite Aufgabenfeld für die Elektrotechniker etwas relativiert. Zumindest bei den mit dem Versichertenstatus „Arbeiter" in Handwerksbetrieben tätigen Elektrotechnikern ist davon auszugehen, daß eine der formalen Ausbildung entsprechende Position nicht eingenommen werden konnte, weil nicht genügend adäquate Positionen auf dem Arbeitsmarkt zur Verfügung stehen.

Trotz dieser kritischen Anmerkung kann davon ausgegangen werden, daß die Handwerksunternehmen als Arbeitgeber für die Elektrotechniker an Bedeutung gewinnen. Die Industrieunternehmen sind nach wie vor wichtige Arbeitgeber für die Techniker, jedoch hat ihre Bedeutung etwas abgenommen.

### 7.1.5 Auswirkungen des Bestimmungsfaktors Arbeitsorganisation

Traditionelle tayloristische Arbeitsorganisationsformen waren durch eine Ablauforganisation gekennzeichnet, die Arbeitstätigkeiten in kleinste Tätigkeitselemente zergliedert. Strenge Hierarchiestufen und weitgehende Vollmachtenteilung waren die Kennzeichen einer tayloristisch geprägten Aufbauorganisation. In Kapitel 4.5.2 wurden die Folgen solcher Strukturen für den arbeitenden Menschen beschrieben und entsprechende Arbeitsstrukturierungsmaßnahmen zur Aufhebung starrer tayloristischer Strukturen vorgestellt. Die Einführung veränderter Produktionsstrukturen erhält vor dem Hintergrund eines sich wandelnden Marktes besonderes Gewicht. Um die Anpassung an die Wettbewerbsbedingungen des Marktes zu erreichen und so die Konkurrenzfähigkeit zu gewährleisten, sind in den Unternehmen Strukturen notwendig, die eine entsprechende Dynamik und Flexibilität ermöglichen. Dies bedeutet eine Abkehr von einer starren Massenproduktion, die den veränderten Wettbewerbsbedingungen nicht mehr gewachsen ist.

Neue „schlanke" Produktionsstrukturen, wie sie in Kapitel 5.4 aufgezeigt wurden, beinhalten die folgenden Merkmale: Eine den Marktanforderungen gewachsene Flexibilität des Wertschöpfungssystems setzt eine ständige Kommunikation und Kooperation aller am Prozeß Beteiligten voraus. Team- und Gruppenarbeit wird im Rahmen der gesamten Wertschöpfungskette angestrebt. Um dieses Ziel organisatorisch zu unterstützen, sind in der Aufbauorganisation nur wenige Hierarchiestufen vorgesehen. Der einzelne Mitarbeiter führt möglichst vollständige Handlungen im Sinne von Planung, Ausführung und Kontrolle durch. Das bedeutet, daß der einzelne auch für die Organisation der Arbeit in der Gruppe bzw. für die eigene Arbeitsorganisation zuständig ist. Ebenso wird auf diese Weise die Qualitätssicherung in den Produktionsprozeß integriert, was die Weiterverarbeitung von fehlerhaften Zwischenprodukten ausschließt. Den einzelnen Mitarbeitern werden dazu hohe zeitliche und inhaltliche Freiheitsgrade zugestanden. So wird den Unternehmen das Kreativitäts- und Innovationspotential ihrer Mitarbeiter in höherem Maße zugänglich. Gleichzeitig beinhalten die Personalentwicklungsstrategien die systematische Förderung der Mitarbeiter durch entsprechende Weiterbildungsmaßnahmen.

Mit der folgenden Auswertung der empirisch ermittelten Daten soll untersucht werden, inwieweit in den Unternehmen bereits „schlanke" Produktionsstrukturen eingeführt sind, die entsprechende arbeitsorganisatorische Maßnahmen mit sich bringen. Dabei wird geprüft, ob die vorgefundenen Arbeitsorganisationsformen eher den „schlanken" Produktionsstrukturen entsprechen, deren Merkmale oben aufgeführt wurden, oder ob an den Arbeitsplätzen der Techniker eher traditionelle Formen der Arbeitsorganisation anzutreffen sind.

In diesem Kapitel wird die Arbeit der Techniker nach Kriterien „schlanker" Produktionsstrukturen untersucht, die unmittelbar mit dem Begriff *Tätigkeit* in Verbindung zu bringen sind. Die Untersuchung der Zuständigkeitsbereiche der befragten Absolventen gibt Aufschluß darüber, inwieweit die Tätigkeiten vollständigen Handlungen im Sinne von Planung, Ausführung und Kontrolle entsprechen. Weiterhin wird der Frage nachgegangen, inwieweit sich die Techniker im Rahmen ihrer Tätigkeit selbst mit dem Themenbereich Arbeitsorganisation auseinandersetzen müssen.

In Kapitel 7.2.5 werden die Auswirkungen der Arbeitsorganisation auf die Rolle bzw. die *Rollenerwartungen* des Technikers analysiert. Dort wird geprüft, welche Bedeutung die Team- und Gruppenarbeit hat und welche inhaltlichen und zeitlichen Freiheitsgrade dem Techniker zugestanden werden.

Als ein Kennzeichen „schlanker" Produktionsstrukturen wurde die Aufhebung der Zersplitterung von Arbeitsabläufen in kleinste Tätigkeitselemente identifiziert (vgl. Kap. 5.3). Stattdessen werden vollständige Handlungen mit arbeitsvorbereitenden und- nachbereitenden Elementen durchgeführt. Ein Indiz für „schlanke" Produktionsstrukturen sind daher umfangreiche Zuständigkeitsbereiche der Techniker, d.h. bei diesen Formen der Arbeitsorganisation führen die Beschäftigten unabhängig von den Ebenen der betrieblichen Hierarchie vollständige Handlungen mit arbeitsvorbereitenden und -nachbereitenden Tätigkeiten aus. Es wird geprüft, in welchem Maße die befragten Absolventen für Termine, Qualitätssicherung, Wartung, Betriebsmittel, Stückzahlen und die Materialbereitstellung zuständig sind und wie diese Zuständigkeiten mit weiteren Merkmalen korrelieren. Außerdem wird die Einschätzung der Zuständigkeitsbereiche der Elektrotechniker durch die Arbeitgeberseite berücksichtigt.

„Schlanke" Produktionsstrukturen bedingen zudem für jeden Beschäftigten Aufgabenstellungen, welche die Organisation der eigenen Arbeit bzw. die Arbeitsorganisation in einem übergeordneten Rahmen betreffen. In „schlanken" Produktionsstrukturen beschäftigen sich die Arbeitnehmer demnach auf allen Ebenen der betrieblichen Hierarchie im Rahmen ihrer Tätigkeit mit Fragen der Arbeitsorganisation. Hier soll die Auswertung der empirischen Daten Aufschluß darüber geben, inwieweit diese Aussage auf die Arbeitstätigkeit der Techniker zutrifft.

Zunächst werden die Zuständigkeitsbereiche der Techniker und deren Aufgaben im Bereich Arbeitsorganisation anhand der Daten der schriftlichen Absolventenbefragung untersucht.

**Zuständigkeitsbereiche der Techniker**

In Abbildung 24 sind für die Zuständigkeitsbereiche Termine, Qualitätssicherung, Wartung, Betriebsmittel, Stückzahlen und Materialbereitstellung die prozentualen Anteile der befragten Absolventen aufgeführt, die jeweils selbst für die Bearbeitung des entsprechenden Bereiches zuständig sind. Danach sind 56,1% der befragten Techniker selbst für die Einhaltung von Terminen verantwortlich. Die Qualitätssicherung ist für 47,8% der Absolventen ein relevanter Bereich. Rang drei nimmt die Zuständigkeit für Wartungsarbeiten mit 41,9% ein. 39,0% der Befragten sind für die benötigten Betriebsmittel verantwortlich. Die Materialbereitstellung ist für 34,0% der Absolventen ein relevanter Tätigkeitsbereich; nur 21,3% der Befragten sind für die Produktion entsprechender Stückzahlen verantwortlich. Demnach sind durchschnittlich ca. ein Drittel bis die Hälfte der Techniker für Bereiche zuständig, die als Indizien für „schlanke" Produktionsstrukturen angesehen werden können.

Zuständigkeitsbereiche der Elektrotechniker

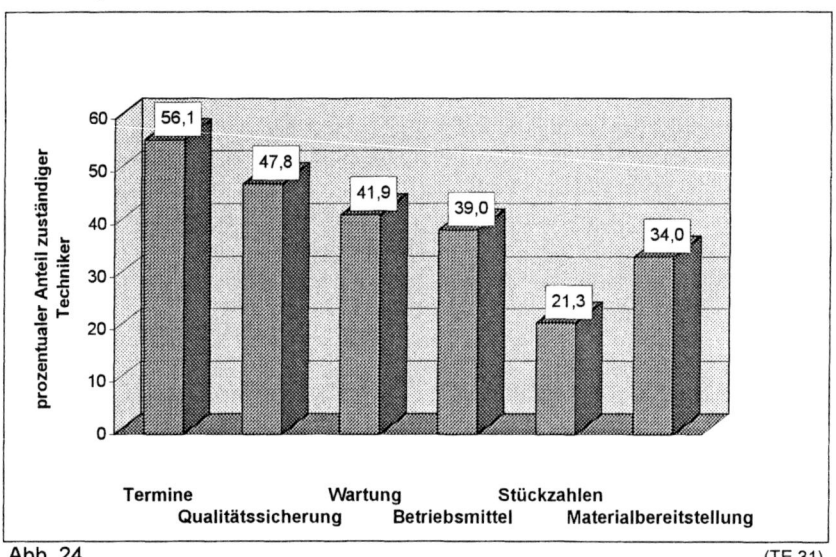

Abb. 24 (TE 31)

Um genauere Aussagen zu ermöglichen, werden in Tabelle 12 die Korrelationen der Zuständigkeitsbereiche mit den Merkmalen Einkommen, Position und Größe des beschäftigenden Unternehmens dargestellt. Außerdem wird die Abhängigkeit der Zuständigkeitsbereiche von den Unternehmensbranchen und den primären Tätigkeitsbereichen der Elektrotechniker aufgeführt.

Wie der Tabelle 12 zu entnehmen ist, geht die Zuständigkeit für Termine und Betriebsmittel statistisch mit einem höheren Einkommen und einer höheren Position in der betrieblichen Hierarchie einher. Die Zuständigkeit für Stückzahlen und Materialbereitstellung korreliert ebenfalls positiv mit der Position. Gehören dagegen Qualitätssicherungs- und Wartungsaufgaben zum Tätigkeitsbereich der Techniker, ist dies eher mit einem niedrigeren Einkommen und einer der unteren Positionen in der betrieblichen Hierarchie verbunden. Die Arbeitsaufgabe der Techniker ist demnach von der Ebene der betrieblichen Hierarchie abhängig, der die jeweilige Position zugeordnet werden kann. Ausgedehnte Tätigkeitsbereiche sind nicht von den Ebenen der betrieblichen Hierarchie unabhängig, wie dies angenommen wurde.

Wie auch bei den Interviews zur Ermittlung der Arbeitgeberperspektive festgestellt werden konnte, besteht grundsätzlich die Tendenz, daß die befragten Absolventen in kleineren Unternehmen umfassendere Verantwortungs- und Zuständigkeitsbereiche einnehmen. Dies wird durch die (schwach) negative Korrelation der untersuchten Zuständigkeitsbereiche mit der Unternehmensgröße bestätigt.

Branchen- und tätigkeitsspezifische Abhängigkeiten der einzelnen Zuständigkeitsbereiche können der Tabelle 12 entnommen werden.

Korrelationen der Zuständigkeitsbereiche der Elektrotechniker

| | Termine | Qualität | Wartung | Betriebsmittel | Stückzahlen | Material-bereitstellung |
|---|---|---|---|---|---|---|
| Einkommen | + | (-) | - | (+) | o | o |
| Position | + | (-) | o | + | + | (+) |
| Unternehmens-größe | (-) | (-) | o | (-) | - | o |
| Branchen: hohe Zuständigkeit | Maschinenbau (29%) | | | Installationstechnik (80%) Datenverarbeitung (47%) Nachrichtentechnik (45 %) | | Bildung und Forschung (73%) Chemie (70%) |
| Branchen: niedrige Zuständigkeit | | | | Baugewerbe (13%) Kfz-Bau und Schiffbau (13%) | | Kfz-Bau und Schiffbau (13%) Maschinenbau (20%) Nachrichtentechnik (21%) |
| Tätigkeiten: hohe Zuständigkeit | einkaufen (100%) verkaufen (80%) verwalten (77%) | testen und prüfen (65%) verwalten (65%) betreiben (65%) | warten und reparieren (67%) betreiben (63%) Anlagen einrichten (60%) | betreiben (71%) | | |
| Tätigkeiten: niedrige Zuständigkeit | testen und prüfen (33%) | einkaufen (17%) informieren und beraten (22%) verkaufen (27%) | konstruieren (13%) einkaufen (17%) verwalten(18%) entwerfen (19%) | konstruieren (17%) entwerfen (21%) Markt untersuchen (20%) lehren (23%) | | |

Tab. 12  + positive Korrelation ($\gamma > + 0.3$)          (-) schwach negative Korrelation ($-0.1 > \gamma > -0.3$)   (TE 31 / TE 7 / TE 24 /
(+) schwach positive Korrelation ($+0.1 < \gamma < + 0.3$)   - negative Korrelation ($\gamma < -0.3$)                  TE 11 / TE 8 / TE 14)
o keine Abhängigkeit feststellbar

**Arbeitsorganisatorische Aufgaben der Techniker**

„Schlanke" Produktionsstrukturen beinhalten für jeden Beschäftigten Aufgabenstellungen, welche die Organisation der eigenen Arbeit bzw. die Arbeitsorganisation in einem übergeordneten Rahmen betreffen. Deshalb soll hier untersucht werden, inwieweit die Techniker bei ihrer Tätigkeit mit der Arbeitsorganisation befaßt sind.

Im Rahmen der schriftlichen Befragung beantworteten die Techniker folgende Frage:

„Inwieweit sind Sie im Rahmen Ihrer Tätigkeit mit der „Organisation von Arbeit" beschäftigt?"

Für diese geschlossene Frage waren die folgenden Antwortkategorien vorgegeben:

1. Mit organisatorischen Dingen muß ich mich nicht beschäftigen.
2. Mit Arbeitsorganisation habe ich nur zu tun, soweit es meinen eigenen Arbeitsplatz betrifft.
3. Mein Arbeitsauftrag sieht die Mitwirkung an der Arbeitsverteilung in der Gruppe/Abteilung vor.
4. Zu meinem Arbeitsauftrag gehören neben der Arbeitsverteilung in der Gruppe/Abteilung auch organisatorische Absprachen mit vor- und nachgeschalteten Gruppen/Abteilungen.
5. Ich arbeite in der Arbeitsvorbereitung und beschäftige mich fast nur mit Arbeitsorganisation.

Die Auswertung der Antworten ist in Abbildung 25 dargestellt.

Immerhin 39,2% der befragten Absolventen haben bei ihrer Tätigkeit neben Absprachen in der eigenen Gruppe oder Abteilung auch arbeitsorganisatorische Sachverhalte mit vor- und nachgeschalteten Gruppen bzw. Abteilungen zu klären. 37,9% betrifft die Arbeitsorganisation nur am eigenen Arbeitsplatz. 17,9% der Techniker haben mit arbeitsorganisatorischen Angelegenheiten im Rahmen ihrer Arbeitsgruppe bzw. Abteilung zu tun. Nur für 3,0% sind arbeitsorganisatorische Tätigkeiten ohne Bedeutung. 2,1% der befragten Absolventen sind in der Arbeitsvorbereitung tätig und beschäftigen sich demnach fast ausschließlich mit arbeitsorganisatorischen Angelegenheiten.

Daraus läßt sich folgern, daß die Arbeitsorganisation für einen hohen Anteil der Techniker bei der Tätigkeit von Bedeutung ist. Zum Nachweis „schlanker"

Bedeutung der Arbeitsorganisation bei der Tätigkeit

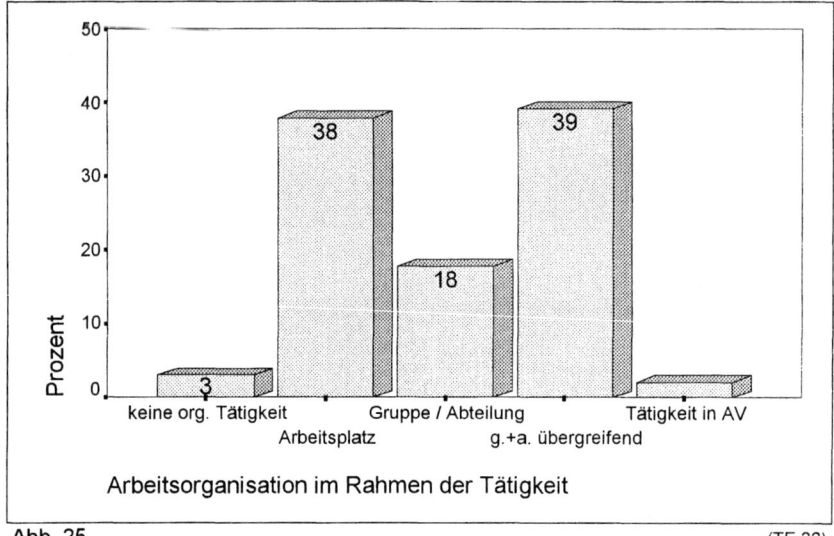

Abb. 25 (TE 32)

Produktionsstrukturen müßte nun die Unabhängigkeit arbeitsorganisatorischer Aufgaben von der Position in der betrieblichen Hierarchie nachgewiesen werden. Dazu werden die Antworten auf die oben aufgeführte Frage mit der Position und dem Einkommen verknüpft.

In Abbildung 26 wird das Ausmaß der Beschäftigung mit Aufgaben aus dem Bereich Arbeitsorganisation in Abhängigkeit von der Position der Techniker in der betrieblichen Hierarchie dargestellt.

Die Kategorie „keine organisatorische Tätigkeit" tritt nur in den unteren Positionen der Hierarchie auf und nimmt mit aufsteigender Position ab. Ab der Stufe Betriebsleiter verschwindet diese Kategorie vollständig. Auch die Kategorie „Arbeitsorganisation nur am eigenen Arbeitsplatz" korreliert stark negativ mit der Position in der Hierarchie.

Eine positive Korrelation mit den Rangstufen der betrieblichen Hierarchie zeigen die Tätigkeiten, die gruppen- bzw. abteilungsübergreifende Organisationsaufgaben einschließen. Tätigkeiten in der Arbeitsvorbereitung verteilen sich unspezifisch über die Hierarchiepositionen.

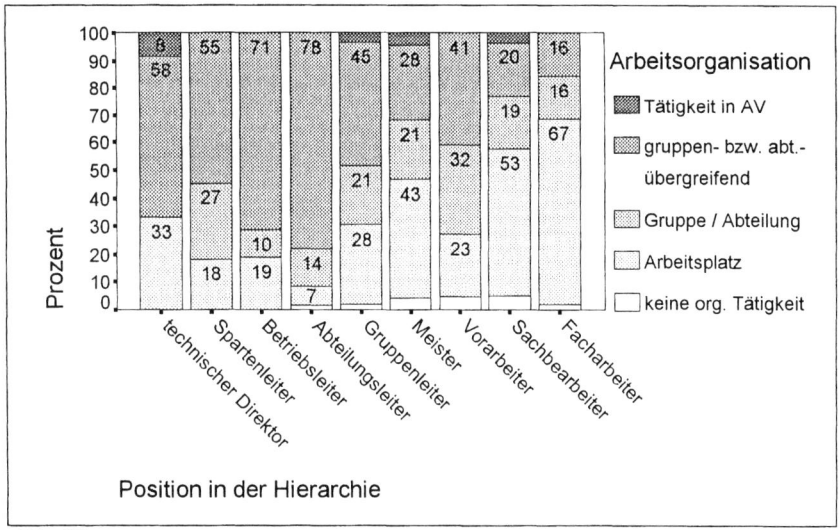

Abb. 26 (TE 32 / TE 24)

Da bei den beiden gegenübergestellten Merkmalen jeweils Ordinalskalen vorliegen, kann Gamma als Maß für die Korrelation berechnet werden. Gamma zeigt mit einem Wert von +0,44 eine (stark) positive Korrelation zwischen der Position in der betrieblichen Hierarchie und der Bedeutung von Arbeitsorganisation im Rahmen der Tätigkeit an. Dieses Ergebnis spricht gegen die angenommene äquivalente Bedeutung von Arbeitsorganisation auf allen betrieblichen Hierarchieebenen.

Um weitere Aussagen bezüglich dieses Ergebnisses zu erhalten, wird die Bedeutung der Arbeitsorganisation im Rahmen der Tätigkeit in Abhängigkeit vom Einkommen der Techniker untersucht. In Abbildung 27 ist die gegenseitige Abhängigkeit der beiden Variablen abgebildet.

Zwischen dem Einkommen der Techniker und der Bedeutung der Arbeitsorganisation im Rahmen ihrer Tätigkeit bestehen offensichtlich Zusammenhänge. Techniker, deren organisatorische Tätigkeiten sich auf den eigenen Arbeitsplatz beschränken, werden mit zunehmendem Einkommen deutlich weniger. Auch arbeitsorganisatorische Tätigkeiten, die sich auf die eigene Arbeitsgruppe bzw. die eigene Abteilung beschränken, nehmen mit zunehmendem Einkommen ab. Dagegen ist mit steigendem Einkommen eine deutliche Zunahme der Tätigkeiten

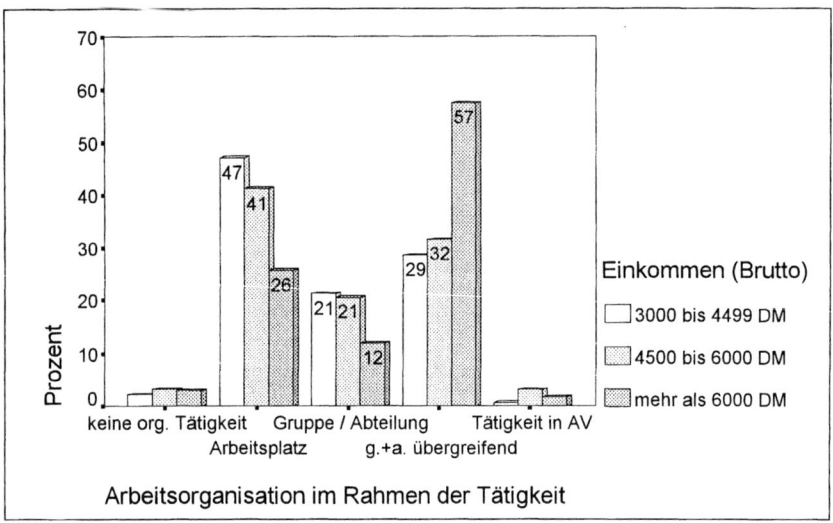

Abb. 27 (TE 32 / TE 7)

festzustellen, die neben der Arbeitsverteilung in der eigenen Gruppe bzw. Abteilung auch organisatorische Absprachen mit vor- und nachgeschalteten Gruppen bzw. Abteilungen beinhalten.

Da auch die Einkommensstufen ordinal skaliert sind, kann wiederum Gamma als Maß für die Korrelation berechnet werden. Es ergibt sich ein Wert von Gamma = + 0,28, der eine positive Abhängigkeit der beiden Variablen anzeigt.

Bisher wurden bei dieser Fragestellung nur Daten der schriftlichen Absolventenbefragung ausgewertet. Um die Einschätzung der Arbeitgeberseite zur Bedeutung der Arbeitsorganisation für die Staatlich geprüften Techniker der Fachrichtung Elektrotechnik zu berücksichtigen, werden hier die relevanten Daten der Interviews ausgewertet.

Arbeitsorganisatorische Maßnahmen, die in Verbindung mit „schlanken" Produktionsstrukturen genannt werden, wurden von den Interviewpartnern in Industrieunternehmen mit mehr als 1000 Beschäftigten und Unternehmensaktivitäten in den Branchen Elektrotechnik, Maschinenbau, Automatisierungstechnik und Fahrzeugbau beschrieben.

So wird in dem Unternehmen des Fahrzeugbaus (Nr. 1) (vgl. Kap. 6.2; Tab 2) die Fertigung der Kraftfahrzeuge von Fertigungsstraßen auf flexible Fertigungszellen umgestellt. Die Arbeitsorganisation der Elektrotechniker ist davon aber nur bedingt betroffen, da diese hauptsächlich in anderen Bereichen tätig sind (Werksanlagen, Leiterplattenentwicklung).

In einem Unternehmen der Branchen Maschinenbau, Elektrotechnik und Automatisierungstechnik mit 3000 Beschäftigten (Nr. 3) findet eine weitgehende Umgestaltung der Arbeitsorganisation statt. So werden organisatorische Maßnahmen nicht mehr fach- und arbeitsplatzbezogen, sondern prozeßbezogen gestaltet. Die Aufbauorganisation wird derart verändert, daß eine bisher bestehende strikte Trennung zwischen früher vorhandenen Bereichen aufgehoben wird. So wurden beispielsweise Maschinenbauabteilungen und Elektroabteilungen zusammengefaßt und enge organisatorische Verbindungen zu Konstruktion und Prüffeld hergestellt. Außerdem werden multifunktionale Teams gebildet, in denen Personal mit verschiedenen inhaltlichen Kompetenzen und formalen Qualifikationen zusammenarbeitet. Die Arbeitsplätze der Staatlich geprüften Techniker der Fachrichtung Elektrotechnik sind in diese arbeitsorganisatorischen Maßnahmen mit einbezogen, die Techniker werden jedoch nicht an der Gestaltung der Neuorganisation beteiligt.

In Unternehmen Nr.5 (1000 Beschäftigte, Branchen: Elektrotechnik, Meßtechnik, Automatisierungstechnik) wurden für die Montage der im Betrieb zu fertigenden Meß- und Regeltechnik Fertigungsinseln eingeführt. Die Arbeit im Prüffeld, ein wichtiger Arbeitsbereich für die Elektrotechniker, findet in Teams statt. Sowohl in Unternehmen Nr. 3 als auch in Unternehmen Nr. 5 ist ein großer Anteil der Elektrotechniker im Kundenservice beschäftigt. Beim Kunden sind die Techniker allein für die fachgerechte Ausführung der Dienstleistungen verantwortlich. Allerdings ist bei der Servicetätigkeit auch eine Kooperation mit der Konstruktion, der Fertigung und dem Prüffeld notwendig.

In Unternehmen Nr. 4 (1500 Beschäftigte, Branchen: Energiewirtschaft und Elektrotechnik) ist die Arbeit der Elektrotechniker in selbständig und kooperativ arbeitenden Teams organisiert. Die für ein Team verantwortlichen Sachgebietsleiter wurden von dem Interviewpartner als „Teamchefs" bezeichnet. Diese formellen Leiter der Teams erlernen in betriebsinternen Seminaren einen kooperativen Führungsstil.

Auch in der berücksichtigten öffentlich-rechtlichen Rundfunkanstalt (Nr. 14) ist die Arbeitsorganisation auf Teamarbeit ausgerichtet. Die Elektrotechniker sind in kooperativ arbeitenden Teams tätig, die in Abhängigkeit von der anstehenden Aufgabe selbständig inhaltliche und zeitliche Dispositionen vornehmen.

In den bei den Interviews berücksichtigten kleineren Industriebetrieben mit 100 oder weniger Beschäftigten und den Unternehmen mit Zugehörigkeit zur Handwerkskammer unterscheidet sich die Arbeitsorganisation von den bisher beschriebenen Formen.

In Unternehmen Nr. 6 (IHK, 100 Beschäftigte, Branche: Maschinenbau) ist die Arbeit zwar in Teams organisiert, diesen Gruppen wird aber nur eine geringe Autonomie zugestanden. Der Abteilungsleiter vergibt die Aufträge an die Gruppenmitglieder, zur organisatorischen Durchführung ist eine gegenseitige Absprache im Team erforderlich. Wesentliches Charakteristikum der Teamarbeit ist hier vor allem die gegenseitige informelle Hilfe ohne gemeinsamen Arbeitsauftrag. Im Unternehmen existieren keine formellen Beurteilungsverfahren, die Beurteilung erfolgt am Arbeitsergebnis (funktioniert/funktioniert nicht). Die Arbeitsorganisation wurde in den letzten Jahren nicht verändert, eine Zertifizierung nach ISO 9000 wurde noch nicht durchgeführt.

Unternehmen Nr. 9 (85 Beschäftigte) ist in den Branchen Elektrotechnik, Installationstechnik und Automatisierungstechnik tätig und gehört sowohl der Industrie- und Handelskammer als auch der Handwerkskammer an. Nach der Aussage des Interviewpartners arbeiten die Elektrotechniker im Unternehmen als „Einzelkämpfer". Der Teamarbeit wird eine untergeordnete Rolle zugeschrieben. Jedoch war die Teamarbeit für die Techniker im Unternehmen während der Zertifizierung nach der ISO 9000 relevant. Die für die Zertifizierung im Unternehmen zu erarbeitenden Unterlagen wurden in Teamarbeit erstellt. Die Zertifizierung brachte keine grundlegende Änderung der Arbeitsorganisation mit sich. Als Erfolg der Zertifizierung wurden eine klarere Struktur, transparentere Arbeitsabläufe und eindeutige Richtlinien zur Auftragsabwicklung genannt. Es existieren keine standardisierten Beurteilungsverfahren. Da die Arbeitsaufgabe die selbständige Bearbeitung von Kundenaufträgen beinhaltet, werden für die informelle Feststellung der Leistung die Rückmeldung der Kunden und die Nachkalkulation der Aufträge herangezogen.

In den Handwerksunternehmen Nr. 10 und Nr. 11 (Branchen: Elektrotechnik und Installationstechnik) arbeiten die Techniker im Planungsbüro (Nr. 10) bzw. in der Kalkulation und im technischen Einkauf (Nr. 11). In beiden Unternehmen ist eine feste Arbeitszeitregelung eingeführt, gleitende Arbeitszeit steht nicht zur Diskussion. Die Techniker arbeiten selbständig, ein Vorgesetzter teilt die Arbeit ein. In beiden Unternehmen sind die Techniker als Bauleiter tätig. Hier nehmen sie die Funktion eines Vorgesetzten ein, der in eher hierarchischen Strukturen ein Team führt und die Verantwortung für das jeweilige Bauprojekt trägt. In Unternehmen 10 wird keine regelmäßige Mitarbeiterbeurteilung durchgeführt. Falls dennoch eine Beurteilung erforderlich wird, erfolgt eine Einschätzung durch Vorgesetzte.

Bauleiter werden nach dem Arbeitserfolg (Nachkalkulation, termingerechte Projektdurchführung) beurteilt. In Unternehmen 11 erfolgt eine jährliche Beurteilung durch die Geschäftsleitung. Diese Beurteilung ist relevant für die Bemessung einer Jahresprämie. Im Unternehmen wird aktuell eine Zertifizierung nach der ISO 9000 vorgenommen. Die Techniker werden bei der Erarbeitung der Unterlagen einbezogen.

In den drei Unternehmen des öffentlichen Dienstes werden die Arbeitsorganisationsformen sehr unterschiedlich beschrieben. In der oben bereits beschriebenen öffentlich-rechtlichen Rundfunkanstalt (Nr. 14) ist die Arbeit der Techniker in Teams mit hoher Autonomie organisiert. Ein Beurteilungsverfahren wurde bisher durch den Personalrat verhindert.

Unternehmen 13 befindet sich im Übergang zur Privatisierung. Techniker und Ingenieure üben dort eine staatsentlastende technische Überwachungstätigkeit aus. Die im Unternehmen Beschäftigten arbeiten weitgehend selbständig, Teamarbeit in Projekten ist eher die Ausnahme. Eine Leistungsbeurteilung erfolgt jährlich; dabei wird sehr differenziert nach standardisierten Leistungsmerkmalen beurteilt.

Dagegen wird die Arbeitsorganisation in der untersuchten Großforschungseinrichtung (Nr. 15) als hierarchisch gemäß dem öffentlichen Dienstrecht beschrieben. Die Techniker arbeiten in Sachgebietsgruppen, die Sachgebietsleiter sind üblicherweise Ingenieure, in Ausnahmefällen kann diese Position auch mit Technikern besetzt werden. Die übergeordneten Abteilungsleiter sind Universitätsabsolventen. Ein spezielles Verfahren zur Beurteilung der Beschäftigten wird nicht angewendet. Der Interviewpartner kommentierte die Frage nach dem Beurteilungsverfahren mit der Aussage: „Es müssen nur die Arbeitsplatzanforderungen erfüllt werden".

Eine besondere bisher nicht zugeordnete Form der Arbeitsorganisation der Elektrotechniker zeigte sich in dem untersuchten Unternehmen der chemischen Industrie. Die Techniker sind in eine „Meistergruppe" integriert und werden als fachlich höherqualifizierte Mitarbeiter für anspruchsvolle Aufgaben eingesetzt, die von „Handwerkern" nicht geleistet werden können. Der Meister ist der Leiter der organisatorischen Einheit „Meistergruppe" und damit, bezogen auf den alltäglichen Betriebsablauf, der „Chef" (nicht der disziplinarische Vorgesetzte) des Technikers. Eine regelmäßige Beurteilung der Techniker erfolgt durch Vorgesetzte.

## Zusammenfassende Betrachtung

Es wurde angenommen, daß die Staatlich geprüften Techniker der Fachrichtung Elektrotechnik in „nicht tayloristischen" Strukturen tätig sind. Ein Indiz für diese Form der Arbeitsorganisation sollen Arbeitsaufgaben sein, die unabhängig von den Ebenen der betrieblichen Hierarchie vollständige Handlungen mit arbeitsvorbereitenden und arbeitsnachbereitenden Tätigkeiten beinhalten. Bei der Überprüfung zeigte sich, daß ein Drittel bis die Hälfte der Techniker für Bereiche wie Termine, Qualitätssicherung, Wartung, Betriebsmittel, Stückzahlen und Materialbereitstellung zuständig sind, die hier als Indizien für „schlanke" Produktionsstrukturen herangezogen wurden. Diese Zuständigkeitsbereiche sind jedoch nicht unabhängig von den Ebenen der betrieblichen Hierarchie. So korreliert die Zuständigkeit für Termine und Betriebsmittel positiv mit Position und Einkommen, geht also mit einer höheren Position in der betrieblichen Hierarchie und einem höheren monatlichen Einkommen einher. Die Zuständigkeit für Qualitätssicherung und Wartung korreliert hingegen negativ mit Position und Einkommen.

Bezüglich der Zuständigkeitsbereiche in Abhängigkeit von der Unternehmensgröße ist aufgrund der statistischen Auswertung der schriftlichen Absolventenbefragung folgende Aussage möglich: Es besteht eine eindeutige Tendenz, die Techniker in kleineren Unternehmen mit komplexen Aufgabenbereichen zu betrauen, d.h. daß dort statistisch häufiger umfangreiche Tätigkeiten im Sinne einer vollständigen Handlung anzutreffen sind.

Weiterhin wurde angenommen, daß die Staatlich geprüften Techniker der Fachrichtung Elektrotechnik sich auf allen Ebenen der betrieblichen Hierarchie mit Fragen der Arbeitsorganisation befassen müssen. Die Auswertung der Absolventenbefragung brachte hier folgende Ergebnisse: Kenntnisse über den Gegenstand der Arbeitsorganisation und deren Umsetzung in die betriebliche Praxis sind für einen hohen Anteil der Techniker von Bedeutung. Jedoch korreliert der Umfang der arbeitsorganisatorischen Aufgabenstellungen stark positiv mit der Position in der betrieblichen Hierarchie und positiv mit dem monatlichen Einkommen.

Aus der Auswertung der Interviews zur Erfassung der Arbeitgeberperspektive ergeben sich in diesem Zusammenhang die folgenden Ergebnisse: Arbeitsorganisatorische Maßnahmen mit Merkmalen „schlanker" Produktionsstrukturen konnten in industriellen Großunternehmen der Branchen Elektrotechnik, Maschinenbau, Automatisierungstechnik und Fahrzeugtechnik identifiziert werden. In diesen Unternehmen wurde die Aufbauorganisation „flacher" gestaltet, die Ablauforganisation wird am Prozeß ausgerichtet. Teilweise sind Fertigungsinseln und flexible Fertigungszellen eingeführt. In multifunktionalen Teams arbeitet Personal mit verschiedenen inhaltlichen Kompetenzen und formalen Qualifikationen. Die eben beschriebenen Unternehmen sind meist seit Jahren nach der ISO 9000 zertifiziert.

Dagegen wurden arbeitsorganisatorische Maßnahmen im Sinne von „lean production" in den kleineren Industrieunternehmen mit 100 und weniger Beschäftigten und in den Handwerksunternehmen nicht explizit eingeführt. Die Arbeit ist im Vergleich zu den großen Industrieunternehmen mehr traditionell hierarchisch organisiert. Die Zeitgestaltung ist teilweise noch durch feste Arbeitszeiten geprägt. Obwohl in diesen Unternehmen nicht explizit „schlanke" Organisationsstrukturen eingeführt wurden, fällt dort für die Elektrotechniker ein breites Tätigkeitsspektrum an. Ihr Aufgabenfeld geht dort meist über technische Aufgabenstellungen hinaus. Das im Vergleich zu den großen Industrieunternehmen breitere Aufgabenfeld der Elektrotechniker in den Unternehmen mit weniger als 100 Beschäftigten kann u.a. folgende Gründe haben:

- Die Einführung schlanker Produktionsstrukturen in großen Industrieunternehmen reduziert die Auswirkungen tayloristischer Strukturen, die in kleinen Unternehmen niemals eingeführt wurden.

- In großen Industrieunternehmen hat man zwar Maßnahmen getroffen, die den Tätigkeitsbereich der Techniker prinzipiell erweitern, doch durch einen hohen Anteil von Fachhochschul- und Universitätsabsolventen in diesen Unternehmen nehmen die Techniker oft niedrigere Positionen in der betrieblichen Hierarchie ein. Dies ist trotz der Ansätze „schlanker" Produktionsstrukturen mit einer Einschränkung des Tätigkeitsbereichs verbunden.

### 7.1.6 Auswirkungen des Bestimmungsfaktors Kompetenz

In Kapitel 4.5.3 wurden die Begriffe Kompetenz und berufliche Handlungskompetenz beschrieben. Wie dort aufgezeigt, hat es sich im berufspädagogischen Kontext auf Grund pragmatischer Erwägungen durchgesetzt, berufliche Handlungskompetenz als ein Gefüge aus fachlicher, sozialer und individuumbezogener Handlungskompetenz zu beschreiben.

Die Befragung der Arbeitgeber bzw. deren Vertreter zeigte, daß die Unternehmensseite berufliche Handlungskompetenz von den Technikern einfordert. Auf die an die Arbeitgeber gerichteten Fragen, „Welche Kompetenzen schätzen Sie an Staatlich geprüften Technikern?" und „Welche Kriterien sind relevant, wenn Sie Techniker einstellen?", wurden Punkte genannt, die nicht nur der Fachkompetenz zuzurechen sind, sondern auch die Sozialkompetenz und die Individualkompetenz betreffen. Die Frage nach den erwarteten Kompetenzen war offen gestellt, es wurden auch keine Beispiele vorgegeben. Dennoch wurde hier in 13 von 15 berücksichtigten Unternehmen der im folgenden dargestellte Sachverhalt als wichtigstes Kriterium angegeben: In den Unternehmen wird der Staatlich geprüfte Techniker als ein Mitarbeiter geschätzt, der in einer der Weiterbildung zum Techniker vorangehenden Facharbeiterausbildung, die in größeren Betrieben meist im eigenen Unternehmen absolviert wurde, vor allem die berufliche Praxis kennengelernt und dabei „handwerkliche Fähigkeiten" erworben hat. Die in der beruflichen Erstausbildung erworbenen Kompetenzen werden in der Weiterbildung zum Techniker vor allem bezüglich der Theorie ausgebaut, was zu einem erweiterten Verständnis der physikalisch-technischen Zusammenhänge führt. Allerdings erwartet die Arbeitgeberseite, daß auch in der Weiterbildung zum Techniker der „Praxisbezug" hergestellt wird. Die Fachkompetenz des Technikers wird vor allem deshalb geschätzt, weil sie nicht nur in der Schule erworben wurde. Dies bedingt eine im Vergleich zu Ingenieuren schnellere Einsetzbarkeit der „Berufseinsteiger". In besonderem Maße gilt dies, wenn die berufliche Erstausbildung im jeweiligen Unternehmen absolviert oder die Technikerausbildung in Teilzeitform parallel zu einer Arbeitstätigkeit im Unternehmen durchgeführt wurde. Daß sich die Techniker eines Betriebes überwiegend aus den ehemaligen Auszubildenden eines Unternehmens rekrutieren, konnte in 4 von 7 Industrieunternehmen festgestellt werden. Einige Unternehmen legen Wert darauf, daß die im Erstberuf erworbenen Kompetenzen mit den Anforderungen des Arbeitsplatzes übereinstimmen, gleiches gilt für die Abschlußfachrichtung der Technikerprüfung.

Von den Gesprächspartnern in den Unternehmen wurden aber noch weitere Kriterien genannt, die der Fachkompetenz auch in Bezug auf technikübergreifende Inhalte zugeordnet werden können. So wird von den Elektrotechnikern teilweise die Fähigkeit gefordert, betriebswirtschaftliche Aspekte auch bei vorwiegend technisch orientierten Tätigkeiten einzubeziehen. Betriebswirtschaftliche Kenntnisse sind aber vor allem dann von Bedeutung, wenn Verkaufs- und Servicetätigkeiten ausgeübt werden. Da die Verkaufs- und Serviceaktivitäten der Techniker meist nicht auf den deutschen Binnenmarkt beschränkt bleiben, sind ausbaufähige Fremdsprachenkenntnisse Voraussetzung für die Besetzung einer entsprechenden Position. Auch „Organisationsfähigkeit" erwartet die Arbeitgeberseite von den Technikern.

Nachdem die Interviewpartner die offene Frage nach den von den Technikern gewünschten Kompetenzen beantwortet hatten, wurden sie gebeten, die Bedeutung einzelner Kompetenzaspekte in eine vierstufige Ordinalskala einzuordnen. Die Einschätzung von Aspekten der Fachkompetenz ist in Tabelle 13 dargestellt. Auch hier sei noch einmal darauf hingewiesen, daß es sich um N=15 Interviews in den Unternehmen handelte. Die in der Tabelle dargestellten Ergebnisse können daher nur grobe Tendenzen angeben. Die verwendeten Items wurden aus den in Kapitel 5 dargestellten gesellschaftlichen Einflüssen auf das Berufsbild abgeleitet.

Bedeutung der Fachkompetenz (Arbeitgeberperspektive)

| a: zentrale Bedeutung<br>b: wichtig<br>c: weniger wichtig<br>d: ohne Bedeutung<br>e: a + b | Bedeutung von Kompetenz in Bezug auf: | | | | |
|---|---|---|---|---|---|
| | Elektro-<br>technik | Problem-<br>lösungs-<br>fähigkeit | Organi-<br>sations-<br>fähigkeit | Betriebs-<br>wirtschaft | Kosten-<br>betrach-<br>tungen |
| Arbeitgeber-<br>perspektive:<br>Bedeutung der<br>Fachkompetenz für<br>die Elektrotechniker<br>(N = 15) | a: 73,3 %<br>b: 26,7 %<br>c:  0,0 %<br>d:  0,0 %<br><br>e: 100,0 % | a: 40,0 %<br>b: 60,0 %<br>c:  0,0 %<br>d:  0,0 %<br><br>e: 100,0 % | a: 13,3 %<br>b: 73,3 %<br>c:  0,0 %<br>d: 13,3 %<br><br>e: 86,6 % | a:  6,7 %<br>b: 26,7 %<br>c: 53,3 %<br>d: 13,3 %<br><br>e: 33,4 % | a: 13,3 %<br>b: 66,7 %<br>c: 13,3 %<br>d:  6,7 %<br><br>e: 80,0 % |

| a: zentrale Bedeutung<br>b: wichtig<br>c: weniger wichtig<br>d: ohne Bedeutung<br>e: a + b | Bedeutung von Kompetenz in Bezug auf: | | | |
|---|---|---|---|---|
| | Qualität /<br>Qualitäts-<br>sicherung | Produkthaftung | Dokumentations-<br>technik | Kundenberatung<br>und Verkauf |
| Arbeitgeber-<br>perspektive:<br>Bedeutung der<br>Fachkompetenz für<br>die Elektrotechniker<br>(N = 15) | a: 33,3 %<br>b: 60,0 %<br>c:  6,7 %<br>d:  0,0 %<br><br>e: 93,3 % | a:  6,7 %<br>b: 26,7 %<br>c: 53,3 %<br>d: 13,3 %<br><br>e: 33,4 % | a:  0,0 %<br>b: 66,7 %<br>c: 33,3 %<br>d:  0,0 %<br><br>e: 66,7 % | a: 20,0 %<br>b: 26,7 %<br>c: 40,0 %<br>d: 13,3 %<br><br>e: 46,7 % |

Tab. 13 (AG K5)

Erwartungsgemäß wird von den Staatlich geprüften Elektrotechnikern eine hohe Kompetenz in Bezug auf ihr Fach „Elektrotechnik" verlangt. 73,3% der Arbeitgeber messen diesem Aspekt eine „zentrale Bedeutung" bei, 26,7% geben hier „wichtig" an. Auch die „Problemlösungsfähigkeit" wird von allen Interviewpartnern als mindestens „wichtig" eingeschätzt. Mehr als 80% der Arbeitgebervertreter beurteilen Kompetenzen in Bezug auf „Qualität/Qualitätssicherung", „Organisationsfähigkeit" und „Kostenbetrachtungen" als mindestens wichtig. „Dokumentationstechnik" wird von 66,7% der Interviewpartner als „wichtig" erachtet. Kompetenzen in Bezug auf „Kundenberatung und Verkauf" werden in Abhängigkeit vom Tätigkeitsspektrum der Techniker im jeweiligen Unternehmen sehr unterschiedlich beurteilt. 20,0% der Interviewpartner messen Kundenberatung und Verkauf „zentrale Bedeutung" bei, 26,7% urteilen mit „wichtig". Der Bereich „Produkthaftung" und spezielle Kenntnisse der „Betriebswirtschaft" (im Gegensatz zu Kostenbetrachtungen) werden nur von 33,4 % der Interviewpartner als mindestens „wichtig" eingestuft.

In allen bei den Interviews berücksichtigten Unternehmen wird von den Technikern Sozialkompetenz gefordert. Hier zunächst wieder die Ergebnisse der offenen Fragestellung: Einige Gesprächspartner verwendeten den Begriff Sozialkompetenz, andere spezifizierten Fähigkeiten, die der Sozialkompetenz zuzuordnen sind. So wurden von den Technikern neben „Sozialkompetenz" und „sozialer Kompetenz" die Fähigkeiten, im Team und in Projekten zu arbeiten, gefordert. Hat der Techniker bei seiner Tätigkeit mit Kunden zu tun, sei es im Service oder bei Beratung und Verkauf, werden von ihm ein selbstsicheres Auftreten, ein offener Umgang mit dem Kunden und ein „kundenorientieres bzw. kundengerechtes Verhalten" erwartet.

Die Einordnung einzelner Kompetenzbereiche (nach *Friede* 1995) nach ihrer Bedeutung durch die Arbeitgebervertreter ergeben bei der Sozialkompetenz die in Tabelle 14 dargestellten Ergebnisse.

Die Arbeitgeber erwarten von den Technikern vor allem Kompetenzen, die „Teamarbeit" und „Kooperation" ermöglichen. Sie sollen „selbstsicher auftreten", aber gleichzeitig ihre „eigene Rolle richtig einschätzen". „Kommunikationsfähigkeit" wird ebenso erwartet wie die „Fähigkeit, sich in die Lage einer anderen Person zu versetzen". Die bisher aufgeführten Kriterien der Sozialkompetenz werden von 86,7% der Interviewpartner als mindestens „wichtig" eingeschätzt. Das „richtige Einschätzen sozialer Situationen" erachten nur 60,0% der Befragten als mindestens „wichtig". Kompetenz in Bezug auf „Personalführung" wird nur selten gefordert (33,3% wichtig). Dies entspricht der Rolle des technischen Fachmanns, der überwiegend keine Personalverantwortung trägt.

Neben der Fach- und Sozialkompetenz werden von Staatlich geprüften Technikern der Fachrichtung Elektrotechnik auch Aspekte der Individualkompetenz (bzw. Humankompetenz oder Selbstkompetenz) erwartet. Diese wurden auf die offene Frage nach den von Elektrotechnikern erwarteten Kompetenzen zwar nicht explizit mit Individual-, Human-, oder Selbstkompetenz bezeichnet, es wurden aber Kriterien aufgeführt, die diesem Bereich beruflicher Handlungskompetenz zuzuordnen sind. So wird beispielsweise in einigen Unternehmen von den Technikern „Persönlichkeit" gefordert. Ein Interviewpartner schätzt generell an Technikern, daß sie mit der Weiterbildung zum Staatlich geprüften Techniker ihre

Bedeutung der Sozialkompetenz (Arbeitgeberperspektive)

| a: zentrale Bedeutung<br>b: wichtig<br>c: weniger wichtig<br>d: ohne Bedeutung<br>e: a + b | Bedeutung von Kompetenz in Bezug auf: | | | |
|---|---|---|---|---|
| | Teamarbeit | Personalführung | Kommunikation | Kooperation |
| Arbeitgeber-<br>perspektive:<br>Bedeutung der<br>Sozialkompetenz für<br>die Elektrotechniker<br>(N = 15) | a: 40,0 %<br>b: 53,3 %<br>c: 6,7 %<br>d: 0,0 %<br>e: 93,3 % | a: 0,0 %<br>b: 33,3 %<br>c: 40,0 %<br>d: 26,7 %<br>e: 33,3 % | a: 6,7 %<br>b: 86,7 %<br>c: 6,7 %<br>d: 0,0 %<br>e: 93,3 % | a: 33,3 %<br>b: 66,7 %<br>c: 0,0 %<br>d: 0,0 %<br>e: 100,0 % |

| a: zentrale Bedeutung<br>b: wichtig<br>c: weniger wichtig<br>d: ohne Bedeutung<br>e: a + b | Bedeutung von Kompetenz in Bezug auf: | | | |
|---|---|---|---|---|
| | richtiges Einschätzen sozialer Situationen | die Fähigkeit sich in die Lage einer anderen Person zu versetzen | selbstsicheres Auftreten | richtige Einschätzung der eigenen Rolle |
| Arbeitgeber-<br>perspektive:<br>Bedeutung der<br>Sozialkompetenz für<br>die Elektrotechniker<br>(N = 15) | a: 6,7 %<br>b: 53,3 %<br>c: 40,0 %<br>d: 0,0 %<br>e: 60,0 % | a: 6,7 %<br>b: 80,0 %<br>c: 13,3 %<br>d: 0,0 %<br>e: 86,7 % | a: 20,0 %<br>b: 80,0 %<br>c: 0,0 %<br>d: 0,0 %<br>e: 100,0 % | a: 20,0 %<br>b: 80,0 %<br>c: 0,0 %<br>d: 0,0 %<br>e: 100,0 % |

Tab. 14 (AG K5 / AG K6)

Persönlichkeit unter Beweis gestellt haben. Durch ihren spezifischen Werdegang haben die Staatlich geprüften Techniker bereits ein gewisses Lebensalter erreicht und konnten „Lebenserfahrung" sammeln. Dabei haben sie auch eine gewisse „menschliche Reife" erworben. In einem großen Handwerksunternehmen wird von den Technikern eine realistische Einschätzung der eigenen Fähigkeiten erwartet. Techniker, die eine Arbeit im Kundenservice anstreben und deren Tätigkeit dann mit vielen Dienstreisen verbunden ist, sollen nach Aussage der Arbeitgeberseite in der Lage sein, ihr Leben so einzurichten, daß die privaten Bedürfnisse und Erwartungen in Einklang mit den Erfordernissen der Tätigkeit stehen.

Die Einordnung der anschließend im Interview vorgegebenen Kompetenzaspekte (nach *Friede* 1995) nach ihrer Bedeutung ergaben bezüglich der Individualkompetenz die in Tabelle 15 dargestellten Ergebnisse.

Bedeutung der Individualkompetenz (Arbeitgeberperspektive)

| a: zentrale Bedeutung<br>b: wichtig<br>c: weniger wichtig<br>d: ohne Bedeutung<br>e: a + b | Bedeutung von Kompetenz in Bezug auf: | | | | |
|---|---|---|---|---|---|
| | die Fähigkeit, sich persönliche Ziele zu setzen | Durchhaltevermögen | die Fähigkeit, Pläne und Ziele zu verfolgen | die Vermeidung von Über- und Untermotivation | die Fähigkeit, Verantwortung übernehmen zu können |
| **Arbeitgeberperspektive: Bedeutung der Individualkompetenz für die Elektrotechniker (N = 15)** | a: 20,0 %<br>b: 80,0 %<br>c: 0,0 %<br>d: 0,0 %<br>e: 100,0 % | a: 26,7 %<br>b: 73,3 %<br>c: 0,0 %<br>d: 0,0 %<br>e: 100,0 % | a: 26,7 %<br>b: 73,3 %<br>c: 0,0 %<br>d: 0,0 %<br>e: 100,0 % | a: 6,7 %<br>b: 93,3 %<br>c: 0,0 %<br>d: 0,0 %<br>e: 100,0 % | a: 26,7 %<br>b: 66,7 %<br>c: 6,7 %<br>d: 0,0 %<br>e: 93,4 % |

Tab. 15 (AG K6)

Bis auf eine Ausnahme werden alle Kriterien, die der Individualkompetenz zugeordnet werden können, von allen Interviewpartnern als mindestens „wichtig" erachtet.

Damit wird deutlich, daß die Arbeitgeber neben den Anforderungen an die Fachkompetenz auch Wert auf die Sozial- und Individualkompetenz der Staatlich geprüften Techniker legen. Die Anforderungen an die Fachkompetenz beschränken sich nicht auf rein technische Inhalte, es wird vielmehr die Fähigkeit gefordert, z.B. auch betriebswirtschaftliche Aspekte in die Tätigkeit mit einzubeziehen, qualitäts- und kundengerecht zu handeln und auch administrative Aufgabenstellungen zu bearbeiten.

### 7.1.6.1 Kompetenzdefizite der Elektrotechniker

Bedingt durch nicht-tayloristische Produktionsstrukturen, in denen Kommunikation und Kooperation sowie die selbständige organisatorische Gestaltung der Arbeit für jeden Mitarbeiter von besonderer Bedeutung sind, werden hohe Anforderungen an die Techniker gestellt, die weit über die technikbezogene Fachkompetenz hinausgehen. Dadurch kann eine Diskrepanz zwischen der Ausbildung der Techniker und den Erfordernissen der beruflichen Praxis entstehen. Die Weiterbildung zum Techniker setzt fachtheoretische und fachpraktische Kenntnisse voraus, die in der Regel durch eine Berufsausbildung im dualen System erworben und in einer anschließenden Berufstätigkeit im erlernten Ausbildungsberuf vertieft werden (vgl. Kap. 3.2). Auf einer vorwiegend fachlich-theoretischen Ebene reflektieren die Studierenden an der Technikerschule sowohl die berufstheoretischen wie auch die berufspraktischen Erfahrungen. Neben dem Schwerpunkt der fachlich-technischen Weiterbildung sind auch fachübergreifende, administrative Inhalte Gegenstand der Weiterbildung zum Techniker (vgl. Kap. 3.3). Aufgrund der hohen Anforderungen des Beschäftigungssystems ist es jedoch möglich, daß dennoch Diskrepanzen zwischen Ausbildung und Berufstätigkeit festzustellen sind.

Um zu überprüfen, ob Kompetenzdefizite bestehen, soll einerseits untersucht werden, inwieweit die fachlich-technischen Inhalte der Technikerausbildung mit den Anforderungen der beruflichen Tätigkeit übereinstimmen, andererseits ist zu klären, ob die an der Fachschule für Technik erworbenen fachübergreifenden Kompetenzen den Anforderungen des Beschäftigungssystems gerecht werden.

Zur Beantwortung dieser Fragen wird zunächst die Einschätzung der Technikerschulabsolventen herangezogen. Diese wurden nach der Bedeutung folgender Themenbereiche sowohl während der Weiterbildung zum Techniker als auch bei ihrer jetzigen Tätigkeit befragt: Fachlich-technische Kompetenz, Organisation von Abläufen, Teamarbeit, Kundenbetreuung/Verkauf, Kostenbetrachtungen, Qualität/Qualitätssicherung und Produkthaftung (Die Items wurden anhand der Betrachtungen in Kapitel 5 abgeleitet). Wie sich die Bedeutung einzelner Themenbereiche während der Technikerausbildung und der jetzigen Berufstätigkeit der Elektrotechniker unterscheiden, ist in den Abbildungen 28 und 29 beispielhaft für die Bedeutung der Bereiche „fachlich-technische Kompetenz" und „Kostenbetrachtungen" dargestellt.

Zur Auswertung der Befragungsergebnisse soll für alle genannten Themenbereiche eine „Rangfolge der Übereinstimmung" von Technikerausbildung und Tätigkeitsanforderungen erstellt werden. Obwohl es sich bei den in der weiteren Auswertung gegenübergestellten Items um Ordinalskalen handelt, sind Korrelationskoeffizienten wie Gamma nicht zur Bildung einer Rangfolge geeignet, da es hier nicht auf die Übereinstimmung bzw. Diskrepanz von Technikerausbildung und Tätigkeit in der individuellen Einschätzung eines Befragten ankommt, sondern die Übereinstimmung bzw. Diskrepanz in der Gesamtheit betrachtet werden soll. D.h. es soll nicht untersucht werden, ob der einzelne Techniker einen seiner individuellen Ausbildung entsprechenden Arbeitsplatz besetzt, sondern inwieweit die Ausbildungsangebote in ihrer Gesamtheit mit den im Beschäftigungssystem anzutreffenden Anforderungen übereinstimmen.

Zur Bildung der Rangfolge werden die durch die befragten Absolventen vorgenommenen Einschätzungen der Bedeutung des jeweiligen Themenbereichs während der Weiterbildung zum Techniker der Bedeutung des gleichen Themenbereichs bei der jetzigen Berufstätigkeit der Absolventen gegenübergestellt. Zur Einschätzung der Bedeutung eines Themas waren im Fragebogen die Kategorien

Bedeutung fachlich-technischer Kompetenz während der Technikerausbildung und bei der Tätigkeit

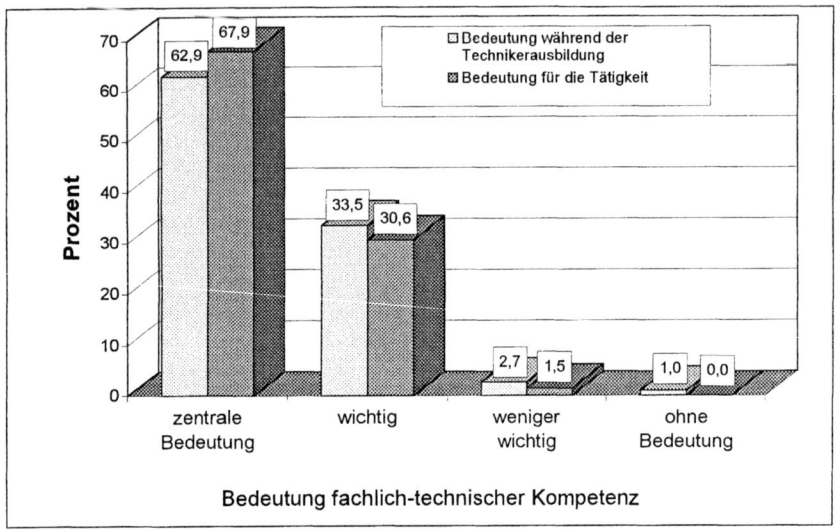

Abb. 28 (TE 34 / TE 35)

Bedeutung von Kostenbetrachtungen während der Technikerausbildung und bei der Tätigkeit

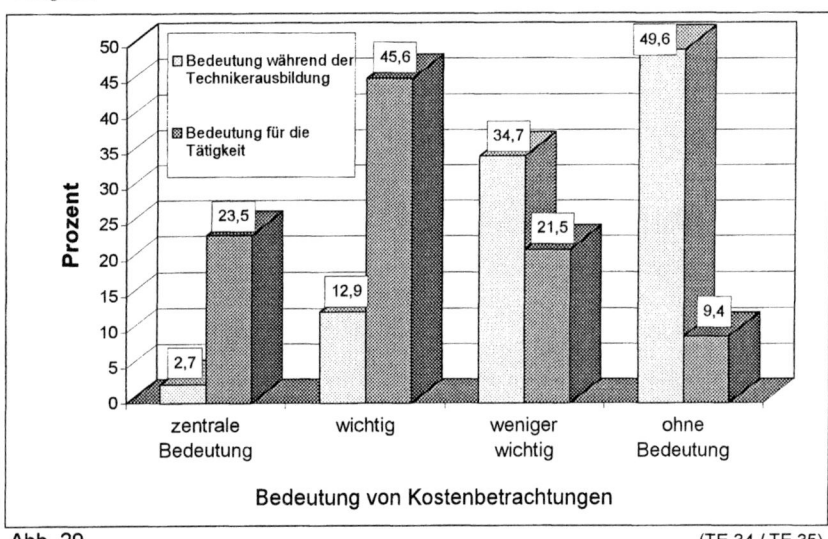

Abb. 29 (TE 34 / TE 35)

„von zentraler Bedeutung", „wichtig", „weniger wichtig" und „ohne Bedeutung" vorgegeben. Bezogen auf einen Themenbereich, wird für jede der vier möglichen Antwortkategorien die Differenz der prozentualen Häufigkeit des Auftretens einer Kategorie bei der Bedeutung des Themas während der Technikerausbildung und der Bedeutung des Themas bei der Tätigkeit der Absolventen gebildet. So ergeben sich für jeden Themenbereich vier Differenzen, deren aufsummierte Beträge jeweils ein Maß für die Übereinstimmung von Ausbildung und beruflicher Tätigkeit darstellen. Kleine Differenzsummen zeigen eine Übereinstimmung zwischen Ausbildung und Tätigkeit an, hohe Differenzsummen stehen für Diskrepanzen. Die Summenwerte dienen der Bildung einer Rangfolge und können *nicht* als Werte einer Intervallskala verstanden werden.

In Tabelle 16 wird das eben beschriebene Auswertungsverfahren dargestellt.

Bedeutung relevanter Themenbereiche bei der Tätigkeit und während der Technikerausbildung

Bedeutung fachlich-technischer Kompetenz bei der Tätigkeit und während der Technikerausbildung

|  | zentrale Bedeutung | wichtig | weniger wichtig | ohne Bedeutung | Summe der Differenzbeträge |
|---|---|---|---|---|---|
| Tätigkeit | 68,1 % | 30,3 % | 1,5 % | 0,0% | |
| Technikerausbildung | 63,1 % | 33,4 % | 2,5 % | 1,0 % | |
| Differenz | 5 % | - 3,1 % | - 1,0 % | - 1,0 % | 10,1 % |

Bedeutung der Ablauforganisation bei der Tätigkeit und während der Technikerausbildung

|  | zentrale Bedeutung | wichtig | weniger wichtig | ohne Bedeutung | Summe der Differenzbeträge |
|---|---|---|---|---|---|
| Tätigkeit | 25,6 % | 58,6 % | 14,3 % | 1,5 % | |
| Technikerausbildung | 4,4 % | 31,4 % | 44,5 % | 19,7 % | |
| Differenz | 21,2 % | 27,2 % | - 30,2 % | - 18,2 % | 96,8 % |

Bedeutung der Teamarbeit bei der Tätigkeit und während der Technikerausbildung

|  | zentrale Bedeutung | wichtig | weniger wichtig | ohne Bedeutung | Summe der Differenzbeträge |
|---|---|---|---|---|---|
| Tätigkeit | 22,1 % | 55,3 % | 20,0 % | 2,5 % |  |
| Technikerausbildung | 10,7 % | 53,0 % | 27,4 % | 8,9 % |  |
| Differenz | 11,4 % | 2,3 % | - 7,4 % | - 6,4 % | 27,5 % |

Bedeutung von Kundenberatung und Verkauf bei der Tätigkeit und während der Technikerausbildung

|  | zentrale Bedeutung | wichtig | weniger wichtig | ohne Bedeutung | Summe der Differenzbeträge |
|---|---|---|---|---|---|
| Tätigkeit | 29,4 % | 23,2 % | 23,4 % | 24,0 % |  |
| Technikerausbildung | 2,1 % | 9,2 % | 29,2 % | 59,5 % |  |
| Differenz | 27,3 % | 14,0 % | - 5,8 % | - 35,5 % | 82,6 % |

Bedeutung von Kostenbetrachtungen bei der Tätigkeit und während der Technikerausbildung

|  | zentrale Bedeutung | wichtig | weniger wichtig | ohne Bedeutung | Summe der Differenzbeträge |
|---|---|---|---|---|---|
| Tätigkeit | 23,2 % | 45,9 % | 21,4 % | 9,5 % |  |
| Technikerausbildung | 2,3 % | 13,0 % | 34,6 % | 50,0 % |  |
| Differenz | 20,9 % | 32,9 % | - 13,2 % | 40,5 % | 107,5 % |

Bedeutung von Qualität und Qualitätssicherung bei der Tätigkeit und während der Technikerausbildung

|  | zentrale Bedeutung | wichtig | weniger wichtig | ohne Bedeutung | Summe der Differenzbeträge |
|---|---|---|---|---|---|
| Tätigkeit | 39,5 % | 43,7 % | 9,3 % | 7,5 % |  |
| Technikerausbildung | 7,9 % | 29,8 % | 29,6 % | 32,7 % |  |
| Differenz | 31,6 % | 13,9 % | - 20,3 % | - 25,2 % | 91,0 % |

Bedeutung der Produkthaftung bei der Tätigkeit und während der Technikerausbildung

|  | zentrale Bedeutung | wichtig | weniger wichtig | ohne Bedeutung | Summe der Differenzbeträge |
|---|---|---|---|---|---|
| Tätigkeit | 14,5 % | 35,5 % | 28,5 % | 21,6% |  |
| Technikerausbildung | 1,3 % | 11,4 % | 28,3 % | 59,0 % |  |
| Differenz | 13,2 % | 24,1 % | 0,2 % | - 37,4 % | 74,9 % |

Tab. 16 (TE 34 / TE 35)

Mit der Auswertung von Tabelle 16 ergibt sich die folgende Rangfolge der Übereinstimmung des Kompetenzerwerbs während der Technikerausbildung mit den Anforderungen der beruflichen Tätigkeit:

1. fachlich-technische Kompetenz (10,1 %)
2. Teamarbeit (27,5 %)
3. Produkthaftung (74,9 %)
4. Kundenberatung und Verkauf (82,6 %)
5. Qualitätssicherung (91,0 %)
6. Ablauforganisation (96,8 %)
7. Kostenbetrachtungen (107,5 %)

Die erstellte Rangfolge zeigt bezüglich der „fachlich-technischen Kompetenz" (Elektrotechnik) eine gute Übereinstimmung der Technikerausbildung mit den Anforderungen der beruflichen Tätigkeit (Rang 1, 10,1%). Die befragten Absolventen schätzen auch die Vorbereitung auf die am Arbeitsplatz geforderte „Teamarbeit" als weitgehend ausreichend ein (Rang 2, 27,5%). Beim Themenbereich „Produkthaftung", der in der Rangskala Platz 3 einnimmt, hat die Summe der Differenzbeträge mit 74,9% im Vergleich zu den Rängen 1 und 2 bereits einen hohen Wert, der eine Abweichung zwischen Ausbildung und Anforderung der Berufstätigkeit anzeigt. Noch stärkere Abweichungen sind bei den Themenbereichen „Kundenberatung und Verkauf" (Rang 4, 82,6%), „Qualitätssicherung" (Rang 5, 91,0%) und „Ablauforganisation" (Rang 6, 96,8%) festzustellen. Beim Thema „Kostenbetrachtungen" (Rang 7, 107,5%) bestehen die größten Diskrepanzen zwischen den in der Weiterbildung zum Techniker behandelten Inhalten und den für die Arbeit benötigten Kompetenzen.

Die bisher dargestellte Perspektive der Absolventen soll durch die Sichtweise der Arbeitgebervertreter ergänzt werden. Diese wurden im Interview gefragt, ob die Technikerschulabsolventen eine längere Einarbeitungszeit benötigen, und wenn ja, in welchen Themenbereichen Lernbedarf besteht. In allen bei den Interviews berücksichtigten Unternehmen wurde von einer langfristigen Einarbeitungszeit ausgegangen, die sich verkürzt, wenn die Techniker die berufliche Erstausbildung im Unternehmen absolvierten oder wenn die Weiterbildung zum Techniker in Teilzeit neben einer Tätigkeit im Unternehmen durchgeführt wurde. Die technischen Grundlagen für die Technikertätigkeit werden nach Einschätzung aller Interviewpartner in ausreichendem Maße während der Weiterbildung zum Techniker vermittelt. Aus der Sicht der Arbeitgeber besteht hier kein Änderungsbedarf. Dennoch müssen die Technikerschulabsolventen, die neu in ein Unternehmen eintreten, produktspezifische Kenntnisse erweben und ein Überblickswissen über die im Betrieb verwendete Technik erlangen. Der höchste Lernbedarf besteht aus der Sicht aller Interviewpartner im Erwerb betriebsspezifischer Kenntnisse. Neben dem produktspezifischen Wissen sind dies beispielsweise die spezielle betriebliche Aufbau- und Ablauforganisation, Wissen über die Organisation der Materialdisposition sowie die Steuerungsinstrumente der Arbeitsplanung.

Nur in drei von fünfzehn Unternehmen wird Entwicklungsbedarf bezüglich der „Teamfähigkeit" und der „Sozialkompetenz" der Techniker gesehen. In den Industrieunternehmen wird von den Elektrotechnikern erwartet, daß sie lernen, Kostenbetrachtungen in ihr Denken mit einzubeziehen. In den meisten Handwerksunternehmen müssen die Techniker die Fähigkeit erwerben, Angebote zu erstellen und Kalkulationen durchzuführen. Staatlich geprüfte Techniker der Fachrichtung Elektrotechnik, die im Verkauf oder im Service mit den Kunden in Kontakt stehen, müssen „kundenorientiertes Verhalten und Verhandlungsgeschick" erwerben, da diese Fähigkeiten üblicherweise nicht während der Ausbildung vermittelt wurden.

**Zusammenfassende Betrachtung**

Sowohl aus der Perspektive der Absolventen wie auch aus der Sichtweise der Arbeitgeber bestehen zwischen den Inhalten der Technikerausbildung und den Anfoderungen der Berufstätigkeit bezüglich der „fachlich-technischen Kompetenzen" (Elektrotechnik) gute Übereinstimmungen. Auch auf die „Teamarbeit" sind die Elektrotechniker nach eigener Einschätzung durch ihre Ausbildung und ihren beruflichen Werdegang ausreichend vorbereitet. Nur drei von fünfzehn Arbeitgebervertretern sehen hier Lernbedarf für die Elektrotechniker. Bei allen anderen Themenbereichen werden von beiden Seiten Differenzen zwischen Ausbildung und den Anforderungen der Berufspraxis festgestellt, die vermutlich auf die veränderten Anforderungen an den Arbeitsplätzen der Techniker zurückzuführen sind.

**7.1.6.2 Fortbildungsanforderungen**

Wie bei den vorangehenden Betrachtungen festgestellt wurde, bestehen vor allem bezüglich technikübergreifender Aspekte Diskrepanzen zwischen den Inhalten der Technikerausbildung und den Anforderungen der Berufstätigkeit. Aber auch fachlich-technische Kompetenzen müssen aufgrund der immer kürzer werdenden Innovationszyklen der Technikentwicklung ständig erweitert werden. Dies legt den Schluß nahe, daß die einschlägig tätigen Elektrotechniker die fehlenden Kompetenzen in entsprechenden Fort- und Weiterbildungsmaßnahmen entwickeln müssen. Die Problematik der an die Techniker gestellten Fortbildungsanforderungen soll im folgenden Abschnitt untersucht werden.

**Häufigkeit der Weiterbildungsmaßnahmen**

Die Absolventen wurden befragt, in welcher Häufigkeit die Tätigkeit ein weiteres Hinzulernen erfordere, um der Arbeitsaufgabe gerecht zu werden. Abbildung 30 zeigt die Antworten auf diese Fragestellung.

79,2% der befragten Techniker geben an, daß sie ständig hinzulernen müssen, um ihrer Tätigkeit gerecht zu werden. Daß Weiterbildungsmaßnahmen nur in etwa jährlichem Abstand erforderlich sind, behaupten 15,2% der Absolventen. Für 5,6% der Befragten spielt die berufliche Weiterbildung eine noch geringere Rolle. Für diese Gruppe ist eine Weiterbildung nur im drei- bis vierjährigen Abstand erforderlich.

Fortbildungsanforderungen der aktuellen Tätigkeit

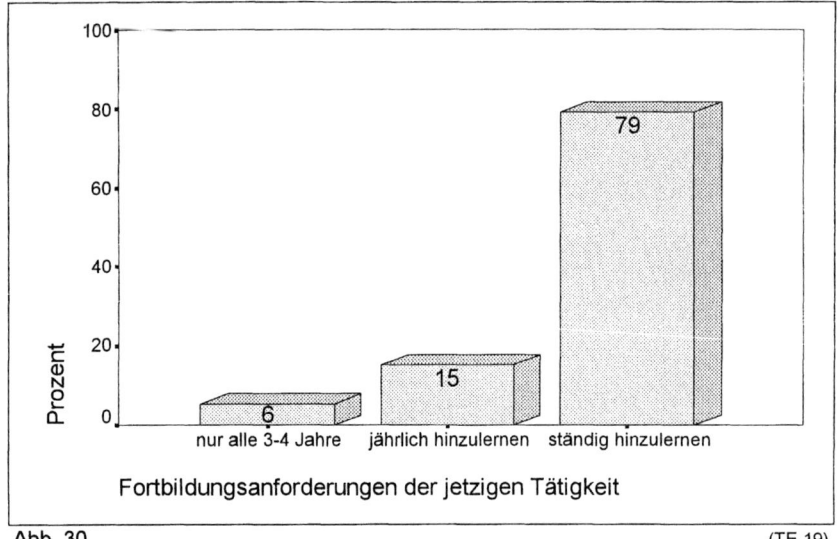

Abb. 30 (TE 19)

**Inhaltliche Schwerpunkte der Weiterbildungsmaßnahmen**

Die Schwerpunkte der erforderlichen Weiterbildung sind in Abbildung 31 dargestellt.

Der „technische Bereich" ist für 88,4% der befragten Absolventen ein Weiterbildungsschwerpunkt. Dies ist vor dem Hintergrund der Ergebnisse des vorangehenden Kapitels besonders interessant, da hier festgestellt wurde, daß die fachlich-technische Kompetenz bei der Arbeit eine wichtige Rolle spielt, die Technikerausbildung diesen Aspekt aber sehr wohl in hohem Maße berücksichtigt. Dies bestätigt die Vermutung, daß die Weiterbildung zum Techniker diesen in Bezug auf die fachlich-technische Kompetenz zwar ausreichend auf den Berufseinstieg vorbereitet, die sich wandelnde Technik und die Technisierung aber eine ständige Weiterbildung in diesem Bereich notwendig macht.

Die Punkte „betriebswirtschaftlicher Bereich" (35,3%), „Umgang mit Menschen" (44,2%) und „organisatorischer Bereich" (53,6%) sind für ca. ein Drittel bis die Hälfte der befragten Absolventen relevante Weiterbildungsschwerpunkte.

Schwerpunkte erforderlicher Weiterbildung

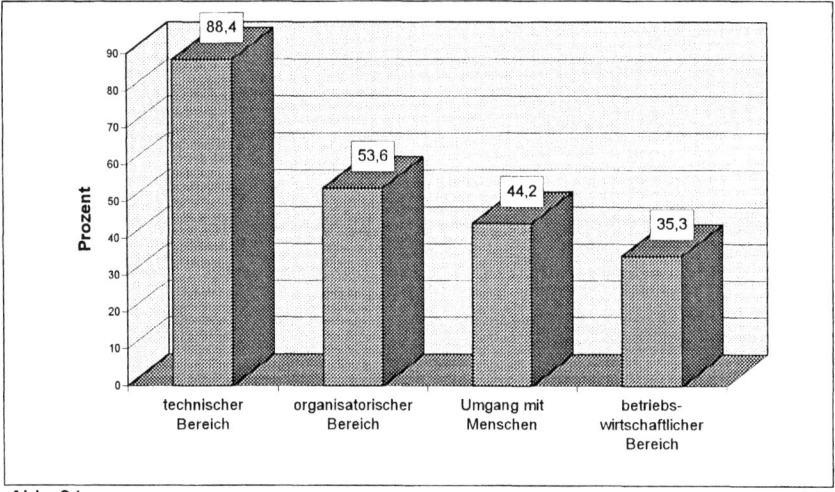

Abb. 31 (TE 20)

Die Arbeitgeberseite wurde danach befragt, wie sie die Fortbildungsaktivitäten der Techniker durch entsprechende Angebote unterstützt.

**Fortbildung im technischen Bereich (Arbeitgeberperspektive)**

Die Auswertung ergab, daß alle bei den Interviews berücksichtigten Unternehmen die Weiterbildung der Elektrotechniker im technischen Bereich fördern. Dabei sind die folgenden Seminarformen zu unterscheiden:

- Firmeninterne technische Schulungen:
 Firmeninterne technische Schulungen werden meist in den großen Industrieunternehmen organisiert und durchgeführt, da hier für Weiterbildungskurse genügend potentielle Teilnehmer zur Verfügung stehen. Diese Unternehmen verfügen meist auch über eigene Aus- und Weiterbildungsabteilungen.

- Firmeninterne Kundenschulungen:
 Wenn die Unternehmen den Kunden Seminare zur fachgerechten Bedienung der Produkte anbieten, nimmt das Fachpersonal des Betriebes besonders während der Einarbeitungszeit oft an diesen Kundenschulungen teil, um die Produkte des eigenen Unternehmens besser kennenzulernen.

- Externe Seminare an Bildungseinrichtungen:
Besonders die in den kleineren Unternehmen beschäftigten Techniker absolvieren ihre technische Weiterbildung oft in externen Bildungseinrichtungen, da für eine firmeninterne Schulung nicht genügend Teilnehmer zur Verfügung stehen.

- Externe Kundenschulungen der Hersteller:
Unabhängig von der Unternehmensgröße des beschäftigenden Betriebes nehmen die Elektrotechniker an Kundenschulungen der Hersteller teil, um Kompetenzen im Umgang mit der erworbenen Produktionstechnik bzw. den extern hergestellten Zwischenprodukten zu erwerben.

**Fortbildung im nicht-technischen Bereich (Arbeitgeberperspektive)**

Die Fortbildung im nicht-technischen Bereich wird vor allem von den großen Industrieunternehmen mit mehr als 1000 Beschäftigten gefördert, in denen entsprechende Weiterbildungsabteilungen etabliert sind. In firmeninternen Lehrgängen und Seminaren wird es den Mitarbeitern ermöglicht, Fremdsprachen zu erlernen oder zu vertiefen. Die Weiterbildung in Fremdsprachen ist besonders für die im Kundendienst und im Verkauf beschäftigten Techniker wichtig. Die wichtigste Fremdsprache ist Englisch, teilweise sind auch Kenntnisse in Französisch und Spanisch notwendig. Für die im Kundenkontakt stehenden Techniker werden aber auch Lehrgänge mit dem Thema „kundenorientiertes Verhalten" angeboten. Weitere Seminare in den großen Industrieunternehmen dienen dem Erwerb „kaufmännischen Wissens". Hier werden Grundlagen der Betriebswirtschaft vermittelt, und die Techniker lernen, Kostenbetrachtungen durchzuführen. Auch die Erweiterung der Sozialkompetenz wird durch einige Seminare angestrebt. Ein typischer Seminartitel ist hier „Kommunikation und Interaktion". Für Mitarbeiter, die Führungspositionen einnehmen, sind Führungsschulungen vorgesehen. Demnach steht den in großen Industrieunternehmen tätigen Elektrotechnikern auch im nicht-technischen Bereich ein breites Weiterbildungsangebot zur Verfügung.

In den kleinen Industriebetrieben und den Handwerksunternehmen sind Fortbildungen im nicht-technischen Bereich kein Bestandteil der Personalpolitik. Der Fortbildungsschwerpunkt liegt hier bei der externen technischen Weiterbildung. Wenn sich die Techniker in diesen Unternehmen z.B. betriebswirtschaftliche Kenntnisse aneignen oder für Führungsaufgaben qualifizieren wollen, müssen diese selbst die Initiative ergreifen und eine entsprechende, eventuell auch privat bezahlte Weiterbildung absolvieren.

### Einfluß von Arbeitsorganisationsaufgaben auf die Weiterbildung

Nachdem die Weiterbildungsangebote der Unternehmen beschrieben wurden, soll untersucht werden, wie sich die Anforderungen des Bestimmungsfaktors Arbeitsorganisation auf die Weiterbildungsaktivitäten der Elektrotechniker auswirken. Wie in Kapitel 7.1.5 gezeigt, korrelieren Aufgaben aus dem Bereich Arbeitsorganisation bei der Tätigkeit positiv mit höheren formalen Positionen in der betrieblichen Hierarchie und dem Einkommen. Die Beschäftigung mit Arbeitsorganisation ist für die Techniker relevant, besonders wenn diese höhere Positionen erreicht haben bzw. erreichen möchten.

Für den nicht-technischen Bereich bestehen bis auf den Punkt „Teamarbeit" Diskrepanzen zwischen Technikerausbildung und Tätigkeit. Der Bereich Ablauforganisation nimmt in der Rangfolge der Übereinstimmung einen der hinteren Ränge ein und zeigt damit einen hohen Weiterbildungsbedarf in diesem Bereich an.

Mit den folgenden Statistiken soll festgestellt werden, welchen Einfluß die Bedeutung arbeitsorganisatorischer Aufgabenstellungen auf die Themenschwerpunkte der Weiterbildungsaktivitäten von Elektrotechnikern hat. Dabei wird auch deutlich, wie der Bestimmungsfaktor des Berufsbildes „Arbeitsorgansiation" den Bestimmungsfaktor „Kompetenz" beeinflußt.

Zunächst wird untersucht, wie die Bedeutung von Arbeitsorganisation bei der Tätigkeit die Weiterbildungsaktivitäten der Techniker im „organisatorischen Bereich" bestimmt. Abbildung 32 zeigt die hohe Abhängigkeit der beiden Variablen.

Von den Absolventen, die an ihren Arbeitsplätzen keine Organisationstätigkeiten zu verrichten haben, bildet sich dennoch ein Viertel (25,0%) im organisatorischen Bereich weiter. Der Anteil der Techniker, für die dieser Weiterbildungsbereich relevant ist, steigt kontinuierlich mit zunehmender Bedeutung der Arbeitsorganisation an und erreicht mit 90,9% den höchsten Wert bei den Absolventen, die in der Arbeitsvorbereitung tätig sind.

Wird die ja/nein Skala (Nominalskala) bezüglich der Relevanz eines Weiterbildungsbereiches mit der gebotenen Vorsicht als Ordinalskala aufgefaßt, kann Gamma berechnet werden. Gamma zeigt dann mit +0,450 den positiven Zusammenhang zwischen der Bedeutung der Arbeitsorganisation und dem organisatorischen Bereich als Weiterbildungsschwerpunkt an.

Anteil der Elektrotechniker, die sich im „organisatorischen Bereich" weiterbilden, in Abhängigkeit der Relevanz von Arbeitsorganisationstätigkeiten am Arbeitsplatz

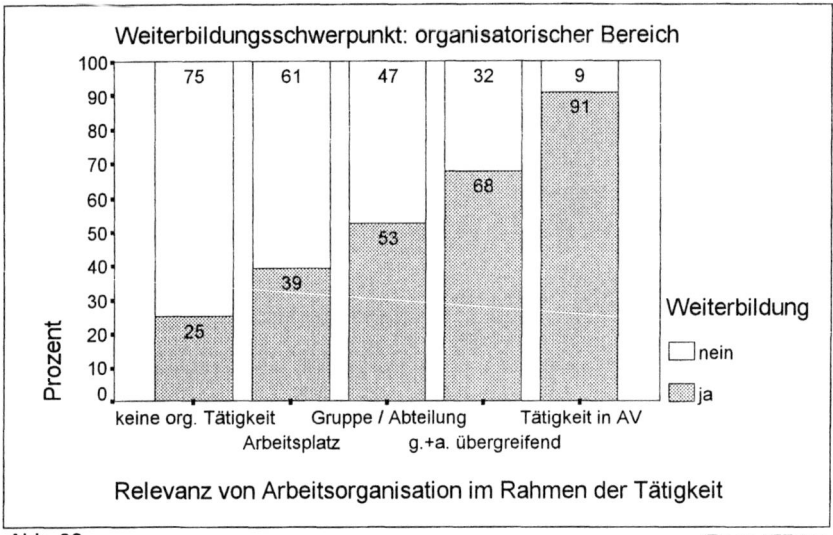

Abb. 32 (TE 20 / TE 32)

In Abbildung 33 ist der Zusammenhang zwischen der Relevanz von Arbeitsorganisation im Rahmen der Tätigkeit und dem Weiterbildungsschwerpunkt „betriebswirtschaftlicher Bereich" dargestellt.

Techniker, die keine Organisationstätigkeiten zu verrichten haben, Absolventen, bei denen sich die Organisationstätigkeit auf den eigenen Arbeitsplatz beschränkt, und solche, die mit Arbeitsorganisation im Rahmen der eigenen Arbeitsgruppe bzw. Abteilung beschäftigt sind, bilden sich zu ca. einem Viertel (21,9% - 24,2%) im „betriebswirtschaftlichen Bereich" weiter. Beinhaltet die Tätigkeit gruppen- und abteilungsübergreifende Arbeitsorganisationsaufgaben, bilden sich 51,9% der Absolventen bezüglich betriebswirtschaftlicher Fragestellungen weiter. Bei einer Tätigkeit in der Arbeitsvorbereitung steigt dieser Anteil auf 72,7%. Betriebswirtschaftliche Kenntnisse werden demnach besonders wichtig, wenn von den Technikern über den eigenen Arbeitsbereich hinausgehende Arbeitsorganisationsaufgaben zu erledigen sind. Wird wie bei der vorigen Korrelation (mit der angebrachten Vorsicht) Gamma berechnet, zeigt der Wert von + 0,478 den stark positiven Zusammenhang der beiden betrachteten Items.

Anteil der Elektrotechniker, die sich im „betriebswirtschaftlichen Bereich" weiterbilden, in Abhängigkeit der Relevanz von Arbeitsorganisationstätigkeiten am Arbeitsplatz

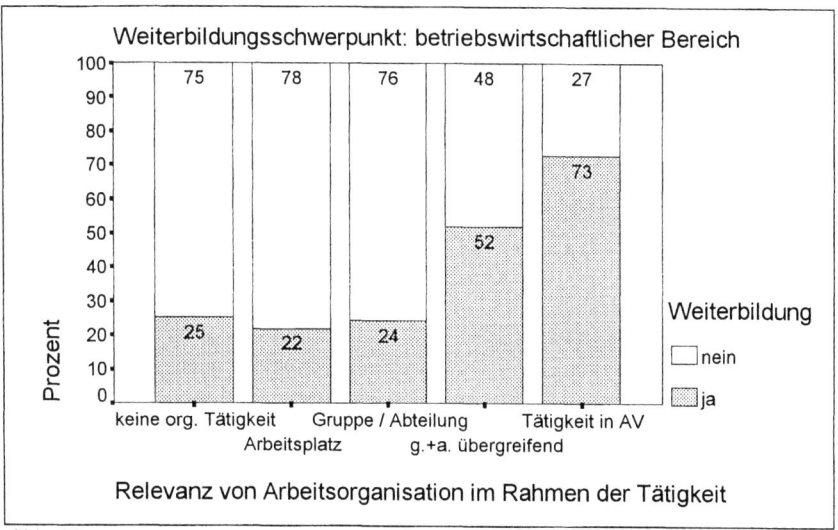

Abb. 33 (TE 20 / TE 32)

In der folgenden Statistik wird untersucht, welchen Stellenwert der nicht-technische Weiterbildungsbereich „Umgang mit Menschen" bei den Elektrotechnikern in Abhängigkeit von der Relevanz arbeitsorganisatorischer Aufgabenstellungen einnimmt. Die beiden Variablen werden in Abbildung 34 gegenübergestellt.

Der Weiterbildungsschwerpunkt „Umgang mit Menschen" zeigt im grafischen Verlauf eine ähnliche Abhängigkeit von der Relevanz der Arbeitsorganisation wie die Weiterbildung in betriebswirtschaftlichen Fragestellungen. Bei gruppen- und abteilungsübergreifenden Arbeitsorganisationsaufgaben liegt die Weiterbildungsquote im „Umgang mit Menschen" bei 50,0% und steigt bei einer Tätigkeit in der Arbeitsvorbereitung auf 72,7% an.

Ein wesentlicher Unterschied zu der vorangehenden Korrelation ist bei den Technikern festzustellen, deren Organisationstätigkeit maximal auf die eigene Gruppe bzw. Abteilung bezogen ist. Zwar schwanken die Werte in den drei Klassen „keine org. Tätigkeit", „Arbeitsorganisation nur am eigenen Arbeitsplatz" und „Arbeitsorganisation nur in der eigenen Arbeitsgruppe bzw. Abteilung" ähnlich wie bei dem vorher betrachteten Weiterbildungsbereich um maximal 2,7%, jedoch liegen diese zwischen 37,3% und 40,0% und damit deutlich höher als beim Weiterbildungsschwerpunkt „betriebswirtschaftlicher Bereich". D.h.

auch Techniker, die bei ihrer Tätigkeit in geringerem Maße mit Arbeitsorganisationsaufgaben betraut sind, bilden sich häufig im „Umgang mit Menschen" weiter.

Anteil der Elektrotechniker, die sich im „Umgang mit Menschen" weiterbilden, in Abhängigkeit der Relevanz von Arbeitsorganisationstätigkeiten am Arbeitsplatz

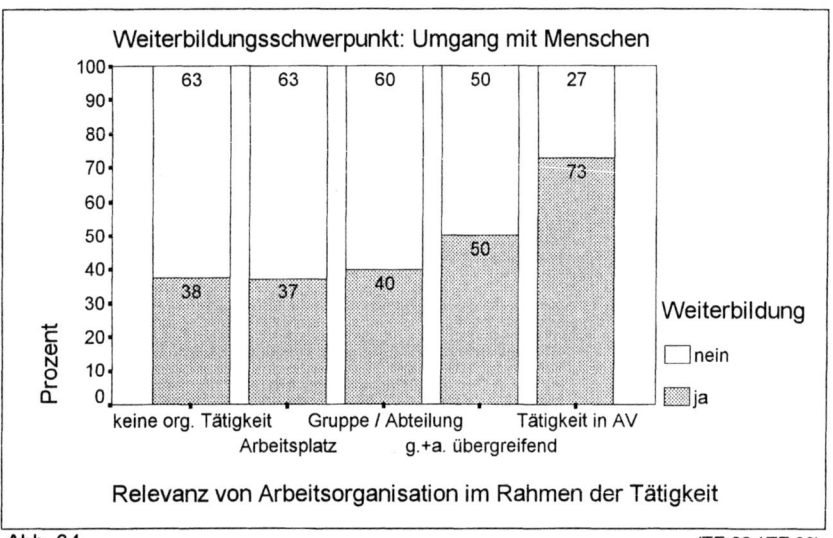

Abb. 34 (TE 20 / TE 32)

Gamma gibt mit + 0,213 eine positive statistische Abhängigkeit zwischen der Bedeutung von Arbeitsorganisation und dem Weiterbildungsschwerpunkt „Umgang mit Menschen" an. Der statistische Zusammenhang ist aber geringer als bei den anderen betrachteten nicht-technischen Weiterbildungsbereichen.

Wie die technische Weiterbildung mit den Arbeitsorganisationsaufgaben korreliert, zeigt Abbildung 35.

Der Bereich Technik ist, wie in Abblidung 31 bereits dargestellt, für die meisten Techniker als Weiterbildungsschwerpunkt von Bedeutung. Insgesamt bilden sich 88,4% der Befragten in diesem für die Techniker wichtigen Bereich weiter.

Bei der Betrachtung dieses Weiterbildungsbereiches in Abhängigkeit von der Bedeutung der Arbeitsorganisation bei der Tätigkeit zeigen sich statistische Zusammenhänge. Für alle Techniker (100,0%), die keine Organisationstätigkeiten ausführen, ist der „technische Bereich" ein Schwerpunkt beruflicher Weiterbildung. Die Absolventen, deren organisatorische Tätigkeiten den eigenen Arbeitsplatz und die eigene Arbeitsgruppe bzw. Abteilung betreffen, bilden sich zu 92,0% und 92,6% in technischen Fragestellungen weiter. Bei gruppen- und abteilungsübergreifenden Organisationstätigkeiten spielt die Weiterbildung im Bereich Technik die geringste Rolle (immerhin 82,7% aller Befragten in dieser Kohorte bilden sich bezüglich technischer Inhalte weiter). 90,9% der in der Arbeitsvorbereitung arbeitenden Absolventen sehen Bildungsbedarf bezüglich technischer Fragestellungen.

Anteil der Elektrotechniker, die sich im „technischen Bereich" weiterbilden, in Abhängigkeit der Relevanz von Arbeitsorganisationstätigkeiten am Arbeitsplatz

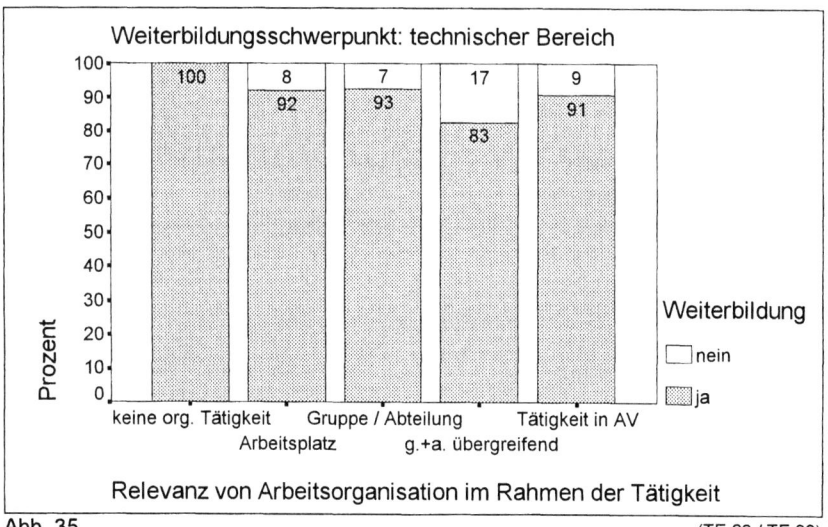

Abb. 35 (TE 20 / TE 32)

Im Gegensatz zu den nicht-technischen Weiterbildungsbereichen besteht demnach beim Bildungsbereich Technik ein negativer Zusammenhang mit der Wichtigkeit arbeitsorganisatorischer Tätigkeitsinhalte. Wird wiederum mit der angebrachten Vorsicht Gamma berechnet, zeigt der Wert von -0,356 diese negative Korrelation.

Zusammenfassend sind in Tabelle 17 für die vier betrachteten Weiterbildungsbereiche die Chi Quadrat Werte nach Pearson (auch für Nominalskalen gültig) als Maß für den statistischen Zusammenhang (hohe Werte) bzw. Unabhängigkeit (kleine Werte) sowie die Gamma Werte (für Ordinalskalen) gegenübergestellt.

Der größte statistische Zusammenhang zwischen der Relevanz der Arbeitsorganisation im Rahmen der Tätigkeit von Technikern und einem spezifischen Weiterbildungsschwerpunkt besteht im betriebswirtschaftlichen Bereich (Chi Quadrat = 53,65, Gamma = +0,478). D.h. je wichtiger für die Techniker arbeitsorganisatorische Aufgaben werden, umso häufiger entsteht ein Bildungsbedarf bezüglich ökonomischer Fragestellungen. Dieses Ergebnis wird durch die Auswertungen in Kap. 7.1.6.1 unterstützt. Dort wurde festgestellt, daß große Differenzen zwischen den in der Technikerausbildung vermittelten Inhalten und den Anforderungen der Tätigkeit bei den „Kostenbetrachtungen" liegen.

Arbeitsorganisatorische Tätigkeiten korrelieren in fast genau so hohem Maße mit einer entsprechenden Weiterbildung im „organisatorischen Bereich" (Chi Quadrat = 44,79, Gamma = +0,450). Wie bereits aufgezeigt, bestehen auch bezüglich des Bereiches „Ablauforganisation" hohe Differenzen zwischen Technikerausbildung und Tätigkeit, so daß für die Techniker mit zunehmender Relevanz dieses Bereiches eine entsprechende Weiterbildung erforderlich wird.

Bedeutung von Arbeitsorganisation im Rahmen der Tätigkeit in Abhängigkeit relevanter Weiterbildungsschwerpunkte (Korrelationsmaße)

| N= 531 | Weiterbildungsschwerpunkte | | | |
|---|---|---|---|---|
| | technischer Bereich | betriebswirtschaftlicher Bereich | organisatorischer Bereich | Umgang mit Menschen |
| Chi Quadrat Pearson F= 4 | 13,28 | 53,65 | 44,79 | 11,23 |
| Gamma | - 0,356 | + 0,478 | + 0,450 | + 0,213 |

Tab. 17 (TE 32 / TE 20)

Der Weiterbildungsbereich „Umgang mit Menschen" ist zwar für 44,2 % aller befragten Absolventen relevant, er ist aber nicht so spezifisch wie die bisher betrachteten Bereiche mit arbeitsorganisatorischen Tätigkeiten verknüpft (Chi Quadrat = 11,23, Gamma = + 0,213).

Ein negativer statistischer Zusammenhang mit der Bedeutung von Arbeitsorganisation bei der Tätigkeit besteht für die technische Weiterbildung (Chi Quadrat = 13,28, Gamma = - 0,356). Obwohl eine hohe Übereinstimmung zwischen der Relevanz fachlicher Kompetenz in Ausbildung und Tätigkeit besteht, ist für die meisten Techniker (88,4 %) eine ständige Weiterbildung in diesem Bereich erforderlich. Es zeigt sich jedoch, daß mit zunehmender Bedeutung von arbeitsorganisatorischen Tätigkeiten die Bedeutung des Bildungsbereiches Technik etwas abnimmt.

### 7.1.7 Auswirkungen des Bestimmungsfaktors Technik

In diesem Abschnitt soll anhand der in den Unternehmen vorgefundenen bzw. für die nähere Zukunft geplanten Produktionstechnik und der technischen Produkte untersucht werden, wie der Bestimmungsfaktor Technik die Tätigkeit der Elektrotechniker beeinflußt. Es werden die in Kapitel 4.5.1 dargelegten Kriterien zur Charakterisierung der Technik sowie technischer Systeme zugrundegelegt. Wie dort beschrieben, wird die hier gemeinte Technik in Form von *Produkten* (materialer Aspekt der Technik) und *Verfahren* (prozessualer Aspekt der Technik) realisiert. Von einem *technischen System* wird gesprochen, wenn das System lediglich aus materialen Elementen besteht. Die Eingangs-, Ausgangs- und Zustandsgrößen technischer Systeme lassen sich anhand der Kategorien Stoff, Energie, Information sowie Raum und Zeit beschreiben.

Zur Auswertung der Interviewdaten wird zunächst in Abhängigkeit von der Hauptfunktion der technischen Systeme geprüft, ob sich die Produkte und die Verfahren zu deren Herstellung in den letzten Jahren verändert haben bzw. in der Gegenwart und der näheren Zukunft verändern werden (vgl. Kap. 4.5.1.1). Weiterhin wird geprüft, ob beabsichtigt ist neue Stoffe, Energien und Informationen einzusetzen. Es soll auch untersucht werden, ob im Verhältnis der technischen Systeme zu ihrer Umwelt Veränderungen eingetreten sind. Bezüglich der Umwelt im weiteren Sinn betrifft dies Veränderungen der Umweltschutztechnik; bezüglich des Zusammenspiels von Mensch und Technik im soziotechnischen Handlungssystem soll geprüft werden, ob neue Anforderungen der Arbeitssicherheitstechnik umgesetzt werden. Weiterhin ist von Interesse, ob die Arbeitgeber innerhalb der soziotechnischen Handlungssysteme dem Menschen Priorität beimessen oder ob die Technik im Vordergrund steht (vgl. Kap. 4.5.1.3).

In vielen Unternehmen, in denen Interviews geführt wurden, war der Zweck der dort hergestellten technischen Systeme bzw. der von Elektrotechnikern betreuten Produktionstechnik die Steuerung und Regelung von Maschinen und Anlagen bzw. umfassender technischer Prozesse.

In der chemischen Industrie steuert die von Technikern installierte und gewartete Meß- und Regeltechnik (SPS, Leitsysteme, Meßtechnik, Diagnosesysteme) die chemischen (Produktions-) Verfahren. Eine wichtige Anforderung an die Kompetenz der Techniker ergibt sich aus der Aufgabe, die interdisziplinäre

Verknüpfung von der Meß- und Regeltechnik zu den chemisch-technischen Verfahren herzustellen. In diesem Aufgabenbereich stellen sich für die Elektrotechniker kaum neue Anforderungen aufgrund neuer Produkte (die Produktpalette bleibt weitgehend gleich), vielmehr werden ständig neue Verfahren zur kostengünstigeren bzw. umweltschonenderen Produktion der bekannten Produkte entwickelt und eingeführt. So entstehen oft neue Anlagen mit neuer Prozeßleittechnik, oder alte Anlagen werden auf moderne Prozeßleitsysteme umgerüstet. Die besondere Anforderung für die Techniker besteht darin, ständig hinzuzulernen, um die aktuellen Systeme bedienen, warten und reparieren zu können.

In Unternehmen 5 (vgl. Kap. 6.2; Tab. 2) wird die u.a. in der chemischen Industrie verwendete Analyse- und Prozeßleittechnik hergestellt. Entsprechend der oben beschriebenen Entwicklung ändern sich hier die Produkte. Als eine grundsätzliche Veränderungstendenz der Entwicklung und Gestaltung von Meß- und Regelsystemen bzw. der Prozeßleittechnik kann die zunehmende Bedeutung mikroprozessorbasierter Informationsverarbeitung bestimmt werden. Mechanische Bauteile in den Meß- und Regelsystemen verlieren an Bedeutung, die Schwerpunkte der technischen Entwicklung in der Meß- und Regeltechnik liegen nicht mehr in der Konstruktion neuer Hardware. Dagegen gewinnt die Entwicklung von Software und deren Anpassung an die Anforderungen der technischen Prozesse beim Kunden an Bedeutung. Die Aufgabenstellungen verändern sich damit in diesem Bereich grundsätzlich.

Das Hauptprodukt in Unternehmen 7 sind CNC-Steuerungen, die nach Kundenwünschen entwickelt werden. Auch in Unternehmen 8 beschäftigen sich Techniker mit der CNC-Technik. Die hier bearbeiteten technischen Systeme dienen der direkten Übertragung von Computerdaten an die Steuerung von CNC-Maschinen. In beiden Unternehmen basieren die Aufgaben der Elektrotechniker auf dem Umgang mit den neuen Informations- und Kommunikationstechniken. Der fachgerechte Umgang mit Hard- und Software ist die grundlegende Voraussetzung für eine Tätigkeit in diesem Bereich. Auf die Frage nach möglichen neuen Produkten und Verfahren antworteten die Interviewpartner in beiden Unternehmen übereinstimmend, daß die jeweiligen Betriebe sich mit Spitzentechnik beschäftigen und aufgrund der aktuellen technischen Entwicklung, die diese Technik hervorbrachte, gegründet wurden.

In drei Unternehmen mit Zugehörigkeit zur Handwerkskammer werden Steuerungen für technische Anlagen hergestellt und vertrieben. Bei diesen Anlagen handelt es sich beispielsweise um Klima- und Lüftungsanlagen, kühltechnische Aggregate oder Werkzeugmaschinen. In einem Handwerksunternehmen werden auch Steuerungen für komplette Kläranlagen mit der entsprechenden Meß- und Analysetechnik gefertigt. In diesem Bereich verändert sich der Zweck der Produkte nicht. Der Zweck ist und bleibt das Steuern der Anlagen, jedoch verändern sich die verarbeiteten Zwischenprodukte. Grundsätzlich besteht die Tendenz, elektromechanische Bauteile (z.B. Relais) durch elektronische Schaltungen zu ersetzen. Die Bedeutung von Software nimmt auch in diesem Bereich zu. Ein neues Verfahren, mit dem sich die Elektrotechniker im Bereich der Anlagensteuerung auseinandersetzen müssen, ist die Visualisierungstechnik. Viele der zu regelnden Vorgänge, die die Steuer- und Schaltanlagen regeln, werden nach den Angaben der Interviewpartner heute möglichst visualisiert. Dies erleichtert dem Kunden die Bedienung der Steuerungen im Sinne der Ergonomie.

In Unternehmen 3, das Investitionsgüter im Bereich Maschinenbau und Elektrotechnik herstellt, werden Veränderungen der Technik vor allem im Bereich der zu verarbeitenden Zwischenprodukte gesehen. Auch hier wurden vor allem die zunehmende Bedeutung der Informationstechnik und die größer werdende Wichtigkeit von Software betont. Neben der schon in den Handwerksunternehmen festgestellten Tendenz, elektromechanische Bauteile durch elektronische Steuerungen zu ersetzen, betonten die Interviewpartner die große Bedeutng moderner hydraulischer und pneumatischer Steuerungen. Nach den Angaben der Gesprächspartner gewinnt zukünftig vor allem der Themenbereich „Mechatronik" an Bedeutung. Der Schnittpunkt der Fachgebiete Elektrotechnik und Mechanik wird die Tätigkeit der Elektrotechniker zukünftig stärker bestimmen.

In sieben der fünfzehn untersuchten Unternehmen sind Elektrotechniker mit der Stromversorgung bzw. der Stromverteilung beschäftigt. Besonders zentral ist dieser Bereich für die in der Elektrizitätswirtschaft tätigen Techniker. Die bei der Errichtung, dem Ausbau und der Instandhaltung des Stromnetzes verwendete Technik hat sich wenig verändert. Veränderungen sind dagegen bei den für den Betrieb des Leitungsnetzes notwendigen Steuerungs- und Schaltanlagen zu verzeichnen. Nach den Angaben des Interviewpartners im untersuchten Stromversorgungsunternehmen befindet sich eine zentrale Schaltanlage für das gesamte Stromverteilungsnetz im Aufbau, die zentral von einer EDV-Anlage gesteuert wird. In diesem Bereich müssen die Elektrotechniker entsprechende Kompetenzen im Umgang mit der neuen Technik erwerben.

Während die Aufgabe der Elektrotechniker in der Energiewirtschaft darin besteht, den Strom beim Endverbraucher bereitzustellen, gehört es bei einigen in Handwerksunternehmen tätigen Technikern zur Arbeitsaufgabe, die Stromverteilung beim Endverbraucher (Unternehmen oder Privatkunden) vorzunehmen. In diesem Bereich der Niederspannungsstromverteilung machten die Interviewpartner keine Angaben bezüglich der Verwendung oder Herstellung neuer Produkte bzw. der Anwendung neuer Verfahren. In zwei der großen Industrieunternehmen sowie bei der berücksichtigten öffentlich-rechtlichen Rundfunkanstalt sind die Staatlich geprüften Techniker im Bereich „Haustechnik" auch für die Niederspannungsverteilung zuständig. Auch hier ergaben sich keine Anhaltspunkte für die Verwendung neuer Produkte bzw. die Anwendung neuer Verfahren, abgesehen von der bereits beschriebenen Tendenz, Schaltanlagen dort, wo keine großen Sröme und Spannungen geschaltet werden, möglichst mit elektronischen Bauteilen anstelle elektromechanischer Bauteile zu realisieren.

Sowohl in Industrieunternehmen als auch in Betrieben mit Zugehörigkeit zur Handwerkskammer gehört die Installation und Wartung von Telekommunikationsanlagen zum Aufgabenbereich der Elektrotechniker. Neue Systeme, wie z.B. ISDN, stellen hohe Anforderungen an die Fachkompetenz der Techniker. Im Bereich Telekommunikation ist die „Lichtleittechnik" als ein neues Verfahren zur Übertragung von Informationen relevant. Diese neue Technik verdrängt die Informationsübertragung auf elektromagnetischem Wege und bestimmt damit zunehmend die Tätigkeit der Elektrotechniker.

In Unternehmen 6 dienen die produzierten Investitionsgüter dem Transport von Produktionserzeugnissen. Technische Veränderungen betreffen hier die Steuerungen der Robotgeräte. Während die Programmierung früher an den Steuerungen selbst erfolgte, wird diese heute ausschließlich über Personalcomputer vorgenommen. Diese Entwicklung zeigt die herausragende Bedeutung der Informations- und Kommunikationstechniken im Tätigkeitsbereich der Techniker.

In der bei den Interviews berücksichtigten öffentlich-rechtlichen Rundfunkanstalt nehmen die Elektrotechniker einen hohen Anteil am Personal ein. Von insgesamt 1900 Beschäftigten haben 130 einen Abschluß als Staatlich geprüfter Techniker der Fachrichtung Elektrotechnik. Bei diesem für die Techniker wichtigen Arbeitgeber wird zur Zeit eine grundlegende Umstellung der Technik vorgenommen. Sowohl beim Rundfunk als auch beim Fernsehen werden neue technische Produkte eingeführt. Die Digitaltechnik hält sowohl im Audiobereich als auch im Videobereich Einzug. Die „klassischen Tonträger" werden durch digitale Aufzeichnungsgeräte ersetzt. Damit entfällt für die Elektrotechniker ein bisher relevanter Aufgabenbereich: Die Wartung und Reparatur der bisher verwendeten Tonträger wie Bandmaschinen, Plattenspieler und CD-Player entfällt vollständig. Auch in der Videotechnik wird die bisher übliche magnetische Aufzeichnung (MAZ) überflüssig, da in diesem Bereich digitale Videoserver eingeführt werden. Damit entfallen bisher relevante Wartungs- und Reparaturtätigkeiten an den Systemen zur magnetischen Aufzeichnung. Die neuen digitalen Audio- und Videosysteme werden über PC-vernetzte Systeme gesteuert, so daß auch im Bereich der Bedienung von Tonträgern manuelle Tätigkeiten entfallen.

Ein neues Verfahren verändert die Tätigkeiten der Beteiligten beim Fernsehen: das virtuelle Studio. Zum fachgerechten Umgang mit diesem Verfahren werden Computergrafiker benötigt. Diese werden in einem speziellen Institut ausgebildet. Bei dem Personal, das die Ausbildung zum Computergrafiker absolviert, handelt es sich nur in Ausnahmefällen um Personen, die einen Abschluß als Staatlich geprüfter Techniker haben. Durch die Einführung der Technik „virtuelles Studio" nimmt der Umfang bisher relevanter Aufgabenbereiche für die Elektrotechniker ab. Dies betrifft beispielsweise die Beleuchtungstechnik in den Fernsehstudios.

Im gesamten Rundfunkbereich ist eine grundlegende Veränderung der verwendeten Technik feststellbar. Diese technischen Veränderungen tragen die Tendenz in sich, Technikerarbeitsplätze zu substituieren. In den verbleibenden Tätigkeitsbereichen müssen sich die Elektrotechniker mit einer stark veränderten Technik befassen.

Nachdem bisher die technischen Veränderungen anhand neuer Produkte und Verfahren beschrieben wurden, soll nun geprüft werden, ob auch Veränderungen bei den Eingangs-, Ausgangs- und Zustandsgrößen technischer Systeme vorliegen. Dazu wird anhand der Interviewdaten ermittelt, ob und gegebenenfalls wie neue *Informationen* (bzw. neue Arten der Informationsverarbeitung), *Stoffe* und *Energien* die technischen Systeme verändern.

Wie schon bei der Beschreibung neuer Produkte und Verfahren ersichtlich, treten vor allem bei der *Informationsverarbeitung* Veränderungen auf. In allen 15 Unternehmen, in denen Interviews durchgeführt wurden, maßen die Gesprächspartner den neuen Informations- und Kommunikationstechniken „erste Priorität" oder eine „zentrale Bedeutung" bei. Informations- und Kommunikationstechniken sind in allen Bereichen, in denen die Techniker arbeiten, tätigkeitsbestimmend. Die Beherrschung dieser Technik gehört unabdingbar zur Fachkompetenz der Elektrotechniker.

In Bezug auf die Entwicklung der Beschäftigungsmöglichkeiten für Elektrotechniker ist die Rolle der Informations- und Kommunikationstechniken ambivalent einzuschätzen. Einerseits entstehen durch diese Technik neue Unternehmen, beispielsweise im Bereich Datenverarbeitung, die potentielle Arbeitgeber für die Elektrotechniker sind. Auch in den Handwerksunternehmen entstehen durch die voranschreitende Technisierung Arbeitsplätze für Elektrotechniker, da die Fachkompetenz der Facharbeiter den Anforderungen der Technik meist nicht mehr genügt. Andererseits besteht die Gefahr, daß die Techniker durch die zunehmende Bedeutung der Informations- und Kommunikationstechniken von Ingenieuren aus den Industrieunternehmen verdrängt werden, da bei einer zunehmenden Bedeutung von „Software" die tiefergehende theoretische Ausbildung der

Ingenieure den Vorteil der Praxiserfahrung von Staatlich geprüften Technikern überwiegt. Für den Rundfunkbereich wurde aufgezeigt, daß die Digitaltechnik den Aufgabenbereich des Menschen im soziotechnischen Handlungssystem vom Umfang her verkleinert, die verbleibenden Tätigkeiten aber theoretisch anspruchsvoller werden. Diese Entwicklung gilt wahrscheinlich für alle Tätigkeitsbereiche, die durch die Informations- und Kommunikationstechniken betroffen sind.

In den für die Elektrotechniker relevanten soziotechnischen Handlungssystemen werden nach den Angaben aller Interviewpartner keine neuen *Stoffe* innerhalb der technischen Systeme eingesetzt.

Dagegen gewinnt eine neue *Energie*form im Bereich der Telekommunikation an Bedeutung: das *Licht*. Wie bereits beschrieben, verdrängt die Lichtleittechnik die bisher übliche Form der Informationsübertragung. Die Energieform „Licht" wird als Mittel zur Übermittlung von Informationen verwendet.

Auch in der Beziehung der technischen Systeme zu ihrer Umwelt sind Veränderungen feststellbar. In einem Verständnis von Umwelt im engen Sinne betrifft dies das Zusammenwirken von Mensch und Technik im soziotechnischen Handlungssystem. Hier ist die *Arbeitssicherheit* für den Menschen relevant.

Grundlegende Produktionsumstellungen in den großen Industrieunternehmen werden meist von einem „Ergonomieprogramm" begleitet, dessen Ziel einerseits die „ergonomische Verträglichkeit" beim Zusammenwirken von Mensch und Technik im soziotechnischen Handlungssystem ist. Eine optimale ergonomische Arbeitsgestaltung fördert dabei andererseits gleichzeitig die Produktivität. Für die Elektrotechniker werden diese arbeitstechnischen Gestaltungsmaßnahmen meist nur dann relevant, wenn ihr eigener Arbeitsplatz von einer arbeitssicherheitstechnischen Umgestaltung betroffen ist.

Dagegen müssen die Techniker bei der Konstruktion von Anlagen und Maschinen und der Programmierung der Steuerungen neue gesetzliche Vorschriften bezüglich der Arbeitssicherheit beachten. Bei der Konstruktion ist auf eine entsprechende Kapselung bewegter Teile zu achten, bei der Programmierung der Steuerungen sind für mögliche Gefahrenfälle Notabschaltungsprogramme vorzusehen. Durch die strenger werdenden gesetzlichen Vorschriften entstehen neue Aufgabenfelder für die Techniker im Bereich der technischen Überwachung, da sicherheitstechnische Überprüfungen an Bedeutung gewinnen.

Durch den Einfluß der Informations- und Kommunikationstechniken arbeiten immer mehr Elektrotechniker an Bildschirmen. In diesem Zusammenhang ist die neue EG-Verordnung über Bildschirmarbeitsplätze zu erwähnen, die hier entsprechende Arbeitsschutzmaßnahmen regelt.

Eine weitere wichtige gesetzliche Grundlage ist die Richtlinie über die „Elektromagnetische Verträglichkeit (EMV)". Diese Richtlinie betrifft einerseits die Abschirmung von hergestellten Produkten gegen elektromagnetische Strahlung und damit die Gewährleistung der Betriebssicherheit unter deren Einwirkung. Andererseits ist auch die zulässige Abstrahlung elektromagnetischer Wellen von Produkten geregelt. Diese bedeutsame gesetzliche Grundlage erfordert nach den Angaben der Interviewpartner von den Elektrotechnikern Weiterbildungsmaßnahmen, da auch im Zusammenhang mit dem Produkthaftungsgesetz hier entsprechende Kompetenzen gefordert sind.

Betrachtet man die Umwelt der technischen Systeme, die über das unmittelbare soziotechnische Handlungssystem hinausgeht, werden die durch die Technik verursachten ökologischen Belastungen relevant. Um diese ökologischen Belastungen zu vermindern, werden in der *Umweltschutztechnik* ständige Verbesserungen angestrebt.

Einige große Industrieunternehmen implementieren im Rahmen des europäischen Ökoaudits ökologieorientierte Systeme in ihren Betrieben. Die Produktionsverfahren werden so gestaltet, daß die Umwelt mit möglichst wenig Abfallstoffen belastet wird. Dazu gehört beispielsweise eine in die Produktionsverfahren integrierte Gebrauchswasseraufbereitung. Die Abwassertechnik ist auch für die Auftragslage einiger Handwerksunternehmen relevant. Nach den Angaben eines Interviewpartners in einem Handwerksunternehmen erhält der betreffende Betrieb etwa die Hälfte der Aufträge im Bereich der Abwassertechnik. Hier schaffen die hohen Anforderungen der Umweltschutzgesetzgebung Beschäftigungsmöglichkeiten für die Techniker.

Die in Handwerksunternehmen tätigen Elektrotechniker müssen sich auch bei der Entsorgung veralteter Technik mit Umweltschutzgesichtspunkten auseinandersetzen. Beispielsweise müssen asbesthaltige Nachtspeicheröfen umweltgerecht entsorgt werden. Gleiches gilt für die Entsorgung von Leuchtmitteln, Transformatoren und Kondensatoren.

Die Rücknahme und fachgerechte Entsorgung ist auch für die im Kundenservice beschäftigten Techniker relevant. So erklärte der Interviewpartner in einem Unternehmen im Bereich Datenverarbeitung, daß eine Regelung über die Rücknahme veralteter Rechner mit den Computerherstellern getroffen wurde. Es fällt in den Aufgabenbereich der Servicetechniker, den Austausch der Computersysteme zu organisieren und vorzunehmen.

In der Automobilindustrie sind die Elektrotechniker an der Entwicklung schadstoffarmer und damit umweltfreundlicher Motoren beteiligt.

Für die im Bereich der technischen Überwachung tätigen Techniker sind die Anforderungen der Umweltschutztechnik besonders relevant. Dies betrifft zum einen die Durchführung von Sicherheitsanalysen an der Umweltschutztechnik selbst, aber auch bei der Zulassung von Produktionstechnik wie auch der Produkte ist die Umweltverträglichkeit zu prüfen. In diesem Zusammenhang seien noch einmal die Vorschriften über die „Elektromagnetische Verträglichkeit (EMV)" erwähnt, die bei elektrotechnischen Geräten zu berücksichtigen sind.

In der dem öffentlichen Dienst zuzuordnenden Forschungseinrichtung, in der ein Schwerionenstrahl als Dienstleistung an Forschungsgruppen beretgestellt wird, sind die Elektrotechniker zum Teil in der Abteilung für Strahlenschutz tätig. Sie überwachen dort die Einhaltung der gesetzlichen Grenzwerte bezüglich der Abstrahlung radioaktiver und elektromagnetischer Strahlung.

Die Interviewpartner wurden befragt, ob die Elektrotechniker an der Gestaltung der technischen Systeme beteiligt sind. Die erhaltenen Antworten machen deutlich, daß die Techniker nur in einem der berücksichtigten Unternehmen an der Gestaltung der Produktionstechnik im eigenen Unternehmen beteiligt sind. Diese Ausnahme ist in der chemischen Industrie anzutreffen. Die Techniker optimieren hier unter anderem die Meß- und Regeltechnik der chemischen Produktionsverfahren. Eine Beteiligung an der Gestaltung der Produktionstechnik ist insofern gegeben, als das von den Elektrotechnikern erhaltene „Feedback" über die Lösung technischer Probleme systematisch aufgenommen und bei zukünftigen Umgestaltungen der Verfahren berücksichtigt wird. In den weiteren 14 Unternehmen ist eine Beteiligung der Techniker an der Gestaltung der Produktionstechnik nur in Ausnahmefällen gegeben.

Bei der Produktgestaltung sieht dies anders aus. In vielen Unternehmen, in denen die Techniker im Kundenservice arbeiten, werden die Probleme bzw. die Gestaltungswünsche der Kunden systematisch durch die Servicetechniker erfaßt. Um dieser Aufgabe gerecht zu werden, benötigen die Techniker ein übergreifendes technisches Systemverständnis. In den Serviceleitungen der Unternehmen werden die von den Servicetechnikern zusammengetragenen Informationen gesammelt und systematisiert. Diese Informationen werden dann bei der Entwicklung neuer bzw. der Umgestaltung vorhandener Produkte berücksichtigt.

In den Handwerksunternehmen sind die Techniker oft an der Planung der technischen Ausführung von Kundenwünschen beteiligt. Sie können hier eigene Ideen zur Lösung der Kundenprobleme einbringen bzw. die Realisierung von Bauvorhaben gestalten. In den großen Industrieunternehmen ist der Gestaltungsspielraum für die Techniker durch zu berücksichtigende Vorgaben kleiner.

Die Interviewpartner wurden weiterhin gefragt, ob die Produktionstechnik im Unternehmen eher der Vervollständigung und umfassenden Nutzung menschlicher Kompetenz dient und damit die Gestaltung und Anwendung von Technik der Organisationsentwicklung folgt oder ob sich der Einsatz der Techniker im soziotechnischen Handlungssystem nach den Erfordernissen des technischen Systems richtet.

In vier der fünfzehn berücksichtigten Unternehmen (drei mit Zugehörigkeit zur Industrie- und Handelskammer, ein Unternehmen des öffentlichen Dienstes) gaben die Interviewpartner an, daß die Technik der umfassenden Nutzung menschlicher Kompetenz diene und damit der Mensch vor der Technik rangiere. Eine Erläuterung über den Umgang mit einer solchen Strategie und deren Auswirkungen konnte in den drei Industrieunternehmen nicht gegeben werden. Lediglich in dem teilweise dem öffentlichen Dienst zugehörigen Unternehmen der technischen Überwachung wurde die Strategie plausibel erläutert. Die sicherheitstechnische Überwachung von Anlagen und Maschinen dient dem Schutz des Menschen und der Umwelt. Es ist die Aufgabe der in diesem Bereich tätigen Techniker und Ingenieure, die Technik auf ihre Sicherheit und Umweltverträglichkeit hin zu überprüfen. Die Bedürfnisse des Menschen und der Umwelt sind dabei die Leitperspektive.

In neun Unternehmen, darunter alle Betriebe mit Zugehörigkeit zur Handwerkskammer, gaben die Gesprächspartner an, daß sich der Einsatz der Elektrotechniker nach den Erfordernissen des technischen Systems richte. Zur Erläuterung dieser Aussage wurden u.a. folgende Begründungen gegeben:

- „Die Techniker sind Dienstleister an den technischen Systemen."
- „Techniker arbeiten als betriebsinterne Dienstleister."
- „Technik ist das entscheidende Produkt."
- „Die Anforderungen der Kunden an die Technik stehen im Vordergrund."

Demnach richtet sich der Einsatz der Elektrotechniker innerhalb des soziotechnischen Handlungssystems aus der Perspektive der Unternehmensleitungen in den meisten Fällen nach den Erfordernissen der Technik. Damit determiniert die Technik in gewisser Weise die Tätigkeit der Elektrotechniker.

## 7.2 Externe und interne Rollenerwartungen

In Kapitel 4.4 wurde die *externe Rollenerwartung* im Kontext des Arbeitslebens als die Gedanken, Überlegungen und Einstellungen der Vorgesetzten, Kollegen, Untergebenen und Kunden beschrieben, die darauf eingehen, was ein bestimmtes Organisationsmitglied an seinem Arbeitsplatz tun soll, welche Kompetenzen es haben soll, was es denken oder glauben sollte und wie es sich gegenüber anderen zu verhalten hat. Die *interne Rollenerwartung* entspricht den durch das Selbstkonzept und die externen Rollenerwartungen bedingten Gedanken, Überlegungen und Einstellungen darüber, was der Rolleninhaber, seiner eigenen Meinung nach, an seinem Arbeitsplatz tun soll, welche Kompetenzen er sich in Bezug auf seine Rolle zuschreibt bzw. als defizitär erlebt und eventuell noch erwerben möchte (vgl. Kap. 4.4.2).

Zur Beschreibung der externen und internen beruflichen Rollenerwartungen der Elektrotechniker werden Kriterien wie Einkommen, Position und Verantwortung herangezogen. Die Rollen am Arbeitsplatz sind aber auch durch die bei den Tätigkeiten möglichen und damit auszufüllenden Freiheitsgraden sowie den Kooperationsanforderungen und Kooperationsmöglichkeiten bestimmt. Die externen Rollenerwartungen werden anhand der bei den Interviews mit der Arbeitgeberseite erhaltenen Daten ermittelt. Die Selbsteinschätzung der Technikerschulabsolventen dient der Beschreibung der internen Rollenerwartungen. Beschreibungskriterien, die sowohl bei der externen wie auch der internen Rollenerwartung ermittelt wurden, werden in diesem Kapitel aufeinanderfolgend dargestellt und miteinander verglichen.

### 7.2.1 Position, Einkommen, Personalverantwortung

*Drexel* beschreibt die Technikerausbildung als den „klassischen Weg" der Facharbeiter, um im Betrieb mittlere Positionen zu erreichen (vgl. Kap. 3.2). In diesem Zusammenhang wird der Techniker als Gehilfe des Ingenieurs gesehen, der gleichzeitig die Aufgabe hat, zwischen den „Welten" der Ingenieure und der Facharbeiter zu vermitteln. *Schneider* (1997, S.146) ordnet die Positionen der Elektroechniker in den von der Bundesanstalt für Arbeit herausgegebenen Blättern zur Berufskunde auf der Ebene von Sachbearbeitern ein, wobei allerdings Aufstiegsmöglichkeiten in höhere Positionen bestehen.

Welche Positionen die befragten Absolventen in der betrieblichen Hierarchie besetzen, welche Verantwortung ihnen ihre „Rolle" auferlegt und wie die „Rollenübernahme" vom Arbeitgeber entlohnt wird, soll in diesem Kapitel untersucht werden. Zunächst werden die von den Technikern eingenommenen Positionen in der betrieblichen Hierarchie aus ihrer eigenen Perspektive untersucht. Dazu werden die bei der Absolventenbefragung erhaltenen Daten zur Position dargestellt und mit relevanten Variablen korelliert. Anschließend werden typische Technikerpositionen aus der Arbeitgeberperspektive beschrieben und mit den Daten der schriftlichen Befragung verglichen.

**Positionen der Techniker (Technikerperspektive)**

In Abbildung 36 sind die Positionen der Techniker unter Zugrundelegung der Daten der schriftlichen Absolventenbefragung dargestellt.

Positionen der Elektrotechniker in der betrieblichen Hierarchie

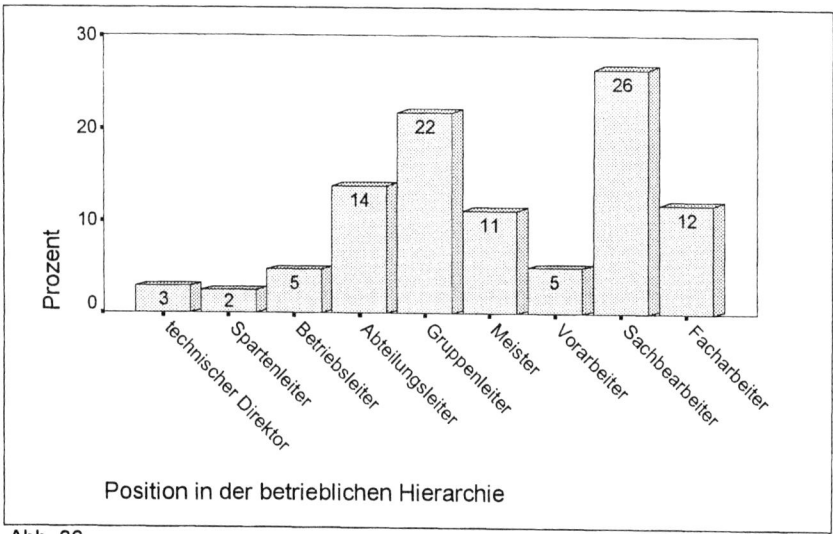

Abb. 36 (TE 24)

Die größte Zahl der Absolventen gibt in Übereinstimmung mit den Aussagen von *Schneider* an, als Sachbearbeiter (26,5%) bzw. als Gruppenleiter (21,7%) tätig zu sein. 13,8% nehmen die Position des Abteilungsleiters ein, insgesamt 10,2% der Techniker sind auf noch höheren Positionen beschäftigt. Auffällig ist, daß die vierthäufigste Nennung mit 11,8% die Position des Facharbeiters ist. Hier handelt es sich um Absolventen, denen es nach der Weiterbildung zum Techniker nicht gelang, beim Wiedereintritt in das Beschäftigungssystem eine adäquate Position zu besetzen.

Da entgegen den Aussagen der Literatur 24,0% der Techniker als Abteilungsleiter oder auf einer noch höheren Position beschäftigt sind, soll untersucht werden, wie die Positionen der betrieblichen Hierarchie mit den Unternehmensgrößen korrelieren, um festzustellen, in welchen Unternehmen die Absolventen Abteilungsleiterpositionen und darüberliegende Ränge besetzen. In Tabelle 18 sind die beiden Ordinalskalen in einer Kreuztabellierung gegenübergestellt.

Wenn die Absolventen die Position eines „technischen Direktors" einnehmen, handelt es sich bei 69,2% der Fälle (N=9) um Techniker in Unternehmen, die weniger als 20 Arbeitnehmer beschäftigen. Jeweils 15,2% (N=2) der Befragten sind auf dieser Position in Unternehmen mit 50 bis 99 bzw. mit 100 bis 499 Arbeitnehmern beschäftigt. Auf der Ebene der „Spartenleiter" verteilen sich die Unternehmensgrößen relativ unspezifisch. 71,4% der Techniker (N=15) mit der Position eines Betriebsleiters arbeiten in Unternehmen mit weniger als 20 beschäftigten Arbeitnehmern.

Position der Elektrotechniker in der betrieblichen Hierarchie in Abhängigkeit von der Unternehmensgröße

| Anzahl Reihenprozent Position | Anzahl der im Unternehmen beschäftigten Arbeitnehmer | | | | | | | | |
|---|---|---|---|---|---|---|---|---|---|
| | 1 bis 19 | 20 bis 49 | 50 bis 99 | 100 bis 499 | 500 bis 999 | 1000 bis 4999 | 5000 bis 9999 | 10000 bis 49999 | mehr als 50000 |
| technischer Direktor | 9 69,2 | | 2 15,4 | 2 15,4 | | | | | | 13 |
| Spartenleiter | 1 10,0 | 2 20,0 | 1 10,0 | 3 30,0 | | 1 10,0 | | 2 20,0 | | 10 |
| Betriebsleiter | 15 71,4 | | 2 9,5 | 1 4,8 | 1 4,8 | 1 4,8 | 1 4,8 | | | 21 |
| Abteilungsleiter | 11 18,3 | 6 10,0 | 9 15,0 | 19 31,7 | 5 8,3 | 6 10,0 | | 4 6,7 | | 60 |
| Gruppenleiter | 9 10,0 | 9 10,0 | 8 8,9 | 24 26,7 | 5 5,6 | 16 17,8 | 7 7,8 | 6 6,7 | 6 6,7 | 90 |
| Meister | 13 27,7 | 2 4,3 | 4 8,5 | 6 12,8 | | 7 14,9 | 4 8,5 | 5 10,6 | 6 12,8 | 47 |
| Vorarbeiter | 3 15,0 | 2 10,0 | 4 20,0 | 5 25,0 | 1 5,0 | 2 10,0 | 1 5,0 | 2 10,0 | | 20 |
| Sachbearbeiter | 10 9,2 | 7 6,4 | 8 7,3 | 32 29,4 | 11 10,1 | 17 15,6 | 9 8,3 | 1 0,9 | 14 12,8 | 109 |
| Facharbeiter | 11 22,9 | 5 10,4 | 5 10,4 | 11 22,9 | 2 4,2 | 3 6,3 | 2 4,2 | 4 8,3 | 5 10,4 | 48 |
| | 82 | 33 | 43 | 103 | 25 | 53 | 24 | 24 | 31 | 418 |

Tab. 18 (TE 24 / TE 11)

Auf der Ebene der „Abteilungsleiter" und den darunterliegenden Hierarchiestufen sind keine Abhängigkeiten zwischen den Positionen und den Unternehmensgrößen gegeben. Ein Trend hin zu kleineren Unternehmen ist nur auf der Ebene der „technischen Direktoren" und der „Betriebsleiter" offensichtlich.

Gamma gibt mit -0,179 auch einen entsprechend schwach negativen Zusammenhang zwischen der Unternehmensgröße und der Position der Techniker an.

Da sich Beschäftigte innerhalb einer Qualifikationsgruppe üblicherweise im Laufe ihres Berufslebens weiterentwickeln, werden höhere Positionen oft erst mit ansteigendem Dienstalter erreicht. Um festzustellen, ob bei den Technikern in Bezug auf die Position in der betrieblichen Hierarchie immer eine Entwicklung stattfindet oder ob häufig „Durchstarter" vorkommen, die bereits am Anfang ihres Berufsweges höchste Positionen einnehmen, wird die Position der Techniker in der betrieblichen Hierarchie in Abhängigkeit von den Dienstalterskohorten untersucht.

Abbildung 37 zeigt die Hierarchiepositonen der „Berufsanfänger", das sind die Absolventen, die weniger als 5 Jahre nach der Weiterbildung zum Techniker wieder berufstätig sind.

**Position der Elektrotechniker in der betrieblichen Hierarchie**
**(Dienstaltersklasse: Seit 0 < 5 Jahren Techniker)**

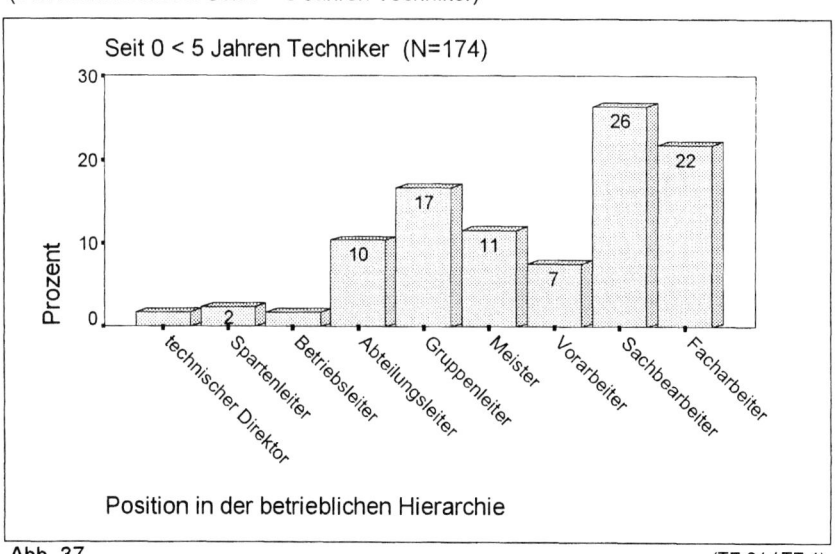

Abb. 37 (TE 24 / TE 1)

In dieser Dienstalterskohorte ist die häufigste Position die des Sachbearbeiters (26,4%), eine Position die von *Schneider* (1997, S. 14) in den Blättern zur Berufskunde als die am häufigsten von Technikern eingenommene Stellung in der betrieblichen Hierarchie beschrieben wird. Daß die Position Facharbeiter mit 21,8% am zweithäufigsten vertreten ist, zeigt die Aktualität der Problematik für die Absolventen, nach der Technikerausbildung im Beschäftigungssystem eine adäquate Position zu erlangen. Fast ein Viertel der „Berufseinsteiger" arbeitet nach diesen Ergebnissen auf Positionen, die nicht ihren formalen Qualifikationen entsprechen. Andererseits sind bereits 16,7% in der „jüngsten" Dienstalterskohorte als Gruppenleiter tätig, 10,3% nehmen die Position eines Abteilungsleiters ein. D.h. für Techniker, denen ein Wiedereinstieg in die Arbeitswelt gelingt, sind durchaus attraktive (Aufstiegs-) Positionen vorhanden.

In der Gruppe der Absolventen, deren Abschluß bereits mehr als 5 Jahre und weniger als 10 Jahre zurückliegt (Abbildung 38), ist die häufigste Nennung wie bei den „Berufseinsteigern" die Position des Sachbearbeiters (29,2%). Die untere Position Facharbeiter ist hier im Vergleich zur Kohorte der dienstjüngsten Techniker von 21,8% auf 6,2% zurückgegangen. 25,4% der Techniker in der Dienstalterskohorte 5 < 10 Jahre nehmen in der betrieblichen Hierarchie die Position eines Gruppenleiters ein. Der prozentuale Anteil der Abteilungsleiter verändert sich im Vergleich zur „jüngsten" Dienstalterskohorte nur unwesentlich. Dagegen gewinnen die Positionen vom Betriebsleiter bis zum technischen Direktor, die in der Gruppe der Berufseinsteiger nur in Einzelfällen vertreten waren, an Bedeutung (Summe der Prozentwerte: 10,8%).

In der Kohorte der Techniker, deren Abschluß mindestens 10 und weniger als 15 Jahre zurückliegt (Abbildung 39), überwiegt die Position des Gruppenleiters (27,2%). Der Anteil der Sachbearbeiter ist in dieser Dienstalterskohorte auf 21,7% zurückgegangen. Dagegen hat sich der Anteil der Abteilungsleiter im Vergleich zur Kohorte „Techniker seit 5 < 10 Jahren" mit 20,7% mehr als verdoppelt. Auf den höheren Positionen Betriebsleiter, Spartenleiter und technischer Direktor sind insgesamt 16,3% der Absolventen der Dienstalterskohorte „Techniker seit 10 < 15 Jahren" vertreten. Daraus folgt, daß zumindest die dienstälteren Techniker der Ausbildung adäquate und höhere Positionen besetzen konnten.

Eine explizite Betrachtung der Dienstalterskohorten Techniker seit 15 < 20 Jahren und 20 < 25 Jahren erfolgt hier nicht, da es sich nur um N=32 bzw. N=8 Fälle handelt.

Position der Elektrotechniker in der betrieblichen Hierarchie
(Dienstaltersklasse: Seit 5 < 10 Jahren Techniker)

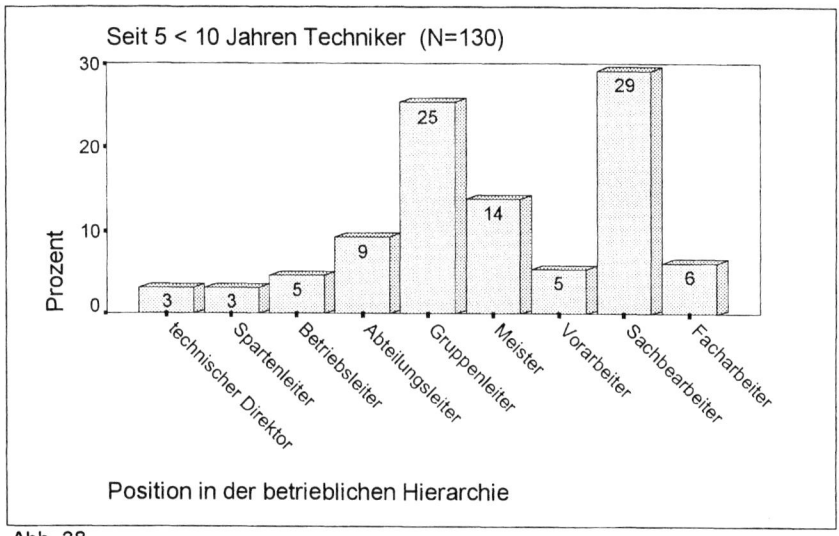

Abb. 38 (TE 24 / TE 1)

Position der Elektrotechniker in der betrieblichen Hierarchie
(Dienstaltersklasse: Seit 10 < 15 Jahren Techniker)

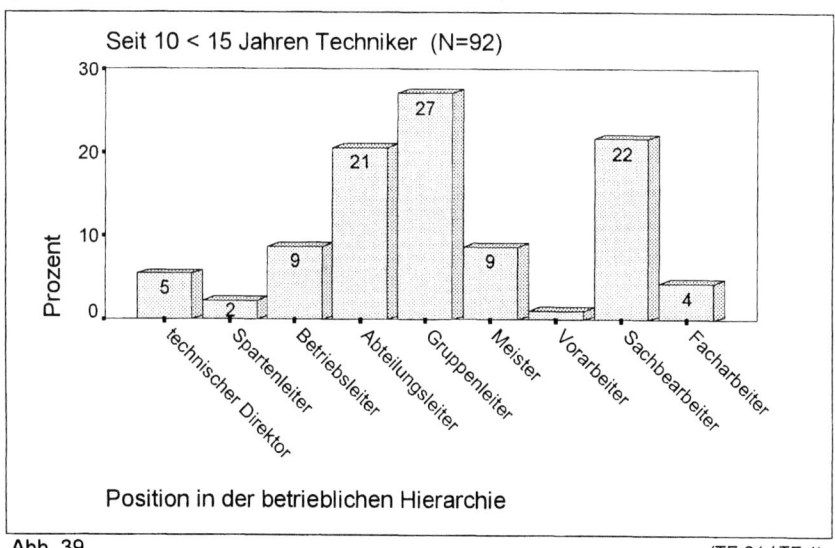

Abb. 39 (TE 24 / TE 1)

Wird für die beiden betrachteten Ordinalskalen Gamma kalkuliert, zeigt der Wert von + 0,281 diesen positiven Zusammenhang von Position und Dienstalter. Eine Erklärung liegt darin, daß bei vielen Technikern eine Entwicklung in der Weise stattfindet, daß mit zunehmender Berufserfahrung höhere Positionen eingenommen werden. Wie in den Abbildungen 37 und 39 dargestellt, gelingt jedoch einigen Absolventen beim Wiedereinstieg in das Beschäftigungssystem oder kurz danach die Übernahme einer Position auf Abteilungsleiterniveau. Andererseits gelangt fast jeder vierte Techniker mit mehr als 10 Jahren Berufserfahrung nicht über die Position des Sachbearbeiters hinaus. Der Facharbeiterstatus spielt bei den Dienstälteren keine Rolle mehr.

**Positionen der Techniker (Arbeitgeberperspektive)**

Bisher wurden die Positionen der Elektrotechniker aus ihrer eigenen Perspektive dargestellt. In den Interviews wurden aber auch die Arbeitgeber bzw. deren Vertreter danach befragt, welche Positionen die Techniker in ihren Unternehmen üblicherweise einnehmen.

In sechs von acht der untersuchten Industrieunternehmen sowie beim öffentlich-rechtlichen Rundfunk werden die für Techniker üblichen Positionen und die Aufstiegsmöglichkeiten der Technikerschulabsolventen mit hoher Übereinstimmung beschrieben. Zunächst wird die in diesen Unternehmen vorgefundene Sichtweise dargestellt und darauf folgend werden die abweichenden Rollenerwartungen in den zwei verbleibenden Industriebetrieben beschrieben. Danach erfolgt eine Beschreibung der Technikerpositionen im Handwerk und im öffentlichen Dienst.

In den erwähnten sechs Industieunternehmen und beim öffentlich-rechtlichen Rundfunk ist die für den Techniker übliche Position die des Sachbearbeiters. Einige Interviewpartner lehnten aber auch den Begriff Sachbearbeiter zur Beschreibung der üblichen Position von Technikern in der betrieblichen Hierarchie als unpassend ab, da sie die Techniker als eine eigene Gruppe sehen, der sie spezifische Aufgabenstellungen und eine eigene „Rolle" zuordnen. Je nach Unternehmen und Arbeitsorganisation arbeitet der „typische Techniker" weitgehend selbständig oder als Mitglied in einem Team. In den hier beschriebenen Unternehmen wird an „dem Techniker" besonders die auf praktische Erfahrung basierende fachlich-technische Kompetenz geschätzt. Personalverantwortung ist auf diesen Positionen üblicherweise nicht gegeben. Die Staatlich geprüften Techniker können auch in den Industrieunternehmen die Aufstiegsposition Gruppenleiter erreichen, in sehr wenigen Ausnahmefällen nehmen sie die Position eines Abteilungsleiters ein. Solche Aufstiege waren vor einigen Jahren noch möglich, heute ist es jedoch sehr unwahrscheinlich, daß ein Techniker in einem großen Industrieunternehmen Gruppenleiter oder gar Abteilungsleiter wird. Die Aufstiegsmöglichkeiten sind vor allem durch eine hohe Zahl von Ingenieuren in diesen Unternehmen stark eingeschränkt. Die Möglichkeit, daß Techniker Leitungsfunktionen übernehmen, wird durch die Konkurrenz der formal höher qualifizierten Ingenieure in den Industrieunternehmen sehr unwahrscheinlich. So ist beispielsweise bei einem Automobilhersteller die Aufnahme von Mitarbeitern in ein Personalentwicklungsprogramm für Führungskräfte von einem Fachhochschulabschluß als formale Mindestvoraussetzung abhängig.

Entwicklungsmöglichkeiten bestehen für die Techniker eher in Bezug auf die Komplexität der fachlichen Aufgabenstellungen. Am Beispiel der fachlichen Entwicklungsmöglichkeit von Elektrotechnikern in Unternehmen 5 (vgl. Kap. 6.2; Tab. 2), in dem Investitionsgüter im Bereich Prozeßleittechnik gefertigt werden, soll diese Möglichkeit verdeutlicht werden: Der Absolvent der Technikerschule beschäftigt sich zunächst mit „Kleinautomatisierungsstufen". Nach zwei bis drei Jahren hat er einige Erfahrung gesammelt und betreut nun „komplexe Prozeßleitsysteme". Bei Servicetätigkeiten an diesen Systemen setzt er sich mit spezifischen Problemen von Kunden auseinander und gewinnt so die Fähigkeit, Problemstellungen des Kunden in sein Denken mit einzubeziehen. Wenn die hier gewonnenen Erfahrungen mit einer gewissen Sozialkompetenz einhergehen, wird eine Tätigkeit im Vertrieb möglich, die dann mit einem entsprechend hohen Einkommen einhergeht. Damit sind Tätigkeiten in Service und Vertrieb in den großen Industrieunternehmen die wahrscheinlichsten Aufstiegswege für die Techniker. Auch die fachliche Leitung von Projekten wird erfahrenen Elektrotechnikern oft übertragen.

Anders stellen sich die Karrieremöglichkeiten in den zwei verbleibenden Unternehmen mit Zugehörigkeit zur Industrie- und Handelskammer dar. In dem untersuchten Stromversorgungsunternehmen bestehen auf der fachlichen Ebene für Staatlich geprüfte Techniker wie auch für Meister Weiterbildungsmöglichkeiten zum „Netzwerkmeister" und als nächst höhere Stufe zum „Montageinspektor". Auf der disziplinarischen Ebene steigen die Absolventen zwar auf der Sachbearbeiterebene ein, ein Aufstieg zum Sachgebietsleiter ist allerdings nicht ungewöhnlich. Eine solche Tätigkeit ist dann auch mit Personalverantwortung verbunden.

Fast uneingeschränkte Aufstiegsmöglichkeiten finden die Elektrotechniker in Unternehmen 7, das als deutsche Tochter einer ausländischen Gesellschaft Werkzeugmaschinen und CNC-Steuerungen in Deutschland vertreibt. In dem Unternehmen herrscht die Philosophie, für alle Tätigkeiten, die eine technisch-fachliche Kompetenz erfordern, nur Techniker einzustellen. Ingenieure werden in diesem Unternehmen nicht beschäftigt. Die Techniker können dann im Betrieb in allen

Bereichen tätig werden. Für die Techniker ist ein Aufstieg in alle im Unternehmen vorfindbaren Positionen möglich. Dies kann soweit gehen, daß eine kompetente Persönlichkeit mit Technikerabschluß mit dem Aufbau einer neuen Auslandsfiliale beauftragt wird. Da keine Mitarbeiter mit formal höheren Abschlüssen eingestellt werden, hängt der Berufserfolg der Techniker nur von deren Engagement und Kompetenzen ab.

In den Unternehmen mit Zugehörigkeit zur Handwerkskammer ist die „Rolle" der Staatlich geprüften Techniker anders definiert als in den Industrieunternehmen. Zwar finden sich auch hier Techniker, die als Sachbearbeiter ohne Personalverantwortung tätig sind, jedoch ist dies in den Handwerksunternehmen eher die Ausnahme. Wenn die Elektrotechniker die Aufgabe eines Bauleiters übernehmen, ist dies immer mit Personalverantwortung verbunden. In drei von vier untersuchten Handwerksunternehmen waren Elektrotechniker auf den Positionen Abteilungsleiter bzw. Betriebsleiter beschäftigt oder Mitglied der Geschäftsleitung.

Auch im dem Unternehmen der technischen Überwachung entstehen neue Karrieremöglichkeiten für die Techniker. Neben der bereits aufgeführten Möglichkeit, durch gesetzliche Deregulierungen die Prüfung zum Sachverständigen abzulegen, ist hier ein neues Tarifsystem zu erwähnen. Seit 1995 ist in diesem Unternehmen ein tätigkeitsbezogenes Tarifsystem eingeführt worden. Die tarifliche Einstufung ist nicht mehr von formalen Abschlüssen, sondern nur von der ausgeübten Tätigkeit abhängig. Damit existieren auch keine formalen Grenzen für den beruflichen Aufstieg.

Auch in der dem öffentlichen Dienst zugehörigen Großforschungseinrichtung bestanden zumindest in der Vergangenheit gute Entwicklungsmöglichkeiten für die Staatlich geprüften Techniker. Etwa 10% der dort beschäftigten Techniker haben als Gruppen- oder Abteilungsleiter disziplinarische Personalverantwortung und sind in entsprechende Vergütungsgruppen (III/IIa) des BAT eingeordnet.

**Zusammenfassende Betrachtung**

Unter Berücksichtigung der Angaben der Absolventen und der Aussagen der Arbeitgebervertreter können die Positionen und Aufstiegsmöglichkeiten der Staatlich geprüften Techniker in der betrieblichen Hierarchie nunmehr zusammenfassend beschrieben werden:

In den meisten Industrieunternehmen wird an „dem Techniker" die auf beruflicher Praxis basierende und während der Technikerausbildung theoretisch reflektierte Fachkompetenz geschätzt. Personalverantwortung ist mit den typischen Technikerpositionen nicht verbunden. Früher bestanden aber auch in den Industrieunternehmen Entwicklungsmöglichkeiten für die Elektrotechniker. Die Absolventen, die diese Chancen genutzt haben, sind heute, wie die Auswertung der Absolventenbefragung zeigt, auf höheren Positionen mit disziplinarischer Personalverantwortung tätig. Diese Karrieremöglichkeiten sind mittlerweile in den meisten Industrieunternehmen stark eingeschränkt. Fachliche Entwicklungsmöglichkeiten sind jedoch gegeben. Insgesamt sinkt der Bedarf an Staatlich geprüften Technikern in den großen Industrieunternehmen u.a. aufgrund der technischen Entwicklung. Entsprechende Positionen, auf denen früher Techniker tätig waren, werden heute teilweise mit Ingenieuren besetzt. Ein Einstieg von Technikerschulabsolventen in ein Industrieunternehmen, in dem der betreffende Techniker keine berufliche Erstausbildung absolviert hat, ist sehr schwierig. Berufseinsteiger sind zum Teil gezwungen, auf Facharbeiterpositionen tätig zu werden, da sonst keine Möglichkeit besteht, einen Arbeitsplatz zu bekommen.

Gleichzeitig entstehen durch die Technikentwicklung neue Arbeitsplätze für Elektrotechniker in den Handwerksunternehmen. Dort genügt die Fachkompetenz der Facharbeiter und Meister oft nicht den Anforderungen, die mit dem Einsatz neuer Technik einhergehen. Im Gegensatz zu den typischen Technikerpositionen in der Industrie sind die Technikerstellen in den Handwerksbetrieben oft mit Personalverantwortung verbunden. Da hier die Konkurrenz der formal höher qualifizierten Ingenieure nicht gegeben ist, können die Techniker auch heute noch in den Handwerksunternehmen Führungspositionen übernehmen.

Im öffentlichen Dienst entstehen durch die Deregulierung von starren, an formalen Abschlüssen orientierten Aufstiegswegen möglicherweise neue Karrierechancen für die Techniker.

**Einkommen der Techniker**

Neben der formalen Positionsbezeichnung wird einer beruflichen Rolle vom Arbeitgeber eine bestimmte Vergütung zugeordnet. Auch der Arbeitnehmer verbindet mit der Rollenübernahme eine bestimmte Einkommenserwartung.

Zunächst werden die Antworten der befragten Absolventen bezüglich des monatlichen Bruttoeinkommens ausgewertet und mit den beiden Variablen Position und Dienstalter korreliert. Anschließend wird dargestellt, welches Vergütungsspektrum die Arbeitgeberseite mit den von Technikern eingenommenen Positionen verbindet.

**Einkommen (Technikerperspektive)**

In Abbildung 40 ist die Verteilung der mit beruflicher Arbeit erzielten Einkommen für alle befragten Absolventen dargestellt.

Die Verteilung zeigt einen Anstieg (Rechtsschiefe) zu den höheren Einkommen hin. 31,7% der befragten Techniker verdienen mehr als 6000,- DM Brutto im Monat.

Wie bereits gezeigt, nehmen die Techniker mit zunehmender Berufserfahrung höhere Positionen in der betrieblichen Hierarchie ein. Aber auch wenn formale Positionsbezeichnungen beibehalten werden, steigt die Vergütung üblicherweise mit zunehmendem Dienstalter an.

Um den durchschnittlichen dienstaltersabhängigen Anstieg der Einkommen zu beurteilen, wird in Abbildung 41 die Abhängigkeit beider Variablen dargestellt.

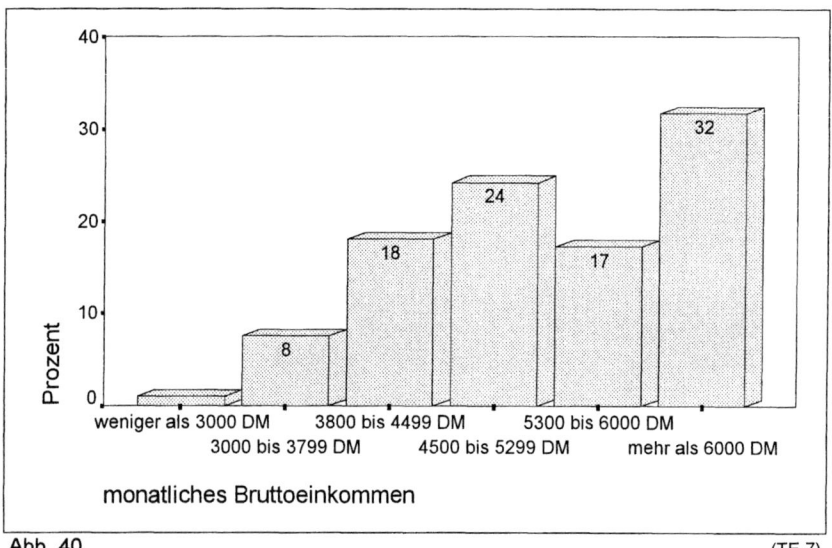

Abb. 40 (TE 7)

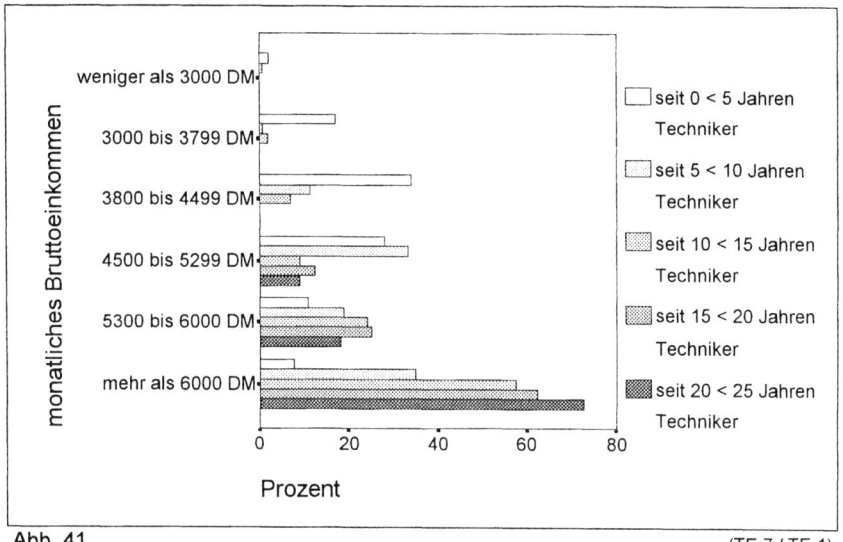

Abb. 41 (TE 7 / TE 1)

Das Einkommen zeigt eine hohe Abhängigkeit vom Dienstalter. Bei den Technikern, die den Abschluß vor 20 < 25 Jahren erlangt haben, verdienen 72,7% im Monat über 6000,-DM, während dies in der Klasse der „Berufseinsteiger" nur bei 7,7% der Fall ist. In dieser Klasse der Techniker, die ihre Abschlußprüfung vor weniger als 5 Jahren bestanden haben, liegt das durch die Arbeit als Techniker erzielte monatliche Einkommen am häufigsten im Bereich zwischen 3800,- und 4499,- DM (34,1%). Sehr niedrige Einkommen unter 3000,-DM Brutto sind nur in der Klasse der „Berufseinsteiger" (2,2%) und der nächst höheren Klasse (0,8%) festzustellen.

Da zwei ordinal skalierte Variablen vorliegen, kann Gamma berechnet werden. Gamma nimmt mit + 0,658 einen hohen Wert an und zeigt die stark positive Korrelation zwischen Einkommen und Dienstalter.

Wie bereits aufgeführt, wird eine berufliche Rolle unter anderem durch die Positionsbezeichnung und das Einkommen charakterisiert. Die von den befragten Technikern eingenommenen Positionen und deren Zusammenhang mit der Unternehmensgröße und dem Dienstalter wurden oben bereits aufgezeigt. Aus Untersuchungen zu empirischen sozialwissenschaftlichen Methoden ist bekannt, daß die Antworten von Befragten zu sozial erwünschten bzw. honorierten Kategorien tendieren (*Friedrichs* 1990, S. 206). Daher soll geprüft werden, ob die befragten

Absolventen eventuell dazu tendieren, höhere Positionsbezeichnungen anzugeben. Als Kontrollvariable hierzu eignet sich das durch die Tätigkeit erzielte Einkommen. Zur Überprüfung wird in Tabelle 19 das monatliche Bruttoeinkommen in Abhängkeit von der Position in der betrieblichen Hierarchie dargestellt.

**Monatliches Bruttoeinkommen der Elektrotechniker in Abhängigkeit von der Position in der betrieblichen Hierarchie**

| Anzahl<br>Reihenprozent<br>Position | monatliches Bruttoeinkommem | | | | |
|---|---|---|---|---|---|
| | weniger als 3000,- DM | 3000,- DM bis 4499,- DM | 4500,- DM bis 6000,- DM | mehr als 6000,- DM | |
| technischer Direktor | | 2<br>15,4 | 1<br>7,7 | 10<br>76,9 | 13 |
| Spartenleiter | | 4<br>36,4 | 1<br>9,1 | 6<br>54,5 | 11 |
| Betriebsleiter | 2<br>10,0 | 2<br>10,0 | 7<br>35,0 | 9<br>45,0 | 20 |
| Abteilungsleiter | | 13<br>21,3 | 15<br>24,6 | 33<br>54,1 | 61 |
| Gruppenleiter | | 17<br>18,1 | 42<br>44,7 | 35<br>37,2 | 94 |
| Meister | | 15<br>30,6 | 22<br>44,9 | 12<br>24,5 | 49 |
| Vorarbeiter | | 8<br>36,4 | 9<br>40,9 | 5<br>22,7 | 22 |
| Sachbearbeiter | | 29<br>24,8 | 65<br>55,6 | 23<br>19,7 | 117 |
| Facharbeiter | 3<br>5,8 | 26<br>50,0 | 20<br>38,5 | 3<br>5,8 | 52 |
| | 5 | 116 | 182 | 136 | 439 |

Tab. 19 (TE 7 / TE 24)

Erwartungsgemäß wird ein positiver Zusammenhang zwischen den beiden ordinalskalierten Variablen festgestellt. Gamma hat einen Wert von + 0,352. Bei Technikern in der Position des Facharbeiters (N=52) ist eine Tendenz zu niedrigen Einkommen feststellbar. 50,0 % der Befragten in dieser Position verdienen zwischen 3000,- DM und 4499,- DM Brutto. Bei den Positionen Sachbearbeiter, Vorarbeiter, Meister und Gruppenleiter ist der am häufigsten auftretende Wert (Modus) der Einkommensbereich von 4500,- DM bis 6000,- DM monatlich. Ab der Ebene Abteilungsleiter und darüber treten Gehälter über 6000,- DM am häufigsten auf. Diese Betrachtung spricht für eine angemessene Einschätzung der eigenen Position. Der erwähnten Tendenz, zur Übertreibung in Richtung sozial positiv bewerteter Angaben, verfallen wahrscheinlich die Absolventen, welche geantwortet haben, die Position eines Abteilungsleiters einzunehmen, und weniger als 4500,- DM verdienen (21,3 % der „Abteilungsleiter"). Auch in den formal höheren Positionen treten solche Fälle auf. So geben N=3 „technische Direktoren" an, weniger als 6000,- DM Brutto im Monat zu verdienen. Da bereits festgestellt wurde, daß es sich bei allen Unternehmen, in denen Techniker diese Position einnehmen, um Betriebe mit weniger als 20 Mitarbeitern handelt, könnte es sich bei den angegebenen Fällen um Betriebe mit beispielsweise zwei oder drei Beschäftigten handeln.

**Einkommen (Arbeitgeberperspektive)**

Auch die Arbeitgebervertreter wurden befragt, mit welchem monatlichen Bruttoeinkommen die von den Technikern in den jeweiligen Unternehmen eingenommenen Positionen vergütet werden. Dabei wurde nach der durchschnittlichen monatlichen Vergütung der Berufsanfänger, Technikern mit ca. 5 Jahren Berufserfahrung und dem Verdienst von „Aufsteigern" differenziert. In Tabelle 20 sind die erhaltenen Antworten für die einzelnen Unternehmen dargestellt. In der Tabelle sind auch die Kammerzugehörigkeit und die Anzahl der in der örtlichen Einheit beschäftigten Mitarbeiter angegeben.

Bei der Betrachtung der Einkommensangaben für die Techniker durch die Arbeitgeberseite werden die bereits in Kapitel 7.1.4 dargestellten Angaben der befragten Techniker bestätigt. Dort wurden die Einkommen der Absolventen in Abhängikeit vom Kammerbereich des beschäftigenden Unternehmens dargestellt. Obwohl die in den Handwerksunternehmen beschäftigten Techniker meist in einem breiten Aufgabenfeld tätig werden können und die Technikerschulabsolventen in den kleineren Unternehmen höhere formale Positionen einnehmen, liegen die Einkommen der in Industrieunternehmen beschäftigten Techniker höher. Während das monatliche Bruttoeinkommen der Berufseinsteiger nach den Angaben der Arbeitgeberseite in den Industrieunternehmen zwischen 3800,- DM und 5100,- DM liegt, geben die Vertreter der Handwerksunternehmen Beträge zwischen 3500,- DM und 4500,- DM an. Auch bei den Technikern mit Berufserfahrung unterscheiden sich die durchschnittlichen Einkommen in Abhängigkeit von der Kammerzugehörigkeit des Unternehmens. Die Interviewpartner in den Industrieunternehmen nannten hier Beträge zwischen 4500,- DM und 7000,- DM monatlich. In den Handwerksunternehmen erhalten die Elektrotechniker nach ca. fünf Jahren Berufserfahrung eine monatliche Bruttovergütung, die zwischen 4000,- DM und 6000,- DM liegt. Dieses Verhältnis spiegelt sich auch bei den möglichen Spitzeneinkommen wider. Das höchste Technikereinkommen wird in einem Unternehmen der Automobilindustrie mit 9000,- DM monatlich erzielt.

## Monatliches Bruttoeinkommen der Elektrotechniker (Arbeitgeberperspektive)

| Fall Nr. | Kammerbereich | Unternehmensgröße (Anzahl der Beschäftigten in der örtlichen Einheit) | Einkommen der Berufseinsteiger in DM | Einkommen bei Berufserfahrung (ca. 5 Jahre) in DM | Einkommen bei Aufstiegspositionen in DM |
|---|---|---|---|---|---|
| 1 | Industrie- und Handelskammer | 24000 | 5100,- | 7000,- | 9500,- |
| 2 | Industrie- und Handelskammer | 8000 | 3800,- | 5100,- bis 5600,- | max. 5800,- |
| 3 | Industrie- und Handelskammer | 3000 | 3900,- bis 4100,- | 5000,- bis 5500,- | mehr Einkommen als 5500,- möglich |
| 4 | Industrie- und Handelskammer | 1450 | 4500,- bis 4700,- | keine Angabe | 7000,- |
| 5 | Industrie- und Handelskammer | 1000 | 4200,- | 5000,- | bis 6000,- bei Technikertätigkeit, im Vertrieb mehr |
| 6 | Industrie- und Handelskammer | 100 | 4000,- bis 4500,- | 5000,- | mehr Einkommen als 5000,- möglich |
| 7 | Industrie- und Handelskammer | 30 | 4000,- | 6500,- | max. 8000,- |
| 8 | Industrie- und Handelskammer | 25 | 4000,- | 4500,- bis 5000,- | keine Angabe |
| 9 | IHK und Handwerkskammer | 85 | 3800,- bis 4000,- | 4000,- bis 4300,- | 6500,- nach 10 Jahren Berufserfahrung |
| 10 | Handwerkskammer | 380 | 4000,- bis 4500,- | 5500,- bis 6000,- | mehr Einkommen als 6000,- möglich |
| 11 | Handwerkskammer | 81 | 4500,- | 5500,- | keine Angabe |
| 12 | Handwerkskammer | 70 | 3500,- bis 4200,- | 5000,- | keine Angabe |
| 13 | öffentl. Dienst, Tendenz zur Privatisierung | 300 | 4100,- | 4700,- bis 5300,- | max. 6900,- |
| 14 | öffentl. Dienst | 1900 | 4000,- | keine Angabe | max. 7300,- |
| 15 | öffentl. Dienst | 730 | BAT VI b bis BAT V b | BAT IV b | in Ausnahmefällen BAT II a |

Tab. 20 (AG R6 / AG U1 / AG U5)

Die Auswertung der Interviews mit der Arbeitgeberseite bestätigt in diesem Punkt die Angaben der Absolventen bei der schriftlichen Befragung (vgl. Kap. 7.1.4). Die aufgeführten Zahlen dürften sich allerdings aufgrund der bereits aufgezeigten Entwicklung der Karrieremöglichkeiten für die Techniker relativieren. Es wurde dargestellt, daß die in Industrieunternehmen beschäftigten Techniker früher Aufstiegsmöglichkeiten nutzen konnten und damit heute relativ hohe Positionen in der betrieblichen Hierarchie einnehmen, die mit einer entsprechenden Vergütung verbunden sind. Aufgrund der Konkurrenzsituation mit den formal höherqualifizierten Ingenieuren in den Industrieunternehmen sind diese Aufstiegsmöglichkeiten heute sehr stark eingeschränkt. Damit einhergehend sinkt die Wahrscheinlichkeit, daß die Techniker zukünftig Einkommen erzielen, welche die Verdienstmöglichkeiten in den Handwerksunternehmen weit übersteigen.

**Personalverantwortung**

Ein weiteres wesentliches Merkmal einer beruflichen Rolle ist das Vorhandensein bzw. Nichtvorhandensein von Personalverantwortung für unterstellte Mitarbeiter. Hier ist zwischen der fachlichen Weisungsbefugnis und der disziplinarischen Personalverantwortung zu unterscheiden. Um die diesbezügliche Rolle und damit die Rollenerwartungen der Elektrotechniker darzustellen, wird nachfolgend anhand der Daten der schriftlichen Absolventenbefragung geprüft, für wieviele Mitarbeiter die Techniker fachlich weisungsberechtigt sind oder disziplinarische Personalverantwortung tragen. Danach wird die Einschätzung der Arbeitgeber zu dieser Fragestellung dargestellt.

*Drexel* bezeichnet die Technikerausbildung als den „klassischen Zugang zu mittleren Positionen ohne Führungsfunktion" (*Drexel* 1993, S. 138). Auch *Klemens* (1988, S. 6) beschreibt Personalführungsaufgaben des Technikers als Ausnahmefall. Die Übernahme von Personalverantwortung ist nach diesen Aussagen im Gegensatz zum Meister nicht zwingend mit der Tätigkeit des Technikers verbunden. D.h. die übliche berufliche Rolle des Technikers ist demnach die des technisch orientierten Fachmanns auf einem fachlichen Niveau zwischen Facharbeiter und Ingenieur. Entsprechend der damit einhergehenden Rollenerwartung seitens der Unternehmen würde dem Techniker nur in Ausnahmefällen Personalverantwortung übertragen werden.

Die aufgrund der erhobenen Daten möglichen Aussagen zur Personalverantwortung Staatlich geprüfter Elektrotechniker werden im folgenden vorgestellt. In Abbildung 42 wird ersichtlich, welche prozentualen Anteile der Befragten für die Mitarbeiterführung verantwortlich sind und um wieviele Mitarbeiter es sich jeweils handelt.

50,2% der befragten Absolventen haben keine Personalverantwortung. Allerdings hat die andere Hälfte der untersuchten Klientel zum Teil die Verantwortung für eine große Anzahl von Mitarbeitern. Da die Mitarbeiterführung entgegen den Angaben in der einschlägigen Literatur für fast die Hälfte der Befragten Relevanz besitzt, wird dieses Item mit den bisher aufgeführten, die berufliche Rolle kennzeichnenden Merkmalen korreliert.

Personalverantwortung der Elektrotechniker

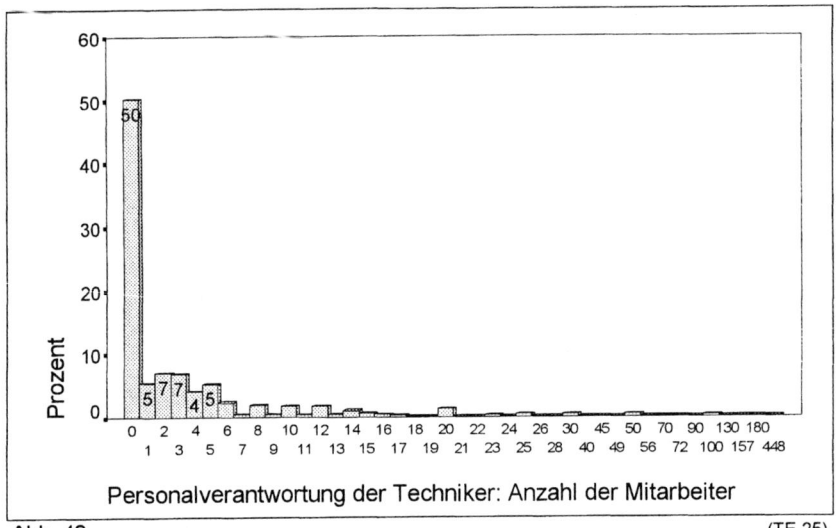

Abb. 42 (TE 25)

Personalverantwortung der Elektrotechniker in Abhängigkeit von der Position in der betrieblichen Hierarchie

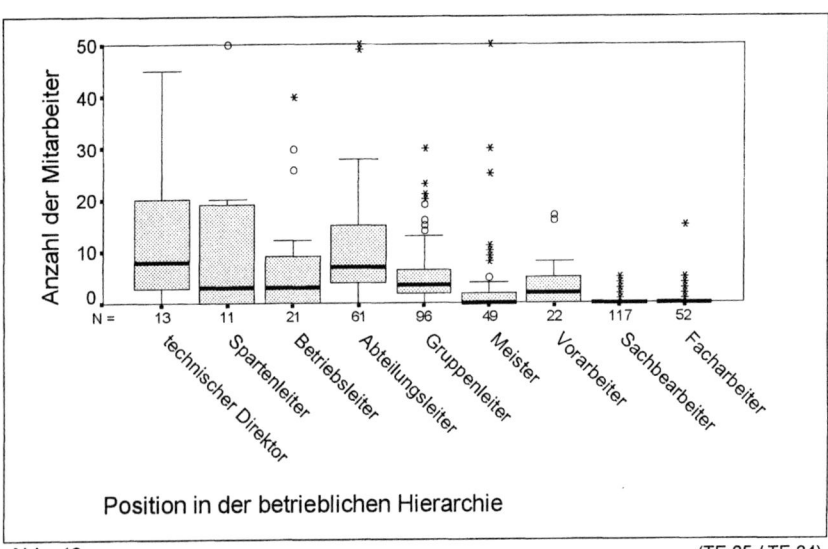

Abb. 43 (TE 25 / TE 24)

## Zusammenhang der Merkmale Position und Personalverantwortung

Zunächst wird geprüft, wie sich die Mitarbeiterzahl im Vergleich zu den angegebenen Positionsbezeichnungen verhält. Die Darstellung erfolgt in Abblidung 43 in Form von Boxplot-Diagrammen.

Die genaue Lage der in den Boxplot-Diagrammen dargestellten Werte für den jeweiligen Median sowie die den Boxplot begrenzenden Werte des 1. und 3. Quartils sind in Tabelle 21 aufgelistet.

Personalverantwortung der Elektrotechniker in Abhängigkeit von der Position in der betrieblichen Hierarchie (Median und Quartilwerte)

| Position | Median | 1. Quartilwert | 3. Quartilwert |
|---|---|---|---|
| technischer Direktor | 8,00 | 2,00 | 21,00 |
| Spartenleiter | 3,00 | 0,00 | 20,00 |
| Betriebsleiter | 3,00 | 0,00 | 10,50 |
| Abteilungsleiter | 7,00 | 3,50 | 15,00 |
| Gruppenleiter | 3,50 | 2,00 | 6,75 |
| Meister | 0,00 | 0,00 | 2,50 |
| Vorarbeiter | 2,00 | 0,00 | 5,00 |
| Sachbearbeiter | 0,00 | 0,00 | 0,00 |
| Facharbeiter | 0,00 | 0,00 | 0,00 |

Tab. 21 (TE 25 / TE 24)

Techniker mit den Positionen Facharbeiter und Sachbearbeiter tragen bis auf wenige Ausnahmen keine Verantwortung für unterstellte Mitarbeiter. Auffällig ist die relativ geringe Personalverantwortung der als Meister beschäftigten Techniker. Den höchsten Wert nimmt der Median mit 8 Mitarbeitern bei den Absolventen an, die sich als „technische Direktoren" bezeichnen, gefolgt von den „Abteilungsleitern", bei denen der Median einen Wert von 7 hat.

Tendenziell gehen höhere Positionen mit einer größeren Anzahl von unterstellten Mitarbeitern einher. Damit ist eine positive Korrelation der beiden Variablen gegeben. Allerdings relativiert die durch den Median gekennzeichnete „durchschnittliche" Anzahl der Mitarbeiter, die auch bei höheren Positionen relativ gering ist, die Rolle der Techniker in Bezug auf die Führungsfunktion. Wenn Techniker höhere Positionen einnehmen, ist zwar Personalverantwortung gegeben, die Anzahl der unterstellten Mitarbeiter übersteigt aber nur in Ausnahmefällen eine Anzahl von 21 Mitarbeitern (3. Quartilwert bei den „technischen Direktoren").

## Zusammenhang der Merkmale Dienstalter und Personalverantwortung

Der Zusammenhang von Dienstalter und Personalverantwortung wird mit Hilfe von Boxplot-Diagrammen untersucht.

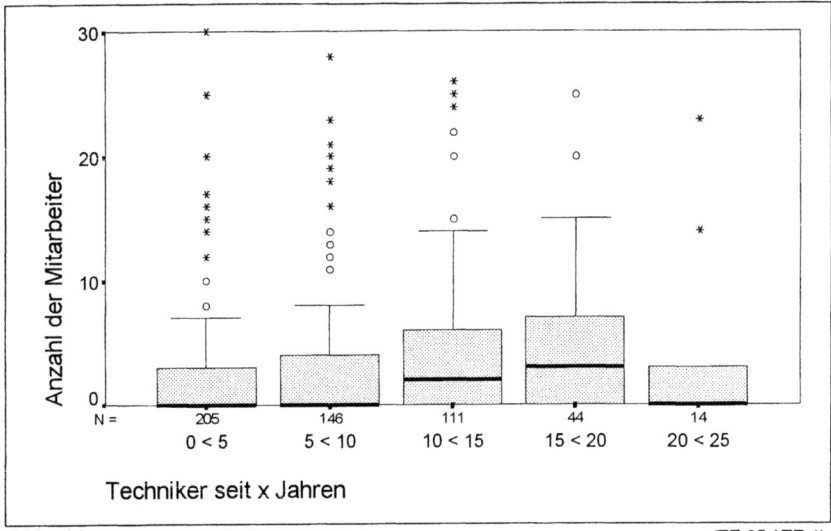

Abb. 44 (TE 25 / TE 1)

Personalverantwortung der Elektrotechniker in Abhängigkeit vom Dienstalter
(Median und Quartilwerte)

| Techniker seit x Jahren | Median | 1. Quartilwert | 3. Quartilwert |
|---|---|---|---|
| 0 < 5 | 0,00 | 0,00 | 3,50 |
| 5 < 10 | 0,00 | 0,00 | 4,00 |
| 10 < 15 | 2,00 | 0,00 | 6,00 |
| 15 < 20 | 3,00 | 0,00 | 7,00 |
| 20 < 25 | 0,00 | 0,00 | 3,00 |

Tab. 22 (TE 25 / TE 1)

Wird die Kohorte der dienstältesten Techniker mit nur N=14 Fällen außer acht gelassen, so zeigen Abbildung 44 und Tabelle 22 eine eindeutige Abhängigkeit zwischen dem Dienstalter und der Anzahl der Mitarbeiter. Während der Median in den ersten beiden Kohorten mit den „dienstjüngeren" Technikern noch den Wert Null annimmt, steigt er in den beiden folgenden Alterskohorten auf einen

Wert von 2 bzw. 3 an. Damit ist zwar eine positive Abhängigkeit beider Variablen gegeben, jedoch ist diese nicht so ausgeprägt wie der Zusammenhang der Merkmale Position und Anzahl der Mitarbeiter.

**Zusammenhang der Merkmale Einkommen und Personalverantwortung**

Als letzte Größe wird das monatliche Bruttoeinkommen mit der Mitarbeiteranzahl verglichen.

Personalverantwortung der Elektrotechniker in Abhängigkeit vom monatlichen Bruttoeinkommen

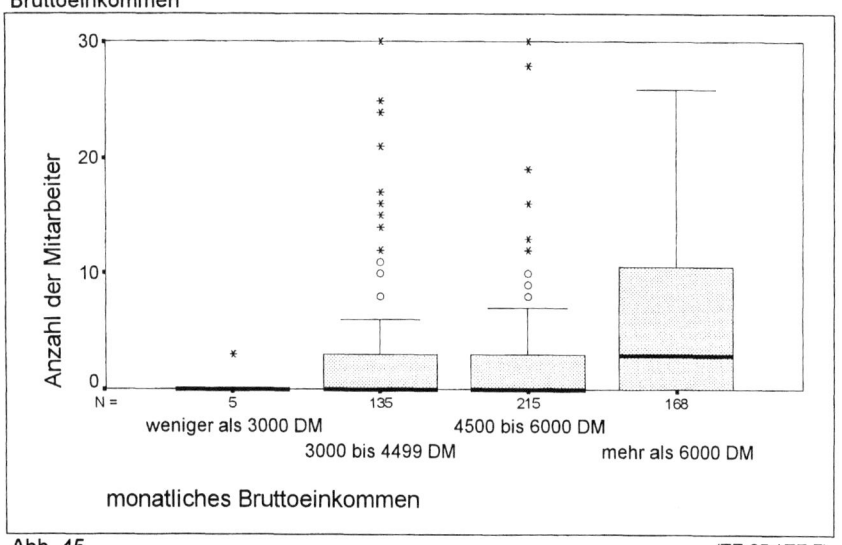

Abb. 45 (TE 25 / TE 7)

Personalverantwortung der Elektrotechniker in Abhängigkeit vom monatlichen Bruttoeinkommen (Median und Quartilwerte)

| Bruttoeinkommen | Median | 1. Quartilwert | 3. Quartilwert |
|---|---|---|---|
| weniger als 3000 DM | 0,00 | 0,00 | 1,50 |
| 3000 bis 4499 DM | 0,00 | 0,00 | 3,00 |
| 4500 bis 6000 DM | 0,00 | 0,00 | 3,00 |
| mehr als 6000 DM | 3,00 | 0,00 | 10,75 |

Tab. 23 (TE 25 / TE 7)

Auch zwischen der Personalverantwortung und dem monatlichen Einkommen wird eine positive Abhängigkeit festgestellt. Obwohl der Median in den ersten drei Einkommensklassen einen Wert von Null (keine Mitarbeiter) annimmt und erst bei einem monatlichen Einkommen von mehr als 6000,- DM auf 3 (drei Mitarbeiter) ansteigt, zeigt der 3. Quartilwert einen Anstieg über die Einkommensklassen. Ein monatliches Einkommen über 6000,- DM ist bei den Technikern nicht zwingend mit Personalverantwortung verbunden (1. Quartilwert = 0), jedoch geht tendenziell Personalverantwortung mit der Tendenz zu einem höheren Einkommen einher.

Die Einschätzung der Arbeitgebervertreter bezüglich der Personalverantwortung von Staatlich geprüften Technikern entspricht in etwa deren Aussagen zu den Aufstiegsmöglichkeiten in der betrieblichen Hierarchie. In den meisten Industrieunternehmen haben die Techniker nur in Einzelfällen Personalverantwortung für unterstellte Mitarbeiter. Dabei handelt es sich um Techniker, die früher bestehende Aufstiegsmöglichkeiten genutzt haben. Mit der weitgehenden Einschränkung der Aufstiegschancen in der betrieblichen Hierarchie - bedingt durch die Konkurrenz der Ingenieure - sinkt auch die Wahrscheinlichkeit, daß die Techniker in den Industrieunternehmen Personalverantwortung übertragen bekommen. Zwei Ausnahmen stellen hier wieder die Unternehmen 4 und 7 (vgl. Kap. 6.2; Tab. 2) dar. In dem Stromversorgungsunternehmen (4) übernehmen die Techniker nach dem durchaus wahrscheinlichen Aufstieg in die Sachgebietsleiterebene Personalverantwortung. In Unternehmen 7 werden keine formal höher qualifizierten Mitarbeiter eingestellt, dementsprechend übernehmen die Techniker in diesem Betrieb Leitungsfunktionen, die mit Personalverantwortung verbunden sind.

In den Handwerksunternehmen sind die Techniker oft mit der Personalführung beauftragt. Teilweise arbeiten dort auch Techniker - beispielsweise in der Konstruktion - als Sachbearbeiter ohne Personalverantwortung. In drei von vier untersuchten Betrieben mit Zugehörigkeit zur Handwerkskammer übernimmt ein Teil der dort tätigen Techniker Aufgabenbereiche, die eher für Handwerksmeister typisch sind. Diese Positionen sind mit Personalführungsaufgaben verbunden.

Im öffentlichen Dienst übernehmen die Techniker üblicherweise keine Personalführungsaufgaben. Nur in der untersuchten öffentlichen Großforschungseinrichtung haben etwa 10 % der dort beschäftigten Techniker disziplinarische Personalverantwortung.

**Zusammenfassende Betrachtung**

Nach den Angaben der zitierten Literatur (*Drexel* 1993; *Klemens* 1988) beschränkt sich die Personalverantwortung der Staatlich geprüften Techniker auf

Ausnahmefälle. Dem widersprechend, wurde bei der Auswertung der schriftlichen Absolventenbefragung festgestellt, daß fast die Hälfte der befragten Techniker (49,8%) auch mit der Aufgabe der fachlichen und/oder disziplinarischen Mitarbeiterführung betraut sind. Wenn Personalverantwortung besteht, korreliert diese positiv mit der Position in der betrieblichen Hierarchie, dem Dienstalter und dem monatlichen Bruttoeinkommen.

Einschränkend ist allerdings anzumerken, daß die in der Literatur hierzu getroffenen Aussagen für die „typischen Technikerpositionen" in den Industrieunternehmen durchaus zutreffen. Diese typischen Positionen für Techniker sind üblicherweise nicht mit Personalverantwortung verbunden. Techniker, denen in diesen Unternehmen der berufliche Aufstieg in höhere Positionen gelang, arbeiten auf Stellen, die in Bezug auf die externe Rollenerwartung nicht mehr den „Technikerpositionen" entsprechen. Ein solcher Aufstieg ist heute in den Industrieunternehmen unwahrscheinlich. Auch im öffentlichen Dienst haben die Techniker in den meisten Fällen keine Personalverantwortung. Dagegen übernehmen die im Handwerksunternehmen tätigen Techniker oft die fachliche oder disziplinarische Verantwortung für Mitarbeiter.

### 7.2.2 Auswirkungen des Bestimmungsfaktors Arbeitsorganisation

In Kapitel 4.5.2 wurden Arbeitsorganisationen als von Menschen für Menschen eingerichtete Systeme beschrieben, die festlegen, wie die arbeitenden Personen in einer Arbeitssituation handeln und sich in dieser Situation selbst erleben. Die Form der Arbeitsorganisation steht damit in einem engen Zusammenhang mit der externen Rollenerwartung, da die an das arbeitende Individuum herangetragenen Verhaltenserwartungen wesentlich durch die Arbeitsorganisationsformen bestimmt sind. Da das Erleben einer Arbeitssituation die Vorstellung vom eigenen Tun prägt, ist auch die interne Rollenerwartung betroffen. Eine Beschreibung der Positionen, die Techniker innerhalb einer gegebenen Aufbauorganisation in der betrieblichen Hierarchie einnehmen, erfolgte im vorangehenden Kapitel.

Die externe und interne Rollenerwartung wird innerhalb einer gegebenen Ablauforganisation wesentlich durch die von ihr determinierten und vom arbeitenden Individuum auszufüllenden *Freiheitsgrade* und *Kooperationsanforderungen /-möglichkeiten* bestimmt. Der Einfluß der Arbeitsorganisation auf die Rollenerwartungen wird daher anhand dieser beiden Kriterien beschrieben.

### 7.2.2.1 Freiheitsgrade

Freiheitsgrade erlauben ein unterschiedliches auftragsbezogenes Handeln und beinhalten damit die Möglichkeit, selbständig Entscheidungen zu treffen (vgl. Kap. 4.4.1). Liegen Freiheitsgrade vor, dann sind die Arbeitstätigkeiten nur teilweise durch äußere Vorgaben festgelegt. Die Freiheitsgrade betreffen Entscheidungsmöglichkeiten mit sinnvollen für die eigene Tätigkeit bedeutsamen Vorgehensalternativen und sind damit eine unerläßliche Voraussetzung für die Entwicklung selbständiger Zielsetzungen als dem ausschlaggebenden Sachverhalt für Leistung, Erleben und Befinden (*Hacker* 1996, S. 104).

Der Handlungsspielraum wurde in Kapitel 4.4.1 als die Summe der Freiheitsgrade definiert. Der objektiv bei der Arbeit gegebene Handlungsspielraum wird teilweise durch technische Notwendigkeiten, aber auch durch die arbeitsorganisatorischen Gestaltungsmaßnahmen festgelegt. Ist die vollständige Nutzung des objektiven Handlungsspielraums durch den Arbeitnehmer im Interesse des Arbeitgebers, dann zielt die externe Rollenerwartung auf die Ausschöpfung aller objektiv gegebenen Freiheitsgrade. Zwischen objektivem und subjektiv wahrgenommenem Handlungsspielraum sind auch Diskrepanzen möglich. Wird beispielsweise von den arbeitenden Individuen ein Teil des objektiven Handlungsspielraums nicht erkannt und dementsprechend nicht genutzt, dann betrifft der subjektive Handlungsspielraum nur eine Teilmenge des Objektiven. Umgekehrt ist der Fall denkbar, daß der subjektive Handlungsspielraum vom Arbeitnehmer größer eingeschätzt wird als der objektiv gegebene (*Hacker* 1986, S. 107).

Da bei der durchgeführten schriftlichen Befragung die Absolventen als Arbeitnehmer antworteten, werden durch die Auswertung der Fragebogendaten die subjektiv erkannten Freiheitsgrade bzw. Handlungsspielräume ersichtlich. Auch die Arbeitgebervertreter wurden befragt, wie sie die üblichen Freiheitsgrade der Techniker in ihrem Unternehmen einschätzen. Die erhaltenen Antworten spiegeln dabei aber nicht unbedingt die objektiven Freiheitsgrade an den Technikerarbeitsplätzen wider, da es sich um Angaben für durchschnittliche Technikerpositonen handelt und auch die Arbeitgebervertreter nur eine subjektive Einschätzung der Freiheitsgrade vornehmen können.

**Freiheitsgrade bei der inhaltlichen Arbeitsgestaltung**

Freiheitsgrade können sich auf eigenständige Zielstellungen bezüglich des Tätigkeitsbereiches, der Eigenschaften der zu findenden Lösung sowie der einzusetzenden Arbeitsmittel und Bearbeitungswege beziehen. Diese sollen als

„Freiheitsgrade bei der inhaltlichen Arbeitsgestaltung" oder kurz als „inhaltliche Freiheitsgrade" bezeichnet werden.

Bezüglich dieser *inhaltlichen Freiheitsgrade* wurden die Techniker befragt, inwiefern sie selbst entscheiden können, *wie* sie ihre Arbeit gestalten. Dabei wurden die folgenden Antwortkategorien vorgegeben:

1. sehr geringe inhaltliche Freiheitsgrade:
Ich kann die Reihenfolge bestimmen, in der ich gewisse Arbeitsschritte erledige. Die einzusetzenden Arbeitsmittel, Bearbeitungswege und Eigenschaften des Arbeitsergebnisses sind jedoch genau vorgegeben.

2. geringe inhaltliche Freiheitsgrade:
Ich kann die Reihenfolge bestimmen, in der ich gewisse Arbeitsschritte erledige. Auch die Wahl der Arbeitsmittel und Bearbeitungswege ist mir überlassen. Vorgegeben sind nur die genauen Eigenschaften des Arbeitsergebnisses.

3. hohe inhaltliche Freiheitsgrade:
Mir sind nur globale, allgemeine Eigenschaften des Arbeitsergebnisses vorgegeben. Wie ich dieses Ergebnis erreiche und im einzelnen ausgestalte, bleibt mir überlassen.

4. sehr hohe inhaltliche Freiheitsgrade:
Mir ist nur der Tätigkeitsbereich vorgegeben. Meine Arbeitsaufgaben stelle ich mir selbst.

Für die Gesamtheit aller befragten Absolventen sind die Antworten in Abbildung 46 dargestellt.

8,0% der Befragten verfügen nur über einen sehr geringen inhaltlichen Gestaltungsspielraum und können nur die Reihenfolge ihrer Arbeitsschritte bestimmen (sehr geringe Freiheitsgrade). 34,6% können neben der Reihenfolge auch die Bearbeitungswege und Arbeitsmittel wählen (geringe Freiheitsgrade). Der Mehrzahl der Techniker (39,4%) sind nur allgemeine Eigenschaften des Arbeitsergebnisses vorgegeben (hohe Freiheitsgrade) und 17,9% der Absolventen stellen sich ihre Arbeitsaufgaben selbst. Ihnen ist nur der Tätigkeitsbereich vorgegeben (sehr hohe Freiheitsgrade).

Die Arbeitgebervertreter wurden während der Interviews gebeten, die Freiheitsgrade der Elektrotechniker bei der inhaltlichen Arbeitsgestaltung entsprechend den oben aufgeführten vier Stufen einzuordnen. Da die Techniker in den Unternehmen an unterschiedlichen Arbeitsplätzen mit entsprechenden Differenzen bei den Freiheitsgraden tätig sind, gaben einige Arbeitgebervertreter mehrere mögliche Stufen an. Die Ergebnisse sind in Tabelle 24 dargestellt.

Wie aus Abbildung 46 und der Tabelle 24 zu ersehen ist, unterscheiden sich die externe Rollenerwartung (Arbeitgeber) und die interne Rollenerwartung (Techniker) bei der Einschätzung der inhaltlichen Freiheitsgrade. Die Techniker selbst schätzen die ihnen gegebenen Freiheitsgrade der inhaltlichen Arbeitsgestaltung durchschnittlich höher ein als die Arbeitgeber.

Diese Unterschiede können möglicherweise dadurch erklärt werden, daß die Arbeitgeber in den Interviews typische Technikerrollen beschrieben haben, während bei der schriftlichen Befragung auch Absolventen antworteten, die sich über die üblichen Technikerpositionen hinausentwickelt haben. Eine weitere Erklärungsmöglichkeit ist die in der empirischen Sozialforschung bekannte Tendenz, daß Individuen bei Fragestellungen, welche die eigene Person betreffen, die Antwort oft in Richtung der sozialen Erwünschtheit verschieben.

Werden die Antworten der Arbeitgebervertreter betrachtet, so zeigt sich eine Abhängigkeit des inhaltlichen Gestaltungsspielraums der Elektrotechniker von der Kammerzugehörigkeit der Unternehmen. In den Industrieunternehmen werden den Elektrotechnikern tendenziell weniger inhaltliche Freiheitsgrade zugestanden als in den Handwerksbetrieben. Diese Tendenz stimmt mit der bereits dargestellten Verteilung der für die Techniker erreichbaren formalen Positionen in der betrieblichen Hierarchie überein (vgl. Kap. 7.2.1).

**Freiheitsgrade bei der zeitlichen Arbeitsgestaltung**

Neben den inhaltlichen Freiheitsgraden wird die berufliche Rolle durch den zeitlichen Dispositionsspielraum determiniert. Dieser legt die „Freiheitsgrade bei der zeitlichen Arbeitsgestaltung" fest, die in Kurzform auch als „zeitliche Freiheitsgrade" bezeichnet werden sollen. Die zeitlichen Freiheitsgrade werden durch den Umfang zeitlich beeinflußbarer Tätigkeitsbestandteile und in engem Zusammenhang damit durch die Zeitspannen bestimmt, über die disponiert werden kann (*Hacker; Iwanowa; Richter* 1983, S. 47).

Bei der schriftlichen Befragung der Absolventen und den Interviews mit den Arbeitgebervertretern wurden die *zeitlichen Freiheitsgrade* erfaßt, indem der zeitliche Gestaltungsspielraum bei der Arbeit abgefragt wurde. Die Ergebnisse der Absolventenbefragung sind in Abbildung 47 dargestellt.

Freiheitsgrade bei der inhaltlichen Arbeitsgestaltung

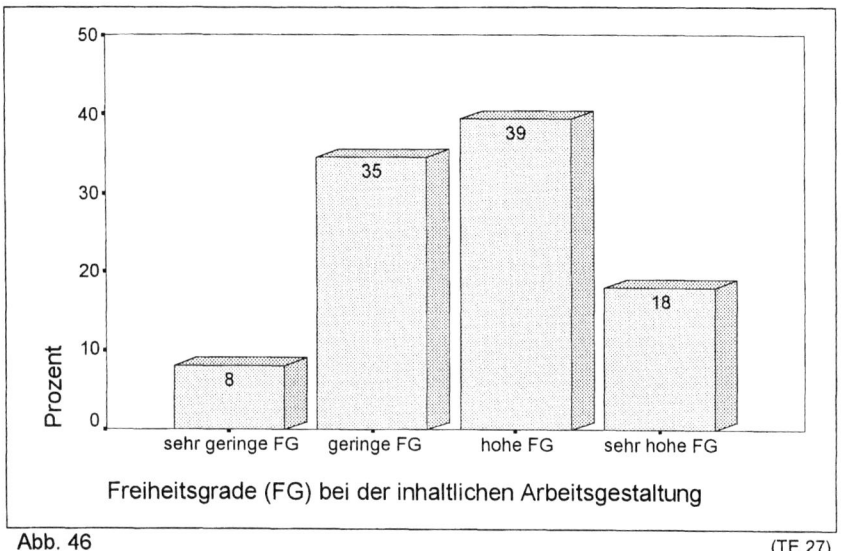

Abb. 46 (TE 27)

Freiheitsgrade bei der inhaltlichen Arbeitsgestaltung (Arbeitgeberperspektive)

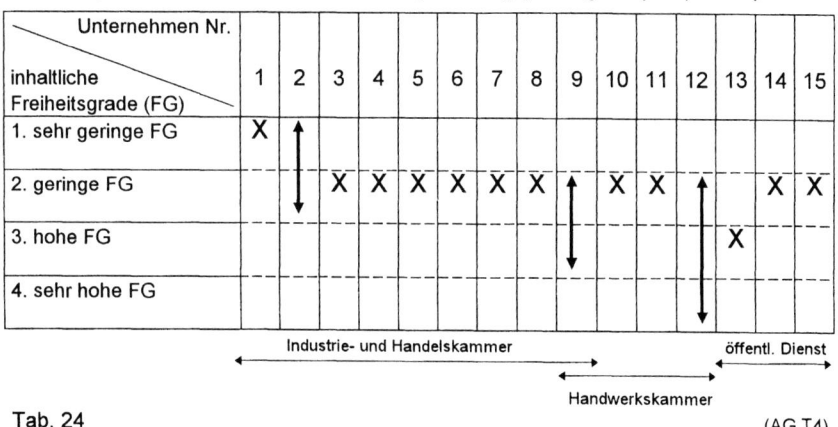

Tab. 24 (AG T4)

Freiheitsgrade bei der zeitlichen Arbeitsgestaltung

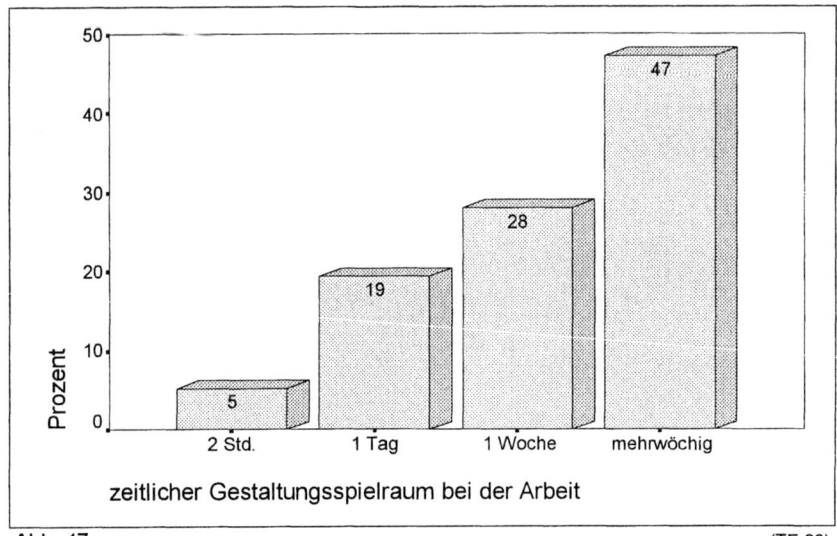

Abb. 47 (TE 26)

Die Perspektive der Arbeitgeber bezüglich der zeitlichen Freiheitsgrade der Staatlich geprüften Techniker ist in Tabelle 25 dargestellt.

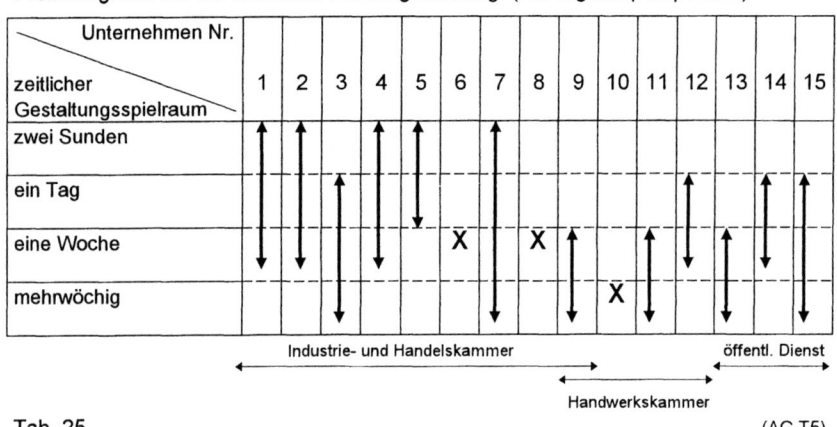

Tab. 25 (AG T5)

240

Bezüglich der zeitlichen Freiheitsgrade geben 47,3% der befragten Absolventen an, daß sie sich die Arbeitszeit innerhalb von mehrwöchigen Auftragskomplexen selbst einteilen. Bei 28,1% der Techniker erlauben die organisatorischen und technischen Bedingungen eine eigene Zeiteinteilung innerhalb einer Woche. 19,4% der Absolventen haben einen Tag zur eigenen zeitlichen Disposition, 5,3% der Befragten sind an einen Zeitrhythmus kleiner als zwei Stunden gebunden.

Auch bei den zeitlichen Freiheitsgraden zeigen sich deutliche Unterschiede zwischen der externen und der internen Rollenerwartung. Diese Unterschiede der Perspektiven bezüglich des Spielraums, in dem die Techniker sich ihre Zeit am Arbeitsplatz einteilen, können analog den perspektivischen Differenzen begründet werden, die sich auch bei den inhaltlichen Freiheitsgraden ergeben.

Noch auffälliger als bei den inhaltlichen Freiheitsgraden sind beim zeitlichen Gestaltungsspielraum die Abweichung der Einschätzung von Unternehmensvertretern der Industrieunternehmen von der der Interviewpartner in den Handwerksbetrieben. Während der zeitliche Gestaltungsspielraum zumindest einiger Techniker in den Industrieunternehmen mit weniger als zwei Stunden zeitlicher Dispositionsfreiheit relativ eingeschränkt ist, beträgt der zeitliche Gestaltungsspielraum aus der Sicht der Arbeitgebervertreter in den Handwerksunternehmen und im öffentlichen Dienst mindestens einen Tag.

Nach *Hacker, Iwanowa* und *Richter* sind die zeitlichen und inhaltlichen Freiheitsgrade sehr eng miteinander verbunden, wobei die Trennung jedoch eine hohe arbeitsanalytische Relevanz besitzt. Während sich die zeitlichen Freiheitsgrade auf Phänomene wie Reaktivität, Steuerung von außen, Zeitdruck und Schrittmacherfunktionen beziehen, umschreiben die inhaltlichen Freiheitsgrade die Beziehungen zum Fragenkomplex des Planens (*Hacker; Iwanowa; Richter* 1983, S. 47).

Ein Kriterium für die Validität der mit dem Fragebogen erfaßten zeitlichen und inhaltlichen Freiheitsgrade (Perspektive der Absolventen) ist demnach eine positive Korrelation der beiden Variablen. Dies soll durch die Auswertung der in Abbildung 48 dargestellten Daten überprüft werden.

Abbildung 48 zeigt die positive Abhängigkeit der beiden Variablen. Die hohe positive Korrelation wird durch Gamma mit einem Wert von + 0,464 bestätigt.

Auffällig ist, daß 27,9% der Techniker, die einen mehrwöchigen zeitlichen Gestaltungsspielraum haben, bezüglich der Inhalte über sehr geringe Freiheitsgrade verfügen, d.h. nur über die Reihenfolge der Arbeitsschritte bestimmen können. Von dieser Ausnahme abgesehen, konnte die Aussage von *Hacker,*

Korrelation inhaltlicher und zeitlicher Freiheitsgrade

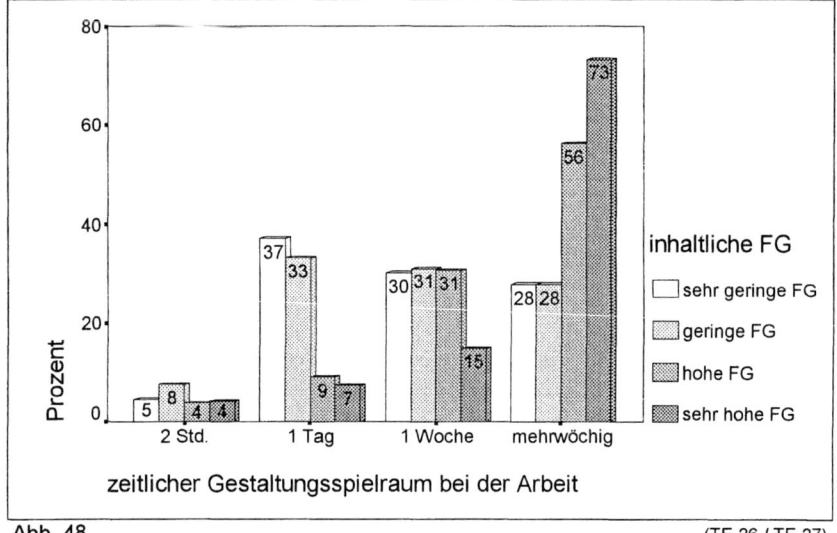

Abb. 48 (TE 26 / TE 27)

*Iwanowa* und *Richter* bestätigt werden, nach der zeitliche und inhaltliche Freiheitsgrade sehr eng miteinander verbunden sind. Werden in einer anderen Betrachtungsweise die Aussagen von *Hacker et al.* als gegeben und wahr angenommen, spricht die hier festgestellte hohe positive Korrelation für die Validität der beiden Fragen nach den zeitlichen und inhaltlichen Freiheitsgraden.

**Korrelationen zeitlicher und inhaltlicher Freiheitsgrade mit relevanten Merkmalen**

In Kapitel 5.4 wurde als Kennzeichen „schlanker" Produktionsstrukturen die Berücksichtigung des Menschen als entscheidender Produktionsfaktor herausgearbeitet. Dabei sollen die Kompetenzen der Mitarbeiter im Unternehmen ganzheitlich genutzt werden. Dies ist aber nur möglich, wenn den Beschäftigten im Rahmen einer Selbstorganisation im Team zeitliche und inhaltliche Freiheitsgrade zugestanden werden. Wenn demnach in den beschäftigenden Unternehmen an den Arbeitsplätzen der Techniker „schlanke" Produktionsstrukturen eingeführt sind, müssen die Absolventen weitgehend unabhängig von weiteren Merkmalen wie Position, Einkommen und Dienstalter über zeitliche und inhaltliche Freiheitsgrade verfügen.

Um festzustellen ob die Techniker in „schlanken Produktionsstrukturen" tätig sind, wird zunächst die Abhängigkeit der zeitlichen und inhaltlichen Freiheitsgrade von den genannten Merkmalen untersucht. In Tabelle 26 wird die Korrelation zeitlicher Freiheitsgrade mit der Position in der betrieblichen Hierarchie in einer Kreuztabellierung aufgezeigt.

Korrelation zeitlicher Freiheitsgrade mit der Position in der betrieblichen Hierarchie

| Anzahl Reihenprozent Position | zeitlicher Gestaltungsspielraum bei der Arbeit | | | | |
|---|---|---|---|---|---|
| | 2 Stunden | 1 Tag | 1 Woche | mehrwöchig | |
| technischer Direktor | | | 2<br>15,4 | 11<br>84,6 | 13 |
| Spartenleiter | | | 4<br>36,4 | 7<br>63,6 | 11 |
| Betriebsleiter | | 4<br>19,0 | 4<br>19,0 | 13<br>61,9 | 21 |
| Abteilungsleiter | 2<br>3,3 | 6<br>9,8 | 15<br>24,6 | 38<br>62,3 | 61 |
| Gruppenleiter | 4<br>4,2 | 13<br>13,7 | 31<br>32,6 | 47<br>49,5 | 95 |
| Meister | 5<br>10,4 | 8<br>16,7 | 21<br>43,8 | 14<br>29,2 | 48 |
| Vorarbeiter | 1<br>4,5 | 5<br>22,7 | 7<br>31,8 | 9<br>40,9 | 22 |
| Sachbearbeiter | 7<br>6,1 | 30<br>26,1 | 33<br>28,7 | 45<br>39,1 | 115 |
| Facharbeiter | 4<br>8,0 | 23<br>46,0 | 12<br>24,0 | 11<br>22,0 | 50 |
| Tab. 26 | 23 | 89 | 129 | 195 | 436<br>(TE 26 / TE 24) |

Gamma gibt mit +0,335 einen positiven Zusammenhang der beiden Variablen an. Gamma hätte einen noch höheren positiven Wert, wenn nicht auch auf den Positionsebenen Sachbearbeiter und Vorarbeiter der Modus (häufigster Wert) einen mehrwöchigen zeitlichen Gestaltungsspielraum der Techniker anzeigen würde (Die Modi sind in Tabelle 26 hervorgehoben dargestellt).

In Tabelle 27 werden die inhaltlichen Freiheitsgrade mit den Positionen korreliert:

Korrelation inhaltlicher Freiheitsgrade mit der Position in der betrieblichen Hierarchie

| Anzahl<br>Reihenprozent<br>Position | Freiheitsgrade bei der inhaltlichen Gestaltung der Arbeit | | | | |
|---|---|---|---|---|---|
| | sehr geringe FG<br>(nur Reihenfolge<br>gestaltbar) | geringe FG<br>(Reihenfolge,<br>Arbeitsmittel u.<br>Bearbeitungsweg<br>gestaltbar) | hohe FG<br>(nur Eigen-<br>schaften des<br>Arbeitsergebnisses<br>vorgegeben) | sehr hohe FG<br>(nur<br>Tätigkeitsbereich<br>vorgegeben) | |
| technischer Direktor | 1<br>8,3 | 1<br>8,3 | 1<br>8,3 | 9<br>75,0 | 12 |
| Spartenleiter | | 1<br>9,1 | 4<br>36,4 | 6<br>54,5 | 11 |
| Betriebsleiter | 1<br>5,3 | 4<br>21,1 | 3<br>15,8 | 11<br>57,9 | 19 |
| Abteilungsleiter | 2<br>3,3 | 16<br>26,2 | 26<br>42,6 | 17<br>27,9 | 61 |
| Gruppenleiter | 6<br>6,3 | 31<br>32,3 | 45<br>46,9 | 14<br>14,6 | 96 |
| Meister | 5<br>10,2 | 17<br>34,7 | 20<br>40,8 | 7<br>14,3 | 49 |
| Vorarbeiter | 2<br>9,1 | 9<br>40,9 | 9<br>40,9 | 2<br>9,1 | 22 |
| Sachbearbeiter | 14<br>12,1 | 40<br>34,5 | 59<br>50,9 | 3<br>2,6 | 116 |
| Facharbeiter | 5<br>9,8 | 34<br>66,7 | 7<br>13,7 | 5<br>9,8 | 51 |
| | 36 | 153 | 174 | 74 | 437 |

Tab. 27 (TE 27 / TE 24)

Gamma gibt mit +0,379 eine noch stärkere positive Korrelation der Position mit den inhaltlichen Freiheitsgraden an, als dies bei den zeitlichen Freiheitsgraden der Fall war. Der positive Zusammenhang der hier untersuchten Variablen wird auch deutlich, wenn der Verlauf der Modi über die einzelnen Hierarchiestufen betrachtet wird (Diese Modi sind in Tabelle 27 hervorgehoben).

Techniker, die auf der Position eines Facharbeiters tätig sind, haben am häufigsten „geringe inhaltliche Freiheitsgrade". 66,7% dieser Techniker sind neben der Festlegung der Arbeitsschritte nur die Wahl der Arbeitsmittel und Bearbeitungswege überlassen. Dagegen liegt der Modus bei den Hierarchiestufen Sachbearbeiter bis Abteilungsleiter auf Stufe 3, den „hohen inhaltlichen Freiheitsgraden". Der Mehrzahl der Techniker auf diesen Positionen sind demnach nur globale Eigenschaften der Arbeitsergebnisse vorgegeben. Ab der Ebene Betriebsleiter zeigt der Modus jeweils sehr hohe inhaltliche Freiheitsgrade an.

Dies bedeutet, daß den meisten Technikern auf diesen Positionen der betrieblichen Hierarchie nur der Tätigkeitsbereich vorgegeben ist.

**Korrelation zeitlicher und inhaltlicher Freiheitsgrade mit dem Einkommen**

Weiterhin werden die zeitlichen und inhaltlichen Freiheitsgrade mit dem monatlichen Bruttoeinkommen der Techniker korreliert.

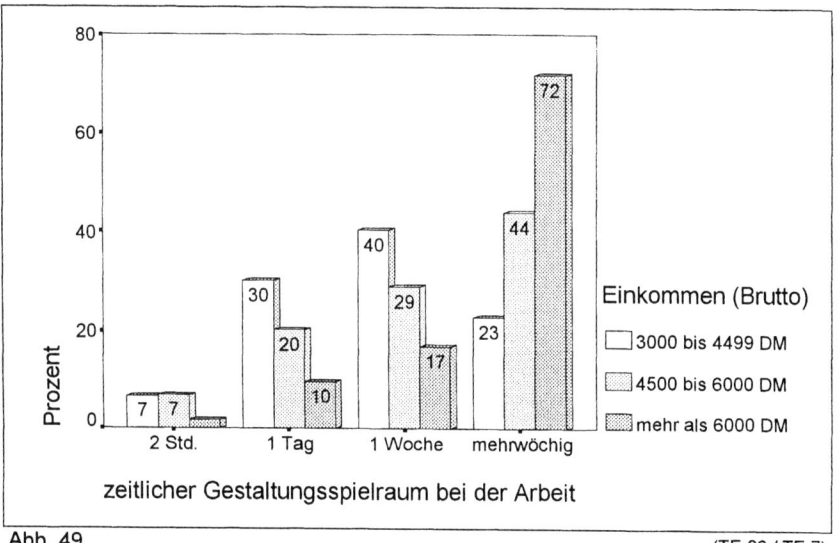

Abb. 49 (TE 26 / TE 7)

Anmerkung: Die Einkommensklasse weniger als 3000,- DM monatliches Bruttoeinkommen wurde in Abbildung 49 nicht aufgeführt, da es sich nur um N=5 Fälle handelt.

Aus Abbildung 49 geht eine hohe Abhängigkeit zwischen den zeitlichen Freiheitsgraden und dem monatlichen Bruttoeinkommen hervor. Während in den Freiheitsgradklassen mit einer Woche und weniger zeitlichem Dispositionsraum tendenziell eher die niedrigeren Arbeitseinkommen zu finden sind, verhält es sich bei einem mehrwöchigen zeitlichen Spielraum genau umgekehrt. Bei der Berechnung von Gamma als Maß für die Korrelation der beiden Variablen „zeitliche Freiheitsgrade" und „monatliches Bruttoeinkommen" ergibt sich ein Wert von +0,458. Dieser relativ hohe positive Wert zeigt die statistische Abhängigkeit der beiden korrelierten Variablen an.

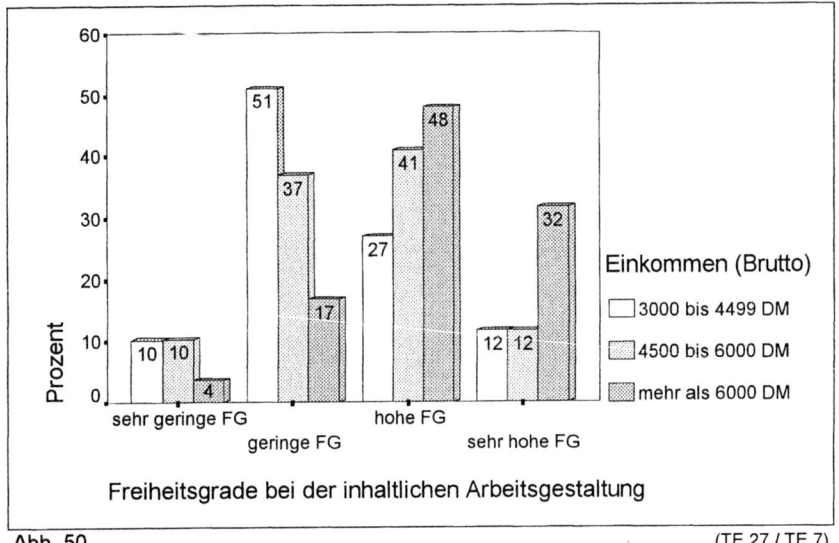

Abb. 50 (TE 27 / TE 7)

Anmerkung: Die Einkommensklasse weniger als 3000,- DM monatliches Bruttoeinkommen wurde in Abbildungen 50 nicht aufgeführt, da es sich nur um N=5 Fälle handelt.

Wie bei den zeitlichen Freiheitsgraden besteht auch bezüglich der Freiheitsgrade bei der inhaltlichen Arbeitsgestaltung eine positive Abhängigkeit vom Bruttoeinkommen (Abbildung 50). Hohe inhaltliche Freiheitsgrade bei der Arbeit gehen tendenziell mit einem höheren Einkommen einher. Gamma bestätigt die positive Korrelation der beiden Variablen mit einem Wert von +0,398.

**Korrelation zeitlicher und inhaltlicher Freiheitsgrade mit dem Dienstalter**

Der Anteil der Techniker (Abbildung 51), denen ein mehrwöchiger zeitlicher Dispositionsspielraum zur Verfügung steht, steigt kontinuierlich mit den betrachteten Dienstalterskohorten an. Dagegen nimmt der Anteil der Techniker in den Klassen geringerer zeitlicher Freiheitsgrade mit dem Dienstalter der befragten Absolventen ab. Die zeitlichen Freiheitsgrade korrelieren demnach positiv mit dem Dienstalter. Gamma bestätigt diese Abhängigkeit mit einem Wert von +0,252.

Korrelation der zeitlichen Freiheitsgrade mit dem Dienstalter

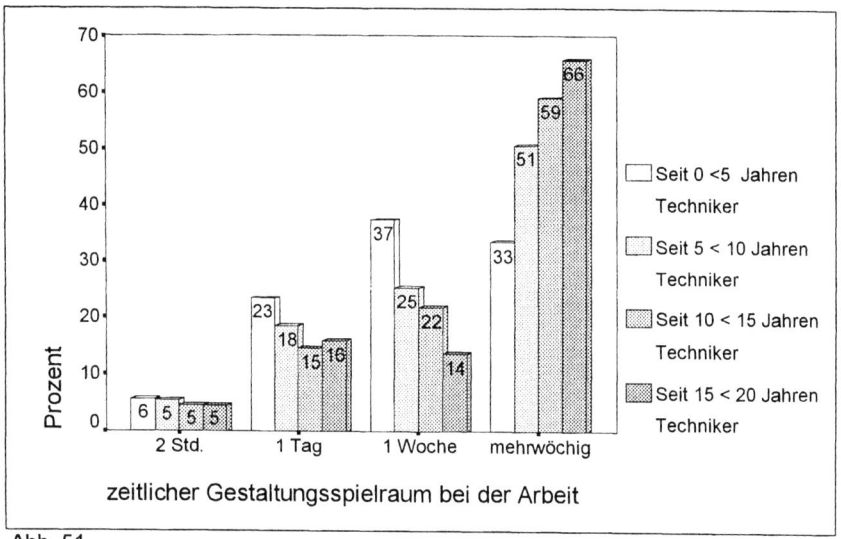

Abb. 51 (TE 26 / TE 1)

Korrelation der inhaltlichen Freiheitsgrade mit dem Dienstalter

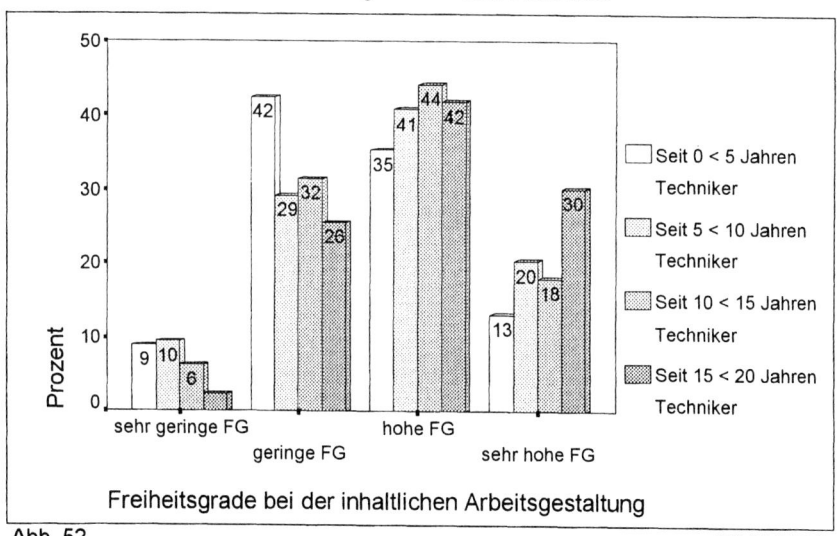

Abb. 52 (TE 27 / TE 1)

247

Auch zwischen den inhaltlichen Freiheitsgraden und dem Dienstalter (Abbildung 52) besteht ein positiver Zusammenhang. Gamma bestätigt die positive Abhängigkeit durch einen Wert größer als Null (Gamma = +0,196), der Betrag von Gamma ist jedoch kleiner als bei den vorangegangenen Korrelationen der zeitlichen Freiheitsgrade und zeigt damit die geringere Abhängigkeit.

**Zusammenfassende Betrachtung**

Zusammenfassend wird die Abhängigkeit der zeitlichen und inhaltlichen Freiheitsgrade von den oben untersuchten Variablen in Tabelle 28 durch eine Zusammenstellung der Gamma-Koeffizienten aufgezeigt.

Gamma-Koeffizienten für die Korrelation zeitlicher und inhaltlicher Freiheitsgrade mit den Variablen Position, Einkommen und Dienstalter

| Gamma | Position | Einkommen | Dienstalter |
|---|---|---|---|
| zeitliche Freiheitsgrade | + 0,335 | + 0,458 | + 0,252 |
| inhaltliche Freiheitsgrade | + 0,379 | + 0,398 | + 0,196 |

Tab. 28 (TE 26 / TE 27 / TE 24 / TE 7 / TE 1)

Es wurde angenommen, daß in „schlanken Produktionsstrukturen" hohe zeitliche und inhaltliche Freiheitsgrade gegeben sind, unabhängig von den Merkmalen Position, Einkommen und Dienstalter. Durch die Auswertung der empirischen Daten wurde jedoch festgestellt, daß die zeitlichen und inhaltlichen Freiheitsgrade positiv mit dem Einkommen der Techniker und deren Position in der betrieblichen Hierarchie korrelieren. Ein positiver statistischer Zusammenhang besteht auch zum Dienstalter, jedoch ist dieser nicht so stark ausgeprägt wie bei den anderen Variablen. Dies spricht gegen die Annahme, daß alle Techniker in weitgehend „schlanken" Produktionsstrukturen arbeiten, in denen den Beschäftigten auf allen Ebenen hohe Freiheitsgrade zugestanden werden. Vielmehr legt die Auswertung nahe, daß die Absolventen im Beschäftigungssystem in Strukturen arbeiten, bei denen ein hoher individueller Entscheidungsspielraum mit höheren Positionen und einem entsprechenden Einkommen verbunden ist.

### 7.2.2.2 Kooperationsanforderungen und Kooperationsmöglichkeiten

Unternehmen versprechen sich von der Einführung „schlanker" Produktionsstrukturen eine hohe Dynamik der gesamten Organisation, die eine ständige Anpassung an den sich wandelnden Markt erlaubt und damit die Konkurrenzfähigkeit sicherstellt. Eine solche Dynamik setzt eine ständige Kommunikation der betroffenen Ebenen inclusive der Zulieferer voraus. Dies erfordert aber, neben einer entsprechenden Gestaltung der Arbeitsorganisation, daß die Beschäftigten über die entsprechenden kommunikativen Fähigkeiten verfügen und diese anwenden können. Die ständige Kommunikation und Kooperation dient beispielsweise im Produktionsprozeß dazu, durch eine Parallelisierung der Arbeitsschritte die Planungs- und Konstruktionszeiten und damit den gesamten Herstellungsprozeß zu verkürzen (vgl. Kap. 5.4).

Wie stark Kommunikations- und Kooperationsfähigkeit an den Arbeitsplätzen der Techniker gefordert sind und von welchen weiteren Einflüssen Kommunikations- und Kooperationserfordernisse abhängen, wird in diesem Kapitel untersucht.

Die Absolventen wurden befragt, wie „eng" sie zur Erfüllung ihrer Arbeitsaufgabe mit anderen Personen zusammenarbeiten müssen. Dabei wurden die folgenden Antwortkategorien vorgegeben:

1. Eine Zusammenarbeit mit anderen Personen ist nicht erforderlich.
2. Es arbeiten noch andere Personen nach oder vor mir am gleichen Arbeitsgegenstand. Die Zusammenarbeit wird durch (gemeinsam) abgestimmte, aber voneinander unabhängig ausgeführte Tätigkeiten realisiert.
3. Ich arbeite mit einer weiteren oder mehreren Personen arbeitsteilig unmittelbar am gleichen Arbeitsgegenstand, was eine ständige Abstimmung erfordert.

Die in Abbildung 53 dargestellten Antworten zeigen, daß 20,5% aller Befragten nicht mit anderen Personen zusammenarbeiten. 47,6% der Techniker stimmen ihre Tätigkeit zwar mit anderen Beschäftigten ab, führen diese jedoch selbständig aus. Bei 31,9% der Absolventen sind hohe Kooperationsanforderungen gegeben, da durch die umittelbare Zusammenarbeit mit anderen am gleichen Arbeitsgegenstand eine ständige Abstimmung erforderlich ist.

Auch die Arbeitgebervertreter wurden befragt, wie sie den Kooperationsbedarf der Techniker einschätzen. Die Fragestellung und die Antwortvorgaben entsprechen hier der oben aufgeführten Auswertung (Tabelle 29).

Kooperationsbedarf an den Technikerarbeitsplätzen

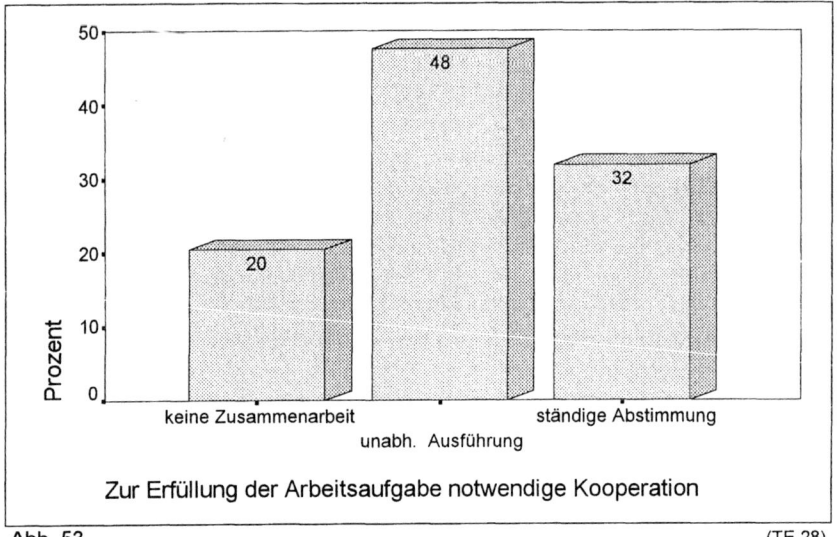

Abb. 53 (TE 28)

Kooperationsbedarf an den Technikerarbeitsplätzen (Arbeitgeberperspektive)

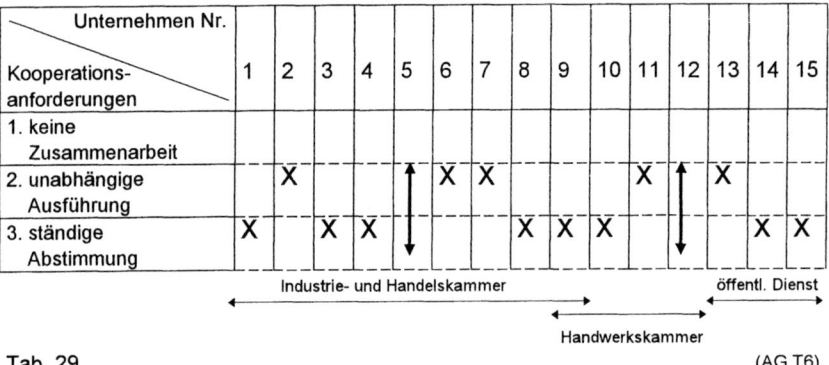

Tab. 29 (AG T6)

Nach den Angaben der Arbeitgebervertreter (Tabelle 29) bestehen für die Techniker immer Kooperationsanforderungen. 40% der Interviewpartner gehen von einem Abstimmungsbedarf aus, der individuelle, unabhängig ausgeführte Tätigkeiten der Elektrotechniker regelt. 60% der Gesprächspartner in den Unternehmen geben an, daß die Techniker mit weiteren Beschäftigten unmittelbar am selben Arbeitsgegenstand arbeiten und damit die Tätigkeit eine ständige gegenseitige Abstimmung erfordert. (Die Doppelantworten in den Unternehmen 5 und 12 wurden jeweils mit dem Faktor 0,5 in der betreffenden Kategorie bewertet).

Damit ergibt sich eine auffällige Diskrepanz in der Einschätzung der Kooperationsanforderungen durch die Techniker (interne Rollenerwartung) und durch die Arbeitgebervertreter (externe Rollenerwartung). Diese Differenz ist möglicherweise durch eine Veränderung der externen Rollenerwartung der Arbeitgeber bedingt. Während der Kooperationsbedarf aufgrund neuer Unternehmenstrategien gestiegen ist und von den Personalverantwortlichen auch entsprechend hoch eingeschätzt wird, ist bei den Technikern noch keine Wahrnehmungsveränderung eingetreten. Andererseits ist es aber auch möglich, daß die Arbeitgebervertreter die Kooperationsanforderungen bzw. -möglichkeiten der Techniker in den Unternehmen aus Gründen der Öffentlichkeitswirkung höher angeben als es ihrer eigenen Wahrnehmung entspricht.

Die Absolventen wurden befragt, ob sie über den eigenen Arbeitsauftrag hinaus mit anderen Personen der Arbeitsgruppe zur gegenseitigen Hilfe zusammenarbeiten. Die Antworten sind in Abbildung 54 dargestellt.

**Gegenseitige Hilfe ohne gemeinsamen Arbeitsauftrag an den Technikerarbeitsplätzen**

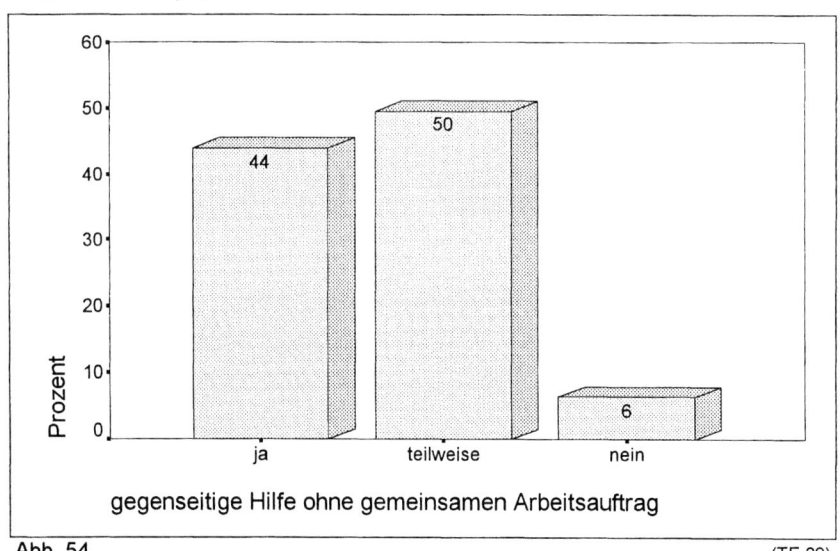

Abb. 54 (TE 29)

Nur 6,4% der Befragten verneinten diese Fragestellung. 49,6% der Absolventen geben hier „teilweise" an, 44,0% der Techniker beantworteten diese Frage mit „ja".

Analog dem Vorgehen in Abschnitt 7.2.2 (Freiheitsgrade) wird auch hier angenommen, daß bei einer weitgehenden Einführung von „schlanken" Produktionsstrukturen im Beschäftigungssystem die Kooperationsanforderungen unabhängig von den Merkmalen Position und Einkommen sind, da „schlanke" Strukturen die Kooperation auf allen Ebenen erfordern.

**Zusammenhang zwischen den Kooperationsanforderungen und der Position in der betrieblichen Hierarchie**

Zunächst werden die vorgestellten, die Kooperation betreffenden Variablen mit der „Position in der betrieblichen Hierarchie" korreliert.

Kooperationsanforderungen in Abhängigkeit von der Position in der betrieblichen Hierarchie

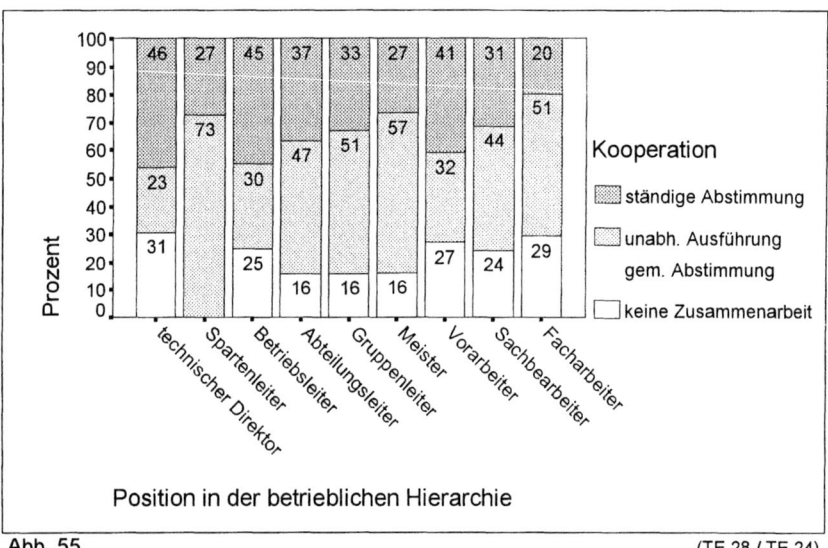

Abb. 55 (TE 28 / TE 24)

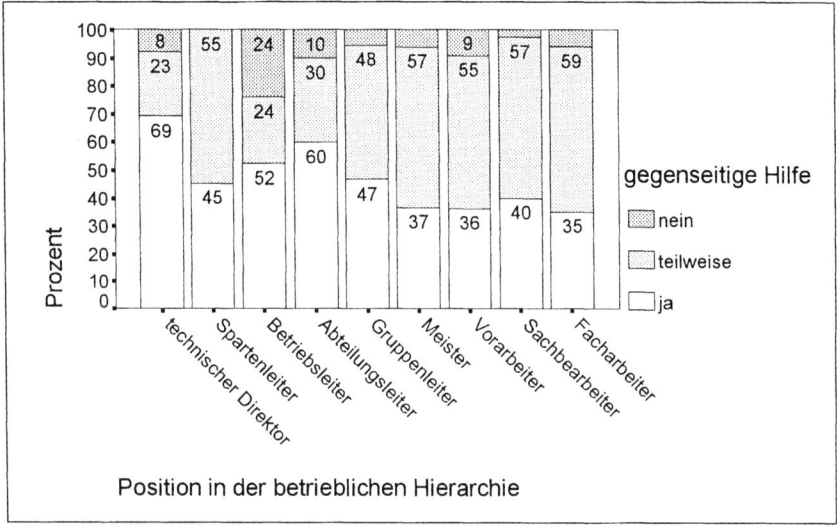

Abb. 56 (TE 29 / TE 24)

In Abbildung 55 ist der Kooperationsbedarf der Techniker in Abhängigkeit von ihrer Position in der betrieblichen Hierarchie dargestellt. Wird die Häufigkeit, mit der die Techniker antworten, daß bei ihrer Arbeit eine „ständige Abstimmung" erforderlich sei, über die Positionen verfolgt, wird tendenziell bei höheren Positionen mehr Kooperationsbedarf festgestellt. Sehr unspezifisch bezüglich der Position verläuft jedoch die Antworthäufigkeit, wenn „keine Zusammenarbeit" erforderlich ist und damit Kooperationserfordernisse entfallen. Zusammenfassend wird eine schwach positive Abhängigkeit beider Variablen festgestellt. Gamma bestätigt dies mit einem Wert von + 0,136.

Wie die Möglichkeit zur gegenseitigen Hilfe ohne gemeinsamen Arbeitsauftrag sich in Abhängigkeit von der Position verhält, zeigt Abbildung 56. Der Anteil der Techniker, für die eine Möglichkeit zur gegenseitigen Hilfe in dem Maße besteht, daß sie die Frage danach mit „ja" beantworten, steigt tendenziell mit der Position. Da jedoch die „nein"-Antworten, wie in Abbildung 54 ersichtlich, insgesamt nur 6,4% ausmachen, wird die oben festgestellte Tendenz durch den hohen Anteil der „teilweise"-Antworten relativiert. Gamma hat einen Wert von +0,136 und zeigt damit eine schwach positive Korrelation der beiden Variablen an.

Insgesamt zeigen die Kooperationsanforderungen bzw. Möglichkeiten zur gegenseitigen Hilfe einen schwach positiven Zusammenhang mit der Position in der betrieblichen Hierarchie.

## Zusammenhang zwischen den Kooperationsanforderungen und dem Einkommen

Zur weiteren Kontrolle werden die Kooperationsanforderungen mit dem monatlichen Bruttoeinkommen korreliert.

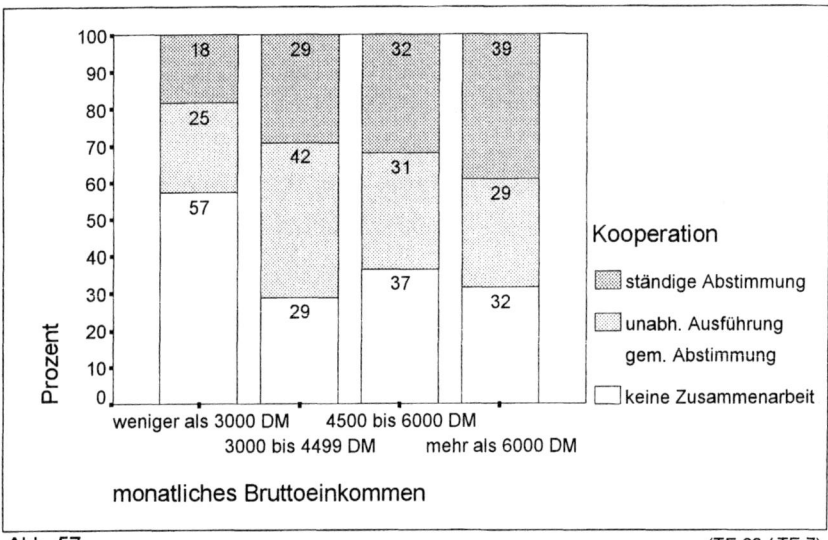

Abb. 57 (TE 28 / TE 7)

In Abbildung 57 wird ein geringer positiver Zusammenhang zwischen Kooperationsbedarf und monatlichem Einkommen ersichtlich. Wird die Antwortvorgabe „ständige Abstimmung" betrachtet, ist eine geringe Zunahme des Prozentwertes von den niedrigen zu den hohen Einkommen festzustellen. Der geringe Wert von Gamma mit +0,085 kommt unter anderem dadurch zustande, daß es sich in der Einkommenskategorie „weniger als 3000,- DM" nur um N=5 Fälle handelt und die Antworten bezüglich der Kooperation „keine Zusammenarbeit" in den verbleibenden Einkommensklassen keine eindeutige Tendenz aufweisen. Zuverlässige Aussagen über einen statistischen Zusammenhang zwischen den Kooperationsanforderungen und dem Einkommen der Techniker sind nicht möglich.

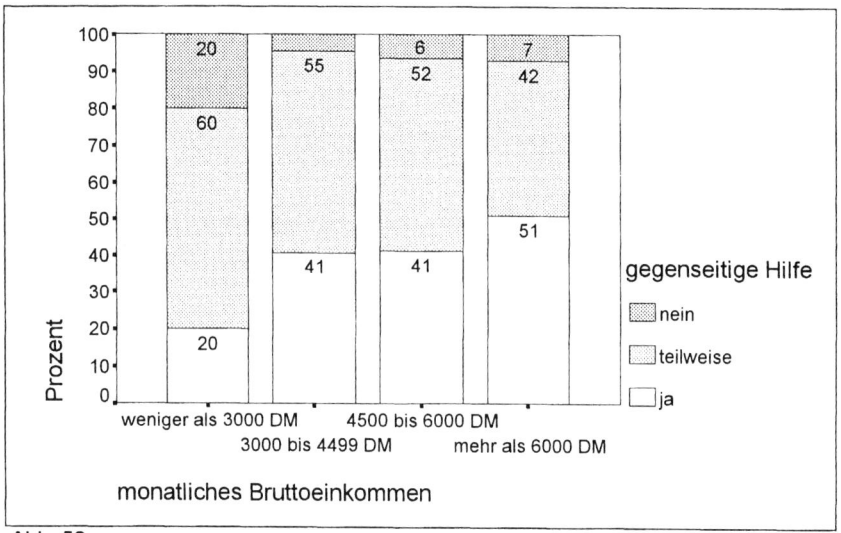

Abb. 58 (TE 29 / TE 7)

Wie bereits angemerkt, handelt es sich in der Einkommensklasse „weniger als 3000,- DM" um nur N=5 Fälle. In den übrigen Einkommensklassen liegen die „nein"-Antworten, von Technikern gegeben, bei denen eine gegenseitige Hilfe ohne gemeinsamen Arbeitsauftrag nicht vorkommt, zwischen 4,4% und 7,1%. In den beiden mittleren Einkommensklassen wurde die Frage nach der gegenseitigen Hilfe ohne gemeinsamen Arbeitsauftrag in 40,9% bzw. 41,3% der Fälle mit „ja" beantwortet. In der Einkommensklasse „mehr als 6000,- DM" Brutto monatlich steigt diese Anzahl der „ja"-Antworten auf 50,9% an. Auf diesen Anstieg ist der positive Gamma-Wert von + 0,108 im wesentlichen zurückzuführen. Insgesamt korrelieren damit die durch „gegenseitige Hilfe ohne gemeinsamen Arbeitsauftrag" gegebenen Kooperationsmöglichkeiten leicht positiv mit dem monatlichen Bruttoeinkommen.

Eine gegenseitige Abhängigkeit von den Kooperationsanforderungen und dem Dienstalter ist *nicht* gegeben (Gamma = - 0,004). Ebenso liegt *keine* Abhängigkeit zwischen der Möglichkeit zur „gegenseitigen Hilfe ohne gemeinsamen Arbeitsauftrag" und dem Dienstalter vor (Gamma = + 0,024).

In Tabelle 30 ist Gamma für die beiden die Kooperationsmöglichkeiten beschreibenden Variablen in Abhängigkeit von der Position, dem Einkommen und dem Dienstalter zusammengestellt.

**Kooperationsanforderungen und Kooperationsmöglichkeiten der Elektrotechniker in Abhängigkeit von Position, Einkommen und Dienstalter**

| Gamma | Position | Einkommen | Dienstalter |
|---|---|---|---|
| zur Erfüllung der Arbeitsaufgabe notwendige Kooperation | + 0,136 | + 0,085 | - 0,004 |
| gegenseitige Hilfe ohne gemeinsamen Arbeitsauftrag | + 0,137 | + 0,108 | + 0,024 |

Tab. 30 (TE 28 / TE 29 / TE 24 / TE 7 / TE 1)

Die Kooperationsanforderungen an den Arbeitsplätzen der Techniker sind vom Dienstalter statistisch unabhängig. Ein schwach positiver Zusammenhang besteht zu der Position in der betrieblichen Hierarchie und den Arbeitseinkommen. Jedoch kann zusammenfassend festgestellt werden, daß Kooperationsanforderungen auf allen Ebenen gegeben sind und dementsprechend eine adäquate Kommunikationsfähigkeit erforderlich ist.

**Leistungsbewertung als Maßnahme zur Förderung der Kooperation**

Als ein Kennzeichen „schlanker" Produktionsstrukturen wurde die Bedeutung von Team- und Gruppenarbeit bereits hervorgehoben. Es wird davon ausgegangen, daß z.B. in teilautonomen Arbeitsgruppen, deren Mitglieder in einem ständigen Kommunikationsprozeß stehen und die Erledigung anstehender Arbeitsaufgaben selbständig koordinieren, auch ein entsprechender Modus der Leistungsbewertung eingeführt ist. Eine Beurteilung der Individualleistung durch den Vorgesetzten, ohne Berücksichtigung der individuellen Beiträge zur Gruppenleistung und zum „Arbeitsklima" in der Gruppe, ist in teilautonom arbeitenden Gruppen nicht möglich.

Im Gegensatz dazu ist in traditionellen Arbeitsorganisationsstrukturen eine Bewertung der Individualleistung durch Vorgesetzte üblich. Daher soll am Kriterium des Modus der Leistungsbewertung geprüft werden, ob die Techniker in teilautonomen Arbeitsgruppen arbeiten. Bei einer weitgehenden Verwirklichung der Autonomie in diesen Teams müßte diese sich auch in einem entsprechenden Modus der Leistungsbewertung manifestieren.

Die Absolventen wurden befragt, ob ihre Arbeitsleistung im Rahmen einer Gruppenbewertung beurteilt wird. Bei der Antwort „ja" wurde unterschieden, ob die Beurteilung des individuellen Beitrags zum Gruppenergebnis durch Vorgesetzte erfolgt oder ob die Gruppe selbst eine Einschätzung des Beitrags der jeweiligen Individualleistungen zum Gruppenergebnis vornimmt. Bei der letztgenannten Form kann davon ausgegangen werden, daß der Gruppe eine hohe Autonomie zugestanden wird.

Auf die Frage ob die Arbeitsleistung im Rahmen einer Gruppenbewertung beurteilt wird, antworteten die Techniker wie folgt:

Bewertung der Arbeitsleistung im Rahmen einer Gruppenbeurteilung

| nein | ja, durch Vorgesetzte | ja, durch die Gruppe |
|---|---|---|
| 76,4 % | 19,9 % | 3,7 % |

Tab. 31 (TE 23)

Bei 76,4% der befragten Techniker erfolgt keine Einschätzung der Arbeitsleistung im Rahmen einer Gruppenbeurteilung. Bei 19,9% wird der individuelle Beitrag zur Gruppenleistung durch Vorgesetzte bewertet. Nur 3,7% der Absolventen arbeiten in einer Form der Arbeitsorganisation, in der die Gruppe selbst die Leistungen ihrer Mitglieder einschätzt.

Wie Tabelle 32 zeigt, ist eine signifikante Abhängigkeit der Variable „Leistungsbewertung im Rahmen einer Gruppenarbeit" von Position, Einkommen und Dienstalter nicht gegeben.

Leistungsbewertung im Rahmen von Gruppenarbeit in Abhängigkeit von Position, Einkommen und Dienstalter

| Gamma | Position | Einkommen | Dienstalter |
|---|---|---|---|
| Leistungsbewertung im Rahmen von Gruppenarbeit | - 0,074 | + 0,044 | - 0,040 |

Tab. 32 (TE 23 / TE 24 / TE 7 / TE 1)

**Zusammenfassende Betrachtung**

79,5% der befragten Absolventen sehen sich mit Anforderungen an ihre Kooperationsfähigkeit konfrontiert. Aus der Perspektive der Arbeitgeber müssen alle Techniker in der Lage sein, kooperativ im Team zu arbeiten. Die befragten Arbeitgebervertreter stellen daher entsprechende Anforderungen an die Sozialkompetenz der Staatlich geprüften Techniker.

Für 93,6% der Absolventen ist bei der Tätigkeit die gegenseitige Hilfe unter Kollegen ohne gemeinsamen Arbeitsauftrag zumindest teilweise möglich. Diese aufgeführten Kooperationsanforderungen und -möglichkeiten treten statistisch unabhängig von Karrieremerkmalen wie Position, Einkommen und Dienstalter auf und sind damit nicht an einen beruflichen Aufstieg gebunden. Die berufliche Rolle eines Technikers stellt damit hohe Anforderungen an die Kooperationsfähigkeit der Rolleninhaber.

Die Autonomie der Arbeitsgruppen, in denen die Staatlich geprüften Techniker tätig sind, geht allerdings in den meisten Fällen nicht so weit, daß die Gruppe selbst eine Bewertung der Arbeitsleistung ihrer Mitglieder vornimmt. Nur bei 3,7% der befragten Absolventen ist ein solches Leistungsbewertungverfahren am Arbeitsplatz eingeführt. Bei weiteren 19,9% der Techniker beurteilt ein Vorgesetzter den individuellen Beitrag zur Gruppenleistung. Bei den verbleibenden 76,4% der Absolventen erfolgt nur eine Beurteilung der individuellen Leistung durch Vorgesetzte.

### 7.2.3 Auswirkungen des Bestimmungsfaktors Kompetenz

#### 7.2.3.1 Phasen des Kompetenzerwerbs Staatlich geprüfter Techniker

**Schulische Vorbildung bei der Aufnahme der Weiterbildung zum Techniker**

Die Mindestvoraussetzung bezüglich der schulischen Vorbildung für die Aufnahme an der Fachschule für Technik ist der Hauptschulabschluß oder ein als gleichwertig anerkannter Abschluß. Auch für eine Berufsausbildung im dualen System oder an einer Berufsfachschule, deren erfolgreicher Abschluß eine weitere Voraussetzung für die Aufnahme einer Weiterbildung zum Staatlich geprüften Techniker darstellt, ist der Hauptschulabschluß als Mindestqualifikation üblich. Bedingt durch die Einstellungspraxis der Unternehmen, erfordert eine duale Berufsausbildung in den Elektroberufen inzwischen oft einen mittleren Bildungsabschluß, da Bewerber mit mittlerer Reife bevorzugt werden.

Hier soll untersucht werden, welche schulische Vorbildung die Studierenden bei Beginn der Weiterbildung zum Staatlich geprüften Techniker mitgebracht hatten und ob sich dieses Kriterium im Laufe der letzten Jahre verändert hat.

Allgemeiner Schulabschluß bei Technikerausbildungsbeginn

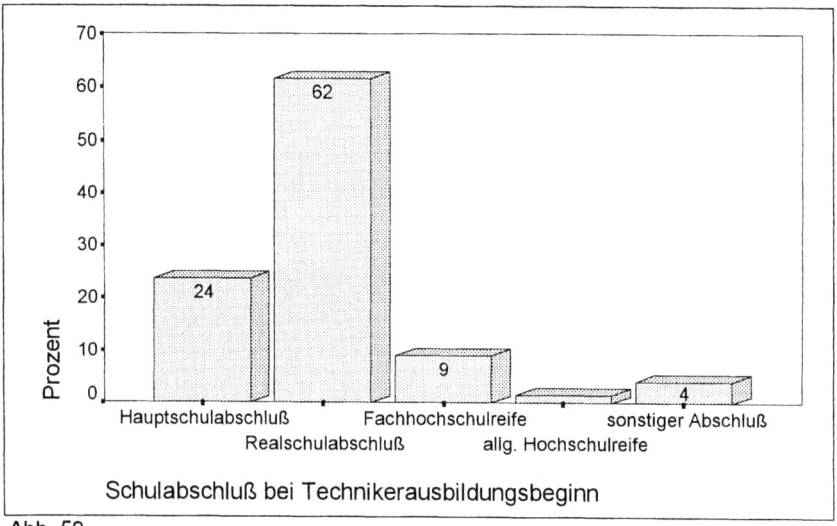

Abb. 59 (TE 4)

Die schulische Vorbildung zu Beginn der Technikerausbildung in der Gesamtgruppe aller befragten Absolventen (Abb.59) waren im wesentlichen der Hauptschulabschluß (23,7%) und der Realschulabschluß (61,6%). 9,1% aller befragten Techniker hatten bei der Aufnahme der Weiterbildung an der Fachschule für Technik die Fachhochschulreife. Die allgemeine Hochschulreife (1,5%) bzw. sonstige Abschlüsse (4,1%) gaben nur wenige der Befragten als Vorbildung an.

Die Differenzierung nach den Abschlußjahrgängen (Abb. 60) ergibt einen eindeutigen Trend der Verschiebung der schulischen Vorbildung vom Hauptschulabschluß zum Realschulabschluß. Während bei Technikern, die ihre Weiterbildung vor 20 < 25 Jahren abschlossen, der Hauptschulabschluß mit 57,1% die häufigste schulische Vorbildung war, ist diese Art der Vorbildung in der jüngsten „Dienstaltersklasse" auf nur 11,7% abgefallen. In der Untersuchung von *Mettenmeyer* und *Sternberg* aus dem Jahr 1978, welche die Abschlußjahrgänge von 1966 bis 1975 erfaßt, liegt der Durchschnittswert für Absolventen mit Hauptschulabschluß sogar bei 65,0%. Damit wird der beschriebene Trend der

Verschiebung der schulischen Vorbildung vom Hauptschulabschluß zum Realschulabschluß bestätigt.

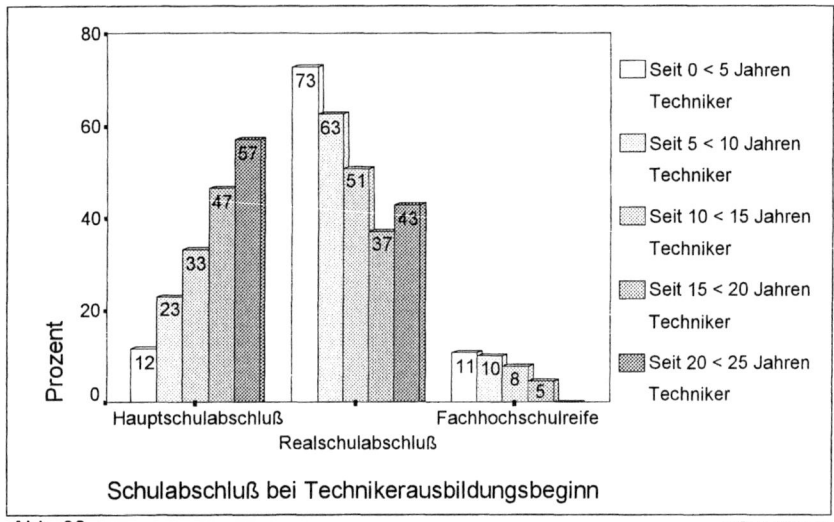

Abb. 60 (TE 4 / TE 1)

Der häufigste allgemeine Schulabschluß bei Beginn der Technikerausbildung ist heute der Realschulabschluß mit 72,8% der Absolventen in der jüngsten „Dienstaltersklasse". Um festzustellen, ob sich diese Entwicklung in den letzten Jahren fortsetzt, wurden die allgemeinen Bildungsabschlüsse in dieser Klasse (Techniker seit 0 < 5 Jahren) nach einzelnen Jahrgängen ausdifferenziert. Hier konnte allerdings keine signifikante Aussage getroffen werden.

Eine mögliche Erklärung für diese Entwicklung ist der in den letzten Jahren festzustellende Trend zu einer höheren Schulbildung bzw. der Rückgang der Schülerzahlen in den Hauptschulen. Interessant ist in diesem Zusammenhang aber auch die Tatsache, daß sehr wenige Studierende mit der Vorbildung „allgemeine Hochschulreife" anzutreffen waren, obwohl viele Abiturienten eine Berufsausbildung durchlaufen. Dies könnte darin begründet sein, daß Abiturienten in der Mehrzahl andere Berufe als die Metall- und Elektroberufe wählen und, falls die Berufswahl doch auf diese Ausbildungsmöglichkeit fiel, das Studium an einer Fachhochschule oder einer Universität als Weiterbildungsmöglichkeit vorgezogen wird.

### Einschätzung der Wichtigkeit einzelner Phasen des Kompetenzerwerbs

Die berufstätigen Techniker haben während ihres beruflichen Werdegangs verschiedene Phasen zurückgelegt, in denen unterschiedliche Kompetenzen erworben wurden. Eine solche Phase ist die berufliche Erstausbildung, in der ein Auszubildender sowohl beruflich-praktische Kompetenzen erwirbt als auch deren theoretische Fundierung in der Berufsschule erfährt. Während der Weiterbildung zum Techniker an der Fachschule für Technik werden die in der beruflichen Erstausbildung erworbenen Kompetenzen vor allem theoretisch vertieft und in erweiterte Zusammenhänge eingeordnet. Sowohl bei einer Facharbeitertätigkeit nach der beruflichen Erstausbildung als auch bei einer Tätigkeit als Staatlich geprüfter Techniker erweitert das berufstätige Individuum seine Kompetenzen durch die Anwendung bisher erarbeiteter Inhalte in der beruflichen Praxis. Besonders die Anforderungen, die mit einer beruflichen Tätigkeit einhergehen, beschränken sich nicht auf die Fachkompetenz, sondern erfordern eine ebenso ausgeprägte Sozial- und Individualkompetenz. Ein weiteres Lernfeld eröffnet sich den Technikern durch die Teilnahme an betriebsinternen oder externen Lehrgängen und Kursen, die der Aktualisierung bereits erworbener Kompetenzen oder der Einarbeitung in neue Themen- und Tätigkeitsbereiche dienen.

Die Absolventen wurden bei der schriftlichen Befragung gebeten, eine Einschätzung vorzunehmen, für wie wichtig sie die eben beschriebenen Phasen des Kompetenzerwerbs für die Erfüllung ihrer beruflichen Rolle erachten. Hinter den Antwortvorgaben „berufliche Erstausbildung", „Weiterbildung zum Techniker", „Lehrgänge und Kurse" sowie „berufliche Praxis" wurden von den befragten Technikern Prozentwerte eingetragen, welche die Wichtigkeit der einzelnen Phasen für den aktuell ausgeübten Beruf widerspiegeln. Dabei ergeben die Prozentwerte bei einem befragten Probanden für die vier aufgeführten Phasen des Kompetenzerwerbs jeweils 100 %. In den nachfolgenden vier Histogrammen (Abbildungen 61 bis 64) ist die Bedeutung der einzelnen Phasen des Kompetenzerwerbs auf der Basis der von den befragten Technikern erhaltenen Einschätzung dargestellt.

Die Bedeutung der beruflichen Erstausbildung für die Erfüllung ihrer beruflichen Rolle wird von den befragten Absolventen im arithmetischen Mittel mit einem Wert von 19,3% beurteilt. D. h., daß der „durchschnittliche Techniker" angibt, etwa ein fünftel der für den jetzigen Beruf relevanten Kompetenzen während der beruflichen Erstausbildung erworben zu haben. Die im Histogramm (Abbildung 61) dargestellte Verteilung zeigt eine Linksschiefe, der Modus liegt bei 10%. Das bedeutet, daß viele Techniker der beruflichen Erstausbildung eine geringere Bedeutung beimessen als der arithmetische Mittelwert dies angibt. Für andere

Histogramm: Einschätzung der Bedeutung der beruflichen Erstausbildung für die Erfüllung der aktuellen beruflichen Rolle

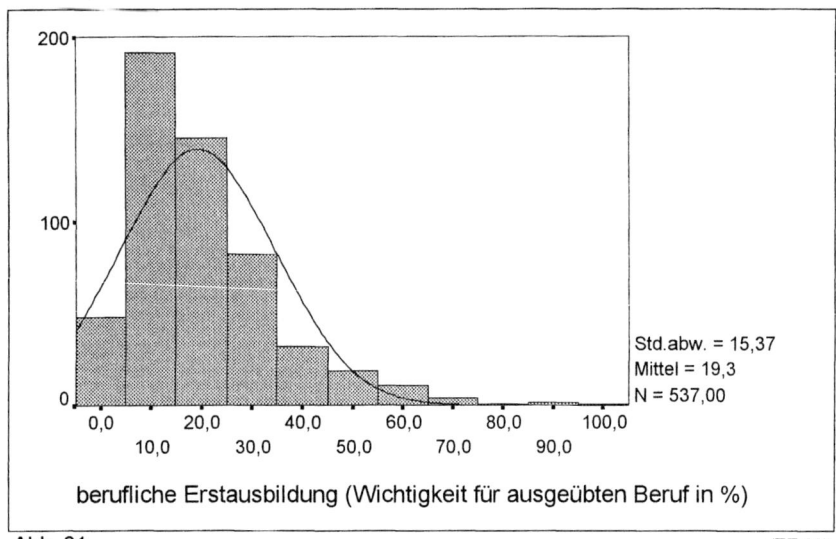

Abb. 61 (TE 36)

Histogramm: Einschätzung der Bedeutung der Technikerausbildung für die Erfüllung der aktuellen beruflichen Rolle

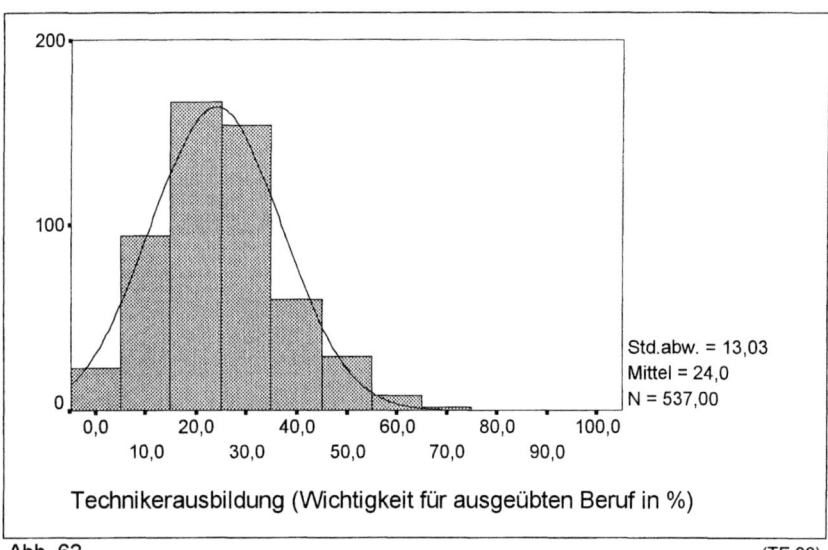

Abb. 62 (TE 36)

Histogramm: Einschätzung der Bedeutung von Lehrgängen und Kursen für die Erfüllung der aktuellen beruflichen Rolle

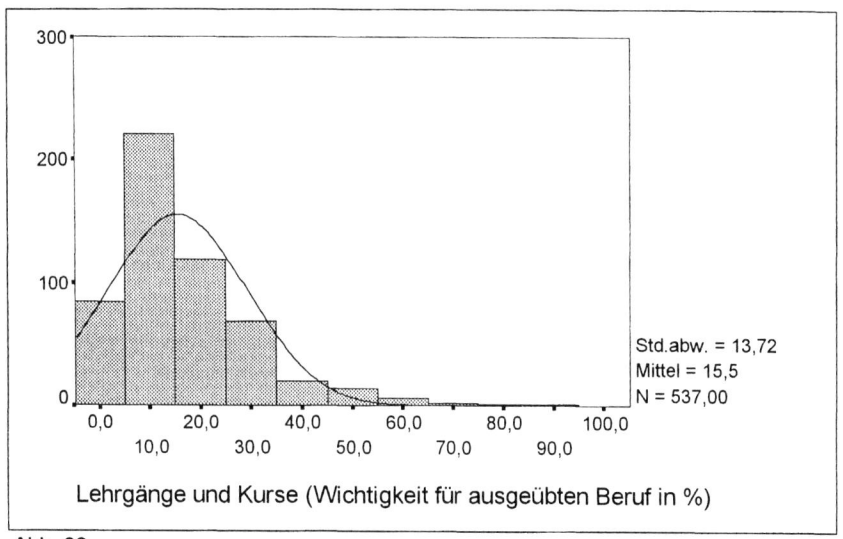

Abb. 63 (TE 36)

Histogramm: Einschätzung der Bedeutung beruflicher Praxis für die Erfüllung der aktuellen beruflichen Rolle

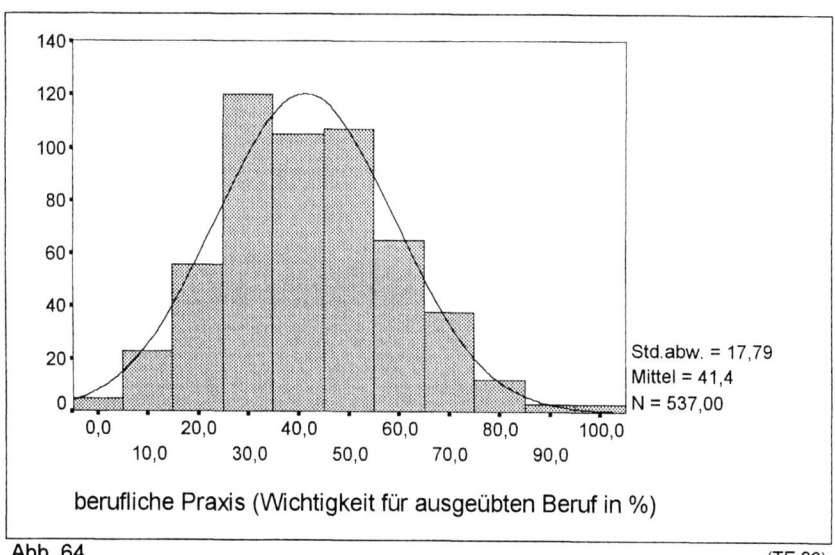

Abb. 64 (TE 36)

Einschätzung der Wichtigkeit einzelner Phasen des Kompetenzerwerbs:
Relevante Daten der in den Histogrammen dargestellten Verteilungen

|  | arithmetisches Mittel | Median | Modus | Schiefe |
|---|---|---|---|---|
| berufliche Erstausbildung | 19,3 % | 20,0 % | 10,0 % | 1,54 |
| Technikerausbildung | 24,0 % | 20,0 % | 20,0 % | 0,54 |
| Lehrgänge und Kurse | 15,5 % | 10,0 % | 10,0 % | 1,54 |
| berufliche Praxis | 41,4 % | 40,0 % | 30,0 % | 0,26 |

Tab. 33 (TE 36)

Absolventen haben jedoch die während der beruflichen Erstausbildung erworbenen Kompetenzen eine hohe bis sehr hohe Bedeutung.

Auch der Technikerausbildung messen die Absolventen im arithmetischen Mittel keine wesentlich höhere Bedeutung bei als der beruflichen Erstausbildung. Da der arithmetische Mittelwert bei 24,0% liegt, meint der „durchschnittliche Techniker", etwa ein viertel der für seinen aktuell ausgeübten Beruf benötigten Kompetenzen während der Weiterbildung an der Fachschule für Technik (früher: Technikerschule) erworben zu haben. Das Histogramm in Abbildung 62, das die Einschätzung der Wichtigkeit der Technikerausbildung durch die Gesamtgruppe aller befragten Absolventen abbildet, entspricht mehr der Normalverteilung als die Darstellung der Bedeutung der beruflichen Erstausbildung in Abbildung 61.

Die Bedeutung von Lehrgängen und Kursen wird von den Technikern - betrachtet man den arithmetischen Mittelwert mit 15,5% - durchschnittlich in der Relevanz für die Erfüllung der beruflichen Rolle am geringsten eingeschätzt. Das Histogramm (Abbildung 63) zeigt eine Verteilung mit Linksschiefe, der Median und der Modus liegen bei einem Wert von 10%. Einige Techniker bilden sich überhaupt nicht durch die Teilnahme an Lehrgängen und Kursen weiter, am häufigsten antworten die befragten Absolventen, daß sie durch die Teilnahme an Lehrgängen und Kursen nur ein zehntel der für sie beruflich relevanten Kompetenzen erworben haben. Diese beiden bisher beschriebenen Antworten (Relevanz 0% bis 10%) wurde von etwa der Hälfte aller befragten Techniker gegeben (Median 10%).

Dagegen messen die verbleibenden Techniker der beruflichen Weiterbildung eine hohe bis sehr hohe Bedeutung (bis 70%) für die Erfüllung ihrer beruflichen Rolle bei. Demnach ist etwa die Hälfte der befragten Absolventen in Betrieben und/oder Bereichen tätig, in denen eine Weiterbildung durch Lehrgänge und Kurse nicht üblich oder wenig relevant ist. Dagegen erfordert die berufliche Tätigkeit der anderen Absolventen die in Lehrgängen organisierte Form der Weiterbildung.

Der Kompetenzerwerb durch die berufliche Praxis hat für die Techniker eine herausragende Bedeutung für die Erfüllung der beruflichen Rolle. Im arithmetischen Mittel wird die Bedeutung der beruflichen Praxis mit 41,4% bewertet. Das Histogramm (Abbildung 64) ist einer Normalverteilung weitgehend angenähert (leichte Linksschiefe: 0,26 / Modus: 30%), allerdings liegt im Vergleich zu den bisher betrachteten Histogrammen mit 17,79 die höchste Standardabweichung vor. Dies bedeutet beispielsweise, daß 15,5% der befragten Techniker die Bedeutung der beruflichen Praxis - abweichend vom arithmetischen Mittel - mit nur 20% oder weniger gewichten. 21,0% aller befragten Absolventen bewerten die Bedetung des Kompetenzerwerbs durch die berufliche Praxis mit einem Wert von 60% oder höher.

Die Bedeutung von beruflicher Erstausbildung, Technikerausbildung, Lehrgängen und Kursen sowie der beruflichen Praxis wurden mit den Variablen „Position in der betrieblichen Hierarchie", dem „monatlichen Bruttoeinkommen" und dem „Dienstalter" korreliert. Hier ergaben sich keine bedeutsamen statistischen Abhängigkeiten, d.h. die Einschätzung der Bedeutung der aufgeführten Phasen des Kompetenzerwerbs ist unabhängig von diesen Variablen.

Die berufliche Praxis wird von den meisten Technikern als die wichtigste Möglichkeit des Kompetenzerwerbs für die Erfüllung der beruflichen Rolle angesehen, gefolgt von der Weiterbildung zum Techniker an der Fachschule für Technik und der beruflichen Erstausbildung. Den geringsten Stellenwert nehmen durchschnittlich Lehrgänge und Kurse ein.

### 7.2.3.2 Kooperationsanforderungsbedingte Weiterbildungsmaßnahmen

Die Weiterbildung der Facharbeiter zum Staatlich geprüften Techniker an den Fachschulen für Technik hatte in der Vergangenheit vor allem die Weiterentwicklung der Fachkompetenz zum Ziel. Der Schwerpunkt der Technikerausbildung war sehr stark auf die fachlich-technische Seite ausgerichtet. D.h. die jetzt im Beschäftigungssystem tätigen Elektrotechniker wurden in Bezug auf die Fachkompetenz (Elektrotechnik) gut auf einen Berufseinstieg vorbereitet. Stellt die aktuell von den Absolventen ausgeübte berufliche Tätigkeit jedoch beispielsweise höhere Anforderungen an die Kooperationsfähigkeit der Techniker, bestehen hier möglicherweise Kompetenzdefizite. Diese Defizite müssen dann durch adäquate Fort- und Weiterbildungsmaßnahmen ausgeglichen werden.

Mit der anschließenden Auswertung soll geprüft werden, wie die bei der Berufsausübung notwendige Kooperationsfähigkeit die Weiterbildungsaktivitäten der Elektrotechniker beeinflußt. Dazu wird untersucht, wie sich hohe bzw. geringe Kooperationsanforderungen auf die Weiterbildungsschwerpunkte der befragten Absolventen auswirken. Diese wurden befragt, ob der „technische Bereich", der „betriebswirtschaftliche Bereich", der „organisatorische Bereich" und der „Umgang mit Menschen" ein für sie relevanter Weiterbildungsbereich darstellt (Antwortmöglichkeit: ja/nein). Wie bereits am Anfang dieses Kapitels beschrieben, wurde auch der Kooperationsbedarf der Absolventen erfaßt, indem diese Angaben dazu machten, ob bei ihrer beruflichen Tätigkeit

1. keine Zusammenarbeit mit anderen Personen erforderlich ist,
2. zwar mit anderen Personen am gleichen Arbeitsgegenstand gearbeitet wird und daher eine Abstimmung erforderlich ist, die Ausführung aber individuell erfolgt oder
3. die unmittelbare Zusammenarbeit am gleichen Arbeitsgegenstand eine ständige Abstimmung erfordert.

Durch die Auswertung der in den Abbildungen 65 bis 68 dargestellten Befragungsergebnisse wird die Abhängigkeit der Relevanz von Weiterbildungsbereichen vom Ausmaß der Kooperationsanforderungen bei der beruflichen Tätigkeit untersucht.

Die Weiterbildung bezüglich technischer Fragestellungen (Abbildung 65) ist für die meisten Techniker (88,4%) relevant und von den Kooperationsanforderungen der Arbeitsaufgabe weitgehend unabhängig (Gamma = - 0,087; Chi-Quadrat nach Pearson = 0,741).

Weiterbildungsmaßnahmen mit dem Schwerpunkt „Umgang mit Menschen" (Abbildung 66) sind für 43,3% der Absolventen von Bedeutung. Von den Technikern, deren Arbeitsaufgabe keine Kooperationsanforderungen stellt, bilden sich 39,8% im Umgang mit Menschen weiter. Erfordert dagegen die Tätigkeit eine ständige Abstimmung, liegt der Anteil der Techniker die sich entsprechend weiterbilden bei 52,4%. Demnach besteht ein positiver statistischer Zusammenhang zwischen den Kooperationsanforderungen der Tätigkeit und der Weiterbildung im Umgang mit Menschen. Gamma hat einen Wert von +0,179 und belegt damit die positive statistische Abhängigkeit (Chi-Quadrat nach Pearson = 8,394).

Relevanz des Weiterbildungsschwerpunktes „technischer Bereich" in Abhängigkeit von den Kooperationsanforderungen der Arbeitsaufgabe

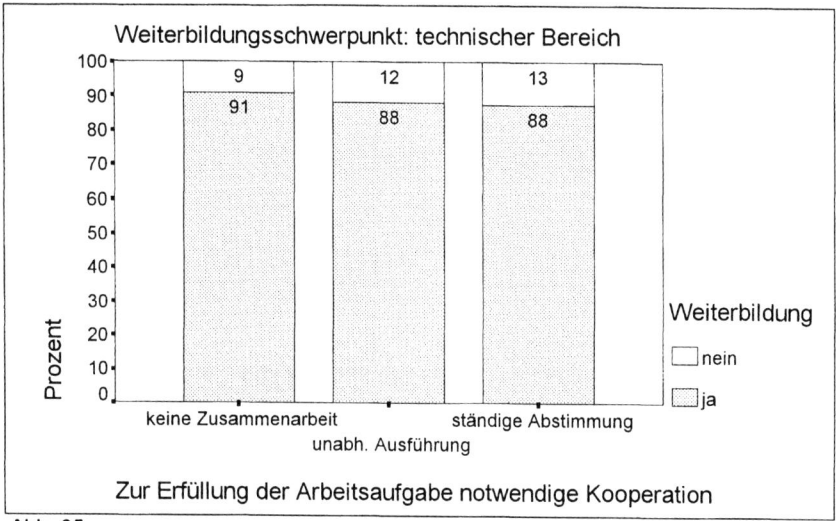

Abb. 65 (TE 20 / TE 28)

Relevanz des Weiterbildungsschwerpunktes „Umgang mit Menschen" in Abhängigkeit von den Kooperationsanforderungen der Arbeitsaufgabe

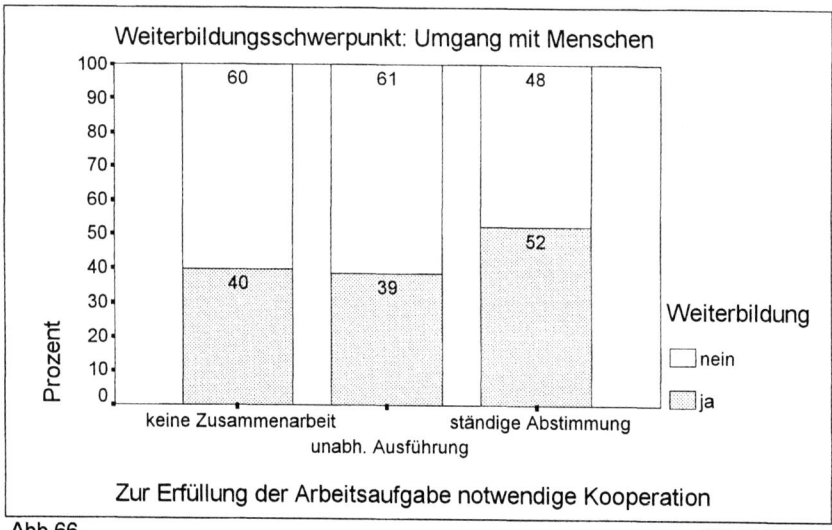

Abb. 66 (TE 20 / TE 28)

Relevanz des Weiterbildungsschwerpunktes „betriebswirtschaftlicher Bereich" in Abhängigkeit von den Kooperationsanforderungen der Arbeitsaufgabe

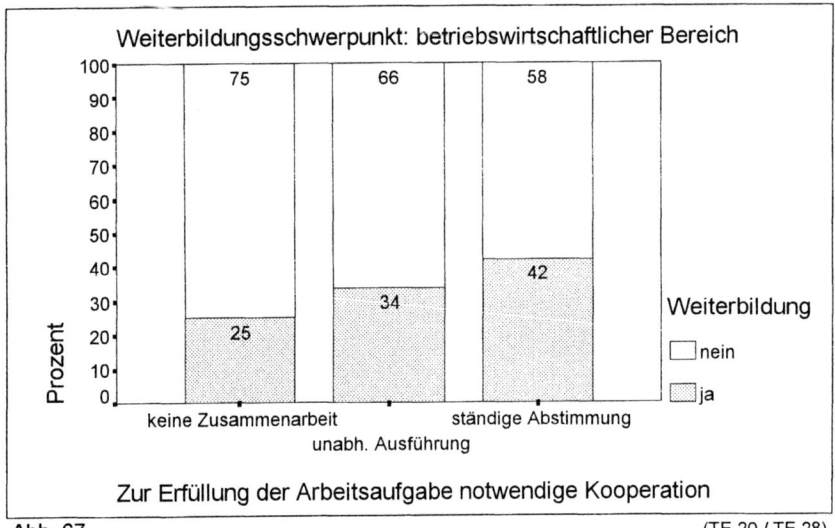

Abb. 67 (TE 20 / TE 28)

Relevanz des Weiterbildungsschwerpunktes „organisatorischer Bereich" in Abhängigkeit von den Kooperationsanforderungen der Arbeitsaufgabe

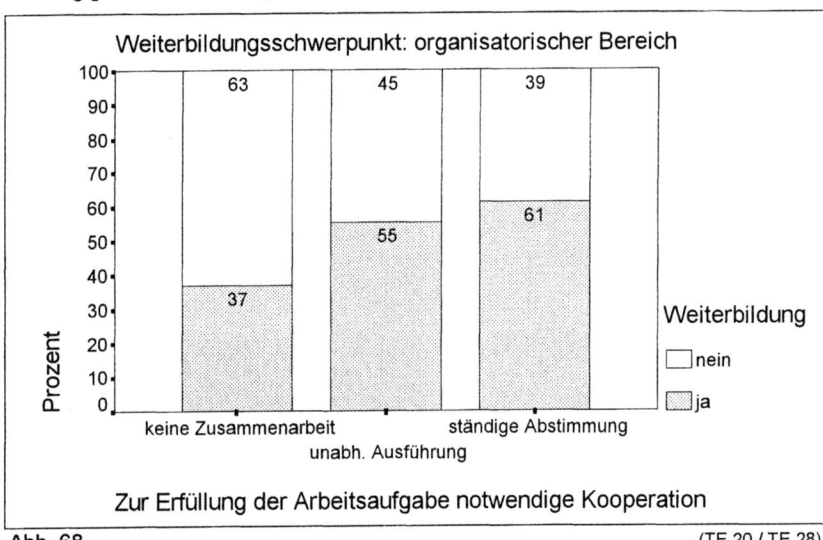

Abb. 68 (TE 20 / TE 28)

Relevanz von Weiterbildungsbereichen in Abhängigkeit von den
Kooperationsanforderungen der Arbeitsaufgabe (Korrelationsmaße)

| N= 527 | Weiterbildungsschwerpunkte | | | |
|---|---|---|---|---|
| | technischer Bereich | Umgang mit Menschen | betriebswirtschaftlicher Bereich | organisatorischer Bereich |
| Chi-Quadrat Pearson F= 2 | 0,741 | 8,394 | 8,798 | 16,241 |
| Gamma | - 0,087 | + 0,179 | + 0,228 | + 0,269 |

Tab. 34 (TE 20 / TE 28)

Die berufliche Weiterbildung im betriebswirtschaftlichen Bereich (Abbildung 67) ist für 34,7% aller befragten Absolventen relevant. Die Bedeutung dieses Weiterbildungsbereiches steigt kontinuierlich mit den Kooperationsanforderungen der Arbeitsaufgabe an. Gamma (+0,228) und Chi-Quadrat (8,798) belegen die positive statistische Abhängigkeit.

Die Weiterbildung im Bereich Organisation (Abbildung 68) nimmt bei den Technikern nach der Weiterbildung im technischen Bereich bezüglich der prozentualen Häufigkeit den zweiten Rang ein. Für 53,5% der Absolventen ist die berufliche Weiterbildung im Bereich Organisation von Bedeutung. Die statistische Abhängigkeit der Relevanz dieses Weiterbildungsschwerpunktes von den Kooperationsanforderungen der Arbeitsaufgabe ist von den hier untersuchten Weiterbildungsbereichen am ausgeprägtesten. Nur 37,0% der Techniker die nicht mit anderen Beschäftigten zusammenarbeiten bilden sich in Fragen der Organisation weiter. Erfordert die Arbeitsaufgabe jedoch eine ständige Abstimmung, ist der Bildungsbereich Organisation für 61,3% der Techniker relevant. Die positive Abhängigkeit der beiden Variablen wird durch Gamma mit einem Wert von +0,269 und Chi-Quadrat mit 16,241 bestätigt.

Weiterbildungsmaßnahmen im technischen Bereich werden von den meisten Technikern wahrgenommen, unabhängig von den Kooperationsanforderungen der Arbeitsaufgabe. Dagegen korreliert die Bedeutung der Weiterbildungsbereiche Organisation, Betriebswirtschaft und Umgang mit Menschen positiv mit den Kooperationsanforderungen der Arbeitsaufgabe, d.h. je wichtiger für die Techniker die Zusammenarbeit mit weiteren Beschäftigten ist, umso häufiger werden die aufgeführten Weiterbildungsbereiche relevant.

### 7.2.3.3 Bildungsförderung der Unternehmen im organisatorischen und sozialen Bereich

Aus der vorangehenden Auswertung ergab sich eine Abhängigkeit der Weiterbildungsmaßnahmen im Bereich Organisation und im Umgang mit Menschen von den Kooperationsanforderungen der Arbeitsaufgabe. In diesem Zusammenhang ist nun von Interesse, nach welchen Kriterien die Unternehmen die Weiterbildung ihrer Mitarbeiter im organisatorischen und sozialen Bereich fördern.

Auf die an die Absolventen gestellte Frage, ob sie von ihrem Unternehmen unterstützt werden, wenn sie sich im organisatorischen Bereich oder im Umgang mit Menschen weiterbilden, gaben diese die in Abbildung 69 dargestellten Antworten.

Bildungsförderung der Unternehmen bei Weiterbildungsmaßnahmen in den Bereichen „Organisation" und „Umgang mit Menschen"

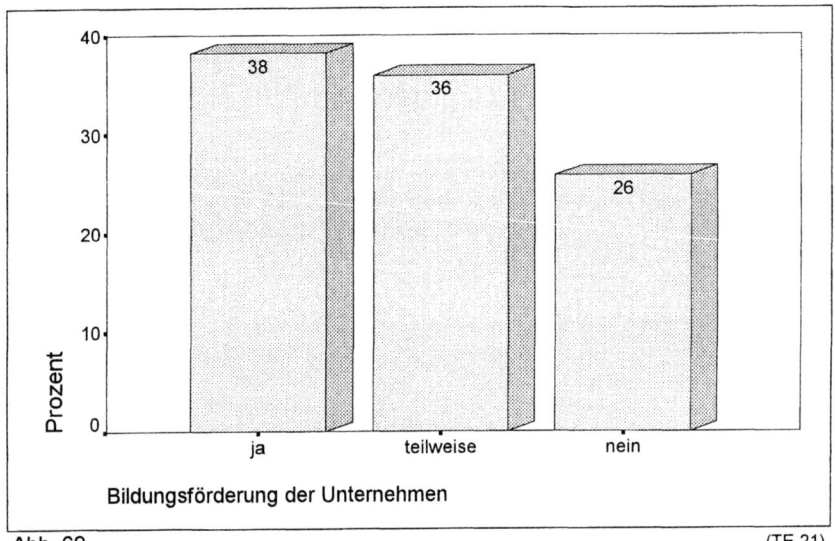

Abb. 69 (TE 21)

Mehr als zwei Drittel der Befragten beantwortete diese Frage mit „ja" bzw. „teilweise". Nur 26,1% der Techniker werden von ihrem Unternehmen nicht unterstützt, wenn sie sich in Bezug auf organisatorische oder soziale Fragestellungen weiterbilden möchten.

Die Weiterbildungsaktivitäten der Elektrotechniker im organisatorischen und sozialen Bereich korrelieren mit den am Arbeitsplatz vorgefundenen Kooperationserfordernissen. Ob auch die Bildungsförderung der Unternehmen in diesem Fortbildungsbereich von den durch die Techniker wahrgenommenen Kooperationsanforderungen abhängt, soll mit der nachfolgenden Auswertung geprüft werden.

Aus Abbildung 70 ergibt sich ein positiver statistischer Zusammenhang der beiden Variablen. 33,0% der Absolventen, die bei ihrer Tätigkeit nicht mit weiteren Beschäftigten kooperieren, beantworteten die Frage nach der Unterstützung durch das Unternehmen bei entsprechenden Weiterbildungsmaßnahmen mit „ja". Dieser Anteil steigt bei den Technikern, deren Tätigkeit eine ständige Abstimmung mit Kollegen erfordert, auf 45,2% an. Gamma nimmt als Korrelationsmaß für die beiden ordinalskalierten Variablen einen Wert von +0,151 an. Dies belegt einen schwach positiven Zusammenhang der beiden Kriterien. Die Förderung von Bildungsmaßnahmen bezüglich organisatorischer Fragestellungen und im Umgang mit Menschen durch die Unternehmen korrelieren schwach positiv mit den von den Technikern wahrgenommenen Kooperationsanforderungen der Arbeitstätigkeit. Da aber nur ein schwacher Zusammenhang besteht, soll geprüft werden, ob weitere Kriterien vorhanden sind, nach denen die Unternehmen Weiterbildungsmaßnahmen im organisatorischen und sozialen Bereich fördern.

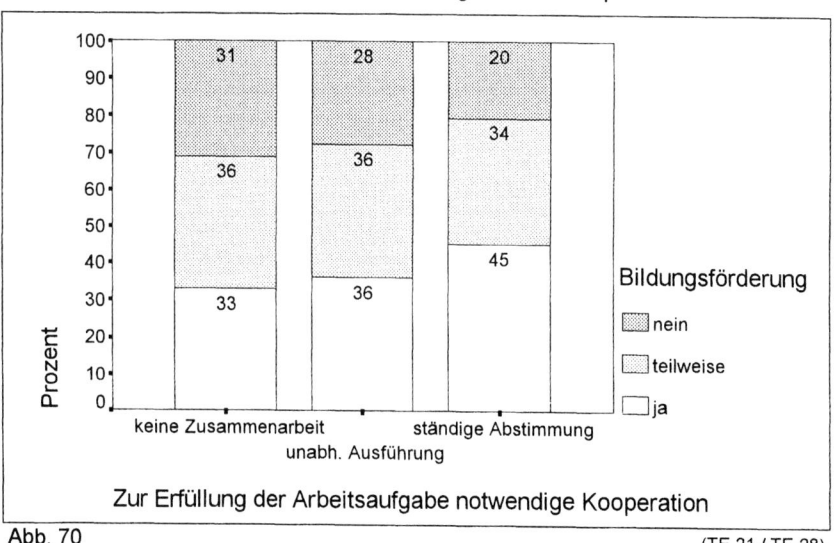

Bildungsförderung der Unternehmen im organisatorischen und sozialen Bereich in Abhängigkeit von den Kooperationsanforderungen am Arbeitsplatz

Abb. 70 (TE 21 / TE 28)

In Abbildung 71 ist die Förderung von Weiterbildungsmaßnahmen im organisatorischen und sozialen Bereich durch die Unternehmen in Abhängigkeit von der Position der Techniker in der betrieblichen Hierarchie dargestellt. Techniker, die höhere Positionen in der betrieblichen Hierarchie einnehmen, werden statistisch häufiger bei einer der Fragestellung entsprechenden Weiterbildung unterstützt. Sowohl die „ja"-Antworten als auch die Summe der „ja"- und „teilweise"-Antworten nehmen ausgehend von der Position „Facharbeiter" hin zu der des „technischen Direktors" zu. Gamma bestätigt diesen positiven Zusammenhang mit + 0,187.

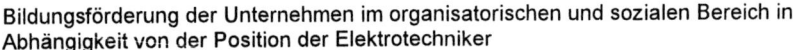

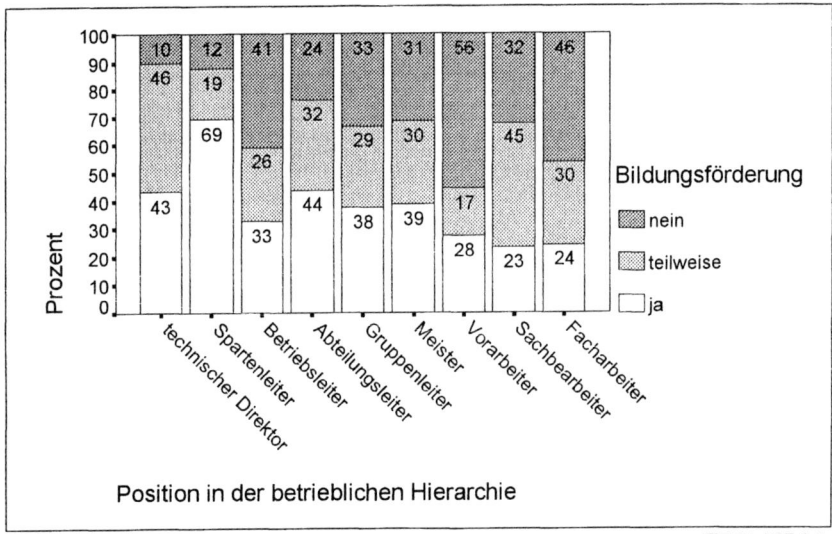

Abb. 71 (TE 21 / TE 24)

Der Zusammenhang von entsprechenden Bildungsförderungsmaßnahmen durch die Unternehmen mit dem Einkommen der Techniker ist in Abbildung 72 dargestellt.

Bildungsförderungsmaßnahmen der Unternehmen im organisatorischen Bereich und im Umgang mit Menschen korrelieren in hohem Maße mit dem monatlichen Bruttoeinkommen der befragten Absolventen. Gamma nimmt bei der Korrelation der beiden Variablen einen Wert von + 0,374 ein und belegt die positive Abhängigkeit.

Bildungsförderung der Unternehmen im organisatorischen und sozialen Bereich in Abhängigkeit vom monatlichen Bruttoeinkommen der Elektrotechniker

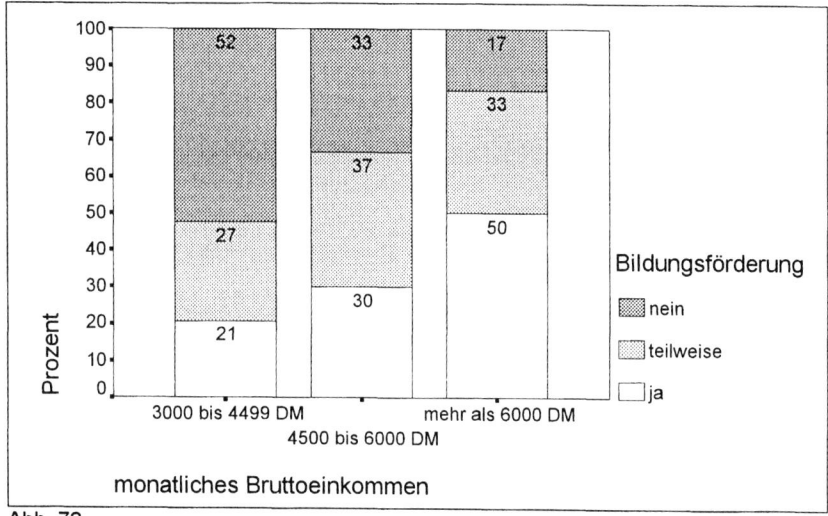

Abb. 72 (TE 21 / TE 7)

Bildungsförderung der Unternehmen im organisatorischen und sozialen Bereich in Abhängigkeit vom Dienstalter der Elektrotechniker

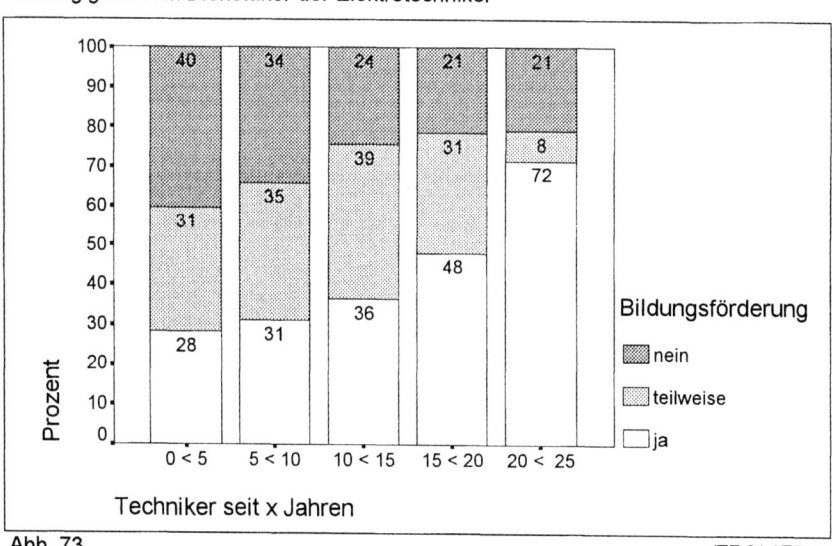

Abb. 73 (TE 21 / TE 1)

Als ein weiteres Kriterium soll das „Dienstalter" der Techniker herangezogen werden. Die Korrelation dieser Variablen mit der Förderung der hier untersuchten Weiterbildungsmaßnahmen durch die Unternehmen ist in Abbildung 73 dargestellt.

Auch hier ist eine eindeutige Abhängigkeit der Bildungsförderung bezüglich organisatorischer und sozialer Angelegenheiten von der zur Korrelation herangezogenen Variable „Dienstalter" festzustellen. Gamma belegt diese positive Abhängigkeit mit einem Wert von + 0,202. Daraus kann geschlossen werden, daß die Techniker mit zunehmendem Dienstalter vermehrt Aufgabenstellungen begegnen, die neben der Fachkompetenz die Sozialkompetenz und die Fähigkeit zu organisieren erfordern.

In Tabelle 35 wird das Ausmaß der statistischen Abhängigkeit der Bildungsförderung bezüglich organisatorischer und sozialer Fragestellungen durch die Unternehmen von den hier untersuchten Variablen anhand der Gamma-Werte zusammenfassend dargestellt.

Weiterbildungsförderung in den Bereichen „Organisation" und „Umgang mit Menschen" durch die Unternehmen in Abhängigkeit von den Kooperationsanforderungen, der Position, dem Einkommen und dem Dienstalter (Gamma-Koeffizienten)

|  | Kooperations-anforderungen | Position | Einkommen | Dienstalter |
|---|---|---|---|---|
| Gamma | + 0,151 | + 0,187 | + 0,374 | + 0,202 |

Tab. 35 (TE 21 / TE 28 / TE 24 / TE 7 / TE 1)

Die Unterstützung der Weiterbildung im organisatorischen und sozialen Bereich durch die Unternehmen korreliert schwach positiv (Gamma = +0,151) mit den von den Technikern wahrgenommenen Kooperationsanforderungen am Arbeitsplatz. Ein stärkerer Zusammenhang besteht jedoch zwischen einer entsprechenden Bildungsförderung und „karriererelevanten Merkmalen" wie Position, Einkommen und Dienstalter. D.h. die Förderung einer Weiterbildung durch die Unternehmen im Umgang mit Menschen und bei organisatorischen Fragestellungen richtet sich eher nach Merkmalen, die der „Personalführung in Liniensystemen" entsprechen, als nach den von den Elektrotechnikern wahrgenommenen Kooperationsanforderungen. Eine den Merkmalen „schlanker Produktionsstrukturen" entsprechende Arbeitsorganisation und Bildungsförderung würde im Gegensatz zu den vorgefundenen Abhängigkeiten eine von den untersuchten Merkmalen unabhängige Förderung der Weiterbildungsmaßnahmen im organisatorischen und sozialen Bereich nahelegen.

### 7.2.4 Auswirkungen des Bestimmungsfaktors Technik

In diesem Kapitel wird der Frage nachgegangen, welche Rolle die Elektrotechniker voraussichtlich in den soziotechnischen Handlungssystemen der Zukunft einnehmen. Zur Beantwortung wird die Perspektive der Arbeitgeberseite gewählt.

Die Interviewpartner in den Unternehmen wurden um ihre Einschätzung zu der Frage gebeten, ob die technische Entwicklung dazu führt, daß Technikerarbeitsplätze ersetzt werden (Substitution) oder ob weiterhin ein komplementäres Zusammenspiel von Technikern und Technik im soziotechnischen Handlungssystem stattfindet (vgl. Kap. 4.5.1.3). Auf diese Frage wurden in den einzelnen Unternehmen sehr unterschiedliche Antworten gegeben.

**Substitution von Technikerpositionen**

In drei der großen Industrieunternehmen (darunter die beiden größten der in den Interviews berücksichtigten Unternehmen) und der öffentlich-rechtlichen Rundfunkanstalt gehen die Interviewpartner davon aus, daß die technische Entwicklung zu einem Rückgang der Beschäftigungsmöglichkeiten für die Elektrotechniker führt. In den drei Industrieunternehmen wird dies damit begründet, daß die „neue Technik" sehr hohe Anforderungen an eine theoretisch fundierte Fachkompetenz des Personals stellt. Durch die Technikentwicklung verliert der praktische Hintergrund der Techniker an Bedeutung, die stärker theoretisch ausgerichtete Ausbildung der Ingenieure scheint hier den zukünftigen Anforderungen besser zu entsprechen. In diesen Unternehmen geht man davon aus, daß die Ingenieurausbildung besser auf eine Tätigkeit vorbereitet, die den ständigen Umgang mit den neuen Informations- und Kommunikationstechniken erfordert. Die Beherrschung der sich schnell weiterentwickelnden Technik erfordert außerdem die ständige Weiterbildung des Personals. Auch auf diese Anforderung bereitet nach den Aussagen der Interviewpartner in den oben genannten Unternehmen ein Ingenieurstudium besser vor als eine Technikerausbildung. Der mögliche Rückgang von Technikerarbeitsplätzen in diesen Unternehmen beruht demnach eher auf einer Verdrängung der Elektrotechniker durch Ingenieure als auf dem Ersatz menschlicher Arbeitskraft durch die technischen Systeme. Dies wird in der Rundfunkanstalt anders gesehen. Eine Abnahme der Anzahl von Beschäftigungsmöglichkeiten für Techniker wird hier durch die veränderte Technik begründet.

Durch Ersatz bisher genutzter Tonträger durch digitale Systeme entfallen vorher notwendige Wartungs- und Reparaturtätigkeiten, wodurch menschliche Arbeitskraft freigesetzt wird.

**Komplementäre Techniknutzung - Zahl der Technikerpositionen gleichbleibend**

In vier Industrieunternehmen und zwei Betrieben mit Zugehörigkeit zur Handwerkskammer wird davon ausgegangen, daß sich die Anzahl der Technikerarbeitsplätze in der nahen Zukunft nicht verändert. In zwei der obengenannten Industrieunternehmen erachtet man es für möglich, daß langfristig (10 bis 20 Jahre) im Servicebereich Arbeitskräfte eingespart werden können, da zukünftig Kundenprobleme durch die sich entwickelnde Technik der Ferndiagnose und der Fernwartung lösbar sind. Damit entfallen für die Servicetechniker einige der zeitaufwendigen Reisen. Die Arbeitszeit kann effektiver genutzt werden. In den anderen hier genannten Unternehmen gehen die Interviewpartner davon aus, daß die Beherrschung der Technik immer den Menschen erfordert und damit die Elektrotechniker auch in Zukunft komplementär mit den technischen Systemen arbeiten. Die Gesprächspartner rechnen hier mit einer gleichbleibenden Anzahl von Technikerarbeitsplätzen in ihren Unternehmen.

**Komplementäre Techniknutzung - Zahl der Technikerpositionen zunehmend**

In fünf weiteren Unternehmen gehen die Gesprächspartner davon aus, daß die Technik der Zukunft komplementär im soziotechnischen Handlungssystem genutzt wird und dabei zukünftig noch mehr Beschäftigungsmöglichkeiten für Techniker in ihren Betrieben entstehen. Darunter ist ein Industrieunternehmen (Nr. 8), das ausschließlich im Bereich der neuen Informations- und Kommunikationstechniken arbeitet und nur aufgrund dieser technischen Entwicklung gegründet wurde. Nach den Angaben des Gesprächspartners in diesem Unternehmen sind daher durch die Technikentwicklung Beschäftigungsmöglichkeiten für Elektrotechniker entstanden. Ähnlich wird in der dem öffentlichen Dienst zugehörigen Forschungsanstalt argumentiert. Der Personalchef gab hier zu dieser Fragestellung an, daß die Forschungseinrichtung sich mit Hochtechnologie beschäftigt und nur aufgrund dieser Technik existiert. In dieser Logik schafft die Technik Arbeitsplätze für die Elektrotechniker.

In dem Unternehmen der technischen Überwachung wurde eine künftige Zunahme der Technikerarbeitsplätze folgendermaßen begründet: Die zunehmende Technisierung in Verbindung mit strenger werdenden Umwelt- und Arbeitssicherheitsverordnungen sowie Regelungen zum Schutz der Verbraucher schafft mehr Arbeitsplätze im Bereich der Sicherheitsüberprüfung. Gleichzeitig wird dieser Bereich durch eine Deregulierung bezüglich der formalen Voraussetzungen für die Zulassung zur Sachverständigenprüfung für die Staatlich geprüften Techniker zugänglich.

Auch in den Handwerksunternehmen wird davon ausgegangen, daß in der nahen Zukunft noch mehr Elektrotechniker eingestellt werden. Dort genügt die Fachkompetenz der Facharbeiter und Meister oft nicht den Anforderungen, die mit dem Einsatz neuer Technik einhergehen. Die allgemeine technische Entwicklung, die auch in die Handwerksunternehmen Einzug hält, erfordert dort die Fachkompetenz der Techniker. In Verbindung mit einer guten Auftragslage im Handwerk führt diese Entwicklung zu mehr Technikerarbeitsplätzen in diesen Betrieben.

## 7.3 Zusammenfassende Interpretation

**Berufsbild: Tätigkeit und Rollenerwartungen**

Die wichtigsten Branchen, in denen Staatlich geprüfte Techniker der Fachrichtung Elektrotechnik Beschäftigung finden, sind Datenverarbeitung (18,1%), Elektrotechnik (14,5%), Automatisierungstechnik (9,1%) und Nachrichtentechnik (8,2%).

Zwei Drittel der Technikerschulabsolventen (67,0%) sind vorwiegend mit Aufgaben beschäftigt, die den technischen Tätigkeiten zuzuordnen sind. Dennoch haben auch bei diesen Technikern technikübergreifende Tätigkeiten eine große Bedeutung. Das verbleibende Drittel der Absolventen (33,0%) führt überwiegend nichttechnische Tätigkeiten aus.

Die am häufigsten auftretenden Tätigkeitsarten an den Arbeitsplätzen der Elektrotechniker sind Warten und Reparieren (21,1%), Verkaufen (12,2%), Anlagen Einrichten (10,5%), Testen, Prüfen und sachverständig Beurteilen (8,7%) sowie Entwickeln (8,4%). Die Tätigkeiten Warten und Reparieren, Testen und Prüfen sowie die Einrichtung von Anlagen werden häufiger von Berufsanfängern ausgeführt, während Verkaufs- und Beratungstätigkeiten öfter von Elektrotechnikern mit mehrjähriger Berufserfahrung ausgeübt werden.

Vorrangige Tätigkeitsobjekte sind Computersysteme und -netze (21,6%), Steuerungen und Regeleinrichtungen (14,8%) sowie Anlagen und Apparate (12,1%).

Die wichtigsten Arbeitgeber für Staatlich geprüfte Techniker der Fachrichtung Elektrotechnik waren bisher die Industrieunternehmen. Der Abschluß als

Staatlich geprüfter Techniker ermöglichte den Absolventen den Aufstieg in „mittlere Positionen". Die Techniker sollten aufgrund ihres spezifischen Werdegangs zwischen den „Welten" der Facharbeiter und denen der Ingenieure vermitteln. Im Gegensatz zum Meister beinhalten die Aufgaben der Techniker nicht unbedingt die Verantwortung für unterstelltes Personal, vielmehr wird die durch berufliche Praxis fundierte Fachkompetenz geschätzt. In der Vergangenheit war für die Techniker in den Industrieunternehmen dennoch der Aufstieg in Positionen möglich, die mit Personalverantwortung verbunden waren. Aufgrund des gegenwärtig hohen Anteils von Ingenieuren in den Industrieunternehmen ist die Übernahme von Positionen mit Personalverantwortung für die Techniker dort unwahrscheinlich geworden. Berufliche Entwicklung ist für die in der Industrie beschäftigten Technikerschulabsolventen in Form einer fachlichen Karriere möglich. So beginnt ein Berufsanfänger beispielsweise mit einer Tätigkeit im Prüffeld. Nach dem Erfahrungserwerb im Umgang mit firmenspezifischen Produkten wechselt er in den Kundenservice. Diese Servicetätigkeit kann bei entsprechender Sozialkompetenz in eine Verkaufstätigkeit münden, die entsprechend höhere Verdienstmöglichkeiten beinhaltet.

Der allgemeine gesellschaftliche Trend zur Höherqualifizierung, der zu einer hohen Zahl von Ingenieuren auf dem Arbeitsmarkt und dementsprechend in den Industrieunternehmen führt, gefährdet in Verbindung mit der allgemeinen Technikentwicklung die Arbeitsplätze für Techniker in den Industrieunternehmen. Beim Technikeinsatz in den Unternehmen besteht die Tendenz, elektromechanische Bauteile durch Mikroprozessoren zu ersetzen. Für den Umgang mit den meist in den großen Industrieunternehmen eingesetzten Rechnersystemen und den damit einhergehenden Programmierungsaufgaben bei der Softwareentwicklung und -optimierung sind nach den Angaben der Unternehmensvertreter Hochschulabsolventen besser geeignet als Techniker. Die werdegangspezifischen Kompetenzen der Staatlich geprüften Techniker verlieren durch diese Entwicklung in den Industrieunternehmen an Bedeutung. Der Technikeinsatz führt in Kombination mit akademischer Kompetenz langfristig zu einer Verdrängung der Staatlich geprüften Techniker aus den angestammten Tätigkeitsfeldern.

Diese Entwicklung wurde durch die quantitative Auswertung der bei der schriftlichen Absolventenbefragung erhaltenen Daten bestätigt. Während die Industrieunternehmen bei den Technikern, deren Abschluß weniger als fünf Jahre zurückliegt, im Vergleich zu den dienstälteren Berufskollegen als Arbeitgeber an Bedeutung verlieren, gewinnen Handwerk, Handel und öffentlicher Dienst als Arbeitgeber an Relevanz. Die Technikentwicklung führt in Verbindung mit einer hohen Anzahl von Ingenieuren auf dem Arbeitsmarkt zu einer Verdrängung der Techniker aus den Industrieunternehmen, schafft aber in Handwerksunternehmen für diese Berufsgruppe neue Beschäftigungsmöglichkeiten. In den Betrieben des

Handwerks genügt die Fachkompetenz der Facharbeiter und Meister oft nicht den Anforderungen, die mit dem Einsatz neuer Technik einhergehen. In diesem Zusammenhang sind beispielsweise die aktuelle Telekommunikationstechnik und die mikroprozessorgesteuerte Haushaltselektronik zu nennen. Diese in das Tätigkeitsfeld der in Handwerksunternehmen beschäftigten Mitarbeiter fallenden Aufgabengebiete stellen hohe Anforderungen an die Fachkompetenz. Die während einer beruflichen Erstausbildung erworbenen Kompetenzen genügen hier oft nicht mehr den Anforderungen.

Entsprechend den Prognosen der IAB/Prognos-Studie gewinnen Tätigkeiten im Handel an Bedeutung. Die für eine solche Tätigkeit erforderlichen Kompetenzen beziehen sich nicht nur auf kaufmännisches Handeln, vielmehr ist ein entsprechendes Hintergrundwissen über die zu verkaufenden Produkte erforderlich. Wenn es sich bei den zu handelnden Gütern um technische Produkte handelt, kommen Staatlich geprüfte Techniker für Verkaufstätigkeiten in Frage.

Auch der öffentliche Dienst gewinnt bei den Technikerschulabsolventen an Bedeutung. Die in der Vergangenheit bestehende geringe Relevanz dieses Arbeitgebers für die Staatlich geprüften Techniker war möglicherweise durch die starren Laufbahnverordnungen und Tarifrichtlinien bedingt. Eine feststellbare Tendenz zur Deregulierung im öffentlichen Dienst kann hier den Technikern neue Tätigkeitsfelder eröffnen. Eine Flexibilisierung des Tarifsystems in öffentlichen Unternehmen kann die Attraktivität entsprechender Positionen für die Techniker steigern. Neue Aufgabenfelder für Techniker entstehen beispielsweise im Bereich der technischen Überwachung. Durch einen Deregulierungsprozeß werden Aufgaben, die bisher unter staatlicher Hoheit ausgeführt wurden, an Privatunternehmen vergeben. Eine Sachverständigentätigkeit, die bisher aufgrund formaler Bestimmungen ein Ingenieurstudium voraussetzte, wird zukünftig aufgrund des erwähnten Deregulierungsprozesses auch für Techniker mit entsprechender Berufserfahrung möglich sein.

Die Tätigkeitsfelder der Elektrotechniker sind von der Kammerzugehörigkeit der beschäftigenden Unternehmen abhängig. In den Industrieunternehmen liegt der Tätigkeitsschwerpunkt der Techniker mehr bei den Wartungs-, Reparatur- und Prüftätigkeiten. Auch Service- und Verkaufstätigkeiten kommen in Frage. Personalführungsaufgaben sind in den Industrieunternehmen für typische Technikerpositionen nicht vorgesehen. Im Gegensatz dazu gestalten sich die Tätigkeitsfelder der in den Handwerksunternehmen beschäftigten Technikerschulabsolventen umfangreicher. Das Tätigkeitsspektrum umfaßt hier oft die Beratung der Kunden, das Erstellen von Kalkulationen, die Auftragsannahme sowie die Ausführung und Abrechnung von Aufträgen. Anders als ihre Berufskollegen in den Industrieunternehmen übernehmen die in Handwerksbetrieben tätigen Elektrotechniker auch heute noch häufig Positionen mit Personalverantwortung. Diese Positionen gehen dann auch mit formell höheren Positionsbezeichnungen einher.

Auch bei der Betrachtung von Einkommen und Versichertenstatus der Techniker ergeben sich in Abhängigkeit von der Kammerzugehörigkeit der Unternehmen Unterschiede. Die durchschnittlich höchsten Anfangseinkommen erzielen die Techniker in den Industrieunternehmen. Auch den Technikern mit Berufserfahrung bieten die Industriebetriebe die besten Verdienstmöglichkeiten. Im Vergleich dazu liegt das Gehaltsniveau in den Handwerksunternehmen deutlich niedriger. Dabei sind jedoch folgende Randbedingungen zu beachten: 25% der Elektrotechniker in den Handwerksunternehmen, deren Technikerabschluß weniger als fünf Jahre zurückliegt, nehmen den Versichertenstatus „Arbeiter" ein. Bei dieser Gruppe ist davon auszugehen, daß keine der formalen Ausbildung entsprechende Position eingenommen werden konnte, da auf dem Arbeitsmarkt nicht genügend adäquate Positionen zur Verfügung standen. Wird weiterhin berücksichtigt, daß die Aufstiegsmöglichkeiten für Techniker in den Industrieunternehmen inzwischen stark eingeschränkt sind, relativieren sich die festgestellten Einkommensdifferenzen.

Die zeitlichen und inhaltlichen Freiheitsgrade bei der Arbeitsgestaltung unterscheiden sich in Abhängigkeit von der Kammerzugehörigkeit der Unternehmen. Tendenziell werden den Elektrotechnikern in den Handwerksbetrieben und im öffentlichen Dienst höhere zeitliche und inhaltliche Freiheitsgrade zugestanden als in den großen Industrieunternehmen. Die Angaben der Techniker und der Arbeitgebervertreter unterscheiden sich dahingehend, daß sich die Techniker im Mittel höhere Freiheitsgrade zuordnen. Die zeitlichen und inhaltlichen Freiheitsgrade bei der Arbeitsgestaltung korrelieren positiv mit der Position der Techniker in der betrieblichen Hierarchie, dem Einkommen und dem Dienstalter.

Etwa ein Drittel bis zur Hälfte der Elektrotechniker sind für Termine, Qualitätssicherung, Wartung, Betriebsmittel, Stückzahlen und die Materialbereitstellung zuständig. Die Zuständigkeit für Termine und Betriebsmittel geht statistisch mit einer höheren Position in der betrieblichen Hierarchie und einem höheren Einkommen einher. Die Zuständigkeit für Qualitätssicherung und Wartung korreliert hingegen negativ mit Position und Einkommen. In kleineren Unternehmen werden die Elektrotechniker häufiger mit komplexeren Aufgabenbereichen betraut als in den Großunternehmen. Demnach verrichten die Elektrotechniker in den kleineren Unternehmen häufiger umfangreiche Tätigkeiten im Sinne einer sequentiell und hierarchisch vollständigen Handlung.

**Bestimmungsfaktoren des Berufsbildes**

**Arbeitsorganisation**

Kenntnisse über den Gegenstand der Arbeitsorganisation und die Anwendung arbeitsorganisatorischer Maßnahmen in der betrieblichen Praxis sind für die meisten Elektrotechniker relevant.

In der Untersuchung wurde der Frage nachgegangen, ob an den Arbeitsplätzen Staatlich geprüfter Techniker „schlanke" Produktionsstrukturen im Sinne von „lean production" eingeführt sind. Es wurde angenommen, daß in solchen Arbeitsorganisationsstrukturen alle beteiligten Beschäftigten, unabhängig von ihrer Position in der betrieblichen Hierarchie, mit arbeitsorganisatorischen Aufgaben befaßt sind. Bei der Auswertung der empirischen Daten wurde jedoch festgestellt, daß der Umfang arbeitsorganisatorischer Aufgabenstellungen stark positiv mit der Position und dem Einkommen der Techniker korreliert. Dies spricht gegen einen hohen Einführungsgrad von „schlanken" Produktionsstrukturen an den Arbeitsplätzen der Elektrotechniker.

In industriellen Großunternehmen der Branchen Elektrotechnik, Maschinenbau, Automatisierungstechnik und Fahrzeugtechnik konnten aber dennoch arbeitsorganisatorische Maßnahmen mit Merkmalen „schlanker" Produktionsstrukturen identifiziert werden. Beispielsweise wurde in diesen Unternehmen die Aufbauorganisation „flacher" gestaltet und die Ablauforganisation am Prozeß ausgerichtet. In einigen Industrieunternehmen sind Fertigungsinseln und flexible Fertigungszellen eingeführt. In multifunktionalen Teams arbeitet Personal mit verschiedenen inhaltlichen Kompetenzen und formalen Qualifikationen. Die betreffenden Unternehmen sind meist seit Jahren nach der ISO 9000 zertifiziert.

In den Handwerksbetrieben und den kleineren Industrieunternehmen mit weniger als 100 Beschäftigten wurden arbeitsorganisatorische Maßnahmen im Sinne von „lean production" nicht explizit eingeführt. Die Aufbauorganisation ist in diesen Unternehmen an traditionellen Hierarchien orientiert, die Zeitgestaltung häufig durch feste Arbeitszeiten geprägt. Obwohl in diesen Unternehmen „schlanke" Organisationsstrukturen nicht explizit eingeführt wurden, erfüllen die Elektrotechniker dort meist Aufgaben innerhalb eines breiten Tätigkeitsspektrums. Neben den technischen Aufgabenstellungen sind die Elektrotechniker in diesen Unternehmen oft auch in technikübergreifenden Bereichen tätig.

Obwohl in einigen großen Industrieunternehmen Arbeitsorganisationsformen mit Merkmalen „schlanker" Produktionsstrukturen eingeführt wurden, sind die Aufgaben der Staatlich geprüften Techniker in den Handwerksbetrieben und den kleinen Industrieunternehmen meist vielfältiger. Dies kann darin begründet sein, daß mit der Einführung „schlanker" Produktionsstrukturen in den Großunternehmen die Auswirkungen tayloristischer Strukturen reduziert werden, die in kleinen Unternehmen niemals eingeführt wurden. Aber auch die folgende Begründung kann den bezeichneten Sachverhalt erklären: In großen Industrieunternehmen sind zwar Maßnahmen getroffen worden, die den Tätigkeitsbereich der Techniker prinzipiell erweitern, aber durch einen hohen Anteil von Fachhochschul- und Universitätsabsolventen in diesen Unternehmen nehmen die Techniker oft niedrigere Positionen in der betrieblichen Hierarchie ein. Dies ist trotz der Ansätze „schlanker" Produktionsstrukturen mit einer Einschränkung des Tätigkeitsbereiches verbunden.

**Technik**

Die Aufgaben der Elektrotechniker werden durch eine Veränderung der technischen Produkte beeinflußt. In der Elektrotechnik besteht die grundlegende Tendenz, elektromechanische Bauteile durch elektronische Schaltungen zu ersetzen. Dementsprechend verlieren auch bei Meß- und Regelsystemen mechanische Bauteile an Bedeutung. Die Schwerpunkte bei der Entwicklung der Meß- und Regeltechnik liegen nicht mehr bei der Konstruktion neuer Hardware. Vielmehr hat hier die Softwareentwicklung und deren Anpassung an spezifische Kundenprobleme große Bedeutung.

Die neuen Informations- und Kommunikationstechniken eröffnen vielen Elektrotechnikern ein neues Tätigkeitsfeld. Aber auch für die nicht primär mit den Informations- und Kommunikationstechniken befaßten Techniker sind diese ein grundlegender Bestandteil der Tätigkeit. Alle befragten Arbeitgebervertreter bewerten die Bedeutung dieser neuen Technik als entscheidend wichtig für die berufliche Tätigkeit Staatlich geprüfter Techniker. So werden beispielsweise Schaltanlagen, die der Stromversorgung der Endverbraucher dienen, zentral von Computern gesteuert. Auch die moderne Telekommunikationstechnik (z.B. ISDN) basiert auf dem Einsatz von Mikroprozessoren. Die Erstellung technischer Zeichnungen erfolgt heute fast ausschließlich mit CAD-Systemen. In modernen Produktionsanlagen werden die entsprechenden Daten oft direkt an die Steuerungen der Produktionsmaschinen übertragen. Auch die Programmierung von Werkzeugmaschinen und Produktionsanlagen, die beispielsweise Servicetechniker beim Kunden vornehmen, erfolgt bei modernen Anlagen ausschließlich mit Hilfe von Personalcomputern.

Einschneidende Veränderungen gehen mit der Digitaltechnik einher. So werden beispielsweise in Rundfunkanstalten sowohl im Audio- als auch im Videobereich herkömmliche Ton- und Bildträger durch digitale Aufzeichnungsgeräte ersetzt. Im Bereich Fernsehen gewinnen die digitale Bildbearbeitung und die „virtuelle" Studiotechnik an Bedeutung.

Für die Elektrotechniker sind aber auch angrenzende technische Fachgebiete relevant. So wird die „Mechatronik" zukünftig die Tätigkeit einiger Elektrotechniker stärker bestimmen. Auch der Umgang mit hydraulischen und pneumatischen Schaltanlagen gewinnt an Bedeutung. Bei der Entwicklung und Herstellung von Schaltanlagen hat die Visualisierungstechnik Relevanz. Viele der zu regelnden Vorgänge werden im Sinne einer erleichterten Bedienbarkeit heute möglichst visualisiert. Die Lichtleittechnik erfordert von den Technikern die Beschäftigung mit einer neuen Energieform.

Aktuelle gesetzliche Grundlagen, mit denen sich die Techniker auseinandersetzen müssen, sind die Verordnung über die elektromagnetische Verträglichkeit (EMV) von elektronischen Anlagen und das Produkthaftungsgesetz.

**Kompetenz**

Eine fundierte Fachkompetenz ist vor dem Hintergrund der aufgezeigten Technikentwicklung für die Elektrotechniker von grundlegender Bedeutung. Dabei wird auch heute noch in den Unternehmen die Verbindung von theoretischen Kenntnissen mit dem durch die berufliche Praxis gewonnenen Erfahrungswissen an den Technikern geschätzt. In der gegenwärtig gespannten Arbeitsmarktlage bevorzugen die Personalverantwortlichen daher diejenigen Fachschulabsolventen, die im eigenen Unternehmen bereits Erfahrungen mit betriebsspezifischen Abläufen sammeln konnten. Die Arbeitgeber erwarten von den Elektrotechnikern vor allem eine fundierte Fachkompetenz im Fachgebiet Elektrotechnik, die Fähigkeit, Probleme zu lösen, Aufgaben im Bereich Qualitätssicherung wahrzunehmen sowie die Fähigkeit zu organisieren. Für einen Teil der Elektrotechniker sind betriebswirtschaftliche Kenntnisse relevant. Von Technikern, die mit Kunden in Kontakt stehen, werden ausbaufähige Fremdsprachenkenntnisse erwartet.

Der Kooperationsbedarf der Elektrotechniker wird von der Arbeitgeberseite hoch eingeschätzt. Werden die Angaben der Technikerschulabsolventen mit denen der Arbeitgeber verglichen, dann tendieren die Techniker dazu, ihren Kooperationsbedarf geringer einzuschätzen, als dies von der Arbeitgeberseite gesehen wird. Der Kooperationsbedarf korreliert in geringem Maße positiv mit der Position der Techniker in der betrieblichen Hierarchie. Ein statistischer Zusammenhang mit dem Einkommen und dem Dienstalter konnte nicht festgestellt werden.

Die unterschiedliche Einschätzung der Freiheitsgrade und der Kooperationsanforderungen durch die Technikerschulabsolventen und die Arbeitgebervertreter kann möglicherweise mit der bekannten Tendenz begründet werden, daß Befragte bei empirischen Erhebungen die Angaben zur eigenen Person in Richtung des sozialen Ansehens verschieben. Wenn vor diesem Hintergrund die Techniker ihre Freiheitsgrade bei der zeitlichen und inhaltlichen Arbeitsgestaltung höher einschätzen als die Arbeitgeber, entspricht dies den Erwartungen.

Daß aber die Kooperationsanforderungen von den Technikern geringer beurteilt werden als von den Arbeitgebern, müßte dann darin begründet sein, daß die Techniker den Kooperationsbedarf nicht positiv, sondern negativ als „Abhängigkeit von anderen" und als „mangelnde Eigenständigkeit" bewerten. Dennoch ist festzuhalten, daß die Fähigkeit zur Kooperation, unabhängig von der angestrebten Position und der Kammerzugehörigkeit des Unternehmens, für die Techniker ein wichtiges Einstellungskriterium ist.

Die Arbeitgeberseite erwartet von den Technikern die Fähigkeit, im Team oder in Projekten zu arbeiten. Als besonders wichtig werden in diesem Zusammenhang die Kooperations- und Kommunikationsfähigkeit sowie die richtige Einschätzung der eigenen Rolle und ein selbstsicheres Auftreten beurteilt. Auch Aspekten der Individualkompetenz - die nicht mit Unternehmenszielen in Konflikt geraten - wird eine hohe Bedeutung beigemessen. Dazu gehören beispielsweise die an den Technikern geschätzten Fähigkeiten, sich persönliche Ziele zu setzen und zu verfolgen, Durchhaltevermögen und die Fähigkeit und Bereitschaft, Verantwortung zu übernehmen.

Die Elektrotechniker beurteilen ihre Vorbereitung an der Fachschule für Technik auf die Tätigkeit in den Unternehmen in den verschiedenen Anforderungsbereichen sehr unterschiedlich. Die Absolventen sehen in bezug auf die fachlich-technische Kompetenz keine bzw. sehr geringe Differenzen zwischen der Technikerausbildung und den Anforderungen der beruflichen Tätigkeit. Auch auf die Anforderungen der Teamarbeit fühlen sie sich gut vorbereitet.

Die größten Differenzen zwischen den Tätigkeitsanforderungen und den während der Ausbildung erworbenen Kompetenzen nehmen die Techniker auf den Gebieten Kostenbetrachtungen, Ablauforganisation und Qualitätssicherung wahr. Geringere Defizite werden bei der Vorbereitung auf Kundenberatung und Verkauf sowie beim Themenbereich Produkthaftung angenommen.

Da die Bereiche, bei denen die festgestellten Vorbereitungsdefizite bestehen, sowohl nach den Angaben der Arbeitgeber als auch der Techniker für die Tätigkeit von Bedeutung sind, müssen die Kompetenzdefizite durch eine Veränderung der Technikerausbildung oder durch entsprechende Weiterbildungsmaßnahmen behoben werden.

Bezüglich der Häufigkeit von Weiterbildungsmaßnahmen geben 79% der befragten Techniker an, daß sie ständig hinzulernen müssen, um den Anforderungen des Arbeitsplatzes gerecht zu werden. Die verbleibenden 21% der Elektrotechniker nutzen Weiterbildungsmöglichkeiten nur in etwa jährlichem Abstand (15%) oder in noch größeren Zeitzyklen (6%).

Obwohl die Techniker bezüglich der fachlich-technischen Kompetenz am besten auf eine berufliche Tätigkeit vorbereitet wurden, sind die häufigsten Weiterbildungsaktivitäten der Elektrotechniker diesem Bereich zuzuordnen. Von den zwei Dritteln der befragten Techniker, die vorwiegend technisch orientierte Tätigkeiten ausüben, bilden sich 94% im technisch-fachlichen Bereich weiter. In dem verbleibenden Drittel der Absolventen, die vorwiegend mit nicht-technischen Tätigkeiten betraut sind, ist dieser Weiterbildungsbereich für immerhin noch 77% relevant.

Bei allen befragten Absolventen nehmen nach der Weiterbildung in fachlich-technischen Fragestellungen Fortbildungsmaßnahmen mit dem Schwerpunkt Organisation den zweiten Rang ein, gefolgt von Bildungsmaßnahmen im Umgang mit Menschen und im Bereich Betriebswirtschaft. Erwartungsgemäß bilden sich Absolventen, die vorwiegend nicht-technische Tätigkeiten ausüben, bei gleichbleibender Rangfolge der Wichtigkeit, häufiger in den drei letztgenannten Fortbildungsbereichen weiter als ihre Berufskollegen mit vorwiegend technisch orientierten Arbeitsaufgaben.

Weiterbildungsaktivitäten im organisatorischen und betriebswirtschaftlichen Bereich sowie im Umgang mit Menschen korrelieren positiv mit der Bedeutung von Arbeitsorganisationsaufgaben im Rahmen der Tätigkeit. Auch die Kooperationsanforderungen der Arbeitsaufgabe gehen statistisch mit einer größeren Häufigkeit von Weiterbildungsmaßnahmen mit Themenstellungen aus den drei obengenannten Bildungsbereichen einher.

Mehr als zwei Drittel der Elektrotechniker sind in Unternehmen beschäftigt, in denen Weiterbildungsmaßnahmen mit organisatorischen und sozialen Themenschwerpunkten gefördert werden. Hier korreliert die Bereitschaft der Verantwortlichen in den Unternehmen, entsprechende Bildungsmaßnahmen zu unterstützen, positiv mit der Position der Techniker in der betrieblichen Hierarchie, ihrem Einkommen und dem Dienstalter.

## 8 Überlegungen zur Gestaltung einer zukünftigen Technikerausbildung

Hier sollen mit Hilfe der empirisch ermittelten Daten die in Kapitel 1 und Kapitel 2 entwickelten Fragen beantwortet werden. Es wurde die Frage gestellt, ob eine Neugestaltung des Curriculums erforderlich ist, und falls diese Frage mit ja beantwortet wird, welche neuen Themenbereiche für die Elektrotechnikerausbildung relevant werden. Weiterhin wurde gefragt, ob das Berufskonzept noch geeignet ist, die Weiterbildung von Facharbeitern an den Fachschulen für Technik zu organisieren.

Daher werden die Ergebnisse der empirischen Untersuchung vor dem Hintergrund einer möglichen Neugestaltung des Curriculums für die Technikerausbildung an den Fachschulen für Elektrotechnik reflektiert. Der Entwurf eines Curriculums bedarf neben der Berücksichtigung der gesellschaftlichen, wirtschaftlichen und technischen Rahmenbedingungen immer auch der bildungstheoretischen Reflexion. Da diese im Rahmen dieser Arbeit nicht beabsichtigt war und dementsprechend nicht erfolgte, können aus den vorliegenden Ergebnissen allein noch keine verbindlichen Entscheidungen für die Curriculumgestaltung abgeleitet werden. Die empirisch ermittelten Gegebenheiten des Berufsbildes „Staatlich geprüfter Techniker der Fachrichtung Elektrotechnik" können aber als gewichtige Komponente zur Curriculumgestaltung mit herangezogen werden.

Wenn die Ausbildungsinhalte nicht mehr mit den Erfordernissen des Beschäftigungssystems übereinstimmen, ist eine inhaltliche Neugestaltung des Curriculums sinnvoll. Wie in Kapitel 3.3 dargelegt, ist die Ausbildung der Elektrotechniker bisher am Konzept der Beruflichkeit orientiert, wobei in der zweiten Hälfte der Technikerausbildung ein Fachrichtungsschwerpunkt vertieft wird. Bisher stehen bezüglich der Inhalte technische Aspekte im Vordergrund, die didaktische Gestaltung der Ausbildung ist vorwiegend am fachwissenschaftlichen Konzept orientiert. Die bisherige Technikerausbildung bereitete die Absolventen primär auf eine Tätigkeit in Industrieunternehmen vor, in denen sie oft die Rolle eines technisch gebildeten Fachmanns ohne disziplinarische Personalverantwortung übernahmen.

Wie die Auswertung der empirischen Daten zeigt (vgl. Kap. 7.3), haben sich die Rollen und damit die Aufgabenbereiche der Elektrotechniker im Beschäftigungssystem verändert. Techniker, die heute in Industrieunternehmen beschäftigt sind, finden aufgrund veränderter Arbeitsorganisationsstrukturen und moderner Technik breitere Aufgabenbereiche vor als vor einigen Jahren. Während die fortschreitende Technikentwicklung aber auch teilweise zu einer Verdrängung der Techniker aus den Industrieunternehmen führt, entstehen für die Elektrotechniker durch die neuen Techniken, deren Beherrschung zunehmend komplexere Anforderungen stellt, neue Beschäftigungsmöglichkeiten in Handwerksbetrieben. Hier beinhaltet die Rolle der Techniker auch Personalführungsaufgaben, das breite Tätigkeitsspektrum ist nicht auf technische Tätigkeiten beschränkt. Zum Aufgabenbereich der Elektrotechniker in den Handwerksbetrieben gehören oft vollständige Vorgänge, die beispielsweise die Kundenberatung, Kalkulation, Angebotserstellung und Auftragsannahme sowie die Ausführung und Abrechnung der Aufträge beinhalten. Diese verantwortungsvollen Tätigkeiten gehen meist mit hohen Freiheitsgraden einher. Auch der Handel eröffnet den Elektrotechnikern Beschäftigungsmöglichkeiten. Neben Kenntnissen über die zu handelnden technischen Artefakte wird für eine Tätigkeit im Handel kaufmännisches Wissen benötigt. Durch Deregulierungsprozesse ergeben sich für die Techniker auch im öffentlichen Dienst neue Tätigkeitsfelder und früher nicht vorhandene Aufstiegsmöglichkeiten.

Die Technikerausbildung sollte auf diese veränderten Anforderungen des Beschäftigungssystems eingehen, d.h. eine Neugestaltung des Curriculums wäre wünschenswert. Unter Beibehaltung der weiterhin wichtigen technischen Inhalte, die das typische, von den Arbeitgebern geschätzte, Profil der Elektrotechniker ausmachen, sollten zusätzliche technikübergreifende Themenbereiche aufgenommen werden. Wie bei der Auswertung der empirischen Daten dargelegt, fühlen sich die Techniker zwar gut auf die fachlich-technischen Anforderungen des Berufs vorbereitet, nehmen aber auf den Gebieten Kostenbetrachtungen, Ablauforganisation, Qualitätssicherung, Produkthaftung sowie Kundenberatung und Verkauf Differenzen zwischen der Ausbildung und den Anforderungen der Tätigkeit wahr.

Wenn die Studierenden an den Fachschulen, unter Beibehaltung der technischfachlichen Inhalte, innerhalb eines begrenzten Ausbildungszeitraums zusätzliche technikübergreifende Kompetenzen erwerben sollen, muß grundsätzlich über das Konzept der Technikerausbildung und deren didaktische Gestaltung nachgedacht werden. Es ist fraglich, ob bei einer begrenzten Ausbildungszeit zusätzliche Kompetenzen innerhalb des bisherigen fachwissenschaftlichen Konzepts erworben werden können. Möglicherweise ist ein didaktisches Konzept, das sich am zukünftigen Geschäfts- und Arbeitsprozeß der Studierenden orientiert, besser geeignet, den Erwerb zusätzlicher Kompetenzen zu ermöglichen.

Da das potentiell mögliche Aufgabenspektrum zukünftiger Techniker breiter wird, ist die Frage nach der Eignung des Berufskonzepts für die Weiterbildung von Facharbeitern zum Staatlich geprüften Techniker von besonderer Relevanz. Vor dem Hintergrund vieler möglicher Tätigkeitsbereiche, einem ständigen Wandel der Technik und den damit einhergehenden Anforderungen an deren Beherrschung wird eine ständige berufsbegleitende Weiterbildung notwendig.

Dies spricht möglicherweise für eine modular gestaltete Ausbildung, während der die Studierenden an den Fachschulen für Elektrotechnik nach einer allgemeinen Grundbildung weitere Module wählen und damit Schwerpunkte setzen. Treten bei der anschließenden Erwerbstätigkeit neue Anforderungen auf, können berufsbegleitend weitere Module belegt werden.

Damit ergeben sich zwei polare Felder innerhalb derer die Elektrotechnikerausbildung neu gestaltet werden kann:

- Beruflichkeit versus Modularisierung

- Konzept der fachwissenschaftlichen Orientierung versus Konzept der Geschäfts- und Arbeitsprozeßorientierung.

Um eine Entscheidungshilfe für die zukünftige Gestaltung der Elektrotechnikerausbildung zu geben, werden vier Szenarien einer Technikerausbildung entwickelt, in denen jeweils zwei Pole der aufgezeigten Spannungsfelder kombiniert werden.

**Szenariogestaltung innerhalb zweier polarer Felder**

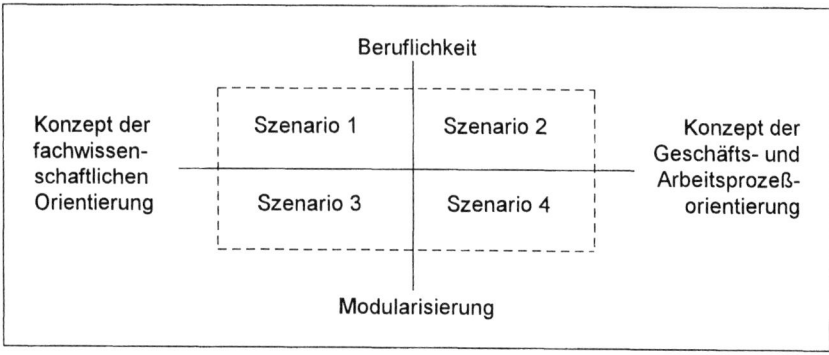

Abb. 74

**Szenario 1: Beruflichkeit & Konzept der fachwissenschaftlichen Orientierung**

Die in der Vergangenheit durchgeführte Technikerausbildung, die zukünftige Techniker vor allem auf eine berufliche Tätigkeit in den Industrieunternehmen vorbereitete, orientierte sich weitgehend an den Fachwissenschaften und dem Konzept der Beruflichkeit.

Wird die Technikerausbildung weiterhin hauptsächlich auf eine Berufsausübung in Industrieunternehmen ausgerichtet, müssen die Studierenden dazu befähigt werden, mit den Ingenieuren in Konkurrenz zu treten. Dazu ist das Niveau der Technikerausbildung möglichst nahe an das akademische Niveau der Fachhochschulen anzunähern, d.h. der Qualifikationsaspekt des Berufskonzepts (vgl. Kap. 4.1) muß stärker betont werden. Da nicht alle Facharbeiter zu abstraktem mathematisch-naturwissenschaftlichem Denken fähig sind, steht vor dem Beginn der Technikerausbildung eine Aufnahmeprüfung, durch die entsprechend geeignete Bewerber ausgewählt werden. Während bisher der Hauptschulabschluß, eine Berufsausbildung und eine gewisse Berufserfahrung als formale Aufnahmekriterien genügten, wird nun der Realschulabschluß und ein mindestens mit „gut" bewerteter Facharbeiterbrief sowie ein überdurchschnittliches Abschlußzeugnis der Berufsschule vorausgesetzt. Die Selektionsfunktion des Berufskonzepts (vgl. Kap. 4.1) gewinnt hier an Bedeutung.

Das Curriculum beinhaltet eine mathematisch-technische Grundbildung auf Fachoberschulniveau, damit in der zweiten Phase der Technikerausbildung ausgewählte Inhalte auf Fachhochschulniveau bearbeitet werden können. Die Ausbildung gestaltet sich nach den „klassischen" technischen Fächern. Die durch die neuen Techniken entstehenden Anforderungen werden in das bestehende Fächerkonzept integriert.

Die vorherrschende Unterrichtsmethode ist der Vorlesungsstil bzw. der Frontalunterricht, der durch Praktika an der Fachschule für Technik ergänzt wird, in denen vorgegebene Standardinhalte bearbeitet werden. Das während der beruflichen Erstausbildung und erster Berufstätigkeit erworbene Erfahrungswissen der Studierenden wird während der Technikerausbildung nicht explizit genutzt. Inhaltlicher Schwerpunkt der Ausbildung sind auf abstraktem Niveau dargestellte mathematisch-technische Sachverhalte, da eine Annäherung an den wissenschaftlich ausgebildeten Ingenieur angestrebt wird.

Die Verantwortung für die Inhalte der Technikerausbildung liegt bei den Institutionen, die in einem verbindlichen Curriculum den Studierenden die Ausbildungsinhalte vorgeben. Verändern sich die Anforderungen des Arbeitsmarktes, muß das geschlossen gestaltete Crriculum an die veränderten Bedingungen angepaßt werden. Die Studierenden werden auf eine Tätigkeit als Fachmann in Industrieunternehmen vorbereitet. Das hohe theoretische Niveau der Ausbildung, das die Befähigung zum Umgang mit den neuen Techniken einschließt, befähigt die Techniker dazu, in Aufgabenbereichen tätig zu werden, die zu einem großen Teil mit den Aufgabenbereichen der Ingenieure übereinstimmen.

Die gegenseitigen Erwartungen von den Technikern und den Arbeitgebern sind durch die einheitliche geschlossene Ausbildungsgestaltung klar. Die Arbeitgeber können von einem Mindestmaß an Kompetenzen ausgehen, über die der Absolvent einer Fachschule für Technik verfügt. Gleichzeitig sind sich die Techniker ihrer Rolle bewußt und haben eine klare Vorstellung über mögliche Tätigkeitsbereiche, die durch die einheitliche Gestaltung der Ausbildung natürlich eingeschränkt sind (vgl. Allokationsfunktion des Berufskonzepts in Kap. 4.1). Eine nach den aufgeführten Grundsätzen gestaltete Ausbildung bietet den Absolventen die Möglichkeit zur Identifikation mit dem Technikerberuf.

Die berufliche Weiterbildung der Techniker ist von der Technikerausbildung abgegrenzt. Da die Fachschule für Technik ihren Absolventen keine Weiterbildungsmöglichkeiten anbietet, erfolgt die Fortbildung der berufstätigen Techniker an anderen Institutionen. Da elektrotechnikübergreifende Inhalte, wegen der Notwendigkeit innerhalb des begrenzten Zeitraums der Technikerausbildung ein hohes theoretisches Niveau bei den fachlichen Inhalten zu erreichen, kaum berücksichtigt wurden, müssen die berufstätigen Techniker bei Bedarf entsprechende Weiterbildungsmaßnahmen absolvieren.

**Szenario 2: Beruflichkeit & Geschäfts- und Arbeitsprozeßorientierung**

In diesem Szenario wird davon ausgegangen, daß die spezifische Stärke der Techniker, das in einer an Beruflichkeit orientierten Erstausbildung (im dualen System oder an einer Berufsfachschule) erworbene und durch berufliche Praxis vertiefte Erfahrungswissen, besonders gefördert werden soll. Daher wird das Konzept der Beruflichkeit auch während der Technikerausbildung beibehalten. Wie in der Vergangenheit üblich, wird im zweiten Ausbildungsabschnitt eine Vertiefungsfachrichtung gewählt.

Für potentielle Arbeitgeber besteht der Vorteil, daß diese entsprechend dem klaren Berufsbild konkrete Vorstellungen über die Kompetenzen der Techniker entwickeln bzw. beibehalten können, womit eine klare Rollenerwartung an „den Techniker" verbunden ist (Allokations-funktion des Berufskonzepts).

Die Techniker werden in diesem Ausbildungskonzept nicht auf eine Konkurrenzsituation mit den Ingenieuren vorbereitet, vielmehr wird die spezifische Stärke der Techniker, das praxisbasierte Erfahrungswissen, während der Technikerausbildung aufgegriffen, reflektiert und weiterentwickelt, d.h. das didaktische Konzept der an Beruflichkeit orientierten Ausbildung ist so angelegt, daß das Erfahrungswissen der Studierenden eine zentrale Bedeutung einnimmt.

Wenn sich durch die allgemeine Technikentwicklung die Tätigkeitsanforderungen in den Industrieunternehmen derart verändern, daß dort vermehrt die Kompetenzen akademisch ausgebildeter Ingenieure benötigt werden und damit die Techniker von den Akademikern aus den Industrieunternehmen verdrängt werden, eröffnen sich, so eine Grundannahme dieses Szenarios, den Technikern neue Tätigkeitsbereiche in Handwerk, Handel und öffentlichem Dienst, in denen die Techniker ihre spezifischen Stärken zu Geltung bringen können.

Um den Technikern den Zugang zu diesen neuen Aufgabenfeldern zu ermöglichen, stehen elektrotechnikübergreifende Inhalte gleichberechtigt neben den technisch-fachlichen Inhalten. Das Niveau der technisch-fachlichen Inhalte wird im Vergleich zur bisherigen Technikerausbildung zugunsten fachübergreifender Inhalte (Organisation, Betriebswirtschaft, Menschenführung, Kommunikation und Kooperation) gesenkt.

Das didaktische Konzept einer am Geschäfts- und Arbeitsprozeß orientierten Ausbildung ist so angelegt, daß neue Kompetenzen möglichst in Projekten unter Berücksichtigung des bisher erworbenen Erfahrungswissens erarbeitet werden. Auch der Erwerb von Kompetenzen im Umgang mit den neuen Techniken und die Beschäftigung mit technikübergreifenden Inhalten sind ein Bestandteil der Projektarbeit. Dabei werden technische Inhalte nicht losgelöst von konkreten Anwendungsmöglichkeiten betrachtet. Der Förderung ganzheitlichen Denkens dient auch die Integration von Aspekten der Kundenorientierung und des Qualitätsmanagements in die Ausbildungsprojekte an der Fachschule für Technik. In den Projekten erarbeiten die Studierenden neue Inhalte weitgehend selbständig, wobei ihnen die Lehrenden unterstützend zur Seite stehen.

Die Beruflichkeit der Ausbildung bedingt, daß die Verantwortung für die Inhalte des für alle verbindlichen Curriculums bei den Institutionen liegt. Die Inhalte müssen bei einer Veränderung der Anforderungen des Arbeitsmarktes neu angepaßt werden. Diese Notwendigkeit zur ständigen Anpassung des Curriculums an Veränderungen des Arbeitsmarktes wird dadurch gemindert, daß das am Geschäfts- und Arbeitsprozeß orientierte Curriculum relativ offen gestaltet ist. Dies ermöglicht den Lehrenden und den Studierenden eine Einflußnahme auf die Inhalte der Unterrichtsprojekte.

Jedoch führt die am Berufskonzept orientierte Gestaltung der Ausbildung zu einer Verengung des möglichen Einsatzspektrums (begrenzte Allokationsmöglichkeiten). Die an Beruflichkeit orientierte Ausbildung birgt die Gefahr, daß bei Veränderungen der Anforderungen des Arbeitsmarktes die Kompetenzen der Techniker veralten. Das Berufskonzept bietet den Technikern jedoch die Möglichkeit zur Identifikation mit dem Technikerberuf.

Die Organisation der Technikerausbildung in der zeitlichen Gestaltungsform der Vollzeitausbildung ist bezüglich des Ablaufes einfach mit dem Konzept der Geschäfts- und Arbeitsprozeßorientierung zu vereinbaren, da für die Ausbildung entsprechend lange Zeitblöcke zur Verfügung stehen, um sinnvolle Projekte zu bearbeiten. Die zeitliche Organisation von Projekten wird erschwert, wenn die Technikerausbildung in der Teilzeitform durchgeführt wird und die Studierenden in der Woche nur Abends, nach der Arbeit, sowie Samstags an der Technikerschule anwesend sind. Die Teilzeitausbildung ermöglicht es jedoch, aktuelle Probleme der Studierenden, die in der betrieblichen Praxis bei der Arbeitstätigkeit auftreten, mit in die Ausbildung einzubeziehen, und so eine praxisnahe Ausbildung zu gestalten. Durch das geschlossene, an Beruflichkeit orientierte Konzept der Technikerausbildung ist es nicht möglich, die Weiterbildung von Absolventen in die Technikerausbildung zu integrieren, d. h. die Fachschule für Technik bietet ihren Absolventen keine Weiterbildungsmöglichkeiten an. Die Weiterbildung der berufstätigen Techniker erfolgt demnach an anderen Institutionen.

**Szenario 3: Modularisierung & Konzept der fachwissenschaftlichen Orientierung**

Bei diesem Szenario wird davon ausgegangen, daß die Techniker weiterhin eine Berufstätigkeit in Industrieunternehmen anstreben bzw. in diesen Unternehmen Beschäftigungsmöglichkeiten finden, sich dort aber mit Ingenieuren in einer Konkurrenzsituation befinden.

Die Strukturen in den Industrieunternehmen ermöglichen den Technikern ein breites Tätigkeitsspektrum, wofür jedoch auch technikübergreifende Kompetenzen benötigt werden. Viele Facharbeiter möchten aufgrund der angespannten Arbeitsmarktlage ihren Arbeitsplatz während der Technikerausbildung nicht aufgeben und streben eine Ausbildung in der Teilzeitform an. Die modular gestaltete Ausbildung ist organisatorisch einfach mit einer Ausbildung in Teilzeitform zu vereinbaren. Das Konzept ermöglicht ebenso die Integration der Weiterbildung der ausgebildeten Techniker an den Fachschulen für Technik.

Damit die Techniker in den Industrieunternehmen der Konkurrenz der Ingenieure begegnen können, muß die Technikerausbildung ein hohes abstraktes theoretisches Niveau anstreben (Qualifikationsaspekt). Dazu müssen aber unter den Bewerbern, die eine Ausbildung an der Fachschule für Technik aufnehmen möchten, befähigte Facharbeiter durch eine Aufnahmeprüfung ausgewählt werden. Formale Voraussetzungen für die Aufnahme einer Technikerausbildung sind der mittlere Bildungsabschluß, mindestens „gute" Leistungen im theoretischen Teil der Facharbeiterprüfung und ebenfalls „gute" Leistungen im Abschlußzeugnis der Berufsschule (Selektionsfunktion).

Die Ausbildung zum Techniker ist in Form von Modulen organisiert. Die Inhalte der Module sind weitgehend an den „klassischen" technischen Fächern orientiert. Um ein hohes theoretisches Niveau der Technikerausbildung sicherzustellen, ist die Belegung einiger Module zur Erlangung einer mathematisch-technischen Grundbildung auf Fachoberschulniveau verbindlich vorgeschrieben. Durch die Wahl weiterer Module mit allgemeinbildenden Inhalten wie z.B. Fremdsprachen können die Studierenden die Fachhochschulreife erlangen. Grundsätzlich erleichtert die modulare Form der Ausbildung den Übergang zur Fachhochschule. Hat ein Studierender die Fachhochschulreife erworben und auf dieser Grundlage an der Fachschule für Technik weiterführende Module erfolgreich absolviert, werden diese auf das Grundstudium an der Fachhochschule angerechnet, so daß ein Studieneinstieg in einem höheren Fachsemester erfolgen kann.

Grundlagenwissen, das zum Umgang mit den neuen Techniken erforderlich ist, wird in das bestehende „klassische" Fächerkonzept integriert. Weiterführende Kompetenzen können die Studierenden in speziellen Modulen des Wahlpflichtbereichs erwerben. Es können aber auch Module gewählt werden, in denen technikübergreifende Inhalte Gegenstand des Unterrichts sind. Diese letztgenannten Module sind jedoch am „klassischen" Fächerkonzept orientiert. Typische Titel von Modulen mit technikübergreifenden Inhalten sind beispielsweise „Einführung in die Betriebswirtschaft", „Einführung in die Psychologie", „Grundlagen der Arbeitsorganisation" und „Einführung in das Recht".

Die Unterrichtsmethodik der Lehrenden orientiert sich während der gesamten Technikerausbildung am Vorlesungsstil der Fachhochschulen. Die theoretischen Unterrichtseinheiten werden durch Praktika an der Fachschule für Technik ergänzt, in denen standardisierte Versuche durchgeführt und ausgewertet werden. Das Erfahrungswissen, das die Studierenden während der beruflichen Erstausbildung und erster beruflicher Praxis erwarben, findet während der Technikerausbildung nicht explizit Berücksichtigung, da eine Annäherung an den wissenschaftlich ausgebildeten Ingenieur angestrebt wird. Die einzelnen Module sind nach einem an der Fachwissenschaft orientierten, geschlossenen Curriculum gestaltet.

Die Verantwortung für die Wahl der Module bzw. der Inhalte liegt bei den Studierenden. Da diese bereits während der beruflichen Erstausbildung und erster Berufserfahrung als Facharbeiter Einblicke in betriebliche Tätigkeitsfelder erhielten, können die Studierenden selbst abschätzen, in welchem Tätigkeitsbereich sich für sie Berufschancen ergeben und welche Inhalte sie für eine entsprechende Tätigkeit erarbeiten müssen. Die ausgebildeten Techniker müssen möglichen

Arbeitgebern ihre Kompetenzen individuell nachweisen, da kein einheitliches Berufsbild vorliegt. Das Wegfallen der Identifikationsfunktion, die das Berufskonzept dem Individuum bietet, ist von untergeordneter Bedeutung, da die Technikerschulabsolventen bereits einen Erstberuf erlernt haben, der zur Identitätsbildung beitragen kann.

Die modulare Form der Technikerausbildung ermöglicht den Absolventen ein breites Einsatzspektrum, zumal eine modular organisierte Ausbildung auf einfache Weise organisatorisch mit einer Weiterbildung der Absolventen verknüpft werden kann. Da viele Facharbeiter aufgrund der angespannten Arbeitsmarktlage nicht bereit sind, ihren Arbeitsplatz für die Technikerausbildung aufzugeben, bevorzugen sie die Ausbildung in Teilzeitform. Bei dieser Organisationsform liegt die Last und das Risiko bei den Studierenden. Die Unternehmer können bereits während der Technikerausbildung auf die bereits erworbenen Kompetenzen der Studierenden zurückgreifen.

Die berufliche Weiterbildung der Absolventen an der Fachschule für Technik ist auf einfache Weise mit einer modular organisierten Technikerausbildung in Teilzeitform zu verbinden. Die berufstätigen Techniker können an ihrer Ausbildungsschule oder einer sonstigen Fachschule für Technik bei Bedarf zusätzliche Module erwerben, die für ihre weitere Tätigkeit von Bedeutung sind, aber während der Technikerausbildung nicht belegt wurden.

**Szenario 4:    Modularisierung & Geschäfts- und Arbeitsprozeßorientierung**

In diesem Szenario wird davon ausgegangen, daß für die Techniker neue Handlungsfelder relevant werden. Neben den Industrieunternehmen gewinnen andere Arbeitgeber wie Handwerksbetriebe und der öffentliche Dienst an Bedeutung. Das von den werdenden Technikern zu entwickelnde Profil unterscheidet sich von dem der Ingenieure. Bei der Profilentwicklung der Techniker hat die praktische Erfahrung der Studierenden eine besondere Bedeutung.

Entsprechend den veränderten und breiteren neuen Handlungsfeldern der Techniker gewinnen neben den technischen Tätigkeiten auch technikübergreifende Sachverhalte an Bedeutung. Dies erfordert neben technischem Wissen ein breites Spektrum an Handlungs- bzw. Arbeitsprozeßwissen. Durch die modulare Form der Ausbildung ist für die Techniker ein sehr breites Einsatzspektrum möglich. Die Organisation der Technikerausbildung in Form von Modulen ist auf einfache Weise mit einer Ausbildung in der Teilzeitform und einer Integration der Weiterbildung berufstätiger Techniker in die Technikerausbildung an der Fachschule für Technik zu vereinbaren.

Die Technikerausbildung strebt keine Annäherung an das akademische Niveau von Ingenieuren an. Vielmehr werden die praktischen Erfahrungen der Studierenden während der Ausbildung genutzt und integriert. Daher ist es nicht notwendig, die formalen Voraussetzungen für die Aufnahme an der Fachschule für Technik zu verändern. Zugangsvoraussetzungen sind weiterhin der Hauptschulabschluß, eine einschlägige Berufsausbildung und erste Berufserfahrung im erlernten Ausbildungsberuf. Studierende, die Probleme mit den für die Technikerausbildung benötigten mathematisch-naturwissenschaftlichen Grundlagen haben, erhalten die Möglichkeit, Defizite durch die Belegung entsprechender Grundlagenmodule auszugleichen.

Obwohl die Weiterbildung zum Ingenieur durch ein Studium an einer Fachhochschule nicht das Ziel der Technikerausbildung ist, ermöglicht die Wahl entsprechender Module den Erwerb der Fachhochschulreife. Einzelne weiterführende Module werden auf das Grundstudium an der Fachhochschule angerechnet. Damit wird für befähigte Studierende der Übergang zum Fachhochschulstudium erleichtert.

Das didaktische Konzept des in modularer Form durchgeführten Unterrichts ist so angelegt, daß das Erfahrungswissen der Studierenden genutzt wird. Wo immer sich die Möglichkeit bietet, erarbeiten sich die Studierenden in Lernsituationen handlungsorientiert neue Kompetenzen, die an möglichen zukünftigen Arbeitsprozessen der werdenden Techniker orientiert sind. Elektrotechnikübergreifende Inhalte stehen gleichberechtigt neben den technisch-fachlichen Inhalten. Das Niveau der technisch-fachlichen Inhalte wird zugunsten fachübergreifender Inhalte (Organisation, Betriebswirtschaft, Menschenführung, Kommunikation und Kooperation) gesenkt. Kompetenzen im Umgang mit den neuen Techniken werden weitgehend in Projekten erarbeitet. Technikübergreifende Inhalte werden in die projektorientierten Lernsituationen integriert. Technische Inhalte werden nicht losgelöst von konkreten Anwendungsmöglichkeiten betrachtet, wobei in entsprechenden Handlungssituationen auch Aspekte der Qualitäts- und Kundenorientierung beleuchtet werden. Die Lernsituationen sind dementsprechend so gestaltet, daß bei den Studierenden das ganzheitliche Denken gefördert wird. Die zukünftigen Techniker erarbeiten sich die neuen Inhalte in Lerngruppen weitgehend selbständig, wobei ihnen die Lehrenden beratend zur Seite stehen.

Durch die Wahlmöglichkeiten, die die modulare Gestaltung der Ausbildung bietet, wird den Technikern ein breites Einsatzspektrum eröffnet. Allerdings erfordert das ganzheitliche Konzept der geschäfts- und arbeitsprozeßorientierten Ausbildung die Verbindung wesentlicher Inhalte, was die Wahlmöglichkeiten entsprechend einschränkt. Die Verantwortung für die Wahl der Inhalte liegt bei den Studierenden. Durch den Einblick in berufliche Tätigkeitsfelder, die diese während der beruflichen Erstausbildung und erster beruflicher Praxis erhalten haben, sind die werdenden Techniker selbst in der Lage abzuschätzen, welche Inhalte für ihre zukünftige berufliche Tätigkeit von Bedeutung sind und welche Kompetenzen sie während der Technikerausbildung erwerben möchten. Auch das Curriculum innerhalb der Module ist relativ offen gestaltet. Dies eröffnet einerseits den Studierenden die Möglichkeit, auf die konkreten Inhalte Einfluß zu nehmen, andererseits können bei veränderten Gegebenheiten im Beschäftigungssystem die Inhalte der Module flexibel an die neuen Anforderungen angepaßt werden, ohne daß eine Revision der Rahmenlehrpläne erforderlich wird.

Da aufgrund der differenzierten Technikerausbildung kein einheitliches Berufsbild gegeben ist, müssen die Absolventen ihre erworbenen Kompetenzen den Arbeitgebern individuell nachweisen (eingeschränkte Allokationsfunktion des Technikerabschlusses). Die Identifikationsfunktion, die ein geschlossenes Berufskonzept bieten würde, ist für einen Weiterbildungsberuf wie den des Staatlich geprüften Technikers ohne Bedeutung, da alle Studierenden bereits einen Erstberuf erlernt haben, der diese Funktion erfüllen kann.

Das didaktische Konzept der Geschäfts- und Arbeitsprozeßorientierung ist organisatorisch einfacher mit einer Technikerausbildung in der Vollzeitform zu vereinbaren, da hier Projekte an aufeinanderfolgenden Tagen entsprechend den Arbeitsprozessen im Beschäftigungssystem bearbeitet werden können. Andererseits bietet die berufstätigkeitsbegleitende Technikerausbildung in der Teilzeitform die Möglichkeit, Inhalte aktuell erlebter beruflicher Praxis zu reflektieren, indem diese zum Gegenstand des Unterrichts werden.

In Gegensatz zum Konzept der fachwissenschaftlichen Orientierung wird durch das ganzheitliche didaktische Konzept der Geschäfts- und Arbeitsprozeßorientierung die Integration der Weiterbildung der im Berufsleben stehenden Techniker in die Technikerausbildung an der Fachschule für Technik erschwert.

**Zusammenfassende Betrachtung der Szenarien**

Bei der Auswertung der empirischen Erhebung wurde deutlich, daß der Technikeinsatz in Kombination mit der akademischen Kompetenz der Ingenieure zu einer Verdrängung der Staatlich geprüften Techniker aus den Industrieunternehmen führt. In den Szenarien 1 und 3 wurden mögliche Gestaltungsformen einer Technikerausbildung beschrieben, die dieser Verdrängungstendenz entgegenwirken. Das Niveau der Technikerausbildung wurde hier möglichst nahe an das akademische Niveau der Fachhochschulen angenähert. Da nicht alle Facharbeiter zu abstraktem mathematisch-naturwissenschaftlichem Denken fähig sind, steht vor dem Beginn der Ausbildung die Auswahl geeigneter Bewerber durch eine Aufnahmeprüfung.

Gegen einen solchen Weg spricht die Möglichkeit, daß befähigte Facharbeiter nach dem Erwerb der Fachhochschulreife ein Ingenieurstudium an einer Fachhochschule beginnen können. Die Technikerausbildung sollte im Sinne eines vielschichtigen Bildungswesens als eigener Weg erhalten bleiben und die spezifischen Kompetenzen der Facharbeiter nutzen und fördern. Dafür sprechen auch neue Handlungsfelder, die sich den Technikern beispielsweise im Handwerk und im öffentlichen Dienst eröffnen. Mögliche Gestaltungsformen einer Technikerausbildung, die Studierende auf diese Herausforderung vorbereiten, wurden in den Szenarien 2 und 4 beschrieben. Techniker die für die Erschließung neuer Handlungsfelder ausgebildet wurden, unterscheiden sich in ihrem beruflichen Profil von dem der Ingenieure. Entsprechend den veränderten und breiteren neuen Handlungsfeldern gewinnen neben den technischen Tätigkeiten auch technikübergreifende Handlungsbereiche an Bedeutung. Zur Bewältigung der neuen Arbeitssituationen ist neben technischem Wissen auch ein breites Spektrum an Handlungs- und Arbeitsprozeßwissen erforderlich. Die Technikerausbildung strebt hier keine Annäherung an das akademische Niveau von Ingenieuren an, vielmehr werden die praktischen Erfahrungen der Studierenden in die Ausbildung integriert, d.h. das didaktische Konzept der Ausbildung ist so angelegt, daß das Erfahrungswissen der Studierenden genutzt wird. Wo immer sich die Möglichkeit bietet, erarbeiten die Studierenden neue Kompetenzen in Lernsituationen, die an möglichen zukünftigen Arbeitsprozessen der werdenden Techniker orientiert sind. Elektrotechnikübergreifende Inhalte stehen gleichberechtigt neben den technischfachlichen Inhalten. Kompetenzen im Umgang mit den neuen Techniken werden weitgehend in Projekten erarbeitet, wobei technikübergreifende Inhalte in die Lernsituationen integriert sind. Alle Ausbildungsinhalte werden nicht losgelöst von konkreten Anwendungsmöglichkeiten betrachtet. Durch eine den aufgezeigten Kriterien entsprechende Ausbildung werden die Studierenden befähigt, die neuen Handlungsfelder zu besetzen und sich zukünftig auch neue Tätigkeitsbereiche zu erschließen. Dabei wird die werdegangspezifische Stärke der Staatlich geprüften Techniker, das Erfahrungswissen und das Wissen um Arbeitsprozesse, stets genutzt und weiterentwickelt.

Es erscheint daher sinnvoll, die Elektrotechnikerausbildung am zukünftigen Geschäfts- und Arbeitsprozeß der Techniker zu orientieren. Um ein Idealszenario zu bestimmen, muß eine Auswahl zwischen den Szenarien 2 und 4 getroffen werden, die beide Technikerausbildungen beschreiben, die sich am Geschäfts- und Arbeitsprozeß orientieren, sich aber bezüglich der Kriterien Beruflichkeit vs. modularisierte Ausbildung unterscheiden. Anhand der in Kapitel 4.1 beschriebenen Kategorien und Merkmale des Berufskonzepts soll geprüft werden, welche dieser Kategorien vor dem Hintergrund der ausgewerteten empirischen Daten für eine am Berufskonzept orientierte Technikerausbildung sprechen bzw. welche Aspekte eine modular organisierte Ausbildung nahelegen.

Die *Erwerbsfunktion*, die den Absolventen eine nach dem Berufskonzept gestaltete Technikerausbildung bietet, kann auch eine modular gestaltete Ausbildung erfüllen. Jedoch sind im Konzept der Beruflichkeit die gegenseitigen Rollenerwartungen klarer determiniert, d.h. auch das durch den Beruf zu erzielende Einkommen ist möglicherweise eindeutiger bestimmt. Wenn die Studierenden an den Fachschulen für Technik durch die Wahl von Modulen ihr Kompetenzprofil selbst gestalten, müssen sie sich im Bewerbungsverfahren in stärkerem Maße selbst „vermarkten". Durch diesen Prozeß sind dann wahrscheinlich auch größere Spielräume bei der gegenseitigen Aushandlung des Arbeitseinkommens gegeben.

Auch die *Sozialisationsfunktion* des Berufes bleibt bei einer modularen Ausbildungsgestaltung erhalten. Die mit einer Erwerbstätigkeit verbundenen Sozialkontakte sind stärker durch die Tätigkeit selbst und das Betriebsklima am Arbeitsplatz bestimmt als durch die absolvierte Ausbildung. Möglicherweise werden aber durch eine modulare Gestaltung der Technikerausbildung Bindungen unter Technikern abgeschwächt, die bei einer einheitlichen Berufsausbildung durch die Identifikation mit dem gemeinsamen Bildungsweg gefestigt wurden.

In Kapitel 4.1 wurde als weiteres Merkmal des Berufs der *Ganzheitlichkeitsaspekt* aufgeführt. Dieses Kriterium kann zum Zweck der Technikerausbildungsgestaltung eher dazu herangezogen werden, um zwischen den Polen fachwissenschafliches Ausbildungskonzept versus Geschäfts- und Arbeitsprozeßorientierung zu entscheiden. Ein didaktisches Konzept, das sich am Geschäfts- und Arbeitsprozeß orientiert, wird dem Gedanken der Ganzheitlichkeit viel eher gerecht als eine Aufgliederung der Ausbildung nach Fächern. Auf die neuen Anforderungen, die durch breitere Aufgabenfelder von den Elektrotechnikern bewältigt werden müssen, werden diese durch eine ganzheitliche, am Arbeitsprozeß orientierte Ausbildung wahrscheinlich besser vorbereitet. Um zwischen den Polen beruflicher versus modularer Ausbildung zu entscheiden, müßte der Begriff Ganzheitlichkeit im Sinne von Einheitlichkeit gedeutet werden. Hier belegen die Ergebnisse der empirischen Untersuchung, daß die vielschichtigen Anforderungen des Erwerbssystems und die daraus resultierenden vielfältigen Beschäftigungsmöglichkeiten für Elektrotechniker gegen eine Einheitsausbildung sprechen. Eine modular organisierte Technikerausbildung, verbunden mit der Möglichkeit, die spätere berufsbegleitende Weiterbildung zu integrieren, wird den Anforderungen besser gerecht.

Der mit dem Berufsbegriff verbundene *Kontinuitätsaspekt* im Sinne der zeitlichen Dimension der Berufsausübung, nach dem eine Tätigkeit nur dann als Beruf angesehen wird wenn diese von „längerer Dauer" bzw. bei manchen Berufsideen sogar mit der Vorstellung einer lebenslangen Berufsausübung verbunden ist, widerspricht, dies belegen auch die empirischen Daten, den aktuellen und den voraussehbaren zukünftigen Anforderungen des Beschäftigungssystems. Da der Arbeitsmarkt durch eine verschärfte Konkurrenzsituation gekennzeichnet ist und die Unternehmen sowohl aufgrund der Weltmarkt- als auch der Technikentwicklung auf immer kürzer werdende Innovationszyklen reagieren müssen, spricht gerade der *Kontinuitätsaspekt* des Berufs für eine Entberuflichung.

Die *Erbauungsfunktion* einer Erwerbstätigkeit wird vor allem von den Bedingungen am Arbeitsplatz determiniert. Zu diesen Bedingungen gehören die Arbeitsorganisation, die durch diese determinierten zeitlichen und inhaltlichen Freiheitsgrade der Beschäftigten, die Möglichkeit, sich mit der eigenen Tätigkeit zu identifizieren, das Betriebsklima, die Möglichkeit, erworbene Kompetenzen vielfältig einzusetzen und zu erweitern sowie formalisierte Weiterbildungsmöglichkeiten wie fachlich-technische und technikübergreifende Seminare. Um die aufgeführten Möglichkeiten zu nutzen, müssen die Techniker entsprechende Kompetenzen mitbringen. Diese Kompetenzen können sowohl während einer am Berufskonzept orientierten Technikerausbildung als auch während einer modular gestalteten Ausbildung erworben werden.

Der *Qualifikationsaspekt* der Beruflichkeit sollte, wie in Kapitel 4.5.3 dargelegt, heute besser als *Kompetenzaspekt* bezeichnet werden. Eine am Berufskonzept orientierte Ausbildung bietet Studierenden die Möglichkeit, ein „einheitliches" Kompetenzprofil zu erwerben (es ist zu berücksichtigen, daß Kompetenz immer individuelle Kompetenz ist), das von potentiellen Arbeitgebern aufgrund der einheitlichen Ausbildungsgestaltung beurteilt und eingeordnet werden kann. Dagegen müssen Techniker, die ihr Kompetenzprofil durch die Wahl von Modulen selbst gestalten, den Arbeitgebern ihre Kompetenzen individuell nachweisen. Bei einer modular gestalteten Ausbildung bleibt der *Kompetenzaspekt* erhalten, allerdings unterscheiden sich die Kompetenzen einzelner Absolventen unter Umständen erheblich voneinander.

Bei der Betrachtung der *Allokationsfunktion* des Berufs wird der oben dargestellte Sachverhalt noch einmal verdeutlicht. Diese bezieht sich auf die Verteilung von Arbeitskräften auf dem Arbeitsmarkt nach Qualifikationen bzw. Kompetenzen. Die *Allokationsfunktion* eines Fachschulabschlusses, dem eine modular gestaltete Ausbildung vorangeht, ist im Vergleich zu einer am Berufskonzept orientierten Ausbildung nur in vermindertem Maße gegeben. Zwar können Arbeitskräften aufgrund der erworbenen Kompetenzen bestimmte Positionen im

Beschäftigungssystem zugeordnet werden, diese Zuordnung ist aber nicht mehr nur aufgrund des formalen Abschlusses „Staatlich geprüfter Techniker der Fachrichtung Elektrotechnik" möglich. Stattdessen müssen die Techniker ihre Kompetenzen individuell nachweisen.

Die *Selektionsfunktion* des Berufskonzepts bezieht sich auf die Zuweisung von beruflichen Positionen nach Tüchtigkeit, Leistung und Begabung. Diese wird durch eine modular gestaltete Technikerausbildung nicht beeinträchtigt, wenn die Studierenden innerhalb der von ihnen wählbaren Module einheitlichen Leistungsanforderungen gerecht werden müssen.

Nach der Betrachtung dieser Kriterien ist festzustellen, daß der *Ganzheitlichkeitsaspekt* im Sinne von Einheitlichkeit und der *Kontinuitätsaspekt* im Sinne der zeitlichen Dimension der Berufsausübung vor dem Hintergrund der Bedingungen und Anforderungen des Arbeitsmarktes gegen das Konzept der Beruflichkeit sprechen und eine Ausbildungsgestaltung in Form von Modulen nahelegen. Alle anderen aufgeführten Kriterien können sowohl von einer am Berufskonzept orientierten Ausbildung, als auch von einer modular gestalteten Ausbildung erfüllt werden.

Damit überwiegen die Argumente für eine Elektrotechnikerausbildung, während der die Studierenden in modularer Form gestaltete Ausbildungseinheiten wählen. Szenario 4, das eine modular gestaltete Ausbildung beschreibt, die sich am zukünftigen Geschäfts- und Arbeitsprozeß der Studierenden orientiert, kann damit als Idealszenario bestimmt werden.

Wie bereits beschrieben, bedarf die Einführung eines verbindlichen Curriculums immer auch bildungstheoretischer Reflexion. Die hier entwickelten Argumente können jedoch als Entscheidungskriterium für eine Neugestaltung des Curriculums für die Ausbildung Staatlich geprüfter Techniker der Fachrichtung Elektrotechnik mit herangezogen werden.

**Literaturverzeichnis**

Arnold, Rolf: Weiterbildung und Beruf. In: Tippelt, Rudolf (Hrsg.): Handbuch Erwachsenenbildung / Weiterbildung, Opladen 1994, S. 226 - 236.

Atteslander, Peter: Methoden der empirischen Sozialforschung, Berlin / New York 1993.

Bader, Reinhard: Entwicklung beruflicher Handlungskompetenz in der Berufsschule - Zum Begriff „berufliche Handlungskompetenz" und zur didaktischen Strukturierung handlungsorientierten Unterrichts, Ausarbeitung im Auftrag des Landesinstituts für Schule und Weiterbildung Nordrhein-Westfalen zur Unterstützung der Lehrplanentwicklung in den Berufsfeldern Elektrotechnik und Metalltechnik, Dortmund 1990.

Bader, Reinhard: Entwicklung beruflicher Handlungskompetenz durch Verstehen und Gestalten von Systemen, Ein Beitrag zum systemtheoretischen Ansatz in der Technikdidaktik. In: Die berufsbildende Schule, 43 (1991) 7/8, S. 441 - 458.

Bader, Reinhard; Ruhland, Hans-Josef: Kompetenz durch Bildung und Beruf, Zum Motto des 19. Deutschen Berufsschultages. In: Bader, Reinhard; Ruhland, Hans-Josef (Hrsg.): Kompetenz durch Bildung und Beruf, 19. Deutscher Berufsschultag 1993 in Leverkusen, Vorträge und Entschließungen, Bonn 1994, S. 5 - 8.

Bader, Reinhard: Didaktische Konzepte und Entwicklungen in der Berufsbildung - Konkretisierungen für gewerblich-technische Berufsfelder. In: Dehnbostel, Peter; Walter-Lezius, Hans-Joachim: Didaktik moderner Berufsbildung - Standorte, Entwicklungen, Perspektiven, Bielefeld 1995, S. 151 - 174.

Baethge, Martin; Baethge-Kinsky, Volker: Ökonomie, Technik, Organisation: Zur Entwicklung von Qualifikationsstruktur und qualitativem Arbeitsvermögen. In: Arnold, Rolf; Lipsmeier, Antonius (Hrsg.): Handbuch der Berufsbildung, Opladen 1995, S. 142 - 156.

Baitsch, Christof; Frei, Felix: Qualifizierung in der Arbeitstätigkeit, Bern / Stuttgart / Wien 1980.

Baitsch, Christof; Ulich, Eberhard: Arbeit und Identität - Einleitung und Überblick. In: Psychsozial 13 (1990) 3, S. 5 - 6.

Baitsch, Christof: Was bewegt Organisationen ?, Selbstorganisation aus psychologischer Perspektive, Frankfurt a.M. / New York 1993.

Benninghaus, Hans: Deskriptive Statistik, 7. Auflage, Stuttgart 1992.

Blättner, Fritz: Über die Berufserziehung des Industriearbeiters. In: Stratmann, Karlwilhelm; Bartel, Werner (Hrsg.): Berufspädagogik, Ansätze zu ihrer Grundlegung und Differenzierung, Köln 1975, S. 81 - 94.

Bohnsack, Ralf: Rekonstruktive Sozialforschung, Einführung in Methodologie und Praxis qualitativer Forschung, 2. Auflage, Opladen 1993.

Brödner, Peter: Fabrik 2000, Alternative Entwicklungspfade in die Zukunft der Fabrik, Berlin 1985.

Brödner, Peter: Prognose technologischer Entwicklungen, Gutachten im Auftrag des Hochschuldidaktischen Zentrums der Universität Dortmund im Rahmen eines Forschungsprojekts, Wissenschaftszentrum NRW, Institut Arbeit und Technik, Gelsenkirchen: o.J. (1994).

Brujmann, Renate; Olsen, Jens: Lean Production. In: IAB Werkstattbericht, (1993) 10, S. 1-9.

Dehnbostel, Peter: „Bedeutungszuwachs des Lernens im Arbeitsprozess. Regulierungsbedarf oder Deregulierungsnotwendigkeit beruflicher Weiterbildung?", (Masch.-schr.), Berlin 1994.

Deutscher Verband Technisch-Wissenschaftlicher Vereine (Hrsg.): Die Anforderungen des Berufs und die Ansprüche der Gesellschaft an den Ingenieur, Analytische und pragmatische Aspekte zur Ingenieurausbildung, Düsseldorf 1974.

Diehl, Joerg M.; Kohr, Heinz.U.: Deskriptive Statistik, 11. Auflage, Eschborn 1994.

Drechsel, Klaus: Der Beitrag der Beruflichen Fachrichtungen in der Ausbildung von Berufspädagogen an der TU Dresden. In: Bannwitz, Alfred; Rauner, Felix (Hrsg.): Wissenschaft und Beruf, Berufliche Fachrichtungen im Studium von Berufspädagogen des gewerblich-technischen Bereichs, Bremen 1993, S. 109 - 131.

Drexel, Ingrid; Mehaut, Philippe: Der Weg zum Techniker: Aufstieg oder Seiteinstieg? - Unterschiedliches und Gemeinsames in den Entwicklungen von Bildungssystem und betrieblicher Personalpolitik in Deutschland und Frankreich. In: Düll, Klaus; Lutz, Burkart (Hrsg.): Technikentwicklung und Arbeitsteilung im internationalen Vergleich, Fünf Aufsätze zur Zukunft industrieller Arbeit, Frankfurt a.M. / New York 1989, S. 287 - 333.

Drexel, Ingrid: Das Ende des Facharbeiteraufstiegs ?: Neue mittlere Bildungs- und Karrierewege in Deutschland und Frankreich - ein Vergleich, Frankfurt a.M./ New York 1993.

Drexel, Ingrid: Brückenqualifikationen zwischen Facharbeiter und Ingenieur - für eine Revitalisierung von Facharbeiteraufstieg. In: Berufsbildung in Wissenschaft und Praxis, (1994) 4, S. 3 - 8.

Drexel, Ingrid; Jaudas, Joachim: Neue betriebliche Personalpolitiken für das untere und mittlere Management - tragfähige Wege in die Zukunft des Meisters?. In: Berufsbildung in Wissenschaft und Praxis, (1996) 4, S. 17 - 23.

Dybowski, Giesela: Veränderung des Marktgeschehens, Organisation der Berufe und Strukturen beruflicher Bildung - Anmerkungen zur Tragfähigkeit herkömmlicher Funktionsmuster. In: Dybowski, Giesela; Haase, Peter; Rauner, Felix: Berufliche Bildung und betriebliche Organisationsentwicklung, Anregungen für die Bildungsforschung, Bremen 1993, S. 86 - 96.

Feuerstein, Thomas: Kompetenzentwicklung und berufliche Sozialisation. In: Griese, Hartmut M.: Sozialisation im Erwachsenenalter, Ein Reader zur Einführung in ihre theoretischen und empirischen Grundlagen, Weinheim / Basel 1979, S. 165 - 178.

Filipp, Sigrun-Heide: Menschliche Informationsverarbeitung und naive Handlungstheorie. In: Filipp, Sigrun-Heide (Hrsg.): Selbstkonzept-Forschung, Probleme, Befunde, Perspektiven, 3. Auflage, Stuttgart 1993, S. 129 - 169.

Freriks, Rainer; Haupmanns, Peter; Schmid, Josef: Die Funktion von Managementstrategien und -entscheidungen bei der Modernisierung des betrieblichen Produktionsapparats. In: Zeitschrift für Soziologie, 22 (1993) 6, S. 399 - 415.

Freyer, H. u.a.: Lexikon der Wirtschaft, Arbeit, Bildung, Soziales. DDR, Berlin 1982.

Friede, Christian: Beurteilung von Handlungskompetenz, Gutachten im Auftrag des Hochschuldidaktischen Zentrums der Universität Dortmund im Rahmen eines Forschungsprojekts, Aachen 1995.

Friedrichs, Jürgen: Methoden empirischer Sozialforschung, 14. Auflage, Opladen 1990.

Frieling, Ekkehart: Lernen und Arbeiten. In: Arnold, Rolf; Lipsmeier, Antonius (Hrsg.): Handbuch der Berufsbildung, Opladen 1995, S. 261 - 270.

Georg, Walter; Sattel, Ulrike: Arbeitsmarkt, Beschäftigungssystem und Berufsbildung. In: Arnold, Rolf; Lipsmeier, Antonius (Hrsg.): Handbuch der Berufsbildung, Opladen 1995, S. 123 - 141.

Greif, Siegfried: Konzepte der Organisationspsychologie, Eine Einführung in grundlegende theoretische Ansätze, Bern / Stuttgart / Wien 1983.

Greif, Siegfried; Holling, Heinz; Nicholson, Nigel: Arbeits- und Organisationspsychologie, Internationales Handbuch in Schlüsselbegriffen; München 1989.

Grote, Guido: Technisch-organisatorischer Wandel, Qualifikation und Berufsbildung, Wirtschafts- und Berufspädagogische Schriften, Band 4, Bergisch Gladbach 1987.

Hacker, Winfried; Iwanowa, Anna; Richter, Peter: Tätigkeitsbewertungssystem, Psychodiagnostisches Zentrum, Sektion Psychologie der Humboldt-Universität, Berlin 1983.

Hacker, Winfried: Arbeitspsychologie, Psychische Regulation von Arbeitstätigkeiten, Berlin 1986.

Hackstein, Rolf: Einführung in die technische Ablauforganisation, 2. Auflage, München / Wien 1988.

Haubl, Rolf; Molt, Walter; Weidenfeller, Gabriele; Wimmer, Peter: Struktur und Dynamik der Person, Einführung in die Persönlichkeitspsychologie, Opladen 1986.

Heeg, Franz-Josef: Moderne Arbeitsorganisation, Grundlagen der organisatorischen Gestaltung von Arbeitssystemen bei Einsatz neuer Technologien, 2. Auflage, München / Wien 1991.

Heidegger, Gerald; Rauner, Felix: Berufe 2000, Berufliche Bildung für die industrielle Produktion der Zukunft, Bremen 1989.

Herkner, Werner: Lehrbuch Sozialpsychologie, 5. Auflage, Bern / Stuttgart / Toronto 1991.

Herrmann, Klemens: Elektrotechniker(in): Datenverarbeitungstechnik, Energietechnik, Nachrichtentechnik. Schriftenreihe der Bundesanstalt für Arbeit: Blätter zur Berufskunde (2-IU 20), 3. Auflage, Bielefeld 1988.

Hesse, H.A.: Berufe im Wandel. Ein Beitrag zur Soziologie des Berufs, der Berufspolitik und des Berufsrechts, 2. Auflage, Stuttgart 1972.

Hillmer, Holger; Peters, Rolf Wolfgang; Polke; Martin: Studium, Beruf und Qualifikation der Ingenieure, Empirische Analyse zur tätigkeitsorientierten Ingenieurausbildung, 2. Auflage, Düsseldorf 1977.

Hirsch-Kreinsen, Hartmut: Die Internationalisierung der Produktion: Wandel von Rationalisierungsstrategien und Konsequenzen für Industriearbeit. In: Zeitschrift für Soziologie, 23 (1994) 6, S. 434 - 446.

Hofer, Peter; Weidig, Inge; Wolff Heimfrid: Arbeitslandschaft bis 2010 nach Umfang und Tätigkeitsprofilen, Textband, Beiträge zur Arbeitsmarkt- und Berufsforschung 131.1, Nürnberg 1989.

Hoff, Ernst-Hartmut: Identität und Arbeit, Zum Verständnis der Bezüge in Wissenschaft und Alltag. In: Baitsch, Christoph; Ulich, Eberhard (Hrsg.): Arbeit und Identität, Psychsozial 3 / 1990, München 1990, S. 7 - 25.

Hörning, Karl H.; Knicker, Theo: Soziologie des Berufs, Eine Einführung, Hamburg 1981.

Hurrelmann, Klaus: Einführung in die Sozialisationstheorie, Über den Zusammenhang von Sozialstruktur und Persönlichkeit, 5. Auflage, Weinheim / Basel 1995.

Kähler, Wolf-Michael: SPSS für Windows, Datenanalyse unter Windows, Braunschweig/ Wiesbaden 1994.

Kern, Horst; Schumann, Michael: Die neuen Produktionskonzepte im internationalen Vergleich. In: Reyher, Lutz; Kühl, Jürgen (Hrsg.): Resonanzen, Arbeitsmarkt und Beruf - Forschung und Politik; Beiträge zur Arbeitsmarkt- und Berufsforschung 111, Nürnberg 1988, S. 201 - 211.

Klafki, Wolfgang: Neue Studien zur Bildungstheorie und Didaktik, Zeitgemäße Allgemeinbildung und kritisch-konstruktive Didaktik, 4. Auflage, Weiheim / Basel 1994.

Konferenz der Kultusminister der Länder in der Bundesrepublik Deutschland (Hrsg.): Handreichungen für die Erarbeitung von Rahmenlehrplänen der Kultusministerkonferenz (KMK) für den berufsbezogenen Unterricht in der Berufsschule und ihre Abstimmung mit Ausbildungsordnungen des Bundes für anerkannte Ausbildungsberufe, 1999.

Krätke, Michael R.: Globalisierung und Standortkonkurrenz. In: Leviathan, Zeitschrift für Sozialwissenschaft, 25 (1997) 2, S. 202 - 232.

Krebs, Werner (Hrsg.): Aktuelle Aspekte der Technikerausbildung, Wetzlar 1990.

Krebs, Werner (Hrsg.): Europa-Techniker für den mittleren Aufgabenbereich, Reader zum Workshop, Hochschultage Berufliche Bildung 1992, Johann Wolfgang Goethe-Universität, Frankfurt a.M. 1992.

Lamnek, Siegfried: Qualitative Sozialforschung, Band 2: Methoden und Techniken, 2. Auflage, Weinheim 1993.

Laur-Ernst, Ute (Hrsg.): Neue Fabrikstrukturen - veränderte Qualifikationen, Ergebnisse eines Workshops des Bundesinstitutes für Berufsbildung, Berlin 1990.

Lempert, Wolfgang: Berufliche Sozialisation und berufliches Lernen. In: Arnold, Rolf; Lipsmeier, Antonius (Hrsg.): Handbuch der Berufsbildung, Opladen 1995, S. 343 - 349.

Lenzen, Dieter (Hrsg.): Enzyklopädie Erziehungswissenschaft, Band 9.2, Stuttgart 1983.

Lotz, Gerold: Zur Begriffsgeschichte des Wortes Beruf, Staatsexamensarbeit an der Technischen Hochschule Darmstadt, Darmstadt 1989

Lipsmeier, Antonius: Didaktik der Berufsausbildung: Analyse und Kritik didaktischer Strukturen der schulischen und betrieblichen Berufsausbildung, München 1978.

Litt, Theodor: Bildung und Ausbildung. In: Stratmann, Karlwilhelm; Bartel, Werner (Hrsg.): Berufspädagogik, Ansätze zu ihrer Grundlegung und Differenzierung, Köln 1975, S. 58 - 62.

Mann, Werner.: Berufsbild. In: Rombach, Heinrich (Hrsg.): Lexikon der Pädagogik, Freiburg / Basel / Wien 1970, S. 150 - 151.

Martin, Wolf; Pangalos, Joseph: Gewerblich-Technische Wissenschaften - Zur Begründung einer jungen Wissenschaftstradition. In: Bannwitz, Alfred; Rauner, Felix (Hrsg.): Wissenschaft und Beruf, Berufliche Fachrichtungen im Studium von Berufspädagogen des gewerblich-technischen Bereichs, Bremen 1993, S. 75 - 85.

Mertens, Dieter: Schlüsselqualifikationen, Thesen zur Schulung für eine moderne Gesellschaft. In: Mitteilungen aus der Arbeitsmarkt- und Berufsforschung, 7 (1974) 1, S. 36 - 43.

Mettenmeyer, Adolf; Sternberg, Uwe: Karriereverläufe der Absolventen der Staatlichen Technikerschule Weilburg, Abteilung Elektrotechnik, Wissenschaftliche Hausarbeit an der Technischen Hochschule Darmstadt, Staatsexamensarbeit an der Technischen Hochschule Darmstadt, Darmstadt 1978.

Mueller, Dieter H.; Schmid, Alfons: Arbeit, Betrieb und neue Technologien, Stuttgart / Berlin / Köln 1989.

Müllges, Udo: Das Bild des Gewerbelehrers. In: Zielinski, Johannes: Der Gewerbelehrer, Bild und Wirklichkeit eines Erzieherberufes, Ratingen bei Düsseldorf 1965, S. 25 - 41.

Neuberger, Oswald; Conradi, Walter; Maier, Walter: Individuelles Handeln und sozialer Einfluß, Einführung in die Sozialpsychologie, Opladen 1985.

Oesterreich, Rainer: Handlungspsychologie, Kurseinheit 1: Handlungsregulationstheorie, Gesamthochschule Hagen, Fernuniversität, Hagen 1987.

Oppenländer, Karl Heinrich: Arbeits- und Berufswelt 2000: Tendenzen bis zum Ende des 20. Jahrhunderts. In: Reyher, Lutz; Kühl, Jürgen (Hrsg.): Resonanzen, Arbeitsmarkt und Beruf - Forschung und Politik; Beiträge zur Arbeitsmarkt- und Berufsforschung 111, Nürnberg 1988, S. 314 - 322.

Parmentier, Klaus: Berufsspezifische Struktur- und Entwicklungsdaten 1980 - 1991, Erwerbsberufe im Spiegel der Statistik, Beiträge zur Arbeitsmarkt- und Berufsforschung 60, 6. Auflage, Nürnberg 1993.

Pfuhlmann, Herbert: Aspekte der beruflichen Qualifizierung vor dem Hintergrund des strukturellen Wandels. In: Reyher, Lutz; Kühl, Jürgen (Hrsg.): Resonanzen, Arbeitsmarkt und Beruf - Forschung und Politik; Beiträge zur Arbeitsmarkt- und Berufsforschung 111, Nürnberg 1988, S. 323 - 331.

Pirker, Theo: Berufsbild und Berufswirklichkeit. In: Reinisch, Leonhard: Berufsbilder heute, München 1973, S. 1 - 13.

Pirker, Theo: Der Arbeiter und der Angestellte. In: Reinisch, Leonhard: Berufsbilder heute, München 1973, S. 14 - 36.

Prognos AG: Die Arbeitsmärkte im EG-Binnenmarkt bis zum Jahr 2000, Textband, Beiträge zur Arbeitsmarkt- und Berufsforschung 138.1, Nürnberg 1990.

Prognos AG: Die Arbeitsmärkte im EG-Binnenmarkt bis zum Jahr 2000, Anhangband, Beiträge zur Arbeitsmarkt- und Berufsforschung 138.2, Nürnberg 1990.

Rammert, Werner: Wer oder was steuert den technischen Fortschritt?, Technischer Wandel zwischen Steuerung und Evolution. In: Soziale Welt, 43 (1992) 1, S. 7 - 25.

Rauner, Felix: Elektrotechnik Grundbildung, Überlegungen zur Techniklehre im Schwerpunkt Elektrotechnik der Kollegschule, Soest 1986.

Rauner, Felix: Gestaltung von Arbeit und Technik. In: Arnold, Rolf; Lipsmeier, Antonius (Hrsg.): Handbuch der Berufsbildung, Opladen 1995, S. 50 - 64.

REFA: Methodenlehre des Arbeitsstudiums, Teil 3: Kostenrechnung, Arbeitsgestaltung, München 1985

Rohmert, Walter; Landau, Kurt: Das Arbeitswissenschaftliche Erhebungsverfahren zur Tätigkeitsanalyse (AET), Handbuch, Bern / Stuttgart / Wien 1979.

Rohmert, Walter; Rutenfranz, Joseph: Praktische Arbeitsphysiologie, 3. Auflage, Stuttgart / New York 1983.

Ropohl, Günter: Die unvollkommene Technik, Frankfurt a.M. 1985.

Ropohl, Günter: Technologische Aufklärung, Beiträge zur Technikphilosophie, Frankfurt a.M. 1991.

Roth, Erwin: Persönlichkeitspsychologie, 6. Auflage, Stuttgart / Berlin / Köln / Mainz 1981.

Rothe, Georg: Die Systeme beruflicher Qualifizierung Frankreichs und Deutschlands im Vergleich, Nürnberg 1995.

Scheller, Reinhold; Heil, Friedrich E.: Berufliche Entwicklung und Selbstkonzepte. In: Filipp, Sigrun-Heide (Hrsg.): Selbstkonzept-Forschung, Probleme, Befunde, Perspektiven, 3. Auflage, Stuttgart 1993, S. 253 - 271.

Schlieper, Friedrich: Allgemeine Unterrichtslehre für Wirtschaftsschulen, 2. Auflage, Freiburg 1957.

Schlieper, Friedrich: Handbuch der Berufserziehung, Köln 1964.

Schlieper, Friedrich: Grundbegriffe der Wirtschaftspädagogik. In: Stratmann, Karlwilhelm; Bartel, Werner (Hrsg.): Berufspädagogik, Ansätze zu ihrer Grundlegung und Differenzierung, Köln 1975, S. 63 - 80.

Schneider, Manfred: Elektrotechniker / Elektrotechnikerin, Schriftenreihe der Bundesanstalt für Arbeit: Blätter zur Berufskunde, Bielefeld 1997.

Schütze, Fritz: Das narrative Interview in Interaktionsfeldstudien I, Kurseinheit der Fernuniversität Hagen, Hagen 1987.

Schütte, Friedhelm: Methodenwechsel oder didaktischer Paradigmenwechsel?, Zur Perspektive der Fachdidaktik an Technikerschulen. In: Zeitschrift für Berufs- und Wirtschaftspädagogik, 92. Band (1996) 2, S. 133 - 150.

Schwenk, Klaus: Entwicklung und Erprobung eines Fragebogens zur Erhebung des Arbeitseinsatzes und der sozialen Situation mehrfachbehinderter Jugendlicher, (Masch.-schr.), Darmstadt 1988.

Spranger, Eduard: Allgemeinbildung und Berufsschule. In: Stratmann, Karlwilhelm; Bartel, Werner (Hrsg.): Berufspädagogik, Ansätze zu ihrer Grundlegung und Differenzierung, Köln 1975, S. 42 - 57.

Stahl, Thomas; Nyhan, Barry; D'Aloja, Piera: Die lernende Organisation, Eine Vision der Entwicklung der Humanressourcen, Brüssel 1993.

Stratmann, Karlwilhelm: Beruf - Berufswahl. In: Wulf, Christoph: Wörterbuch der Erziehung, 7. Auflage, München 1984, S. 50 - 53.

Tessaring, Manfred; Blien, Uwe u.a.: Bildung und Beschäftigung im Wandel, Die Bildungsgesamtrechnung des IAB; Beiträge zur Arbeitsmarkt und Berufsforschung 126, Nürnberg 1990.

Tessaring, Manfred: Langfristige Tendenzen des Arbeitskräftebedarfs nach Tätigkeiten und Qualifikationen in den alten Bundesländern bis zum Jahre 2010, Eine erste Aktualisierung der IAB/Prognos-Projektionen 1989 / 91. In: Mitteilungen aus der Arbeitsmarkt- und Berufsforschung, 27 (1994) 1, S. 5 - 19.

Ulich, Eberhard: Arbeitspsychologie, 3. Auflage, Stuttgart 1994.

Wittwer, Wolfgang (Hrsg.): Annäherung an die Zukunft, Zur Entwicklung von Arbeit, Beruf und Bildung, Weinheim / Basel 1990.

Zeissner, Georg: Das soziale Handeln des Menschen, Eine Einführung in die Soziologie, München 1983.

Zerbe, Günther: Meß- und Regeltechniker / Meß- und Regeltechnikerin, Schriftenreihe der Bundesanstalt für Arbeit: Blätter zur Berufskunde (2-IR 28), 4. Auflage, Bielefeld 1993.

Zimmer, Harald: Zur Persönlichkeitsentwicklung durch Aneignung wissenschaftlicher Erkenntnisse im berufstheoretischen Unterricht der Berufsausbildung. In: Steinhöfel, Wolfgang (Hrsg.): Spuren der DDR Pädagogik, Weinheim 1993, S. 135 - 149.

**Abbildungsverzeichnis**

| | | |
|---|---|---|
| Abb. 1 | Grafische Veranschaulichung der methodischen Rahmenkonzeption und der Struktur der Arbeit | 18 |
| Abb. 2 | Grafische Veranschaulichung: Berufsbild für technische Berufe | 41 |
| Abb. 3 | Ergebnisse der IAB/Prognos Projektion: Arbeitskräftebedarf nach Qualifikationsebenen | 105 |
| Abb. 4 | Ergebnisse der IAB/Prognos Projektion: Entwicklung des Bedarfs an Erwerbstätigen nach Tätigkeitsgruppen | 107 |
| Abb. 5 | Ergebnisse der IAB/Prognos Projektion: Entwicklung des Bedarfs an Fachschulabsolventen nach Tätigkeitsgruppen | 109 |
| Abb. 6 | Rücklauf der Fragebögen in Abhängigkeit vom Abschlußjahrgang | 120 |
| Abb. 7 | Jahrgangsbezogener Rücklauf der Fragebögen im Vergleich zur Absolventenzahl | 121 |
| Abb. 8 | Prozentualer Rücklauf der Fragebögen in Abhängigkeit vom Abschlußjahrgang | 122 |
| Abb. 9 | Anzahl der gültigen Fälle in den gebildeten Dienstaltersklassen | 124 |
| Abb. 10 | Wirtschaftszweig der beschäftigenden Unternehmen | 132 |
| Abb. 11 | Branche der beschäftigenden Unternehmen | 133 |
| Abb. 12 | Größe der beschäftigenden Unternehmen | 135 |
| Abb. 13 | Wirtschaftszweig der beschäftigenden Unternehmen in Abhängigkeit vom Fachrichtungsschwerpunkt der Technikerprüfung | 137 |
| Abb. 14 | Branche der Unternehmen, in denen Elektrotechniker mit der Abschlußfachrichtung Energieelektronik beschäftigt sind | 139 |

| | | |
|---|---|---|
| Abb. 15 | Branche der Unternehmen, in denen Elektrotechniker mit der Abschlußfachrichtung Informationselektronik beschäftigt sind | 139 |
| Abb. 16 | Branche der Unternehmen, in denen Elektrotechniker mit der Abschlußfachrichtung Datenverarbeitungstechnik beschäftigt sind | 140 |
| Abb. 17 | Branche der Unternehmen, in denen Elektrotechniker mit der Abschlußfachrichtung Meß- und Regeltechnik beschäftigt sind | 140 |
| Abb. 18 | Wichtigste Tätigkeit der Elektrotechniker am Arbeitsplatz | 142 |
| Abb. 19 | Wichtigstes Tätigkeitsobjekt der Elektrotechniker am Arbeitsplatz | 143 |
| Abb. 20 | Wirtschaftszweig der Unternehmen in Abhängigkeit vom „Dienstalter" der Elektrotechniker | 164 |
| Abb. 21 | Versichertenstatus in Abhängigkeit vom Wirtschaftszweig (Berufseinsteiger) | 166 |
| Abb. 22 | Bruttoeinkommen in Abhängigkeit vom Wirtschaftszweig (Berufseinsteiger) | 167 |
| Abb. 23 | Bruttoeinkommen in Abhängigkeit vom Wirtschaftszweig (Gesamt) | 168 |
| Abb. 24 | Zuständigkeitsbereiche der Elektrotechniker | 172 |
| Abb. 25 | Bedeutung der Arbeitsorganisation bei der Tätigkeit | 176 |
| Abb. 26 | Bedeutung der Arbeitsorganisation bei der Tätigkeit in Abhängigkeit von der Position in der betrieblichen Hierarchie | 177 |
| Abb. 27 | Bedeutung der Arbeitsorganisation bei der Tätigkeit in Abhängigkeit vom Einkommen | 178 |

| | | |
|---|---|---|
| Abb. 28 | Bedeutung fachlich-technischer Kompetenz während der Technikerausbildung und bei der Tätigkeit | 190 |
| Abb. 29 | Bedeutung von Kostenbetrachtungen während der Technikerausbildung und bei der Tätigkeit | 190 |
| Abb. 30 | Fortbildungsanforderungen der aktuellen Tätigkeit | 196 |
| Abb. 31 | Schwerpunkte erforderlicher Weiterbildung | 197 |
| Abb. 32 | Anteil der Elektrotechniker, die sich im „organisatorischen Bereich" weiterbilden, in Abhängigkeit der Relevanz von Arbeitsorganisationstätigkeiten am Arbeitsplatz | 200 |
| Abb. 33 | Anteil der Elektrotechniker, die sich im „betriebswirtschaftlichen Bereich" weiterbilden, in Abhängigkeit der Relevanz von Arbeitsorganisationstätigkeiten am Arbeitsplatz | 201 |
| Abb. 34 | Anteil der Elektrotechniker, die sich im „Umgang mit Menschen" weiterbilden, in Abhängigkeit der Relevanz von Arbeitsorganisationstätigkeiten am Arbeitsplatz | 202 |
| Abb. 35 | Anteil der Elektrotechniker, die sich im „technischen Bereich" weiterbilden, in Abhängigkeit der Relevanz von Arbeitsorganisationstätigkeiten am Arbeitsplatz | 203 |
| Abb. 36 | Position der Elektrotechniker in der betrieblichen Hierarchie | 215 |
| Abb. 37 | Position der Elektrotechniker in der betrieblichen Hierarchie (Dienstaltersklasse: Seit 0 < 5 Jahren Techniker) | 217 |
| Abb. 38 | Position der Elektrotechniker in der betrieblichen Hierarchie (Dienstaltersklasse: Seit 5 < 10 Jahren Techniker) | 219 |
| Abb. 39 | Position der Elektrotechniker in der betrieblichen Hierarchie (Dienstaltersklasse: Seit 10 < 15 Jahren Techniker) | 219 |
| Abb. 40 | Monatliches Bruttoeinkommen der Elektrotechniker | 224 |

| | | |
|---|---|---|
| Abb. 41 | Monatliches Bruttoeinkommen der Elektrotechniker in Abhängigkeit vom Dienstalter | 225 |
| Abb. 42 | Personalverantwortung der Elektrotechniker | 230 |
| Abb. 43 | Personalverantwortung der Elektrotechniker in Abhängigkeit von der Position in der betrieblichen Hierarchie | 230 |
| Abb. 44 | Personalverantwortung der Elektrotechniker in Abhängigkeit vom Dienstalter | 232 |
| Abb. 45 | Personalverantwortung der Elektrotechniker in Abhängigkeit vom monatlichen Bruttoeinkommen | 233 |
| Abb. 46 | Freiheitsgrade bei der inhaltlichen Arbeitsgestaltung | 239 |
| Abb. 47 | Freiheitsgrade bei der zeitlichen Arbeitsgestaltung | 240 |
| Abb. 48 | Korrelation inhaltlicher und zeitlicher Freiheitsgrade | 242 |
| Abb. 49 | Korrelation der zeitlichen Freiheitsgrade mit dem monatlichen Bruttoeinkommen | 245 |
| Abb. 50 | Korrelation der inhaltlichen Freiheitsgrade mit dem monatlichen Bruttoeinkommen | 246 |
| Abb. 51 | Korrelation der zeitlichen Freiheitsgrade mit dem Dienstalter | 247 |
| Abb. 52 | Korrelation der inhaltlichen Freiheitsgrade mit dem Dienstalter | 247 |
| Abb. 53 | Kooperationsbedarf an den Technikerarbeitsplätzen | 250 |
| Abb. 54 | Gegenseitige Hilfe ohne gemeinsamen Arbeitsauftrag an den Technikerarbeitsplätzen | 251 |
| Abb. 55 | Kooperationsanforderungen in Abhängigkeit von der Position in der betrieblichen Hierarchie | 252 |

| | | |
|---|---|---|
| Abb. 56 | Gegenseitige Hilfe ohne gemeinsamen Arbeitsauftrag in Abhängigkeit von der Position in der betrieblichen Hierarchie | 253 |
| Abb. 57 | Kooperationsanforderungen in Abhängigkeit vom monatlichen Bruttoeinkommen | 254 |
| Abb. 58 | Gegenseitige Hilfe ohne gemeinsamen Arbeitsauftrag in Abhängigkeit vom monatlichen Bruttoeinkommen | 255 |
| Abb. 59 | Allgemeiner Schulabschluß bei Technikerausbildungsbeginn | 259 |
| Abb. 60 | Allgemeiner Schulabschluß bei Technikerausbildungsbeginn in Abhängigkeit vom Dienstalter | 260 |
| Abb. 61 | Histogramm: Einschätzung der Bedeutung der beruflichen Erstausbildung für die Erfüllung der aktuellen beruflichen Rolle | 262 |
| Abb. 62 | Histogramm: Einschätzung der Bedeutung der Technikerausbildung für die Erfüllung der aktuellen beruflichen Rolle | 262 |
| Abb. 63 | Histogramm: Einschätzung der Bedeutung von Lehrgängen und Kursen für die Erfüllung der aktuellen beruflichen Rolle | 263 |
| Abb. 64 | Histogramm: Einschätzung der Bedeutung beruflicher Praxis für die Erfüllung der aktuellen beruflichen Rolle | 263 |
| Abb. 65 | Relevanz des Weiterbildungsschwerpunktes „technischer Bereich" in Abhängigkeit von den Kooperationsanforderungen der Arbeitsaufgabe | 267 |
| Abb. 66 | Relevanz des Weiterbildungsschwerpunktes „Umgang mit Menschen" in Abhängigkeit von den Kooperationsanforderungen der Arbeitsaufgabe | 267 |
| Abb. 67 | Relevanz des Weiterbildungsschwerpunktes „betriebswirtschaftlicher Bereich" in Abhängigkeit von den Kooperationsanforderungen der Arbeitsaufgabe | 268 |

| | | |
|---|---|---|
| Abb. 68 | Relevanz des Weiterbildungsschwerpunktes „organisatorischer Bereich" in Abhängigkeit von den Kooperationsanforderungen der Arbeitsaufgabe | 268 |
| Abb. 69 | Bildungsförderung der Unternehmen bei Weiterbildungsmaßnahmen in den Bereichen „Organisation" und „Umgang mit Menschen" | 270 |
| Abb. 70 | Bildungsförderung der Unternehmen im organisatorischen und sozialen Bereich in Abhängigkeit von den Kooperationsanforderungen am Arbeitsplatz | 271 |
| Abb. 71 | Bildungsförderung der Unternehmen im organisatorischen und sozialen Bereich in Abhängigkeit von der Position der Elektrotechniker | 272 |
| Abb. 72 | Bildungsförderung der Unternehmen im organisatorischen und sozialen Bereich in Abhängigkeit vom monatlichen Bruttoeinkommen der Elektrotechniker | 273 |
| Abb. 73 | Bildungsförderung der Unternehmen im organisatorischen und sozialen Bereich in Abhängigkeit vom Dienstalter der Elektrotechniker | 273 |
| Abb. 74 | Szenariogestaltung innerhalb zweier polarer Felder | 289 |

**Tabellenverzeichnis**

| | | |
|---|---|---|
| Tab. 1 | „Taylors Scientific Management" versus „modernes Motivation Management" | 73 |
| Tab. 2 | Auswahl der Unternehmen für die Interviews | 129 |
| Tab. 3 | Vergleich der Unternehmensbranchen (schriftliche Befragung/strukturierte Interviews) | 134 |
| Tab. 4 | Wichtigste Tätigkeitsobjekte und Tätigkeitsarten an den Arbeitsplätzen | 144 |
| Tab. 5 | Wichtigste Tätigkeitsarten in Abhängigkeit vom Dienstalter | 145 |
| Tab. 6 | Relevanz technikübergreifender Tätigkeitsbereiche in Abhängigkeit von der wichtigsten Tätigkeitsart am Arbeitsplatz bei primär technisch orientierten Tätigkeiten | 154 |
| Tab. 7 | Relevanz technikübergreifender Tätigkeitsbereiche in Abhängigkeit von der wichtigsten Tätigkeitsart am Arbeitsplatz bei primär nicht-technisch orientierten Tätigkeiten | 156 |
| Tab. 8 | Relevanz technikübergreifender Tätigkeitsbereiche für alle Elektrotechniker aus der Arbeitgeberperspektive | 157 |
| Tab. 9 | Relevanz von Weiterbildungsbereichen in Abhängigkeit von der wichtigsten Tätigkeitsart (technische Tätigkeitsarten) | 160 |
| Tab. 10 | Relevanz von Weiterbildungsbereichen in Abhängigkeit von der wichtigsten Tätigkeitsart (nicht-technische Tätigkeitsarten) | 162 |
| Tab. 11 | Versichertenstatus der Elektrotechniker | 165 |
| Tab. 12 | Korrelationen der Zuständigkeitsbereiche der Elektrotechniker | 174 |
| Tab. 13 | Bedeutung der Fachkompetenz (Arbeitgeberperspektive) | 185 |
| Tab. 14 | Bedeutung der Sozialkompetenz (Arbeitgeberperspektive) | 187 |

| | | |
|---|---|---|
| Tab. 15 | Bedeutung der Individualkompetenz (Arbeitgeberperspektive) | 188 |
| Tab. 16 | Bedeutung relevanter Themenbereiche bei der Tätigkeit und während der Technikerausbildung | 191 |
| Tab. 17 | Bedeutung von Arbeitsorganisation im Rahmen der Tätigkeit in Abhängigkeit relevanter Weiterbildungsschwerpunkte (Korrelationsmaße) | 204 |
| Tab. 18 | Position der Elektrotechniker in der betrieblichen Hierarchie in Abhängigkeit von der Unternehmensgröße | 216 |
| Tab. 19 | Monatliches Bruttoeinkommen der Elektrotechniker in Abhängigkeit von der Position in der betrieblichen Hierarchie | 226 |
| Tab. 20 | Monatliches Bruttoeinkommen der Elektrotechniker (Arbeitgeberperspektive) | 228 |
| Tab. 21 | Personalverantwortung der Elektrotechniker in Abhängigkeit von der Position in der betrieblichen Hierarchie (Median und Quartilwerte) | 231 |
| Tab. 22 | Personalverantwortung der Elektrotechniker in Abhängigkeit vom Dienstalter (Median und Quartilwerte) | 232 |
| Tab. 23 | Personalverantwortung der Elektrotechniker in Abhängigkeit vom monatlichen Bruttoeinkommen (Median und Quartilwerte) | 233 |
| Tab. 24 | Freiheitsgrade bei der inhaltlichen Arbeitsgestaltung (Arbeitgeberperspektive) | 239 |
| Tab. 25 | Freiheitsgrade bei der zeitlichen Arbeitsgestaltung (Arbeitgeberperspektive) | 240 |
| Tab. 26 | Korrelation zeitlicher Freiheitsgrade mit der Position in der betrieblichen Hierarchie | 243 |

| | | |
|---|---|---|
| Tab. 27 | Korrelation inhaltlicher Freiheitsgrade mit der Position in der betrieblichen Hierarchie | 244 |
| Tab. 28 | Gamma-Koeffizienten für die Korrelation zeitlicher und inhaltlicher Freiheitsgrade mit den Variablen Position, Einkommen und Dienstalter | 248 |
| Tab. 29 | Kooperationsbedarf an den Technikerarbeitsplätzen | 250 |
| Tab. 30 | Kooperationsanforderungen und Kooperationsmöglichkeiten der Elektrotechniker in Abhängigkeit von Position, Einkommen und Dienstalter | 256 |
| Tab. 31 | Bewertung der Arbeitsleistung im Rahmen einer Gruppenbeurteilung | 257 |
| Tab. 32 | Leistungsbewertung im Rahmen von Gruppenarbeit in Abhängigkeit von Position, Einkommen und Dienstalter | 257 |
| Tab. 33 | Einschätzung der Wichtigkeit einzelner Phasen des Kompetenzerwerbs: Relevante Daten der in den Histogrammen dargestellten Verteilungen | 264 |
| Tab. 34 | Relevanz von Weiterbildungsbereichen in Abhängigkeit von den Kooperationsanforderungen der Arbeitsaufgabe (Korrelationsmaße) | 269 |
| Tab. 35 | Weiterbildungsförderung in den Bereichen „Organisation" und „Umgang mit Menschen" durch die Unternehmen in Abhängigkeit von den Kooperationsanforderungen, der Position, dem Einkommen und dem Dienstalter (Gamma - Koeffizienten) | 274 |

Anhang I:

# Fragebogen TE

Schriftliche Befragung von
Staatlich geprüften Technikern
der Fachrichtung Elektrotechnik

## Angaben zur Person

**1   Wann haben Sie die Technikerprüfung abgelegt?**
✏ (10)   19 _ _

**2   In welchem Fachrichtungsschwerpunkt haben Sie die Technikerprüfung abgelegt?**
❑ (20.1) Energieelektronik          ❑ (20.2) Informationselektronik
❑ (20.3) Datenverarbeitungstechnik  ❑ (20.4) Meß- und Regeltechnik
❑ (20.5) sonstiger Fachrichtungsschwerpunkt

**3   Geben Sie bitte Ihr Geburtsjahr und Ihr Geschlecht an.**
✏ (30) Geburtsjahr: 19 _ _   Geschlecht: ❑ (31.1) männlich   ❑ (31.2) weiblich

**4   Welchen allgemeinen Schulabschluß hatten Sie beim Eintritt in die Technikerschule erreicht?**
❑ (40.1) Hauptschulabschluß         ❑ (40.2) Mittlere Reife / Realschulabschluß
❑ (40.3) Fachhochschulreife         ❑ (40.4) Allgemeine Hochschulreife (Abitur)
❑ (40.5) sonstiger Abschluß   ✏ Welcher?: _ _ _ _ _ _ _ _ _ _ _ _ _ _ _ _ _ _ _

**5   Welche zusätzlichen beruflichen Qualifikationen haben Sie erworben?**
(Mehrfachnennungen möglich)
❑ (50) REFA - Grundschein           ❑ (54) Handwerksmeisterprüfung
❑ (51) Ausbildereignungsprüfung     ❑ (55) Industriemeisterprüfung
❑ (52) Dipl.- Ing. Prüfung (FH)     ❑ (56) Fachhochschulreife
❑ (53) sonstige Qualifikationen   ✏ Welche?: _ _ _ _ _ _ _ _ _ _ _ _ _ _ _ _

**6   Welcher Berufsgruppe sind Sie derzeit zuzurechnen?**
❑ (60.1) Arbeiter                   ❑ (60.4) selbständig / freiberuflich
❑ (60.2) Angestellter               ❑ (60.5) arbeitslos ★
❑ (60.3) Beamter                    ❑ (60.6) vollzeitlich in Weiterbildung ★
★ Wenn Sie zur Zeit nicht berufstätig sind, geben Sie bitte hier an, in welchem Jahr Sie zuletzt beschäftigt waren. Beziehen Sie alle weiteren Fragen auf diese letzte berufliche Tätigkeit.

✏ (61) Ich war zuletzt 19 _ _ berufstätig.

**7   Geben Sie bitte an, in welchem Bereich Ihr monatliches Bruttogehalt liegt.**
❑ (70.1) weniger als 3000,- DM      ❑ (70.4) 4500,- bis 5299,- DM
❑ (70.2) 3000,- bis 3799,- DM       ❑ (70.5) 5300,- bis 6000,- DM
❑ (70.3) 3800,- bis 4499,- DM       ❑ (70.6) mehr als 6000,- DM

## Angaben zum Betrieb

Die folgenden Fragen beziehen sich auf den Betrieb (Werk, Behörde), in dem Sie zur Zeit beschäftigt sind.

**8   In welcher Branche ist Ihr Unternehmen tätig?**
✏ Bitte Kennziffer nach Schlüssel 1 eintragen   (80)

**9** In welchem Wirtschaftszweig ist der Betrieb, in dem Sie arbeiten, tätig ?
- ❏ (90.1) Handwerk
- ❏ (90.2) Industrie
- ❏ (90.3) Handel
- ❏ (90.4) Öffentlicher Dienst
- ❏ (90.5) sonstiger Wirtschaftszweig ✍ Welcher ? : _____

**10** Für welche Marktbereiche arbeitet Ihr Betrieb hauptsächlich ? (Mehrfachnennungen möglich)
- ❏ (100) Für ortsansässige Kunden
- ❏ (102) Für den Export innerhalb Europas
- ❏ (101) Für den allgemeinen Binnenmarkt
- ❏ (103) Für den Export weltweit

**11** Größe des Unternehmens

Falls Sie nicht im öffentlichen Dienst beschäftigt sind, geben Sie bitte die Größe des Unternehmens oder der Institution an, bei der Sie jetzt tätig sind. Die Angaben sollen sich nur auf die Muttergesellschaft, nicht auf ggf. vorhandene Tochtergesellschaften beziehen.

- ❏ (110.1) 1 bis 19 Arbeitnehmer
- ❏ (110.2) 20 bis 49 Arbeitnehmer
- ❏ (110.3) 50 bis 99 Arbeitnehmer
- ❏ (110.4) 100 bis 499 Arbeitnehmer
- ❏ (110.5) 500 bis 999 Arbeitnehmer
- ❏ (110.6) 1000 bis 4999 Arbeitnehmer
- ❏ (110.7) 5000 bis 9999 Arbeitnehmer
- ❏ (110.8) 10000 bis 49999 Arbeitnehmer
- ❏ (110.9) 50000 und mehr Arbeitnehmer

**12** Was sind die drei wichtigsten Aktivitäten *Ihres Unternehmens* ?

Geben Sie dazu bitte für jede dieser Tätigkeiten aus dem Schlüssel 2 die Tätigkeitsart und aus dem Schlüssel 3 das Tätigkeitsobjekt an.

| | Tätigkeitsart (Schlüssel 2) | Tätigkeitsobjekt (Schlüssel 3) | prozentualer Anteil |
|---|---|---|---|
| wichtigste Aktivität | (120) | (123) | % (126) |
| zweitwichtigste Aktivität | (121) | (124) | % (127) |
| drittwichtigste Aktivität | (122) | (125) | % (128) |

Summe 100 %

**13** Was sind die drei wichtigsten Aktivitäten *Ihrer Abteilung* ?

Geben Sie dazu bitte für jede dieser Tätigkeiten aus dem Schlüssel 2 die Tätigkeitsart und aus dem Schlüssel 3 das Tätigkeitsobjekt an.

| | Tätigkeitsart (Schlüssel 2) | Tätigkeitsobjekt (Schlüssel 3) | prozentualer Anteil |
|---|---|---|---|
| wichtigste Aktivität | (130) | (133) | % (136) |
| zweitwichtigste Aktivität | (131) | (134) | % (137) |
| drittwichtigste Aktivität | (132) | (135) | % (138) |

Summe 100 %

## Angaben zum Arbeitsgebiet und zur Position

**14** Was sind die drei wichtigsten Aktivitäten an *Ihrem Arbeitsplatz* ?

Geben Sie dazu bitte für jede dieser Tätigkeiten aus dem Schlüssel 2 die Tätigkeitsart und aus dem Schlüssel 3 das Tätigkeitsobjekt an.

| | Tätigkeitsart *(Schlüssel 2)* | Tätigkeitsobjekt *(Schlüssel 3)* | prozentualer Anteil |
|---|---|---|---|
| wichtigste Aktivität | ☐☐ (140) | ☐☐ (143) | ☐☐ % (146) |
| zweitwichtigste Aktivität | ☐☐ (141) | ☐☐ (144) | ☐☐ % (147) |
| drittwichtigste Aktivität | ☐☐ (142) | ☐☐ (145) | ☐☐ % (148) |

Summe 100 %

**15** In welchem Aufgabenbereich sind Sie an Ihrem jetzigen Arbeitsplatz tätig ?
- ☐ (150.1) Energieelektronik
- ☐ (150.2) Informationselektronik
- ☐ (150.3) Datenverarbeitungstechnik
- ☐ (150.4) Meß- und Regeltechnik
- ☐ (150.5) sonstiger Aufgabenbereich ✏ Welcher ? : _ _ _ _ _ _ _ _ _ _ _ _ _ _ _ _ _ _

**16** Sie sind derzeitig beschäftigt als:
- ☐ (160.1) Ingenieur
- ☐ (160.2) Techniker
- ☐ (160.3) Meister
- ☐ (160.4) Facharbeiter
- ☐ (160.5) sonstige Tätigkeit ✏ Welche ? : _ _ _ _ _ _ _ _ _ _ _ _ _ _ _ _ _ _

**17** Wie lange arbeiten Sie bereits in Ihrem Betrieb und an Ihrem jetzigen Arbeitsplatz ?

✏ : im Betrieb _ _ _ _ Jahre (170), an meinem derzeitigen Arbeitsplatz _ _ _ _ Jahre (171).

**18** Inwieweit benötigen Sie Ihre berufliche Vorbildung für die Ausübung Ihrer derzeitigen Tätigkeit ?
Meine berufliche Vorbildung wird durch meine derzeitige Arbeitstätigkeit:
- ☐ (180.1) höchstens teilweise genutzt, viele Qualifikationen geraten in Vergessenheit.
- ☐ (180.2) näherungsweise ausgenutzt, ein Verlernen begrenzter Qualifikationen ist nicht auszuschließen.
- ☐ (180.3) fast vollständig ausgenutzt, fast alle Qualifikationen werden benötigt.

**19** Müssen Sie weiter hinzulernen, um Ihrer Arbeitsaufgabe gerecht zu werden und zu bleiben ?
- ☐ (190.1) Seit der Einarbeitung ist nur selten ein Hinzulernen erforderlich (3 - 4 jähriger Abstand).
- ☐ (190.2) Seit der Einarbeitung ist häufiger ein Hinzulernen erforderlich (etwa jährlicher Abstand).
- ☐ (190.3) Die Tätigkeit erfordert ein ständiges Hinzulernen.

**20** In welchem Bereich liegen die Schwerpunkte der erforderlichen Weiterbildung ?
(Mehrfachnennungen möglich)
- ☐ (200) technischer Bereich
- ☐ (202) organisatorischer Bereich
- ☐ (201) betriebswirtschaftlicher Bereich
- ☐ (203) Umgang mit Menschen

21 Werden Sie von Ihrer Firma unterstützt, wenn Sie sich für Ihre Tätigkeit im organisatorischen Bereich oder im Umgang mit Menschen weiterbilden ?
☐ (210.1) ja ☐ (210.2) teilweise ☐ (210.3) nein

22 Für welche Personen oder Sachwerte sind Sie im Rahmen Ihrer Arbeit persönlich verantwortlich ? (Mehrfachnennungen möglich)
☐ (220) Ich trage Verantwortung für die Menge und/oder die Qualität meiner Arbeitsergebnisse.
☐ (221) Ich bin persönlich für höhere Sachwerte verantwortlich.
☐ (222) Ich bin persönlich für die forderungsgerechte Erfüllung der Aufträge anderer verantwortlich.
☐ (223) Ich trage die Verantwortung für die Sicherheit bzw. Gesundheit anderer Personen.

23 Wird Ihre Arbeitsleistung im Rahmen einer Gruppenbewertung beurteilt ?
☐ (230.1) nein
☐ (230.2) ja, die Bewertung des individuellen Beitrags zum Gruppenergebnis erfolgt durch Vorgesetzte
☐ (230.3) ja, die Bewertung des individuellen Beitrags zum Gruppenergebnis erfolgt durch die Gruppe

24 Kreuzen Sie bitte Ihre Position in folgender Hierarchiekette an.
☐ (240.1) technischer Direktor ☐ (240.6) Meister
☐ (240.2) Spartenleiter ☐ (240.7) Vorarbeiter
☐ (240.3) Betriebsleiter ☐ (240.8) Sachbearbeiter
☐ (240.4) Abteilungsleiter ☐ (240.9) Facharbeiter
☐ (240.5) Gruppenleiter ☐ (240.10) angelernter Arbeiter

25 Geben Sie bitte die Anzahl der Ihnen unterstellten Mitarbeiter an.

☐ (250) technischer Direktor  ☐ (255) Meister
☐ (251) Spartenleiter  ☐ (256) Vorarbeiter
☐ (252) Betriebsleiter  ☐ (257) Sachbearbeiter
☐ (253) Abteilungsleiter  ☐ (258) Facharbeiter
☐ (254) Gruppenleiter  ☐ (259) angelernte Arbeiter

26 Inwieweit können Sie selbst entscheiden, <u>wann</u> Sie eine bestimmte Arbeit verrichten ?
☐ (260.1) Die organisatorischen oder technischen Bedingungen erlauben mir eine eigene Zeiteinteilung innerhalb eines Zeitraums von bis zu 2 Stunden
☐ (260.2) Die organisatorischen oder technischen Bedingungen erlauben mir eine eigene Zeiteinteilung innerhalb eines Tages
☐ (260.3) Die organisatorischen oder technischen Bedingungen erlauben mir eine eigene Zeiteinteilung innerhalb einer Woche
☐ (260.4) Ich teile mir innerhalb von mehrwöchigen Auftragskomplexen meine Arbeitszeit selbst ein

27  Inwieweit können Sie selbst entscheiden, wie Sie Ihre Arbeit gestalten ?

- ❏ (270.1) Ich kann die Reihenfolge bestimmen, in der ich gewisse Arbeitsabschnitte erledige. Die einzusetzenden Arbeitsmittel, Bearbeitungswege und Eigenschaften des Arbeitsergebnisses sind jedoch genau vorgegeben.
- ❏ (270.2) Ich kann die Reihenfolge bestimmen, in der ich gewisse Arbeitsabschnitte erledige. Auch die Wahl der Arbeitsmittel und Bearbeitungswege ist mir überlassen. Vorgegeben sind nur die genauen Eigenschaften des Arbeitsergebnisses.
- ❏ (270.3) Mir sind nur globale, allgemeine Eigenschaften des Arbeitsergebnisses vorgegeben. Wie ich dieses Ergebnis erreiche und im einzelnen ausgestalte, bleibt mir überlassen.
- ❏ (270.4) Mir ist nur der Tätigkeitsbereich vorgegeben. Meine Arbeitsaufgaben stelle ich mir selbst.

28  Wie "eng" müssen Sie zur Erfüllung Ihrer Arbeitsaufgabe mit anderen Personen zusammenarbeiten ?

- ❏ (280.1) Eine Zusammenarbeit mit anderen Personen ist nicht erforderlich.
- ❏ (280.2) Es arbeiten noch andere Personen nach oder vor mir am gleichen Arbeitsgegenstand. Die Zusammenarbeit wird durch (gemeinsam) abgestimmte, aber voneinander <u>unabhängig ausgeführte</u> Tätigkeiten realisiert.
- ❏ (280.3) Ich arbeite mit einer weiteren oder mehreren Personen arbeitsteilig unmittelbar am gleichen Arbeitsgegenstand, was eine ständige gegenseitige Abstimmung erfordert.

29  Arbeiten Sie über den eigenen Arbeitsauftrag hinaus mit anderen Personen der Arbeitsgruppe zur gegenseitigen Hilfe zusammen ?

❏ (290.1) ja   ❏ (290.2) teilweise   ❏ (290.3) nein

30  Entspricht Ihre derzeitige Berufssituation Ihren Erwartungen ?

❏ (300.1) ja   ❏ (300.2) teilweise   ❏ (300.3) nein

Falls Ihre derzeitige Berufssituation Ihren Erwartungen nicht entspricht, welche Gründe können Sie hierzu aufführen ?

- ❏ (301.1) Tätigkeit müßte der Ausbildung mehr entsprechen   ❏ (301.2) zu geringes Einkommen
- ❏ (301.3) zu wenig Selbständigkeit und Verantwortung   ❏ (301.4) sonstiges

31  Wer ist überwiegend zuständig für:   (<u>keine</u> Mehrfachnennungen in einer Zeile)

|  | Ich | Arbeitsgruppe | Vorgesetzter | eigenständige Abteilung (z.B.:AV) | entfällt |
|---|---|---|---|---|---|
| Termine ? | ❏ (310.1) | ❏ (310.2) | ❏ (310.3) | ❏ (310.4) | ❏ (310.5) |
| Qualitätssicherung / Qualitätskontrolle ? | ❏ (311.1) | ❏ (311.2) | ❏ (311.3) | ❏ (311.4) | ❏ (311.5) |
| Wartung ? | ❏ (312.1) | ❏ (312.2) | ❏ (312.3) | ❏ (312.4) | ❏ (312.5) |
| Betriebsmittel ? | ❏ (313.1) | ❏ (313.2) | ❏ (313.3) | ❏ (313.4) | ❏ (313.5) |
| Stückzahlen ? | ❏ (314.1) | ❏ (314.2) | ❏ (314.3) | ❏ (314.4) | ❏ (314.5) |
| Materialbereitstellung ? | ❏ (315.1) | ❏ (315.2) | ❏ (315.3) | ❏ (315.4) | ❏ (315.5) |

**32** Inwieweit sind Sie im Rahmen Ihrer Tätigkeit mit der "Organisation von Arbeit" beschäftigt ?

❑ (320.1) Mit organisatorischen Dingen muß ich mich nicht beschäftigen.
❑ (320.2) Mit Arbeitsorganisation habe ich nur zu tun, soweit es meinen eigenen Arbeitsplatz betrifft.
❑ (320.3) Mein Arbeitsauftrag sieht die Mitwirkung an der Arbeitsverteilung in der Gruppe/Abteilung vor.
❑ (320.4) Zu meinem Arbeitsauftrag gehören neben der Arbeitsverteilung in der Gruppe/Abteilung auch organisatorische Absprachen mit vor- und nachgeschalteten Gruppen/Abteilungen.
❑ (320.5) Ich arbeite in der Arbeitsvorbereitung und beschäftige mich fast nur mit Arbeitsorganisation.

**33** Gibt es in Ihrem Betrieb Personen, die sich mit Fragen der Arbeitsvorbereitung und Arbeitsbewertung beschäftigen ?

❑ (330.1) ja ★                ❑ (330.2) nein

★ wenn ja, ist Ihr Arbeitsplatz von einer vorgeschalteten Arbeitsvorbereitung und Arbeitsbewertung betroffen ?

❑ (331.1) ja        ❑ (331.2) nein        ❑ (331.3) Ich arbeite in der Arbeitsvorbereitung

**34** Welche Bedeutung haben die folgenden Themenbereiche nach Ihrer Meinung für Ihre Tätigkeit ?

|  | von zentraler Bedeutung | wichtig | weniger wichtig | ohne Bedeutung |
|---|---|---|---|---|
| fachliche Kompetenz | ❑ (340.1) | ❑ (340.2) | ❑ (340.3) | ❑ (340.4) |
| Organisation von Abläufen | ❑ (341.1) | ❑ (341.2) | ❑ (341.3) | ❑ (341.4) |
| Teamarbeit | ❑ (342.1) | ❑ (342.2) | ❑ (342.3) | ❑ (342.4) |
| Kundenberatung/ Verkauf | ❑ (343.1) | ❑ (343.2) | ❑ (343.3) | ❑ (343.4) |
| Kostenbetrachtungen | ❑ (344.1) | ❑ (344.2) | ❑ (344.3) | ❑ (344.4) |
| Qualität/ Qualitätssicherung | ❑ (345.1) | ❑ (345.2) | ❑ (345.3) | ❑ (345.4) |
| Produkthaftung | ❑ (346.1) | ❑ (346.2) | ❑ (346.3) | ❑ (346.4) |

**35** Welche Bedeutung hatten die obengenannten Themenbereiche während Ihrer Weiterbildung zum Techniker ?

|  | von zentraler Bedeutung | wichtig | weniger wichtig | ohne Bedeutung |
|---|---|---|---|---|
| fachliche Kompetenz | ❑ (350.1) | ❑ (350.2) | ❑ (350.3) | ❑ (350.4) |
| Organisation von Abläufen | ❑ (351.1) | ❑ (351.2) | ❑ (351.3) | ❑ (351.4) |
| Teamarbeit | ❑ (352.1) | ❑ (352.2) | ❑ (352.3) | ❑ (352.4) |
| Kundenberatung/ Verkauf | ❑ (353.1) | ❑ (353.2) | ❑ (353.3) | ❑ (353.4) |
| Kostenbetrachtungen | ❑ (354.1) | ❑ (354.2) | ❑ (354.3) | ❑ (354.4) |
| Qualität/ Qualitätssicherung | ❑ (355.1) | ❑ (355.2) | ❑ (355.3) | ❑ (355.4) |
| Produkthaftung | ❑ (356.1) | ❑ (356.2) | ❑ (356.3) | ❑ (356.4) |

**36** Wo haben Sie die für Ihre jetzige Tätigkeit wichtigen Kenntnisse erworben ?

berufliche Erstausbildung ☐☐ % (360)

Weiterbildung zum Techniker ☐☐ % (361)

Lehrgänge und Kurse ☐☐ % (362)

berufliche Praxis ☐☐ % (363)

Summe 100 %

**37** Haben Sie Aufgaben aus dem Bereich des Projektmanagements zu erledigen ?
Bitte kreuzen Sie alle für Sie zutreffenden Bereiche an (Mehrfachnennungen möglich).

☐ (370) Projektplanung ☐ (374) Zeitbedarf für Vorgänge abschätzen
☐ (371) zeitliche Reihenfolge festlegen ☐ (375) Kostenabschätzung
☐ (372) Kontakte herstellen und pflegen ☐ (376) Verträge abschließen
☐ (373) Kontrolle/Aufsicht für Projekt ☐ (377) Verantwortung für das Projekt

**38** Wie wurden Sie auf Ihre Technikerschule aufmerksam ?

☐ (380.1) Arbeitsamt ☐ (380.2) Kollege oder Vorgesetzter
☐ (380.3) Tag der offenen Tür ☐ (380.4) Zeitungsartikel
☐ (380.5) sonstiges: ✎ : _ _ _ _ _ _ _ _ _ _ _ _ _ _ _ _ _ _

**39** Angenommen, die Weiterbildung zum Techniker Ihres Schwerpunktes wäre in Ihrer Nähe in Teilzeitform angeboten worden. Wie hätten Sie dieses Angebot beurteilt ?
(Teilzeitform: Abend- und Wochenendunterricht bei 4-jähriger Ausbildungsdauer)

☐ (390.1) für uninteressant gehalten ☐ (390.2) in Betracht gezogen
☐ (390.3) auf jeden Fall der Weiterbildung in Vollzeitform (Ganztagsunterricht) vorgezogen

**40** Wenn Sie wollen, tragen Sie bitte noch Ihre Abschlußnote der Technikerprüfung ein.

Abschlußnote: ☐ (400)

**41** Haben Techniker mit Ihrem Qualifikationsprofil Ihrer Meinung nach in „schlanken Produktionsstrukturen" (Lean-production) in Zukunft Platz ?

☐ (410.1) ja ☐ (410.2) nein

*Vielen Dank für Ihre Bemühungen !*

# Schlüssel

## Schlüssel 1

### Branche

01 = Bergbau
02 = Energiewirtschaft
03 = Hüttenwesen
04 = Stahl- und Metallbau
05 = Maschinenbau
06 = Fahrzeug- und Schiffbau
07 = Nachrichten- und Sicherungstechnik
08 = Medizintechnik
09 = Automatisierungstechnik
10 = Meßtechnik
11 = Installationstechnik
12 = Konsumelektronik
13 = Datenverarbeitung
14 = Elektrotechnik
15 = Chemie
16 = Bau- und Baunebengewerbe
17 = Schule, Bildung, Forschung
18 = Sonstiges

## Schlüssel 2

### Tätigkeitsart

01 = forschen
02 = entwickeln
03 = entwerfen
04 = konstruieren
05 = Produktion vorbereiten
06 = Produktion leiten und überwachen
07 = Anlagen errichten
08 = warten und reparieren
09 = lagern und transportieren
10 = testen, prüfen und zulassen, sachverständig beurteilen
11 = einkaufen
12 = verkaufen
13 = vermieten und verpachten
14 = den Markt untersuchen und beeinflussen
15 = verwalten
16 = betreiben
17 = informieren einschl. Beratung der Anwender, Informationen sammeln, werben
18 = lehren
19 = Sonstiges

## Schlüssel 3

### Tätigkeitsobjekt

01 = Ingenieurbauten
02 = Anlagen und Apparate
03 = Transportmittel (Fahrzeuge, Förderzeuge u.ä.)
04 = Werkzeugmaschinen
05 = Produktionsmaschinen
06 = Kraft- und Arbeitsmaschinen
07 = Elektrische Energieerzeugungsanlagen, elektrische Energieübertragungsanlagen, elektrische Antriebe
08 = Kommunikationsgeräte
09 = Software
10 = Steuerungen und Regeleinrichtungen
11 = Meßgeräte
12 = Bauelemente
13 = Audio- und Videosysteme
14 = Computersysteme und -netze
15 = Andere technische Systeme
16 = Nichttechnische Systeme

Anhang II:

# Interviewleitfaden AG

Strukturierte Interviews
mit Arbeitgebern von
Staatlich geprüften Technikern
der Fachrichtung Elektrotechnik

# Unternehmen

U1 Zu welchem Kammerbereich gehört Ihr Unternehmen ?

- Industrie- und Handelskammer
- Handwerkskammer
- beides
- nichts davon

Bei einer Zugehörigkeit zur Industrie- und Handelskammer:
Liegen die Unternehmensaktivitäten mehr bei der

- (industriellen) Produktion
- oder beim Handel ?

U2 In welcher Branche bzw. welchen Branchen (max. die drei wichtigsten) ist Ihr Unternehmen tätig ?

01 Bergbau
02 Energiewirtschaft
03 Hüttenwesen
04 Stahl- und Metallbau
05 Maschinenbau
06 Fahrzeug- und Schiffbau
07 Nachrichten und Sicherungstechnik
08 Medizintechnik
09 Automatisierungstechnik

10 Meßtechnik
11 Installationstechnik
12 Konsumelektronik
13 Datenverarbeitung
14 Elektrotechnik
15 Chemie
16 Bau- und Baunebengewerbe
17 Schule, Bildung, Forschung

U3 Was sind die Hauptprodukte bzw. -leistungen des Betriebes ?

U4 Für welchen Markt arbeitet Ihr Unternehmen hauptsächlich ?

- ortsansässige Kunden
- deutscher Binnenmarkt
- Europaweit
- Weltweit

U5 Wie viele Personen sind zur Zeit in Ihrem Unternehmen (örtliche Einheit) beschäftigt ?

U6 Wie viele Personen mit einem *formalen* Bildungsabschluß als Techniker sind zur Zeit in Ihrem Unternehmen (örtliche Einheit) beschäftigt ?

U7  Wie viele Personen mit einem *formalen* Bildungsabschluß als Techniker *der Fachrichtung Elektrotechnik* sind zur Zeit in Ihrem Unternehmen (örtliche Einheit) beschäftigt ?

U7a In welchem Fachrichtungsschwerpunkt haben die bei Ihnen Beschäftigten Techniker der Fachrichtung Elektrotechnik ihre Prüfung abgelegt ?
Anteil:

- Energieelektronik            ..........
- Datenverarbeitungstechnik    ..........
- Informationselektronik       ..........
- Meß- und Regeltechnik        ..........

Weitere:

## Tätigkeit

T1  In welchen Bereichen werden die Staatlich geprüften Techniker der Fachrichtung Elektrotechnik eingesetzt ?
(z.B. Arbeitsvorbereitung, Konstruktion, Kundendienst)

T2  Welche Tätigkeitsarten (die drei wichtigsten) werden von den Technikern der Fachrichtung Elektrotechnik in Ihrem Unternehmen ausgeübt ?

01 forschen
02 entwickeln
03 entwerfen
04 konstruieren
05 Produktion vorbereiten
06 Produktion leiten und überwachen
07 Anlagen errichten
08 warten und reparieren
09 lagern und transportieren
10 testen, prüfen und zulassen, sachverständig beurteilen
11 einkaufen
12 verkaufen
13 vermieten und verpachten
14 den Markt untersuchen und beeinflussen
15 verwalten
16 betreiben
17 informieren, beraten
18 lehren

T2a Beschreiben Sie typische Tätigkeiten der Elektrotechniker !

Welche Aufgaben haben die Techniker innerhalb der Aufbauorganisation ?
(eventuell kurze Beschreibung der Aufbauorganisation)

T2b  Was sind die Gegenstände der Arbeitstätigkeiten der Elektrotechniker ?

- Materialien
- Informationen
- Menschen

T2c  Welcher Art ist das Tätigkeitsergebnis der Staatlich geprüften Techniker der Fachrichtung Elektrotechnik ?

- stofflicher Art
- energetischer Art
- informationeller Art

T3  Welche Sequenzen im Arbeitsablauf werden von den Elektrotechnikern durchgeführt ?

- Zielsetzung und Planung der Arbeitstätigkeit
- Vorbereitungstätigkeiten
- Durchführung
- Kontrolltätigkeiten
- Korrekturtätigkeiten
- Wartungs- und Instandsetzungstätigkeiten (an den Arbeitsmitteln)
- Verteilung
- Beseitigung / Recycling

T4  Inwieweit können die Techniker der Fachrichtung Elektrotechnik selbst entscheiden, *wie* sie Ihre Arbeit gestalten (Prozeßgestaltung, inhaltliche Freiheitsgrade) ?

- Die Techniker können die Reihenfolge bestimmen, in der gewisse Arbeitsschritte erledigt werden. Die einzusetzenden Arbeitsmittel, Bearbeitungswege und Eigenschaften des Arbeitsergebnisses sind jedoch genau vorgegeben.

- Die Techniker können die Reihenfolge bestimmen, in der gewisse Arbeitsschritte erledigt werden. Auch die Wahl der Arbeitsmittel und Bearbeitungswege ist den Technikern überlassen. Vorgegeben sind nur die genauen Eigenschaften des Arbeitsergebnisses.

- Den Technikern sind nur globale, allgemeine Eigenschaften des Arbeitsergebnisses vorgegeben. Wie sie dieses Ergebnis im einzelnen erreichen und ausgestalten bleibt ihnen überlassen.

- Den Technikern ist nur der Tätigkeitsbereich vorgegeben. Die Arbeitsaufgaben stellen sich die Techniker selbst.

T5 Inwieweit können die Elektrotechniker selbst entscheiden, *wann* sie eine bestimmte Arbeit verrichten, d.h. wie groß ist der Zeitraum innerhalb der die Techniker eine eigenständige Zeiteinteilung vornehmen können (zeitliche Freiheitsgrade)?

T6 Wie „eng" müssen die Elektrotechniker zur Erfüllung ihrer Arbeitsaufgabe mit anderen Personen zusammenarbeiten?

- keine Zusammenarbeit erforderlich
- die Techniker stimmen Ihre Tätigkeiten zwar ab, führen diese jedoch unabhängig aus
- Techniker arbeiten mit anderen Personen arbeitsteilig unmittelbar am gleichen Arbeitsgegenstand, was eine ständige Abstimmung erfordert

T7 Welche Informationen über die (Produktions-) Organisation sind für die Elektrotechniker zur Erfüllung Ihres Arbeitsauftrages erforderlich?

Zum Erfüllen des Arbeitsauftrages sind erforderlich:

- nur Informationen über die Arbeitsorganisation am eigenen Arbeitsplatz
- auch Informationen über die Arbeitsorganisation in der eigenen Abteilung
- auch Informationen über die Produktionsorganisation im Betrieb

T8 Wird sich das Aufgabenprofil der Staatlich geprüften Techniker der Fachrichtung Elektrotechnik in Ihrem Unternehmen zukünftig verschieben?

Wenn ja, in welcher Weise?

# Externe Rollenerwartung (Position der Elektrotechniker)

R1 Welche Positionen nehmen Elektrotechniker in Ihrem Unternehmen üblicherweise ein? (z.B.: angelernter Arbeiter, Facharbeiter, Sachbearbeiter, Vorarbeiter, Meister, Gruppenleiter, Abteilungsleiter, Betriebsleiter, Spartenleiter, technischer Direktor)

R2 Welche Aufstiegsmöglichkeiten bestehen in Ihrem Unternehmen für Elektrotechniker?

R3 Nach welchen Kriterien wird über eine mögliche Beförderung entschieden?

R4 Haben die Elektrotechniker in Ihrem Unternehmen Personalverantwortung? Wenn ja, für wieviel Mitarbeiter (in Abhängigkeit von der Position)?

R5  Welche Verantwortung tragen die Elektrotechniker im Rahmen ihrer Arbeitstätigkeit ?

- Verantwortung für höhere Sachwerte
- Verantwortung für die forderungsgerechte Erfüllung der Aufträge anderer
- Verantwortung für die Sicherheit bzw. Gesundheit anderer Personen

Weitere Verantwortungsbereiche:

R6  In welchem Bereich liegt das monatliche Bruttoeinkommen der in Ihrem Unternehmen beschäftigten Elektrotechniker ?

R7  Hat sich die Anzahl der Stellen für Elektrotechniker in Ihrem Unternehmen seit 1993 verändert ?
Wenn ja, was sind die Gründe dafür ?

R8  Gibt es Ingenieure auf Positionen, die vom fachlichen Anforderungsprofil auch mit Elektrotechnikern besetzt werden könnten ?

R8a  Wenn die Positionen auch mit Elektrotechnikern besetzt werden könnten, welche Gründe waren ausschlaggebend dafür, daß Ingenieure eingesetzt wurden ?

R8b  Hat sich der Anteil der Ingenieure auf solchen „Technikerstellen" seit 1993 erhöht oder verringert ?

R9  Wie groß ist die Wahrscheinlichkeit, daß in Zukunft in Ihrem Betrieb auf den bisherigen Technikerpositionen verstärkt gut qualifizierte Facharbeiter eingesetzt werden ?

- ziemlich sicher
- wahrscheinlich
- eher unwahrscheinlich
- nahezu ausgeschlossen

R10  Wie groß ist die Wahrscheinlichkeit, daß in Zukunft in Ihrem Betrieb auf den bisherigen Technikerpositionen verstärkt Ingenieure eingesetzt werden ?

- ziemlich sicher
- wahrscheinlich
- eher unwahrscheinlich
- nahezu ausgeschlossen

R11 Wie schätzen Sie die Entwicklung der Positionen für Elektrotechniker in Ihrem Betrieb für die Zukunft ein ?

- mehr
- gleichbleibend
- weniger

R11a Wenn mehr bzw. weniger, worin liegen die Gründe für einen veränderten Bedarf an Elektrotechnikern ?

# Technik

E1 Was sind die *Hauptfunktionen* („der Zweck") der technischen Systeme mit denen die Techniker der Fachrichtung Elektrotechnik arbeiten ?

E2 Sind die Elektrotechniker an der Gestaltung technischer Systeme beteiligt ?

E3 An welchen Phasen in der Ablaufstruktur eines sozio-technischen Handlungssystems sind die Techniker der Fachrichtung Elektrotechnik beteiligt ?

- Planung
- Entstehung
- Nutzung
- Beseitigung

E4 Stellen neue *Produkte* veränderte Anforderungen an die Techniker der Fachrichtung Elektrotechnik ?

E4a Wenn ja, waren die Elektrotechniker an der Produktentwicklung beteiligt ?

E5 Stellen neue *Verfahren* (Prozesse) veränderte Anforderungen an die Techniker der Fachrichtung Elektrotechnik ?

E5a Wenn ja, waren die Elektrotechniker an der Prozeßgestaltung beteiligt ?

E6 Welche Bedeutung haben (neue) *Informations- und Kommunikationstechniken* für die Elektrotechniker ?

E7  Gibt es neue *Stoffe* bzw. Materialien mit denen die Elektrotechniker im Rahmen ihrer Arbeitsaufgabe umgehen?

E8  Sind neue *Energien* bzw. *Energieformen* für die Elektrotechniker an Ihren Arbeitsplätzen von Relevanz?

E9  Sind die Technikerarbeitsplätze von Veränderungen der *Umweltschutztechnik* bzw. der *Arbeitssicherheitstechnik* betroffen?

Wenn ja, welche?

E10  Welche technischen Veränderungen wurden in Ihrem Unternehmen seit 1993 vorgenommen?
(z.B. Einführung von PPS-Systemen, Einrichtung einer entsprechenden Gruppentechnik für die Produktion in Fertigungsinseln)

E10a  Wenn ja, in welchen Bereichen wurden diese technischen Veränderungen vorgenommen?

E10b  Sind die Arbeitsplätze der Techniker der Fachrichtung Elektrotechnik von diesen technischen Veränderungen betroffen?

E10c  Wenn ja, wurden bzw. werden die Elektrotechniker bei einer technischen Veränderung an Ihren Arbeitsplätzen mit einbezogen

E11  Welche Strategie verfolgt Ihr Unternehmen im Bereich der Technikerarbeitsplätze im Umgang mit Technik?

Welche Aussage trifft eher zu?

a) Technik dient der Vervollständigung und umfassenden Nutzung menschlicher Kompetenz; die Gestaltung und Anwendung der Technik folgt der Organisationsentwicklung.

b) Der Einsatz der Techniker richtet sich, unter Berücksichtigung ergonomischer Gesichtspunkte, nach den Erfordernissen des technischen Systems.

Begründung:

E12  Wie wird die Einführung neuer Techniken nach Ihrer Meinung die Arbeit der Techniker zukünftig beeinflussen ?

a) Technikerarbeitsplätze werden ersetzt (Substitution)

b) neue Techniken werden komplementär genutzt

Wenn b), welche Funktionen menschlicher Arbeitskraft werden ersetzt ?

Begründung:

## Arbeitsorganisation

A1  Welche organisatorischen Veränderungen wurden in Ihrem Unternehmen seit 1993 vorgenommen ?

Beispiele:

- Maßnahmen zur Arbeitsstrukturierung
    - Arbeitsbereicherung (Job enrichment): z.B.: Zusammenfassung von Planung, Einrichtung, Fertigung, Instandhaltung zu einem Arbeitsplatz
    - teilautonome Arbeitsgruppen

- Umstrukturierung des Betriebes im Zusammenhang mit der DIN EN ISO 9000 ff.

A1a  Wenn ja, in welchen Bereichen wurden diese organisatorischen Veränderungen vorgenommen ?

A1b  Sind die Arbeitsplätze der Elektrotechniker von diesen organisatorischen Veränderungen betroffen ?

A1c  Wenn ja, wurden bzw. werden die Elektrotechniker bei einer organisatorischen Veränderung an Ihren Arbeitsplätzen mit einbezogen ?

A2  Welche Formen der Arbeitsorganisation finden sich an den Arbeitsplätzen der Elektrotechniker?
(z.B. Job-Rotation, teilautonome Arbeitsgruppen)

A3  Wie erfolgt die Arbeitsbewertung an den Arbeitsplätzen der Elektrotechniker ?

A4 Welche Bedeutung hat Teamarbeit an den Arbeitsplätzen der Elektrotechniker ?

A5 Zuständigkeitsbereiche der in Ihrem Unternehmen beschäftigten Elektrotechniker:

- Termine
- Qualitätssicherung und Qualitätskontrolle
- Kosten- und Kostenentwicklung
- Arbeitsvorbereitung und Arbeitsbewertung, Zeitplanung und Zeitvorgabenermittlung

Weitere:

A6 Existieren betriebliche Lern- und Problemlösegruppen in denen die Techniker der Fachrichtung Elektrotechnik mitarbeiten ?
(z.B.: Qualitätszirkel, Werkstattzirkel, Lernstatt, Organisationsentwicklung, Optimierung von Teamarbeit)

Beschreibung der Aufgaben und Vorgehensweisen dieser Gruppen:

## Kompetenzen der Elektrotechniker

K1 Welche Kompetenzen schätzen Sie an staatlich geprüften Technikern der Fachrichtung Elektrotechnik?

K2 Welche Kriterien sind relevant, wenn Sie Elektrotechniker einstellen ?
(z.B. Erstberuf, Noten des Technikerzeugnisses, Berufserfahrung)

K3 Genügen die in der Technikerausbildung erworbenen Kenntnisse den betrieblichen Anforderungen oder ist eine längere Einarbeitungszeit erforderlich ?

K3a Was muß der Absolvent, der nach der Technikerausbildung in Ihr Unternehmen eintritt, dazulernen um den Anforderungen am Arbeitsplatz gerecht zu werden ?

K4 Welche betrieblichen Fortbildungsmöglichkeiten gibt es in Ihrem Unternehmen für Elektrotechniker ?

K5  Welche Bedeutung hat für die Elektrotechniker Kompetenz in Bezug auf:

| | von zentraler Bedeutung | wichtig | weniger wichtig | ohne Bedeutung |
|---|---|---|---|---|
| Elektrotechnik | | | | |
| Problemlösefähigkeit | | | | |
| Organisationsfähigkeit | | | | |
| Betriebswirtschaft | | | | |
| Kostenbetrachtungen | | | | |
| Qualität/Qualitätssicherung | | | | |
| Produkthaftung | | | | |
| Dokumentationstechnik | | | | |
| Kundenberatung/Verkauf | | | | |
| Teamarbeit | | | | |
| Personalführung | | | | |
| Kommunikation | | | | |
| Kooperationsfähigkeit | | | | |
| das Beherrschen von Lehr- und Lerntechniken | | | | |
| das Denken in Zusammenhängen | | | | |

K6 Wie wichtig ist für die Elektrotechniker aus Ihrer Sicht:

| | von zentraler Bedeutung | wichtig | weniger wichtig | ohne Bedeutung |
|---|---|---|---|---|
| die Fähigkeit soziale Situationen richtig einzuschätzen | | | | |
| die Fähigkeit sich in die Lage einer anderen Person zu versetzen | | | | |
| Selbstsicherheit | | | | |
| die richtige Einschätzung der eigenen Rolle | | | | |
| die Fähigkeit sich persönliche Ziele zu setzen | | | | |
| Durchhaltevermögen | | | | |
| die Fähigkeit Pläne und Ziele zu verfolgen | | | | |
| die Vermeidung von Über- und Untermotivation | | | | |
| die Fähigkeit Verantwortung übernehmen zu können | | | | |

# Wissensgrundlagen für die Bildungspolitik

**Beiträge einer OECD-Konferenz in Maastricht vom 11. bis 13. September 1995**

Frankfurt/M., Berlin, Bern, New York, Paris, Wien, 1997. 233 S., zahlr. Abb.
Bildungsforschung internationaler Organisationen.
Herausgegeben von Wolfgang Mitter und Ulrich Schäfer, Deutsches Institut für Internationale Pädagogische Forschung, im Auftrag des Bundesministeriums für Bildung, Wissenschaft, Forschung und Technologie. Bd. 15
ISBN 3-631-32894-X · br. DM 48.–*

In den entstehenden Systemen des lebenslangen Lernens ist das Wissen zum entscheidenden Faktor geworden. Die bisherige Arbeit des CERI hat deutlich gemacht, daß politische Entscheidungsträger sachdienliche Forschung und Entwicklung im Bildungsbereich brauchen, um den Kurs der Bildungspolitik festzulegen. In dieser Veröffentlichung wird allerdings Wert darauf gelegt, daß die Politik auch andere Formen der Wissensgrundlagen zu Rate ziehen muß als nur die Forschung und Entwicklung, wie zum Beispiel die Schulaufsicht und Indikatorensysteme, beide sowohl auf nationaler als auch auf internationaler Ebene. Will man eine breitere Palette von Wissensgrundlagen nutzen, kommt eine wichtige Rolle den „Vermittlern" zu, die die notwendige Kommunikation und die gegenseitige Befruchtung zwischen Wissensproduzenten, Entscheidungsträgern und Praktikern fördern. In den lernenden Volkswirtschaften und Wissensgesellschaften der Zukunft wird es in vielerlei Hinsicht von größerer Bedeutung sein als heute, diesen Prozeß der Produktion, Vermittlung und Anwendung verschiedener Wissensformen weiter zu klären und besser zu verstehen.

*Aus dem Inhalt*: Verhältnis und Vermittlung von Bildungsforschung (Wissensproduzenten) und Bildungspolitik (Wissenskonsumenten) · Bildungsindikatoren · Länderberichte (Australien, Frankreich, Niederlande, Schweden, USA) · Sektorale Analysen (Primarbereich, Sekundarbereich, Tertiärbereich)

Frankfurt/M · Berlin · Bern · New York · Paris · Wien
Auslieferung: Verlag Peter Lang AG
Jupiterstr. 15, CH-3000 Bern 15
Telefax (004131) 9402131
*inklusive Mehrwertsteuer
Preisänderungen vorbehalten